Farming

GAOZHI GAOZHUAN
XUMU SHOUYI LEI ZHUANYE
XILIE JIAOCAI

高职高专
畜牧兽医类专业
系列教材

动物药理 （第2版）

DONGWU YAOLI

主　编　周翠珍

副主编　李福杏　张崇秀

重庆大学出版社

内容提要

本教材以农业部高职高专教材编写的指导思想为中心,以适应市场、服务临床为原则,由多年来从事动物药理教学、科研、生产、推广和临床的教授、副教授、高级兽医师编写。

全书共 13 章,内容包括:总论、抗微生物药物、抗寄生虫药物、作用于消化系统的药物、作用于呼吸系统的药物、作用于血液循环系统的药物、作用于泌尿生殖系统的药物、调节新陈代谢的药物、作用于中枢神经系统的药物、作用于外周神经系统的药物、解毒药、动物药理课堂实验、动物药理教学实训。本教材始终体现着以岗位需求为导向,以职业能力培养为主线的指导思想。

本教材除适用于高职高专的畜牧兽医专业、兽医专业、动物防疫检疫专业、兽药生产与检测专业的师生使用外,也可用于农业中专、农业职业中专、农业广播学校等相关专业的师生使用,还可作为基层专业技术人员以及广大养殖户的参考书籍。

图书在版编目(CIP)数据

动物药理/周翠珍主编 . —2 版.—重庆:重庆
大学出版社,2011.9(2023.1 重印)
高职高专畜牧兽医类专业系列教材
ISBN 978-7-5624-6234-7

Ⅰ.①动… Ⅱ.①周… Ⅲ.①兽医学:药理学—高等
职业教育—教材 Ⅳ.①S 859.7

中国版本图书馆 CIP 数据核字(2011)第 136596 号

高职高专畜牧兽医类专业系列教材
动物药理
(第 2 版)

主 编 周翠珍
副主编 李福杏 张崇秀
策划编辑:尚东亮
责任编辑:李定群 邹 忌 版式设计:尚东亮
责任校对:邹小梅 责任印制:赵 晟

*

重庆大学出版社出版发行
出版人:饶帮华
社址:重庆市沙坪坝区大学城西路 21 号
邮编:401331
电话:(023)88617190 88617185(中小学)
传真:(023)88617186 88617166
网址:http://www.cqup.com.cn
邮箱:fxk@cqup.com.cn(营销中心)
全国新华书店经销
重庆天旭印务有限责任公司印刷

*

开本:787mm×1092mm 1/16 印张:21 字数:524 千 插页:8 开 1 页
2011 年 9 月第 2 版 2023 年 1 月第 8 次印刷
ISBN 978-7-5624-6234-7 定价:49.00 元

Farming

GAOZHI GAOZHUAN
XUMU SHOUYI LEI ZHUANYE
XILIE JIAOCAI

**高职高专畜牧兽医类专业
系列教材**

编委会

arming

GAOZHI GAOZHUAN

XUMU SHOUYI LEI ZHUANYE

XILIE JIAOCAI

高职高专畜牧兽医类专业
系列教材

序

　　高等职业教育是我国近年高等教育发展的重点。随着我国经济建设的快速发展,对技能型人才的需求日益增大。社会主义新农村建设为农业高等职业教育开辟了新的发展阶段。培养新型的高质量的应用型技能人才,也是高等教育的重要任务。

　　畜牧兽医不仅在农村经济发展中具有重要地位,而且畜禽疾病与人类安全也有密切关系。因此,对新型畜牧兽医人才的培养已迫在眉睫。高等职业教育的目标是培养应用型技能人才。本套教材是根据这一特定目标,坚持理论与实践结合,突出实用性的原则,组织了一批有实践经验的中青年学者编写。我相信,这套教材对推动畜牧兽医高等职业教育的发展,推动我国现代化养殖业的发展将起到很好的作用,特为之序。

中国工程院院士

2007 年 1 月于重庆

Farming

GAOZHI GAOZHUAN
XUMU SHOUYI LEI ZHUANYE
XILIE JIAOCAI

高职高专畜牧兽医类专业
系列教材

第2版编者序

　　随着我国畜牧兽医职业教育的迅速发展,有关院校对具有畜牧兽医职业教育特色教材的需求也日益迫切,根据国发〔2005〕35号《国务院关于大力发展职业教育的决定》和教育部《普通高等学校高职高专教育指导性专业目录专业简介》,重庆大学出版社针对畜牧兽医类专业的发展与相关教材的现状,在2006年3月召集了全国开设畜牧兽医类专业精品专业的高职院校教师以及行业专家,组成这套"高职高专畜牧兽医类专业系列教材"编委会,经各方努力,这套"以人才市场需求为导向,以技能培养为核心,以职业教育人才培养必需知识体系为要素,统一规范并符合我国畜牧兽医行业发展需要"的高职高专畜牧兽医类专业系列教材得以顺利出版。

　　几年的使用已充分证实了它的必要性和社会效益。2010年4月重庆大学出版社再次组织教材编委会,增加了参编单位及人员,使教材编委会的组成更加全面和具有新气息,参编院校的教师以及行业专家针对这套"高职高专畜牧兽医类专业系列教材"在使用中存在的问题以及近几年我国畜牧兽医业快速发展的需要进行了充分的研讨,并对教材编写的架构设计进行统一,明确了统稿、总纂及审阅。通过这次研讨与交流,教材编写的教师将这几年的一些好的经验以及最新的技术融入到了这套再版教材中。可以说,本套教材内容新颖,思路创新,实用性强,是目前国内畜牧兽医领域不可多得的实用性实训教材。本套教材既可作为高职高专院校畜牧兽医类专业的综合实训教材,也可作为相关企事业单位人员的实务操作培训教材和参考书、工具书。本套再版教材的主要特点有:

　　第一,结构清晰,内容充实。本教材在内容体系上较以往同类教材有所调整,在学习内容的设置、选择上力求内容丰富、技术新颖。同时,能够充分激发学生的学习兴趣,加深他们的理解力,强调对学生动手能力的培养。

　　第二,案例选择与实训引导并用。本书尽可能地采用最新的案例,同时针对目前我国畜牧兽医业存在的实际问题,使学生对畜牧兽医业生产中的实际问题有明确和深刻的理解和认识。

　　第三,实训内容规范,注重其实践操作性。本套教材主要在模板和样例的选择中,注

意集系统性、工具性于一体,具有"拿来即用""改了能用""易于套用"等特点,大大提高了实训的可操作性,使读者耳目一新,同时也能给业界人士一些启迪。

值这套教材的再版之际,感谢本套教材全体编写老师的辛勤劳作,同时,也感谢重庆大学出版社的专家、编辑及工作人员为本书的顺利出版所付出的努力!

高职高专畜牧兽医类专业系列教材编委会
2010 年 10 月

第1版编者序

我国作为一个农业大国,农业、农村和农民问题是关系到改革开放和现代化建设全局的重大问题,因此,党中央提出了建设社会主义新农村的世纪目标。如何增加经济收入,对于农村稳定乃至全国稳定至关重要,而发展畜牧业是最佳的途径之一。目前,我国畜牧业发展迅速,畜牧业产值占农业总产值的32%,从事畜牧业生产的劳动力就达1亿多人,已逐步发展成为最具活力的国家支柱产业之一。然而,在我国广大地区,从事畜牧业生产的专业技术人员严重缺乏,这与我国畜牧兽医职业技术教育的滞后有关。

随着职业教育的发展,特别是在周济部长于2004年四川泸州发表"倡导发展职业教育"的讲话以后,各院校畜牧兽医专业的招生规模不断扩大,截至2006年底,已有100多所院校开设了该专业,年招生规模近两万人。然而,在兼顾各地院校办学特色的基础上,明显地反映出了职业技术教育在规范课程设置和专业教材建设中一系列亟待解决的问题。

虽然自2000年以来,国内几家出版社已经相继出版了一些畜牧兽医专业的单本或系列教材,但由于教学大纲不统一,编者视角各异,许多高职院校在畜牧兽医类教材选用中颇感困惑,有些职业院校的老师仍然找不到适合的教材,有的只能选用本科教材,由于理论深奥,艰涩难懂,导致教学效果不甚令人满意,这严重制约了畜牧兽医类高职高专的专业教学发展。

2004年底教育部出台了《普通高等学校高职高专教育指导性专业目录专业简介》,其中明确提出了高职高专层次的教材宜坚持"理论够用为度,突出实用性"的原则,鼓励各大出版社多出有特色的、专业性的、实用性较强的教材,以繁荣高职高专层次的教材市场,促进我国职业教育的发展。

2004年以来,重庆大学出版社的编辑同志们,针对畜牧兽医类专业的发展与相关教材市场的现状,咨询专家,进行了多次调研论证,于2006年3月召集了全国以开设畜牧兽医专业为精品专业的高职院校,邀请众多长期在教学第一线的资深教师和行业专家组成编委会,召开了"高职高专畜牧兽医类专业系列教材"建设研讨会,多方讨论,群策群力,推出了本套高职高专畜牧兽医类专业系列教材。

本系列教材的指导思想是适应我国市场经济、农村经济及产业结构的变化、现代化养殖业的出现以及畜禽饲养方式等引起疾病发生的改变的实践需要,为培养适应我国现代化养殖业发展的新型畜牧兽医专业技术人才。

本系列教材的编写原则是力求新颖、简练,结合相关科研成果和生产实践,注重对学生的启发性教育和培养解决问题的能力,使之能具备相应的理论基础和较强的实践动手能力。在本系列教材的编写过程中,我们特别强调了以下几个方面:

第一,考虑高职高专培养应用型人才的目标,坚持以"理论够用为度,突出实用性"的原则。

第二,遵循市场的认知规律,在广泛征询和了解学生和生产单位的共同需要,吸收众多学者和院校意见的基础之上,组织专家对教学大纲进行了充分的研讨,使系列教材具有较强的系统性和针对性。

第三,考虑高等职业教学计划和课时安排,结合各地高等院校该专业的开设情况和差异性,将基本理论讲解与实例分析相结合,突出实用性,并在每章中安排了导读、学习要点、复习思考题、实训和案例等,编写的难度适宜、结构合理、实用性强。

第四,按主编负责制进行编写、审核,再经过专家审稿、修改,经过一系列较为严格的过程,保证了整套书的严谨和规范。

本套系列教材的出版希望能给开办畜牧兽医类专业的广大高职院校提供尽可能适宜的教学用书,但需要不断地进行修改和逐步完善,使其为我国社会主义建设培养更多更好的有用人才服务。

高职高专畜牧兽医类专业系列教材编委会

2006 年 12 月

Preface
第2版前言

近年来,畜牧兽医事业发展迅猛,这就给高职高专培养畜牧兽医人才提出了新的更高的要求,高职高专教育人才培养的目标定位要准确,教材建设在科学、合理、实用的基础上,更要和市场紧密地结合。在此形势下,为了贯彻《国务院关于大力推进职业教育改革与发展的决定》精神,根据教育部和农业部教材编写的指示和重庆大学出版社教材中心的要求,以社会需求为导向,以能力培养为主线,结合畜牧兽医(兽医专业、动物防疫检疫专业、兽药生产与检测专业)专业的教学大纲,编写了本套高职高专畜牧兽医专业系列教材。

《动物药理》是畜牧兽医专业最重要的专业基础课之一,也是基础课与临床课之间的桥梁,由于药理学的发展日新月异,所以我们在教材编写过程中,注重教材系统性、科学性的前提下,突出实用性、先进性,强化能力培养,理论联系实际,适应市场需求,在章节和内容上都做了调整和补充,如总论中在重视药物代谢动力学的基本理论和应用内容的同时,对各种制剂的特点和应用做了较详细的阐述。抗微生物药和抗寄生虫药两章中,增加了近年来畜牧兽医生产实践中较常用的国内外新药和新制剂。从而使教材更加具有实用性和参考性,更能适应社会主义市场经济和畜牧业的快速发展。

本教材可分为绪言、理论、实训指导和附录4部分。教学时间总计为60~70学时,其中理论教学40~50学时,实训教学20~30学时。和第1版相比较,第2版邀请了兽药生产、检验部门的专家参与编写,对药物的联合应用进行了补充,对药物的用法和用量进行了更正和完善。

本教材的编写过程中,由于各位参编人员工作繁忙,时间仓促,再加上编者的水平和能力有限,本教材肯定有不少缺点和错误,敬请广大师生和读者在使用过程中随时给予批评指正。

编　者
2011 年 7 月

《动物药理》主参编人员分工

姓 名	职 称	编著方式	院 校	编写章节
周翠珍	教 授	主 编	廊坊职业技术学院	绪论
李福杏	副教授	副主编	成都农业科技职业学院	第2章 抗微生物药物
张崇秀	副教授	副主编	湖北生物科技职业学院	第9章 作用于中枢 神经系统的药物
杨 文	副教授	参 编	内江职业技术学院	第8章 调节新陈代谢的药物
钱明珠	讲 师	参 编	河南农业职业学院	第5章 作用于呼吸系统的药物
王 利	讲 师	参 编	商丘职业技术学院	第7章 作用于泌尿生殖 系统的药物
严太福	讲 师	参 编	重庆市农业学校	第10章 作用于外周神经系统的 药物
康志勇	研究员	参 编	河北省兽药监察所	第6章 作用于血液循环系统的 药物
金世清	兽医师	参 编	河北省兽药监察所	第3章 抗寄生虫药物
陈宝明	高级工程师	参 编	河北省兽药监察所	第4章 作用于消化系统的药物
刘怡菲	高级畜牧师	参 编	河北省兽药监察所	第1章 总 论
赵凤玲	兽医师	参 编	河北康利药业有限公司	第11章 解毒药

Preface
第1版前言

近年来,畜牧兽医事业发展迅猛,给高职高专畜牧兽医人才培养提出了新的更高的要求。高职高专教育人才培养的目标定位要准确,教材建设在科学、合理、实用的基础上,更要和市场紧密结合。在此形势下,为了贯彻《国务院关于大力推进职业教育改革与发展的决定》精神,根据教育部和农业部教材编写的指示和重庆大学出版社教材中心的要求,以社会需求为导向,以能力培养为主线,结合畜牧兽医(兽医专业、动物防疫检疫专业、兽药生产与检测专业)专业的教学大纲,编写了本套高职高专畜牧兽医专业系列教材。

《动物药理》是畜牧兽医专业最重要的专业基础课之一,也是基础课与临床课之间的桥梁。我们在教材编写过程中,既注重教材系统性、科学性,更突出实用性、先进性,强化能力培养,理论联系实际,适应市场需求,在章节和内容上都做了调整和补充,如总论中在重视药物代谢动力学的基本理论和应用内容的同时,对各种制剂的特点和应用也做了较详细的阐述;在抗微生物药和抗寄生虫药等章节中,增加了近年来畜牧兽医生产实践中较常用的国内外新药和新制剂,从而使教材更加具有实用性和参考性,更能适应社会主义市场经济和畜牧业的快速发展。

本教材可分为绪言、理论、实训指导和附录4部分。教学时间总计为60~70学时,其中理论教学40~50学时,实训教学20~30学时。绪言、第1章总论、第13章教学实训以及附录部分由廊坊职业技术学院周翠珍编写,第2章、第3章由新疆职业技术学院郭庆和编写,第4章、第5章由河南农业职业技术学院钱明珠编写,第6章、第8章由内江职业技术学院杨文编写,第7章由商丘职业技术学院王利编写,第9章、第10章由重庆农业职业技术学院严太福编写,第11章由廊坊职业技术学院王三立编写,第12章实训指导分别由各章编者完成。

由于各位参编人员工作繁忙,时间仓促,再加上编者的水平和能力有限,本教材肯定有不少缺点和错误,敬请广大师生和读者在使用过程中随时给予批评指正。

编　者
2007年1月

Directory
目 录

绪　论

本章导读：本章主要讲述了动物药理学的内容、性质、任务和学习方法，同时也对动物药理学的发展史进行了详细的阐述。

0.1　动物药理学的内容、性质和任务

0.1.1　动物药理学的内容

动物药理学是研究药物与动物机体（包括病原体）之间相互作用规律的一门科学。一方面，研究药物对机体作用的规律（即药物引起机体生理生化机能的变化或效应，如兴奋、抑制、解热、平喘、抑菌等）及其作用原理或机理，称为药物效应动力学，简称药效学。另一方面，研究机体对药物处置（吸收、分布、转化与排泄等）过程及其动态变化规律，称为药物代谢动力学，简称药动学。

药动学和药效学是同一个过程中紧密联系的两个方面。紧紧把握这两个方面，才能为临床治疗设计合理的给药方案，收到满意的效果。

0.1.2　动物药理学的性质

动物药理学是药理学的一个分支，它与现代医学的各个方面有着密切的联系，例如临床前的药理实验、动物食品中的药物残留、动物疾病模型的实验治疗、毒物鉴定与毒理研究等，都与动物药理有关。动物药理是畜牧兽医专业、兽医专业（动检、动物药品生产与检测专业等）的专业基础课程，在该课程的教学过程中，与生理学、生物化学、病理学、微生物学、动物营养学、传染病学、寄生虫学、普通病学等知识都有密切联系。因此，动物药理是基础课与兽医临床以及药剂学之间的桥梁学科，也是本专业最重要的专业基础课程之一。

0.1.3　动物药理学的任务

1）指导临床合理用药

在全面掌握本课程主要内容的基础上,为兽医临床用药提供理论依据。在辩证唯物主义指导下,把药理学的基本理论和畜牧兽医生产实践结合起来,培养未来兽医师,使他们学会正确选药、合理用药,从而提高药效、减少不良反应。

2）指导新药设计和新制剂开发

根据药物的化学结构特点,为未来的动物药物工作者开发新药及新制剂打下坚实的基础,为祖国的医药事业和畜牧业发展作出贡献。

3）预测药物在体内的消除动态、蓄积特性与残留规律

在药动学和药效学的基础上,结合动物病情、体况,制定合理的给药方案,减少药物残留,提高畜产品质量。

0.2　动物药理学的学习方法

①掌握药物作用的基本理论,正确认识药物、机体、病原之间的关系,正确评价药物在防治疾病中的作用。

②熟悉并掌握药物分类及各类药物的基本作用与共性(如氨基糖苷类药物的共性)。

③对重点药物要全面掌握其作用、作用原理及应用(如青霉素、链霉素),并与其他药物特性进行比较及鉴别。

④要掌握常用的实训方法和基本技能操作,注意观察实训结果。通过实训,培养科学的、实事求是的精神和分析问题、解决问题的能力。

⑤要学会查阅书籍和资料,并常到兽医院、农牧场、药厂等参加实践活动,以扩大和加深对药理学知识的理解和掌握,提高实践技能。

0.3　动物药理学的发展史

0.3.1　本草学或药物学发展史

药物学是研究药物全部知识的科学,劳动人民长期生产实践中创造了祖国医学。古老的中国人民十分重视中草药的作用。

1）公元1世纪前后

把本草作为对药物的总称,即:以草类为治病之本。当时的《神农本草经》是我国也是世界上第一部药物学专著。它收载了动物、植物、矿物药共365种,对每一种药的产地、性质、收藏及主治病症等都有详细记载,如大黄导泻、麻黄平喘等。

2）公元6世纪

陶弘景在总结前人经验的基础上,整理出《本草经集论》,共载入药物730种。他按

照药物的自然属性,将药物分为草、木、米、食、虫、兽、果品等 7 类,还根据治疗属性进行了分类,如祛风药等。

3)公元 7 世纪

公元 659 年,唐代人总结了几百年来的药物学知识,征集各地实物标本,并绘制成图,编写了《新修本草》,共载入药物 844 种,分 9 类,对药物的性质、制药、用途等都作了详细描述。它是我国的第一部药典,也是世界上最早的一部国家药典,比西方最早的纽伦堡药典(1494)还早 883 年。本药典的颁布,对药品的统一、药性的订正、药物的发展都有着积极的作用。

4)公元 1578 年(明代)

著名科学家李时珍广泛搜集民间用药知识和经验,历时 27 年,著成了举世闻名的《本草纲目》,记载药物 1 892 种,插图 1 160 幅,药方 11 000 多个,在内容上涉及古代自然科学的许多领域,如动植物、矿物、化学、农学、天文、地理等学科,被誉为中国古代的百科全书。外国学者将其译成日、法、德、英等国文字,流传很广,促进了医药科学的发展。

5)兽医方面的文献

公元 17 世纪(1608 年),喻本元、喻本亨合著的《元亨疗马集》,系统地记载了兽药及药方各 400 多个,成为我国民间兽医的宝贵文献,至今仍有重要价值。

0.3.2 近代药理学的发展

人们在《本草纲目》的基础上,进行整理补充,编写了一些著作,例如清代赵学敏的《本草纲目拾遗》(新增药物 716 种),陈存仁的《中国药学大词典》(1935 年)等。19 世纪初期,由于化学的发展,许多植物药的化学成分被提纯,如吗啡、士的宁、咖啡因、阿托品等。同时,还发明了磺胺药,成功合成了尿素,为人工合成药物开辟了道路。20 世纪,科学家从霉菌的培养液中提取出青霉素,开创了实验药理学的先河。

0.3.3 现代药理学的发展简况

新中国成立后,为了保障人民健康和畜牧生产的需要,1953 年我国出版、1963 年再版、1978 年第三版、1990 年、2000 年陆续出版了《中华人民共和国药典》。我国农业部于 1965 年召开修订《兽药规范》会议,1968 年颁发了《兽药规范》(草案),1992 年出版了《中华人民共和国兽药规范》。1990 年我国出版了《中华人民共和国兽药典》,2000 年出版了第二版《中华人民共和国兽药典》,2005 年又出版了新的《中华人民共和国兽药典》,并且于 2006 年 7 月 1 日起正式施行。这是兽药生产、供应、检验、使用和管理部门必须共同遵循的法典。我国还成立了中国兽医药品监察所和各省、直辖市、自治区的兽医药品监察所,这对加强兽药管理、保证兽药生产起着重大作用。

21 世纪是药理学蓬勃发展的时期。50 多年来有机化学、生物化学、分子生物学、生物物理学和生理学的飞跃发展,新技术(如同位素、电子显微镜、精密分析仪器、电子计算机等)的应用,对药物作用原理的探讨达到了新的阶段,由原来的器官水平,进入细胞、亚细胞以及分子水平。由此产生了生化药理学、分子药理学、药理遗传学、行为药理学、精

神药理学、免疫药理学、生物技术药理学、量子药理学等新的药理学分支，是学科间相互渗透、互相促进的结果，它标志着药理学科的纵深发展。

　　近些年，先后出版了《兽医临床药理学》《兽医药物代谢动力学》《动物毒理学》等著作；开展了抗菌药物、抗寄生虫药物的动力学研究。目前，药物动力学的研究正在迅速发展，比如，生理药动学、群体药动学、时辰药动学、生物技术药动学等的研究，已陆续应用于兽医临床学、制剂学、毒理学等。同时，开发了若干新兽药、新制剂，极大地丰富了动物药理的研究内容。尤其是发展起来的基因工程和单克隆抗体两项生物工程的革命性技术，在药理学研究中的应用，已取得一定的成果。例如，应用重组 DNA 技术，已经阐明内阿片肽前体的结构，并以单克隆抗体技术成功地研究出 N-胆碱受体的结构。此外，单克隆抗体能作为载体使药物定向到达靶细胞或作用部位。同时，在药物治疗方面也获得了可喜的进展。随着科学研究的蓬勃开展，兽医药理学的研究必将会迎来更加辉煌的明天。

第1章

总　论

本章导读:本章在了解药物的概念、来源以及各种剂型特点的基础上,重点对药效学和药动学的相关内容作了系统的阐述,内容包括:药物作用的方式、药物作用的两重性、量效关系、药物的体内过程以及影响药物作用的因素等。同时对处方和兽药管理也作了简单的阐述。通过学习本章内容,要求重点掌握药理学基本概念和基本理论,并用这些理论指导兽医临床安全、规范、合理用药。

1.1　药物的一般知识

1.1.1　药物的概念

药物是指能影响机体生理、生化和病理过程,用以预防、诊断、治疗疾病的化学物质。

兽药是指用于预防、治疗、诊断动物疾病或者有目的地调节动物生理机能的物质(含药物饲料添加剂),主要包括:血清制品、疫苗、诊断制品、微生态制品、中药材、中成药、化学药品、抗生素、生化药品、放射性药品及外用杀虫剂、消毒剂等。兽药包括兽用处方药和兽用非处方药。

①普通药　在治疗剂量时一般不产生明显毒性的药物,如青霉素、磺胺嘧啶等。

②剧药　毒性较大,极量与致死量比较接近,超过极量也能引起中毒或死亡的药物。其中,有的品种必须经有关部门批准才能生产、销售。使用时往往限制一定条件的剧药,又称限剧药,如安钠咖。

③毒药　毒性很大,极量与致死量十分接近,用量稍大即可引起动物中毒甚至死亡的药物,如士的宁。

④毒物　能对动物机体产生损害作用的化学物质。毒物和药物之间没有绝对的界限,并且可以相互转化。

⑤麻醉药品　能成瘾癖的毒性药品称为麻醉药品,属毒、剧药的范围,予以特殊管理。它与麻醉药不同,麻醉药不具成瘾性。

1.1.2 药物的来源

药物的种类很多,来源也很广泛,大体分两大类:

①天然药物 是利用自然界的物质,经过适当加工而作为药用者。

来自植物的——中草药:黄连、板蓝根等。

来自动物的——生化药物:胰岛素、胃蛋白酶等。

来自矿物的——无机药物:氯化钠、硫酸钠等。

来自微生物的——抗菌素和生物制品:青霉素、疫苗等。

其中植物药中所含有的有效成分非常丰富。例如:生物碱、苷类、有机酸、挥发油、鞣酸等,它们在制剂中都有不同的生物活性。

②人工合成和半合成药物 是用化学方法(分解、加成、取代等)人工合成的有机化合物,如磺胺药、喹诺酮类药物。或根据天然药物的化学结构,用化学方法制备的药物,如肾上腺素、麻黄碱等。所谓半合成药物,多数是在原有天然药物的化学结构基础上,引入不同的化学基团,制得的一系列化学药物,如半合成抗生素。人工合成和半合成药物的应用非常广泛,是药物生产和获得新药的主要途径。

1.1.3 药物的制剂与剂型

根据《中华人民共和国兽药典》(简称《兽药典》)将药物经过适当加工,制成应用方便,便于保存、运输,能更好地发挥疗效的制品,称为制剂。经过加工后药物的各种物理形态,称为剂型。

兽药制剂通常按形态分为液体剂型、半固体剂型、固体剂型、气体剂型和注射剂5类,疗效速度一般以注射剂最快,其次是气体剂型和液体剂型,固体较慢,半固体多为外用药。

1)液体剂型

从外观上看呈液体状态。

液体剂型的特点是:吸收快,生物利用度高,能迅速发挥药效;给药途径广,可内服也可外服;减少胃肠道刺激,且剂量较易控制,便于使用;稳定性差(易降解、霉变);储存、运输以及携带均不方便。

根据溶媒的种类、溶质的分散情况以及使用方法不同,可分为:

①溶液剂 系指一种或多种可溶性药物溶解于适宜溶剂中制成澄清溶液供内服或外用的液体制剂。一般指不挥发性药物的透明溶液。药物呈分子或离子状态分散于溶媒中。其溶媒多为水、醇、油。主要用于内服或外用,也用于洗涤、点眼、灌肠等,如高锰酸钾溶液、维生素A油溶液等。

②芳香水剂 一般指芳香挥发性药物(多半为挥发油)的近饱和或饱和水溶液,如薄荷水、樟脑水、杏仁水等。

③醑剂 一般指挥发性药物(多半为挥发油)的乙醇溶液。凡用以制备芳香水剂的药物一般都可以制成醑剂外用或内服。挥发性药物在乙醇(60%~90%)中的溶解度一般都比在水中大,所以在醑剂中挥发性药物的浓度比在芳香水剂中大得多,如樟脑醑、芳

香氨醛等。

④酊剂　是指药物用规定浓度的乙醇浸出或溶解而制成的澄清液体制剂,亦可用流浸膏稀释制成,如陈皮酊、大蒜酊、姜酊、大黄酊等。以碘溶解于乙醇所制成的溶液,习惯上也称酊剂。随药物性质和用途的不同,酊剂的浓度也不同。剧毒药酊剂的浓度一般为10%,其他药的酊剂浓度为20%左右。

⑤合剂　是指药材用水或其他溶剂,采用适宜方法提取制成的内附液体制剂(又称"口服液")。《兽药典》收载的合剂如清解合剂、双黄连口服液、四逆汤等。

⑥乳剂　是指两种以上不相混合或部分混合的液体,以乳化剂的形式制成乳状混浊液。油和水是不相混合的液体,如制备稳定的乳剂,需加入第三种物质即乳化剂。常用的乳化剂有阿拉伯胶、明胶、肥皂等。乳剂的特点是增加药物表面积,可促进吸收和改善药物对皮肤、黏膜的渗透性,如鱼肝油乳剂、双甲脒乳油(临用时再加水稀释成乳剂)等。

⑦擦剂　是刺激性药物的油性或醇性液体制剂,如松节油擦剂、四三一擦剂。专供外用,涂擦于完整皮肤表面,一般不用于破损的皮肤。

⑧煎剂及浸剂　煎剂及浸剂均为生药的水浸出制剂,煎剂一般是指将生药加水煎煮一定时间,去渣内服的液体剂型。浸剂是生药用沸水、温水或冷水浸泡一定时间去渣使用,如槟榔煎剂、鱼藤浸剂。中草药常用这种剂型,因易长霉菌,宜临用前配制,不能储存。

⑨流浸膏剂　是将中草药浸出液经浓缩,除去部分溶媒而成的浓度较高的液体剂型。除特别规定外,每毫升流浸膏剂相当于原药 1 g,例如大黄流浸膏、马钱子流浸膏(番木鳖流浸膏)、甘草流浸膏、姜流浸膏等。

⑩灌注剂　系指药材提取物、药物以适宜的溶剂制成的供子宫、乳房等灌注的灭菌液体制剂,分为溶液型、混悬型和乳浊型。

⑪滴眼剂　系指药物与适宜辅料制成的无菌水性或油性澄明溶液、混悬液或乳状液,供滴入眼用的液体制剂,也可将药物以粉末、颗粒、块状或片状形式包装,另备溶剂,在临用前配成澄明溶液或混悬液。

2)半固体剂型

从外观上看呈半固体状态。

①软膏剂、乳膏剂、糊剂　是指药物与适宜的基质混合制成的半固体外用制剂。常用基质分为油脂性、水溶性和乳剂型基质。用乳剂型制成的软膏剂亦称为乳膏剂。

因药物分散状态不同,可分为溶液型软膏剂和混悬型软膏剂。溶液型软膏剂为药物溶解(或共溶)于基质或基质组分中制成的软膏剂;混悬型软膏剂为药物细粉均匀分散于基质中制成的软膏剂。药物粉末含量一般在25%以上的软膏剂称糊剂。

软膏剂具有适当稠度的易涂布于皮肤、黏膜或创面的外用半固体剂型。根据需要和制备方法不同,软膏剂又有乳霜、油脂、眼药膏(专供眼部疾患用的极为细腻的软膏)等。在软膏中,药物发挥主要的局部治疗作用,基质具有保护皮肤、辅助药物发挥疗效的作用,如鱼石脂软膏。

②浸膏剂　是将中草药浸出液经浓缩后的膏状半固体或粉末状固体剂型。除特别规定外,每克浸膏相当于原药物 2~5 g,如甘草浸膏、颠茄浸膏等。

③舔剂　将药物与适宜的辅料混合,制成粥状或糊状黏稠的药剂。舔剂具有一定形

状,便于畜禽舔食。多为诊断后临时配制的剂型,较多用于牛、马等大家畜。常用的辅料有甘草粉、淀粉、米粥、糖浆、蜂蜜、植物油等。

④眼膏剂 系指药物与适宜基质制成无菌溶液型或混悬型膏状的眼用半固体制剂。常用基质有油脂性、乳剂型及凝胶型基质。

3)固体剂型

固体剂型从外观上看呈固体状态。固体剂型的优点是:比较稳定、便于储藏、容易运输和使用方便,在畜牧业养殖和兽医临床上应用很广泛。

①散剂 也称粉剂,系指药材或药材提取物经粉碎、均匀混合后制成的粉末制剂。

散剂的特点:奏效较快,剂量可随症增减;制备较简单,不含液体,因而性质相对较稳定;用于溃疡病、外伤流血等,可起到保护黏膜、吸收分泌物、促进凝血等作用;散剂中的药物,因表面积增大,因而其嗅味、刺激性、吸湿性、化学活性等也相应地增加,且挥发性成分已散失。

根据用途不同,可分为内服散剂和外用散剂两种类型。内服散剂又可分为:

A. 可溶性粉剂:是由一种或多种药物与助溶剂、可溶性稀释剂等辅料混合而成的可溶性粉末,其辅料多为葡萄糖或乳糖等,所制的散剂可溶于水中。畜禽通过饮水而食入(俗称"混饮"),如卡那霉素可溶性粉、硫氰酸红霉素可溶性粉等。

B. 预混剂:是由一种或多种药物与适宜的基质均匀混合而成,其基质多为淀粉、玉米粉、麸皮或轻质碳酸钙等,所制得的散剂一般不易溶于水,与饲料充分混匀后食入(俗称"混饲"),如氟哌酸散、杆菌肽锌预混剂等。

②颗粒 指药物与赋形剂混合制成的干燥小颗粒状物,主要用于内服、混饮等,如甲磺酸培氟沙星颗粒等。其特点是:作用迅速,味道可口;体积小;服用、运输、储藏均较方便。缺点是含糖量多,易吸潮,成本较高。

③片剂 是将一种或多种药物,加入赋形剂加压制成的圆片形剂型。片剂的制造、分发和服用都很方便。主要供内服用,是临床应用最多的一种制剂,如酵母片、土霉素片、敌百虫片等。

片剂的特点:药物含量准确,片重差异小;运输、储存、使用方便;质量稳定,受外界环境因素影响较小;便于机械化、自动化大生产,产量高,成本较低;生物利用度相对较差;动物服用较为困难,常因摄入量不足,而影响到药物的疗效。含挥发性药物的片剂不宜久储,否则含量会下降。

④丸剂 通常是将一种或多种药物细粉或药物提取物加适宜的黏合剂或辅料制成的圆球型固体制剂,专供内服用。黏合剂可用蜂蜜、水、米糊或面糊,所制成的丸剂分别称为蜜丸、水丸、糊丸。丸剂的大小不一,其药物以中草药为多,如牛黄解毒丸、麻仁丸。大丸剂硬度稍软,体积较大,主要用于大动物内服,目前有制成缓释丸或控释丸的驱虫大丸剂。

⑤胶囊剂 系将药物或加有辅料充填于空心胶囊或软质囊材中的制剂。胶囊剂分硬胶囊剂、软胶囊剂(胶丸)和肠溶胶囊剂。一般味苦或具有刺激性的药物往往制成胶囊剂应用,如红霉素胶囊。

胶囊剂的特点:一般可供内服;可掩盖药物的苦味及臭味等不良气味;药物的生物利用度较高,在胃肠道中分散较快、吸收较好;提高了药物的稳定性,保护药物不受湿气、氧气、光线等的作用。

⑥微囊剂 利用天然的或合成的高分子材料(通称囊材)将固体或液体药物(通称囊心物)包裹而成的微型胶囊。一般直径为 1~5 000 μm,如多种维生素 A 微囊、大蒜素微囊等。

微囊剂的特点:微囊剂的囊材多是高分子物质,如明胶、阿拉伯胶等,具有通透性和半通透性的特点,借助于用药部位的压力、pH 值、酶、温度等环境条件,可完全释放药物,发挥药效;将遇湿气、氧气、光线等不稳定的药物制成微囊剂,提高了药物的稳定性;可掩盖药物的苦味及臭味等不良气味,作为饲料添加剂,可以提高药剂的适口性;能减少或降低药物之间的配伍禁忌;药物通过微囊化,可制成肠溶微囊剂或制成缓释长效制剂;可将液体药物变成固态,便于运输和储存;可降低挥发性药物的损失。

⑦栓剂 是药物与适宜基质制成供腔道给药的固体制剂。其种类主要有直肠栓、尿道栓、耳道栓、鼻用栓、肛门栓、阴道栓等。

栓剂有下列作用特点:发挥局部作用,比如消炎、润滑、收敛、止痛、止痒、麻醉等作用;发挥全身作用,比如镇痛、镇静、抗菌等作用。栓剂多半是直肠给药,药物既能避免首过效应,同时也避免了消化液的破坏作用。因此,栓剂中的药物能发挥预定疗效。

当然,一些对胃肠道黏膜有刺激性的,或易受消化液破坏的,或对肝脏有损坏作用的药物,均适宜制成栓剂。

4) 气体剂型

气体剂型通过呼吸道吸入后经肺泡毛细血管迅速吸收,速率仅次于静脉注射。气体剂型使用方便,药物分布均匀,对创面可减小局部给药的机械刺激作用,剂量准确,奏效快,是近年来用于气雾免疫、环境消毒及治疗呼吸道疾病等的主要剂型。

①烟雾剂 烟雾剂是通过化学反应或加热而形成的药物过饱和蒸汽,又称凝聚气雾剂。如甲醛溶液遇高锰酸钾产生高温,前者即形成蒸汽,常供畜禽舍、孵化器、禽蛋消毒时用。

②喷雾剂 喷雾剂是借助机械(喷雾器或雾化器)作用,将药物喷成雾状的制剂,药物喷出时,成雾状微滴或微粒,直径 0.5~5.0 μm,供吸入给药,也可用于环境消毒。

③气雾剂 气雾剂是将药物和适宜的抛射剂,共同封装于具有特制阀门系统的耐压容器中。使用时,掀按阀门,借抛射剂的压力,将药物抛射成雾的制剂。供吸入全身治疗、外用局部治疗以及环境消毒。

5) 注射剂

注射剂亦称针剂,是指灌封于特别容器中灭菌的药物制剂。从药物性状看,有溶液型、混悬型和粉剂型,必须用注射法给药。注射剂是供直接注入动物体内而迅速发挥药效的一类制剂,它有如下特点:吸收快,药效迅速,剂量准确,作用可靠;不宜内服的药物,如青霉素、链霉素等适宜制成注射剂,效果较好;可产生局部定位作用,如普鲁卡因注射剂的局部麻醉作用;注射给药相对较为方便,适用于各种动物,但注射时往往引起应激反应而不如内服制剂受欢迎;生产过程较为复杂,且要求较高,费用大,成本高。

根据使用方法的不同,注射剂分为 4 种类型。

①溶液型安瓿剂 安瓿是盛装注射用药物的玻璃密封小瓶,在安瓿中装有药物的溶

液剂,可直接用注射器抽取应用。根据溶媒不同,又可分水剂安瓿和油剂安瓿两种。

水剂安瓿的溶媒为注射用水,用于能溶于水的药物,产生药效迅速,可作皮下、肌肉和静脉注射,应用最广泛。

油剂安瓿的溶媒为注射用油(符合药典规定的麻油、花生油等),适用于在水中不溶或难溶的而能溶于油的药物。此剂型吸收缓慢,药效维持时间较长,仅作肌肉注射。

在兽药管理过程中 1~50 mL 不含 50 mL 装量的为小容量注射剂,50~100 mL 装量的为大容量注射剂。小容量注射剂和大容量注射剂的生产工艺相似,但在兽药 GMP 管理过程中属于不同的生产车间。

②混悬型注射液 有些在水中溶解度较小的药物制成混悬型注射液,例如普鲁卡因青霉素、醋酸可的松等。此剂型仅作肌肉注射,由于吸收缓慢,有延长药效的意义。

③粉剂型安瓿剂(俗称粉针) 在灭菌安瓿中填放灭菌药粉,一般采用无菌操作生产。此剂型适用于在水溶液中不稳定,易分解失效的药物。应用时,用注射用水溶解后方可注射,如青霉素 G 钠、盐酸土霉素等。根据药物要求作皮下、肌肉和静脉注射。

④大型输液剂 大型输液剂是作为补充体液用的制剂,溶媒均为注射用水,装在盐水瓶内,均作静脉注射,如等渗葡萄糖注射液、复方氯化钠注射液等。在兽医临床上有些注射液因用量较大也装在盐水瓶内,例如 10% 氯化钠注射液。

6)其他制剂

①透皮制剂 是一种透皮吸收的剂型,一般是在药液中加入透皮剂,将该制剂涂擦、浇泼或泼洒在动物皮肤上,能透过皮肤屏障,以达到治疗目的,如左旋咪唑透皮吸收剂、恩诺沙星透皮吸收剂。最常用的透皮剂如二甲基亚砜、月桂氮卓酮(简称氮酮)等。临床上根据用法不同称为透皮剂、浇泼剂、泼洒剂(常用于鱼类)等。

②项圈 项圈是一种用于犬、猫的缓释剂型,一般由杀虫药与树脂通过一定工艺制成,可以套在动物颈部,主要用于动物驱虫。

目前,许多新的剂型已经逐渐应用于兽医临床,如脂质体制剂、毫微型胶囊、β-环糊精分子胶囊、控速释药制剂、靶向制剂、皮下埋植剂等。必须指出,兽用制剂给药时,往往需要器械辅助,灌药用的牛角、竹筒、橡皮瓶是常见的简单工具,随着剂型的改革,药械必须配套,如埋植小丸剂、大丸剂必须具备给药枪等。

兽药的剂型种类繁多,对不同的养殖情况,不同病况的动物,必须采用不同的给药方法,采用不同剂型的制剂,才能使药物产生良好的药效又便于使用,使患病个体能接受到药物并达到预期的目的。总的来讲,内服剂型投药方便,适用于多种药物,但易受胃肠内容物的影响,吸收不规则和不完全,药效出现较慢。有些药物可通过肠黏膜吸收进入血液循环,首次经门静脉至肝脏时,有一部分可被胃肠的酶和肝脏的药酶代谢消除,而使药效下降。一般药物的吸收速率顺序为:注射剂 > 溶液剂 > 散剂 > 片剂、丸剂。必须注意,剂量相同而剂型不同,相同剂型不同厂家,甚至同一药厂不同批号的制剂,在内服后其血药浓度可相差数倍之多,这是由于原料药、赋形剂、制造工艺等因素影响药物的生物利用度所致。因此,选购兽药时,必须选择合适剂型,同时选择品质优良、质量稳定的兽药厂家的产品。

1.2 药物对机体的作用——药效学

1.2.1 药物作用的基本表现形式

1) 兴奋和抑制

在药物的影响下,机体发生的生理、生化机能或形态的变化,称为药物的作用或效应。严格地讲,药物作用是指药物与机体之间的初始反应。药理效应是药物作用的结果,是机体反应的表现,对不同脏器有其选择性。因此,药理效应实际上是机体器官原有功能水平的改变。但在一般情况下,不把两者截然分开。例如去甲肾上腺素对血管的作用,首先是与血管平滑肌的 α 受体结合,这就是药物作用;继而产生血管收缩、血压升高等药理效应。机体在药物的作用下,使机体的器官、组织的生理、生化功能增强或提高,称为兴奋。引起兴奋的药物称为兴奋药,如苯甲酸钠咖啡因使大脑皮层兴奋,心脏活动加强等。相反,使机体的生理、生化功能减弱或降低,称为抑制,引起抑制的药物称为抑制药,如氯丙嗪可使中枢神经抑制等。有的药物对不同器官的作用可能引起性质相反的效应,如阿托品能抑制胃肠平滑肌和腺体的活动,但对中枢神经却有兴奋作用。药物之所以能治疗疾病,就是通过其兴奋或抑制作用调节和恢复机体功能平衡的。

2) 杀灭或驱除

有些药物如化疗药物则主要作用于病原体,可以杀灭或驱除入侵的微生物或寄生虫,使机体的生理、生化功能免受损害或恢复平衡而呈现其药理作用。

1.2.2 药物作用的方式

1) 局部作用和全身作用

药物可通过不同的方式对机体产生作用。从药物作用的范围看,药物吸收入血液之前,在用药局部产生的作用,称为局部作用,如阿托品的扩瞳作用,普鲁卡因在其浸润的局部使神经末梢失去感觉功能。药物吸收进入血液循环后分布到作用部位产生的作用,称为吸收作用,又称全身作用,如安乃近的解热作用。

2) 直接作用和间接作用

从药物作用发生的顺序来看,有直接作用和间接作用。如洋地黄毒苷被机体吸收后,直接作用于心脏,加强心肌收缩力,改善全身血液循环,这是洋地黄的直接作用,又称原发作用。由于全身血液循环改善,肾血流量增加,尿量增多,这是洋地黄的间接作用,又称继发作用。

3) 药物作用的选择性

机体不同的组织和器官对药物的敏感性是不相同的,因而药物作用于机体时,并不是对所有的组织器官产生同等强度的作用,对某一组织和器官作用特别强,而对其他组织器官作用就可能很弱,甚至对相邻的细胞也不产生影响,这种现象称为药物作用的选择性。选择性的产生可能有多方面的原因,如药物对组织的亲和力、药物在组织的代谢

速率以及受体的分布等。药物作用的选择性,是治疗作用的基础,选择性高,针对性强,治疗效果就好,副作用就很少;反之,选择性低,针对性不强,副作用就较多。当然,有的药物选择性较低,应用范围较广,应用时也有其方便之处。但药物的选择性作用是相对的,一般与剂量有关,剂量增大,选择性就会降低。

与选择性作用相反,有些药物几乎没有选择性,它们对各组织器官都有类似的作用,称为普遍细胞毒作用或原生质毒作用,如防腐消毒药。

1.2.3 药物的治疗作用与不良反应

临床使用药物防治疾病时,可能产生多种药理效应,有的能对防治疾病产生有利的作用,称为治疗作用;其他与用药目的无关或对动物产生损害的作用,称为不良反应。大多数药物在发挥治疗作用的同时,都存在程度不同的不良反应,这就是药物作用的两重性。

1)治疗作用
治疗作用包括对因治疗和对症治疗。

(1)对因治疗
用药目的在于消除疾病的原发致病因子,彻底治愈疾病称为对因治疗,中医称治本,例如应用化疗药物杀灭病原微生物以控制感染性疾病,用洋地黄治疗慢性、充血性心力衰竭引起的水肿。

(2)对症治疗
用药目的在于改善疾病症状,称为对症治疗,亦称治标。如解热镇痛药,可使发热病畜体温下降,但如病因不除,药物作用过后,体温又会升高。所以对因治疗比对症治疗重要,对因治疗才是用药的根本,一般情况下,首先要考虑对因治疗。但在病因未明或暂时无法根治的疾病以及一些重危急症如惊厥、心力衰竭、高热、剧痛、呼吸困难等时,对症治疗要比对因治疗更为迫切,必须先用药缓解症状,待症状缓解后,再考虑对因治疗。在有些情况下,则要对因治疗和对症治疗同时进行,即所谓标本兼治。所以,对因治疗和对症治疗是相辅相成的,临床应遵循祖国医药学"急则治其标,缓则治其本,标本兼治"的治疗原则,才能取得最佳疗效。

2)不良反应

(1)副作用
副作用是指在常用治疗剂量时产生的与治疗无关的或危害不大的不良反应。有些药物选择性低,药理效应广泛,涉及多个效应器官,利用其中一个作用为治疗目的时,其他作用就成为副作用。例如阿托品用于解除胃肠平滑肌痉挛时,将会引起口干等副作用。而用阿托品作麻醉前给药,抑制腺体分泌时,其抑制胃肠平滑肌的作用变成了副作用。所以,由于治疗目的不同,副作用又可成为治疗作用。副作用是在常用剂量下发生的,一般是可以预见的,但往往难以避免。临床用药时应设法纠正。

(2)毒性反应
大多数药物都有一定毒性,只不过毒性反应的性质和程度不同而已。一般毒性反应是用药剂量过大或用药时间过长而引起,用药后立即发生的,称为急性毒性反应,多由用药剂量过大引起,常损害循环、呼吸及神经系统功能,一般比较严重。由于用药时间过长,药物在体内长期蓄积后产生的毒性反应,称为慢性毒性反应,多损害肝、肾、骨髓、内分泌等功能。少数药物还能产生特殊毒性,即致癌、致畸胎、致突变反应(简称"三致"作用)。此外,有些药物在常用剂量时,也能产生毒性,如氨基糖苷类药物有较强的肾毒性等。药物的毒性反应一般可以预知,应该设法防止或减轻。

(3)后遗效应

后遗效应是指停药后血药浓度已降至阈浓度以下时残存的药理效应。例如长期应用肾上腺皮质激素,由于负反馈作用,垂体前叶和下丘脑受到抑制,停药后肾上腺皮质功能低下数月内难以恢复,这也称药源性疾病。

(4)变态反应

变态反应也称过敏反应,其本质是免疫反应,常见于过敏体质的动物。反应性质各不相同,很难预知,与药物原有作用无关,用药理拮抗药解救无效。反应严重程度差异很大,与剂量也无关,从轻微的皮疹、发热直到肝肾功能损害、休克等。可能只有一种症状,也可能多种症状同时出现。停药后反应逐渐消失,再用时可能再发。致敏物质可能是药物本身,可能是其代谢物,也可能是药剂中的杂质。临床用药前常做皮肤过敏试验,但仍有少数假阳性或假阴性反应,可见这是一类非常复杂的药物反应。

(5)继发反应

继发反应是药物治疗作用引起的不良后果。如成年反刍动物胃肠道有许多微生物寄生,正常情况下,菌群之间维持平衡的共生状态,如果长期应用四环素类广谱抗生素时,对药物敏感的菌株受到抑制,菌群间相对平衡破坏,以致一些不敏感的细菌或抗药的细菌如真菌、葡萄球菌等大量繁殖,从而引起肠炎或全身感染。这种继发性感染特称为"二重感染"。

1.2.4 药物的构效关系与量效关系

1)药物的构效关系

药物的构效关系是指药物的化学结构与药理效应之间的关系。药理效应的特异性取决于特定的化学结构,化学结构相似的药物,一般能与同一受体或酶结合,产生相似或相反的作用。如氨甲酰胆碱与乙酰胆碱结构相似,作用也相似。阿托品与乙酰胆碱结构相似,但作用却相反。另一方面,化学结构完全相同的药物还存在光学异构体,具有不同的药理作用,多数左旋体药物有药理活性,而右旋体无作用。如左旋咪唑有抗线虫作用,但它们的右旋体没有作用。

了解药物的结构对于临床指导意义很大,药物的结构变化会引起该药物的旋光度和熔点发生变化。通过检测原料药的旋光度和熔点可有效地避免购进假原料药或没有生物活性的原料药。

2)药物的量效关系

药物的量效关系是指在一定范围内,药物的效应与剂量之间的关系,即效应随剂量

的改变而改变。

（1）剂量的概念

剂量是指药物的用量。它是决定药物效应的关键。在一定范围内，剂量大小与药物的作用呈正比，即剂量越大，作用越强。但超过一定剂量范围，作用就会由量变到质变，发生中毒，甚至死亡。药物剂量过小，不产生任何效应，称为无效量。能引起药物效应的最小剂量，称为最小有效量，或阈剂量。

①半数有效量 ED_{50}　随着药物剂量增加，效应也逐渐增强，其中对 50% 个体有效的剂量，称为半数有效量，用 ED_{50} 来表示。

出现最大效应的剂量，称为极量。此时若再增加剂量，效应不再加强，反而出现毒性反应，药物的效应产生了质变。出现中毒的最小剂量，称为最小中毒量。引起死亡的量，称为致死量。

②半数致死量 LD_{50}　引起半数动物死亡的药物剂量，称为半数致死量，用 LD_{50} 来表示。

药物在临床上的常用量或治疗量，应比最小有效量大，比极量小。常把最小有效量与极量或最小中毒量之间的范围，称为安全范围。这个范围越大，用药越安全。《兽药典》对治疗量、剧毒药的极量都有所规定，如图 1.1 所示。

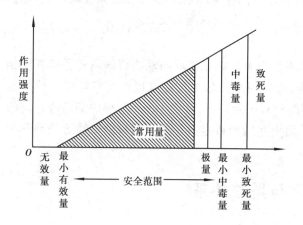

图 1.1　药物作用与剂量的关系示意图

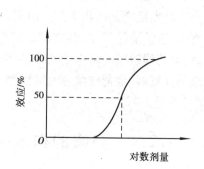

图 1.2　量效关系曲线

（2）量效曲线

①量效曲线　在药理学研究中，需要分析药物的剂量同它产生的某种效应之间的关系，这种关系可以用曲线表示出来，称为量效曲线。如以效应强度为纵坐标，以剂量对数值为横坐标作图，量效曲线几乎呈 S 形，如图 1.2 所示。

②量效规律

A. 药物必须达到一定的剂量才能产生效应。

B. 在一定范围内，剂量增加，效应也增强。

C. 效应的增加并不是无止境的，而有一定的极限，这个极限称为最大效应或效能，达到最大效应后，剂量再增大，效应也不再增强。

D. 量效曲线的对称点在 50% 处，此处曲线斜率最大，即剂量稍有变化，效应就产生明显差别。所以，在药理上常用半数有效量（ED_{50}）和半数致死量（LD_{50}）来衡量药物的效价和毒性。

③治疗指数 药物的 LD_{50} 与 ED_{50} 比值,称为治疗指数。此数值越大越安全。

(3)药物的效价和效能

效价也称强度,是指产生一定效应所需的药物剂量大小,剂量愈小,表示效价愈高。如图1.3所示,A,C两药在产生同样效应时,C药所需剂量较A药少,说明C药的效价高于A药。如氢氯噻嗪100 mg与氯噻嗪1 g所产生的利尿作用大致相同,故氢氯噻嗪的作用效价较氯噻嗪高10倍。

效能是指该药物最大效应的水平高低。如图1.3所示,A,B两药剂量相同,B药产生

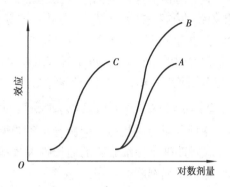

图1.3 药物效价和效能的区别

的最大效应较A药高,则B药的效能高于A药。吗啡同阿司匹林相比吗啡能止剧痛,而阿司匹林只能用于一般的疼痛,故吗啡的镇痛效能高于阿司匹林。从临床角度,药物效能高比效价高更有价值。

1.2.5 药物作用的机理

药物作用的机理是药效学的重要内容,研究的是药物如何发挥作用的道理。阐明这些问题,有助于理解药物的治疗作用与不良反应,为深入了解药物对机体的生理、生化功能的调节提供理论基础,并对指导临床实践有重要意义。

由于药物的种类繁多、性质各异,其作用原理也不尽相同。归纳起来有如下几个方面:

1)通过受体产生作用

对特定的生物活性物质具有识别能力,并可选择性与之结合的生物大分子(糖蛋白或脂蛋白),称为受体。受体一般存在于细胞膜上或细胞内。对受体具有选择性结合能力的生物活性物质,叫做配体。生物活性物质包括内源性物质(如神经递质、激素、活性肽、抗原、抗体等)和外源性物质(如药物等)。药物(配体)与相应的受体结合形成药物-受体复合物,调节细胞内的生物物理和生物化学过程,从而产生药理效应,如肾上腺素和心肌上的β受体结合,使心脏活动加强。

2)通过改变机体的理化性质而发挥作用

有的药物通过简单的理化反应或改变体内的理化条件而产生药物作用。如碳酸氢钠内服能中和过多的胃酸,治疗胃酸过多症;甘露醇高渗溶液的脱水作用等。

3)通过改变酶的活性而发挥作用

酶是机体生命的基础,种类繁多,在体内分布极广,参与所有细胞生命活动,而且极易受各种因素的影响,药物的许多作用都是通过影响酶的功能来实现的。如新斯的明竞争性抑制胆碱酯酶的活性,而产生拟胆碱作用,促进胃肠蠕动;胰岛素激活己糖激酶而促进糖代谢作用。而有些药本身就是酶,如胃蛋白酶。

4）通过参与或影响细胞的物质代谢过程而发挥作用

有些药物本身就是机体生化过程中所需要的物质,应用后可补充体内不足而发挥作用,如各种维生素、激素及铁、钙、钠、钾等的缺乏均可致病,如能适当补充此类物质亦可治病。也有某些药物化学结构与正常代谢物非常相似,可以参与代谢过程却往往不能引起正常代谢的生理效应,可干扰或阻断机体的某种生化代谢过程而发挥作用。例如磺胺药与对氨基苯甲酸结构极为相似,竞争参与细菌叶酸代谢而抑制其生长繁殖。

5）通过改变细胞膜的通透性而发挥作用

各种利尿药就是通过抑制肾小管再吸收水和钠而发挥利尿作用的。表面活性剂苯扎溴铵可改变细菌细胞膜的通透性而发挥作用。普鲁卡因通过影响细胞膜对 Na^+ 的通透性而产生局部麻醉作用。

6）通过影响体内活性物质的合成和释放而发挥作用

体内活性物质很多,如各种神经递质、激素、前列腺素等。神经递质或内分泌激素的释放,易受药物的影响,如大量碘能抑制甲状腺素的释放,阿司匹林能抑制生物活性物质前列腺素的合成而发挥解热作用。

总之,药物作用过程是一系列生理生化反应的结果,药物作用机理的几个方面常是相互联系的,有的药物可能同时有以上几种机理。

1.3　机体对药物的作用——药动学

药动学是应用动力学原理,研究药物在机体内的吸收、分布、转化和排泄的动态变化过程,并用数学模型描述药物在体内的浓度随时间变化规律的一门学科。阐明这些变化规律目的是为临床合理用药提供定量的依据,为研究、寻找新药、评价临床已经使用的药物提供客观的标准。此外,也是研究临床药理学、药剂学和毒理学等的重要工具。

1.3.1　药物的跨膜转运

药物从给药部位进入全身血液循环,分布到各种器官、组织,经过生物转化最后由体内排出要经过一系列的细胞膜或生物膜,这一过程称为跨膜转运。

1）生物膜的结构

生物膜是细胞膜和细胞内各种细胞器膜的统称。细胞器膜包括核膜、线粒体膜、内质网膜和溶媒体膜等。膜的结构是以液态的脂质双分子层为基架,其中镶嵌着一些蛋白质贯穿整个脂膜,组成生物膜的受体、酶、载体和离子通道等。膜上还有贯穿膜内外的孔道称为膜孔。

2）药物的转运方式

药物的跨膜转运主要有被动转运与主动转运两种方式,少部分还存在胞饮、胞吐和吞噬作用,如图1.4所示。

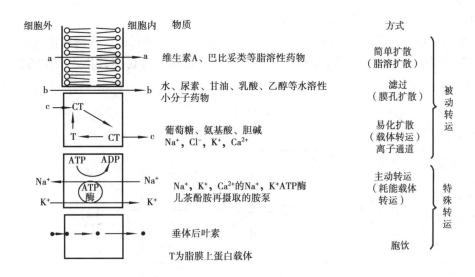

图 1.4　药物的转运

（1）**被动转运**

被动转运是药物通过生物膜由高浓度向低浓度转运的过程，又称"顺流、下坡、下山转运"。一般包括简单扩散和膜孔滤过。

①简单扩散　又称被动扩散，大部分药物均通过这种方式转运，其特点是顺浓度梯度，扩散过程与细胞代谢无关，故不消耗能量，没有饱和现象。扩散速率主要决定于膜两侧的浓度梯度和药物的脂溶性，浓度越高，脂溶性越大，扩散越快。

②膜孔滤过　是指直径小于膜孔通道的一些小分子（分子量 150～200）、水溶性、极性和非极性物质转运的常见方式。如乙醇、尿素等，可直接通过膜孔过滤扩散。其扩散速度取决于膜两侧药物的浓度差、渗透压差、电位差以及分子的大小等。无饱和现象和竞争抑制现象。

（2）**主动转运**

主动转运是指物质由浓度低的一侧向浓度高的一侧进行逆浓度梯度转运的一种方式，又称逆流转运。这种转运需要消耗能量及膜上的特异性载体蛋白（如 Na^+-K^+-ATP酶）的参与。由于载体的参与，使转运过程有饱和性、相似的化学物质还有竞争性，竞争性抑制是载体转运的特征。

（3）**胞饮/胞吐和吞噬作用**

由于生物膜具有一定的流动性和可塑性，因此，细胞膜可以主动变形，将某些物质摄入细胞内或从细胞内释放到细胞外，这种过程称为胞饮或胞吐。摄取固体颗粒时称为吞噬作用。

大分子物质（相对分子质量超过900）的药物进入细胞或穿过组织屏障一般是以胞饮或吞噬的方式，这一方式转运的物质包括：蛋白质、破伤风毒素、肉毒素、抗原、脂溶性维生素等。

1.3.2　药物的体内过程

药物进入机体后，在对机体产生效应的同时，本身也受机体的作用而发生变化，变化

的过程分为吸收、分布、生物转化和排泄。

事实上这个过程在药物进入机体后,是相继发生、同时进行的。药物在体内的吸收、分布和排泄通称为药物在体内的转运,而代谢过程则称为药物的转化。变化的相互关系,如图1.5所示。

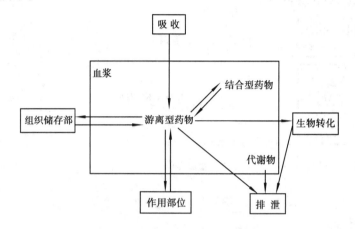

图1.5　药物的体内过程示意图

1)药物的吸收

药物的吸收是指药物自用药部位进入血液循环的过程。除静脉注射给药外,其他给药方法均有吸收过程。给药途径、剂型、药物的理化性质对药物吸收过程有明显的影响,在内服给药时,由于不同种属动物的消化系统的结构和功能有较大差别,故吸收也存在较大差异。这里重点讨论常用的不同给药途径的吸收过程。

(1)消化道给药

多数药物可经内服给药吸收,主要吸收部位在小肠。因为小肠绒毛有非常广大的表面积和丰富的血液供应,不管是弱酸、弱碱或中性化合物,均可在小肠中被吸收。酸性的药物在犬、猫胃中成非解离状态,也能通过胃肠黏膜吸收。

影响药物在消化道吸收的因素很多:药物的溶解度、酸碱度、浓度、胃肠内容物的多少以及胃肠蠕动快慢等。

①溶解度　一般说,溶解度大的水溶性小分子和脂溶性高的药物易于被吸收。

②酸碱度　弱酸性的药物在胃内酸性环境下,不易解离而易被吸收,弱碱性药物在小肠内易被吸收。

③浓度　药物浓度高则被吸收较快,浓度低则被吸收较慢。

④胃内容物　胃内容物过多时,药物会被稀释,减少药物与胃肠道黏膜的接触,给药之前给动物进食,会降低药物的吸收速度和数量。

⑤胃肠蠕动　胃肠蠕动快时,可减少药物在胃肠道存留的时间,有的药物来不及吸收就被排出体外。

⑥药物的相互作用　有些金属和矿物元素,如钙、镁、铁、锌等离子可与四环素类、氟喹诺酮类等在胃肠道发生螯合作用,从而阻碍药物吸收或使药物失活。

⑦首过效应　内服药物从胃肠道吸收,经门静脉系统进入肝脏,在肝药酶和胃肠道上皮酶的联合作用下,进行首次代谢,使进入全身循环的药量减少的现象称为首过效应,

又称第一关卡效应、首过消除、首关效应等。首过效应强的药物可使生物利用度明显降低,若治疗全身性疾病,则不宜内服给药。药物受胃内物的影响破坏一部分,进入肠内后受酶、细菌作用又破坏一部分,故吸收不完全,且较慢。但由于方便,故常用。注意药量要足,且重复用药。

直肠给药是兽用的给药途径之一,药物通过直肠及结肠黏膜吸收,该部的血液供应丰富,并可直接进入血液循环,没有首过效应,如图1.6所示。

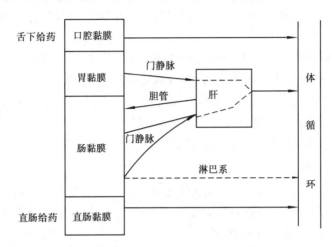

图1.6 药物经胃肠道进入循环

(2)注射给药

常用的注射给药主要有静脉、肌内和皮下注射。其他还有腹腔注射、关节内、结膜下腔和硬膜外注射。

快速静脉注射可立即产生药效,并且可以控制用药剂量;静脉滴注是达到和维持稳态浓度完全满意的技术,达到稳态浓度的时间取决于药物的消除速率。

肌内注射给药是兽医临床用药的常用方式之一。肌内注射药物后,药物常以被动扩散的方式进入血液循环,吸收速率决定于注射部位的血流速度、药物的解离程度、药物的脂溶性、注射液的体积及其溶媒等因素,其高低依次是:水溶液、油溶液、混悬液、胶体溶液。水溶液注射剂在肌内注射后,通常30 min就能完成吸收。有时为了达到长效作用,可在注射剂中加入甘油、麻油或聚乙烯醇等黏度高的溶媒,使药物的吸收减慢。皮下注射给药的吸收速度,通常比肌内注射要慢,因此药物的作用时间延长。皮下给药可作为药物的缓释用药途径,即将药物制成小片,埋植于皮下,这样可起到缓释长效的作用,皮下埋植剂中的药物,应是以不易溶解的形式存在,其基质所制作的片剂不易崩解,能承受一定的压力。最好是将药片制成扁平形,以保持药物的均衡释放。

乳管内注射:常用于牛乳腺炎。全身用药后可分布到乳腺,适用于急性炎症。而乳管内注射则对局部起直接治疗作用。

(3)呼吸道给药

气体或挥发性液体麻醉药和其他气雾剂型药物,可通过呼吸道吸收。

肺有很大的表面积,血流量大,经肺的血流量约为全身的10% ~12%,肺泡细胞结构较薄,故药物极易吸收,快而完全。

（4）皮肤给药

透皮剂是经皮肤吸收的一种剂型，它必须具备两个条件：一是药物必须从制剂基质中溶解出来，然后穿过角质层和上皮细胞；二是由于通过被动扩散吸收，故药物必须是脂溶性的。在此基础上，药物浓度是影响吸收的主要因素，其次是基质，如二甲基亚砜、氮酮等可促进药物吸收。但由于角质层是穿透皮肤的屏障，一般药物在完整皮肤很难吸收，个别脂溶性高的药物（如敌百虫）通过皮肤吸收，甚至还引起中毒，临床应引起注意。目前，透皮制剂的应用增强了皮肤的吸收作用，有时也用作全身治疗。如恩诺沙星透皮剂经皮肤吸收治疗仔猪白痢。

药物吸收快慢的顺序一般为：肺泡、肌肉、皮下、直肠、内服、皮肤。

在实践中，应根据病情和用药的目的，采取适当的措施，选择药物剂型和给药途径，以加快或延缓药物的吸收速度。从而适应病情需要。如在心脏衰弱甚至发生休克时，由于皮下或肌肉注射的吸收速度相对较慢，故必须立即采用静脉给药，才能达到抢救的目的。普鲁卡因青霉素混悬液肌内注射后，吸收缓慢，可延长药物作用时间。

2）药物的分布

药物的分布是指吸收后的药物，随血液或淋巴液穿过各组织间的屏障转运到各组织器官的过程，药物在动物体内的分布多呈不均匀性，而且经常处于动态平衡，各器官、组织的浓度与血浆浓度一般呈平行关系。

药物分布到外周组织部位主要取决于 4 个因素：①药物的理化性质，如脂溶性、pKa 和相对分子质量。②血液和组织间的浓度梯度。因为药物分布主要以被动扩散方式。③组织的血流量。④药物对组织的亲和力。

（1）药物与血浆蛋白的结合率

药物能与血浆中的清蛋白结合，常以两种形式存在，结合型与游离型药物始终处于动态平衡。药物与血浆蛋白结合后分子增大，不易透过血管壁，限制了它的分布，也影响其从体内消除。不结合的游离型药物则可被转运到作用部位产生药理效应。药物与血浆蛋白结合是可逆性的，也是一种非特异性结合，但有一定的限量，当药物剂量过大，血液浓度增高至血浆蛋白结合能力达到饱和后，游离型药物会突然增多而使作用增强，甚至出现毒性反应。此外，若同时使用两种都对血浆蛋白有较高亲和力的药物，则将发生竞争性抑制现象，一种药物可把另一种药物从结合部位置换出来。

血浆中游离型药物由于分布或消除使浓度下降时，药物便可从结合状态下分离出来，从而延缓了药物从血浆中消失的速度，使半衰期延长，因此，药物与血浆蛋白结合实际上是一种储存功能。药物与血浆蛋白结合率的高低，主要决定于化学结构，但同类药物中，也有很大差别，如磺胺类的 SDM 在犬血浆中的蛋白结合率为81%，而 SD 只有17%。另外，动物的种属、生理病理状态也可能影响药物与血浆蛋白结合率。药物与血浆蛋白的结合，如图 1.7 所示。

（2）体内屏障（组织屏障或细胞膜屏障）

①血脑屏障　是指毛细血管壁与神经胶质细胞形成的，血浆与脑细胞之间的屏障和由脉络丛形成的血浆与脑脊液之间的屏障。这些膜的细胞间连接比较紧密，并比一般的毛细血管壁多一层神经胶质细胞，因此，通透性较差，许多分子较大、极性较高的药物限

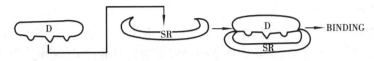

(D=药物；SR=血浆蛋白；BINDING=结合)

图1.7 药物与血浆蛋白结合

制通过,不能进入脑内,特别是当药物与血浆蛋白结合后,分子变大就更不能通过血脑屏障。在治疗脑膜炎疾病中,磺胺嘧啶可作为磺胺类药物中的首选药物,主要是磺胺嘧啶与血浆蛋白结合率低。初生幼畜的血脑屏障发育不全或脑膜炎患畜,血脑屏障的通透性增加,药物进入脑脊液增多,例如头孢西丁在实验性脑膜炎犬的脑内药物浓度比健康犬高出5倍。

②胎盘屏障 是指胎盘绒毛血流与子宫血窦间的屏障,它的通透性与一般的生物膜没有明显区别,大多数母体所用药物均可进入胎儿,故胎盘屏障的说法是不准确的。但因胎盘和母体交换的血液量少,故进入胎儿的药物需要较长时间才能和母体达到平衡,这样限制了进入胎儿的药物浓度。

3)药物的生物转化

药物在机体内吸收、分布的同时,在体内经化学变化生成有利于排泄的代谢产物的过程,称为药物的生物转化,又称药物的代谢。药物在体内生物转化通常分为两步进行,第一步包括氧化、还原和水解反应,第二部为结合反应。

药物在体内的代谢一般分为两个阶段:

①第一阶段 包括氧化、还原、水解等方式。多数药物经此阶段转化后失去药理活性,如巴比妥类药物在体内被氧化、氯霉素被还原、普鲁卡因被水解等;也有的药物经此阶段转化后的产物仍具有活性或活性更强,如非那西丁的代谢产物扑热息痛的解热作用比非那西丁的作用更强;但也有部分药物经过此阶段转化后,才具有药理活性,如乌洛托品分解为甲醛后才具有抗菌活性。这类药物必须经过第二步转化。故不能把药物的转化绝对的理解为解毒。

②第二阶段 结合方式。未经代谢的原型药物或经第一阶段转化后的代谢产物,进一步与体内的某些物质如葡萄糖醛酸、乙酸、硫酸、氨基酸等结合,通过结合反应生成极性更强、水溶性更高、更利于从尿液或胆汁排出的代谢产物。药理活性完全消失,才称为解毒作用。

总之,不同的药物转化过程也不同:有的不转化,以原形排出,如液体石蜡;有的只经过第一步或第二步;有的先经第一步,再经第二步(如乌洛托品)。

药物生物转化的主要器官是肝脏,此外,也可在血浆、肾脏、肺、脑、皮肤、胃肠黏膜和胃肠道微生物也能进行部分药物的生物转化。各种药物在体内的生物转化过程不尽相同,有的只经第一步或第二步反应,有的则多种反应过程。药物经过生物转化部分的多少,不同药物或不同种属动物间有很大差别,例如恩诺沙星在鸡体内约有50%代谢为环丙沙星,但在猪生成的环丙沙星却很少。此外,还有一些药物大部分或全部不经过生物转化而以原形药物从体内排出。

4）药物的排泄

药物的排泄是指原形药物或其代谢产物被排出体外的过程。除内服不易吸收的药物多经肠道排泄外,其他被吸收的药物主要经肾脏通过尿液排泄,其次是胆汁,少数药物经呼吸道、胆汁、乳腺、汗腺等排出体外。

（1）肾脏排泄

肾脏排泄是极性高(离子化)的代谢产物或原形药物的主要排泄途径,如图 1.8 所示。肾小球毛细血管的通透性较大,除了和血浆蛋白结合的药物以外,在血浆中的游离药物及其代谢产物均能通过肾小球滤过进入肾小管。肾小球滤过药物的数量,决定于药物在血浆中的浓度和肾小球滤过率。

有些药物及其代谢产物可在近曲小管分泌(主动转运)排泄,这个过程需要消耗能量。参与转运的载体相对来说是非特异性的,既能转运有机酸也能转运有机碱,同时,其转运能力有限,如果同时给予两种利用同一载体转运的药物,则出现竞争性抑制,亲和力较强的药物就会抑制另一药物的排泄。如青霉素和丙磺舒合用时,丙磺舒可抑制青霉素的排泄,使其半衰期延长约 1 倍。

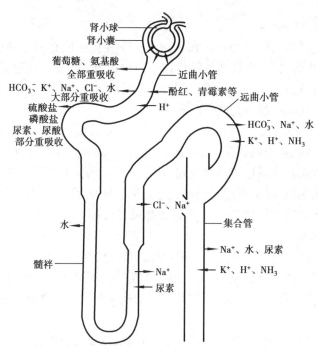

图1.8　药物在肾脏滤过、分泌和重吸收示意图

从肾小球血管排泄进入小管液的药物,若为脂溶性或非解离的弱有机电解质,可在远曲小管发生重吸收,因为重吸收主要是被动扩散,故重吸收的程度取决于药物的浓度和在小管液中的解离程度。这与小管液(即尿液)的 pH 值有关,如弱酸性药物在碱性溶液中解离度高,重吸收少,排泄快;在酸性溶液中则解离少,重吸收多,排泄慢。弱碱性药物则相反。一般肉食动物的尿液呈酸性,犬、猫尿液 pH 值为 5.5～7.0;草食动物的尿液呈碱性,如马、牛、绵羊尿液 pH 值为 7.2～8.0。因此,同一药物在不同种属动物的排泄速率往往有很大差别。临床上可通过调节尿液的 pH 值来加速或延缓药物的排泄,用于解毒急救或增强药效。

从肾脏排泄的原形药物或代谢产物由于小管液水分的重吸收,生成尿液时可以达到很高的浓度,有的可产生治疗作用,如青霉素、链霉素大部分原形从尿液排出,可用于治疗泌尿道感染;但有的可能产生毒副作用,如磺胺代谢产生的乙酰磺胺,由于浓度高可析出结晶,引起晶尿或血尿,尤其犬、猫尿液呈酸性更容易出现,故应同时服用碳酸氢钠,提高尿液 pH 值,增加溶解度。

(2)胆汁排泄

虽然肾脏是原形药物和大多数代谢产物最重要的排泄器官,但也有些药物主要从肝进入胆汁排泄。许多药物自胆汁排泄进入十二指肠后,在肠中又可被重新吸收,经肝脏门静脉进入血液形成肠肝循环,如图 1.9 所示。只有药物在肠道内能被重吸收或有特殊吸收部位时,才会有肠肝循环。具有肠肝循环特点的药物其作用时间延长,如己烯雌酚、消炎痛、红霉素、洋地黄毒苷等。有的药物也不形成肠肝循环,如季胺类药物在肠内完全解离,不能被重吸收。

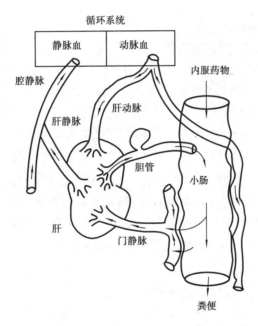

图 1.9 药物肠肝循环示意图

此外,许多经胆汁排泄的药物,如利福平、甲砜霉素、四环素、红霉素、喹诺酮类等,通过全身用药,有利于肝胆系统感染的治疗,也有利于肠道细菌性感染的治疗。

(3)乳汁排泄

大部分药物均可从乳汁排泄,一般为被动扩散。由于乳汁的 pH 值(6.5~6.8)较血浆低,故碱性药物在乳中的浓度高于血浆,酸性药物则相反。如阿托品、红霉素、TMP 的乳汁浓度高于血浆浓度;酸性药物如青霉素、SM2 等则较难从乳汁中排泄,乳汁浓度均低于血浆浓度。药物从乳汁中排泄关系到人体健康,尤其是抗菌药物,毒性作用强的药物,都要确定奶废弃期。

（4）其他排泄

药物除了通过肾脏、胆汁和乳汁排泄外,少数药物还能通过唾液腺、汗腺和肺脏排泄。药物经唾液排泄包括主动转运和被动转运方式。动物唾液的 pH 值在 6.5 左右,比血浆 pH 值稍低,药物的分子量大小、脂溶性高低、血浆蛋白结合率、解离度等对药物的唾液转运排泄,都有较大的影响。

而实际上,药物通过唾液排泄的量有限,对药物在体内的过程影响很小。挥发性药物如麻醉剂、醇类可从肺呼气中排出。有些药物如磺胺类药物、乳酸、电解质等可通过扩散的方式从汗液中排出。

1.3.3 药物动力学的基本概念及其临床意义

药物动力学是研究药物在体内的浓度随时间变化规律的一门科学,是药理学与数学相结合的边缘学科,是研究临床药理学、药剂学和毒理学的重要工具。

1)血药浓度

一般指血浆中的药物浓度,是体内药物浓度的重要指标。虽然它不等于作用部位(靶细胞或靶受体)的浓度,但作用部位的浓度与血药浓度以及药理效应一般呈正相关。血药浓度随时间发生的变化,不仅能反映作用部位的浓度变化,而且也能反映药物在体内吸收、分布、转化和排泄过程总的变化规律。另外,由于血液的采集比较容易,对机体损伤小,故常用血药浓度来研究药物在体内的变化规律。当然,在某些情况下也利用尿液、乳汁、唾液或某种组织作为样本研究体内的浓度变化。

2)血药浓度-时间曲线

药物在体内吸收、分布、转化和排泄是一个连续变化的动态过程,如图 1.10 所示。在药动学研究中,给药后不同时间采集血样,测定其药物浓度,常以时间作横坐标,以血药浓度作纵坐标,绘出的曲线称为血浆药物浓度—时间曲线,简称药时曲线。从曲线中可定量地分析药物在体内的动态变化与药物效应的关系。

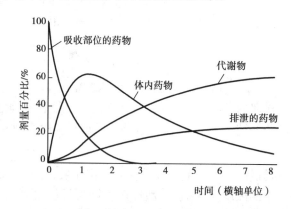

图 1.10　药物在体内的动态过程曲线

一般把非静注给药分为:潜伏期、持续期和残留期。潜伏期指给药后到开始出现药效的一段时间,快速静注给药一般无潜伏期;持续期是指药物维持有效浓度的时间;残留期是指药物已降到有效浓度以下,但尚未完全从体内消除的时间,如图 1.11 所示。

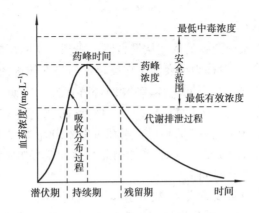

图 1.11 药时曲线意义示意图

3)峰浓度与峰时

给药后达到的最高血药浓度称血药峰浓度(简称峰浓度),它与给药剂量、给药途径、给药次数以及到达时间有关。连续多次给药后的血浆峰值浓度称为血浆稳态浓度,如图1.12 所示,其高低与给药间隔时间和单位时间内给药量有关。达到峰浓度所需的时间称达峰时间(简称峰时),它取决于吸收速率和消除速率。

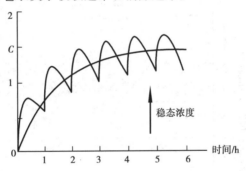

图 1.12 重复给药的稳态浓度

4)生物利用度(F)

生物利用度是指药物以一定的剂型从用药部位吸收进入全身血液循环的数量和速度,主要是指药物的吸收程度。一般用吸收百分率(%)表示,即

$$F = \frac{实际吸收量}{给药量} \times 100\%$$

这个参数是决定药物量效关系的首要因素。药物的生物利用度小于100% 时,可能和药物的理化性质或生理因素有关,包括药物产品在胃肠液中解离不好(固体剂型),在胃肠内容物中不稳定或有效成分被灭活,在穿过肠黏膜上皮屏障时转运不良,在进入全身循环前在肠壁或肝发生首过效应等。如果由于首过效应使药物的生物利用度很低,则可能误认为吸收不良。内服剂型的生物利用度存在相当大的种属差异,在单胃动物与反刍动物间犹然。另外,同一药物,因剂型的不同、原料的不同、赋形剂的不同,甚至生产批号的不同等,其生物利用度可能有很大差别。因此,为了保证药剂的有效性,必须加强生物利用度的测定工作。

5)生物半衰期($t_{1/2}$)

生物半衰期是指血浆中药物的浓度从最高值下降到一半时所需的时间,又称为血浆半衰期或消除半衰期等,一般称为半衰期。它反映了药物在体内的消除速度。同一药物对于不同动物种类、不同品种、不同个体,半衰期都有差异。例如,磺胺间甲氧嘧啶在黄牛、水牛和奶山羊体内的 $t_{1/2}$ 为 1.49,1.43,1.45 h;而在马体内,$t_{1/2}$ 为 4.45 h;猪为 8.75 h,是反刍动物的近 6 倍。又如,林可霉素在黄牛体内 $t_{1/2}$ 为 4.13 h,在水牛体内却为 6.93 h。绝大多数药物有固定的半衰期,增加用药剂量只能增加血浆的药物浓度,并不能显著延长药物在体内的消除时间。

半衰期在临床上具有重要意义 $t_{1/2}$ 数值小,即半衰期短,表示药物的代谢和排泄均迅速;数值大,即半衰期长,表示该药物代谢和排泄均缓慢,在体内维持时间较长。对于半衰期短的药物,为了长期维持比较恒定的有效血药浓度,除采用有效的药物剂量外,还须注意重复给药,一般给药间隔时间不宜超过药物的半衰期;对于半衰期长的药物,为了避免药物蓄积中毒,给药间隔时间一般不宜短于该药的半衰期,所以半衰期是制定给药间隔时间的重要依据,如图 1.13 所示。

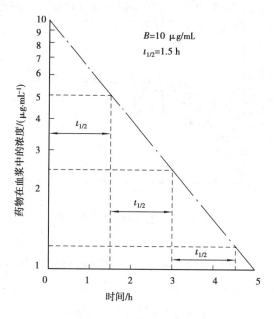

图 1.13 药物的半衰期

6)表观分布容积

表观分布容积是药物在体内分布达到平衡时,体内药量(C)和血药浓度(D)之间的比例常数。常用 V_d 来表示,即 $V_d = \dfrac{D}{C}$。表观分布容积是反映药物在体内分布的范围大小和特性的一个药物动力学参数。一般条件下,分布容积大,说明药物在体内分布广泛,大部分可达到全身组织细胞外液和细胞内液;分布容积小,说明大部分药物分布到血液和细胞外液中。

7）体清除率（消除率）

体清除率指单位时间内,机体通过各种消除过程（包括生物转化和排泄）消除药物的数量。它是体内各种清除率的总和,包括肾清除率、肝清除率和其他如肺、乳汁、皮肤清除率等。药物的消除是有规律性的,按其性质可分两种类型：

①恒比消除 是指血浆中药物消除的速率与血浆中药物浓度成正比的消除,即每一定时间内药物浓度降低呈恒定比值,也称一级消除或一级动力学。例如氯霉素每小时血药浓度降低29%,假定原来的血药浓度为 100 mg/L,1 h 后血药浓度降至 71 mg/L,再过 1 h 降至 50.41 mg/L,其下降的数量随原来的血药浓度而变化。

②恒量消除 血浆中药物消除的速率与原来的药物浓度无关,而是在一定时间内药物浓度降低恒定的数量,称为恒量消除或零级消除（零级动力学）。例如乙醇每小时药物浓度下降 0.17 mg/mL。

有些药物在浓度较低时呈现恒比消除（一级消除）,但在浓度较高时则转成恒量消除（零级消除）。这一现象意味着机体对该药的代谢速度存在着极限现象。例如乙醇在体内主要是由肝脏的乙醇脱氢酶降解的,此酶的活力和含量有限,一个人饮少量酒时有足够的酶降解,呈现一级消除,消除速率快。当乙醇浓度达到超过酶限而饱和时,消除速率减慢,呈现零级消除过程,达到脑脊液的浓度升高,就会发生醉酒现象。中国古人云："劝君莫饮一杯酒"就表达了这一含义。

8）残效期（残留期）

有的药物半衰期较长,药物的大部分经过转化并排出体外,但仍有少量在体内转化不完全或排泄不充分,而在体内储存较长时间,称为残效期。重金属及类金属药物,如铅、汞、磷、砷等可储于骨骼、肌肉、肝、肾等组织达数月或数年之久,而临床上并不表现症状,测定血浆浓度也不高,甚至降到最小浓度以下,但体内的储存量却不是很少。了解药物的残效期,在食品卫生检疫方面具有重要的实践意义。例如在合格检验中,牛乳六六六的残留量,每千克不超过 0.1 mg。

9）蓄积作用

药物不能及时消除,并在继续给药的情况下,在体内累积而产生蓄积作用。常见于反复使用,消除缓慢的药物。但临床上往往有计划地利用这种作用,使药物在体内达到有效水平,并维持其有效剂量,达到治疗目的。若机体解毒机能减弱或药物的转化、排泄发生障碍,则易引起药物在体内累积太多,产生蓄积中毒。因此,对肝、肾功能不全的病畜,要注意剂量、给药间隔时间以及疗程,在用药过程中还要注意观察动物的反应,以免发生事故。

10）休药期

休药期也称廓清期或消除期,是指畜禽停止给药到许可屠宰或其产品（乳、蛋）许可上市的间隔时间。对于供食用的动物应用的药物或其他化学物质,均需规定休药期。休药期的规定不是为了维持动物健康,而是为了减少或避免供人食用的动物组织或产品中残留药物超量,影响人类的健康。（各种药物的休药期见附表8）

附:群体药物动力学的基本概念

长期以来,不论是临床医师还是药理研究工作者,多凭"经验"确定经药方案,缺少定量的依据。20世纪60年代后,药物代谢动力学(简称药动学)的发展使临床前实验有了客观的评定标准,对一些老药的重新评价也有了准确的数据。但是,目前药动学研究的数据多来源于一组均匀的健康或患病个体,并在相同条件下,按设计好的时间与次数取样测定,从而得出药动学参数,制订给药方案;对供食用的动物亦依此制订休药期,以避免残留。但实际在临床上药物是用于不均匀的群体的,包括年龄、性别、遗传、环境、生理或病理、病史等不同的个体,各种不同因素均能影响药学差异而导致治疗失败、毒性增加或造成残留。因此,只有认识这些因素所造成的动力学差异才能调整剂量,提高药物的疗效、安全性或避免在供食用的动物中意外残留。因此,20世纪80年代初,在总结药动学研究的基础上,一种将经典的药动学模型与群体的统计学模型结合起来的新型的药动学研究方法—群体药物动力学得到发展并受到重视。

群体药物动力学(population pharmacokinetics,简称P. PK)是研究药动学群体参数的原理、计算方法和应用的一门科学,或者说是研究给予标准剂量方案时,个体间药动学特征中所存在的变异性。所谓群体参数是指单项参数的平均值与标准差。P. PK的变异包括确定性变异和随机变异。确定性变异指年龄、体重、性别、剂量、取样时间、肝肾等主要器官功能、疾病状况、用药史及合并用药等因素对药处置的影响。这些因素又称固定效应(fixed effects)。随机性变异是在相同条件下实验,可能得到多个不同的数值,包括实验者、实验方法和个体自身随时间的变异等,这些因此也称随机效应(random effects)。

群体药物动力学研究方法:

P. PK参数的求算法有3种:一是单纯集聚法(naive pooled data,NPD),即将所有个体的原始药时数据集中,共同对数学模型拟合曲线,确定参数;二是二步法(two-stages method,TS),即先对个体药时数据进行拟合,求得个体药动学参数,第二步再进行统计,得到参数的均值、个体间和个体内变异,是目前常用的传统研究方法;三是非线性混合效应模型(nonlinear mixed effects modeling,NONMEM),通常叫NONMEM法,国内也叫一步法(one-stage method),在20世纪70年代提出,20世纪80年代才逐步推广应用的新程序,是计算P. PK参数的专用计算机程序。该法不测定个体的PK参数,而是将群体作为一个单元来处理,把所有个体的药时数据集中在一起,同时考虑到年龄、体重、肝肾功能、疾病状况、合并用药等影响因素和各种可能带入的误差,用一个药动学—统计模型(pharmaco-statistic model)来处理,通过最大似然法(maximum likelihood method,ML法)一步算出P. PK参数,以确定药物动力学过程与研究对象的生理/病理间的定理关系,并判别各种变异因素对药动学过程的影响。

NPD法忽视了个体间的药动学差异,把数据看作来自同一个体,因而未能把个体间变异从总变异中区分出来,对参数估算粗略,反映不出个体间变异。TS法是目前常用的药动学研究方法,其方法简单,易于掌握,结论确定性好,但该法至少有2个缺点:一是个体数量少,对用药群体来说,代表性差;二是对每一个体来说,取点多(要覆盖药物在体内的整个处置过程,一般采样点为10~15个),不易为临床所接受,且对零散数据处理能力差,对每一个体只有1个或2个数据点时,TS法根本无法估算,因为它依赖于个体药动学参数估算,当受试个体取样点少时,导致结果偏差大,置信区间扩大,个体间变异偏高,这两种方法所用数据需来源于均匀的群体(homogenous population)。NONMEM 法同时对多种因素进行综合考虑,并判别各因素是否对药动学过程有显著影响,且定量研究这些固定效应参数,不需单独估算个体药动学参数。其数据可来源于不均匀群体(homogenous population),代表性强,对不同个体可在不同时间、取不同次数的样品(但时间点应有一定分布),每一个体取样次数可少到 2 ~ 3 个点。该法是目前最先进,也是最受欢迎的研究方法,但该方法需要专门程序,方法复杂、费时、需要专人操作,从而限制了它的广泛应用。

兽医群体药物动力学的研究概况和意义:

近年来,P. PK 作为 PK 发展的一个研究方向在国际上非常活跃。由于 P. PK 研究在优化个体给药方案、开发新药和监测安全范围窄的药物等方面具有重要意义,在临床医学已被广泛重视和应用,国内医学界亦已对多种药物开展了 P. PK 研究,而且有可能成为新药审评中的必备资料。

开展兽医 P. PK 研究的重要性由美国北卡州立大学皮肤药理与毒理中心提出。1997年欧洲兽医药理学和毒理学国际会议上首次报道关于庆大霉素的 P. PK 研究。兽医 P. PK 研究在我国尚属空白。开展兽医 P. PK 研究的重要意义至少有 3 方面:

第一,使给药方案更科学化。10 多年来,我国集约化畜牧生产发展迅速,鸡场、猪场工厂化日益扩大,集约化的饲养管理方式要求对疾病的药物防治必须有新的与之相适应的给药方案。目前给药方案主要根据药动学参数或临床药效试验制订,而药动学研究在条件一致的一组健康/疾病动物(中家畜 10 ~ 20 头)所得的数据不同于覆盖生产中的动物群体。因为动物在不同生长时期、生理条件及生产阶段,存在药学参数变异性,而应用 P. PK 研究则可确定各种因素对药动学特征的影响,从而可按用药的个体或生长、生产条件相似的亚群体(subpopulation)的临床特征调整给药方案。药物在某种动物的 P. PK 参数一旦建立,以后使用该药物进行治疗时,只要采取患病动物的 1 ~ 2 个血样,结合 Bayes 反馈法(Bayes 条件概率模型),即可以得到较为理想的个体药动参数,从而优化个体给药方案。这对珍稀动物在必须使用安全范围窄、个体差异较大的药物时尤为重要。

第二,预测食品动物的药物残留。目前残留研究受到最明显的限制是,在每一个体缺乏足够的组织样品(除非在活体采取组织)和不可能在 1 个个体获得其组织内药物消除的动力学特征,因为每个动物只有在 1 个时间点内利用 1 个组织样品。P. PK 研究则可通过选择恰当的多室模型或混合生理模型进行分析,确定病理生理或生产管理变化情况下血液和组织药物浓变化的关系,在药物消除相发现血药和组织药物浓度的关系,则有必要探讨这种关系的稳定程度。换句话说,就是要确定在整个消除相中组织室和血浆室的药量关系是否恒定或相等。如果结论是肯定的,就可用个体大量的血样来补偿组织样品的不足,将各种实验(药效、安全、残留)收集的血药数据集成单一模型,预测各种生产变化(体重、每天增重等)情况下的组织残留。

第三,对新药开发和评价的意义。药物开发的主要目的之一是了解新兽医的药动—药效(PKPD)特征。药物在临床前和临床研究过程中,于目标群体进行 P. PK 研究不仅有助于确定如老幼畜、肝肾功能障碍等危险因素存在时,是否需要调整给药方案,同时也可分析药物效应、毒性等,以得到个体间和个体内变异,从而保证新药上市的安全和有效。药物一旦上市,继续监测药物和进行新的 P. PK 研究,并与上市前的研究数据比较,有助

于更精确地研究各种临床下的药动学特征。这些数据对制订特殊状态下的休药期也提供了十分有价值的信息。

综上所述,P.PK 研究是临床药理学的新理论和新研究方向,可以克服目前药动学研究方法的不足,使药动学研究不断完善、深入和发展。对药物上市前给药方案的制订、药物上市后的监测与评价,以及预见食品动物组织残留有重要意义。在国内开展兽医 P.PK 研究将促进我国兽医临床药理学的发展,亦将推动兽药研究与开发、药政管理和临床用药的科学化、规范化,加速与国际接轨的步伐。

自 20 世纪 80 年代以来,国内兽医药动学研究已取得了大量成果,在猪、牛、羊、马、鸡等多种动物开展了多种药物的药动学研究,并由在健康动物中进行发展到在疾病动物中进行,研究的深度和方法均已达到国际先进水平,这些都为国内开展兽医 P.PK 研究奠定了基础。

1.4　影响药物作用的因素及合理用药

药物的作用或效应是药物与机体相互作用的综合表现,故此,药物作用往往会受到多方面因素的影响,如药物方面、机体方面、用药方面以及环境生态等。这些因素不仅影响药物作用的强度,有时甚至还能改变药物作用的性质。因此,临床用药时,一方面要熟悉药物固有的药理作用,另一方面还必须了解影响药物作用的各种因素,才能更好地运用药物防治疾病,以达到理想的防治效果。

1.4.1　药物方面的因素

1) 剂量

在一定范围内,药物作用或效应随着剂量的增加而增强,即剂量越大,作用越强。例如巴比妥类药,小剂量催眠,随着剂量的增加可表现出镇静、抗惊厥和麻醉作用,这些都是对中枢的抑制作用,可以看作量的差异。但是也有少数药物,随着剂量或浓度的不同,作用的性质也会发生变化,如大黄小剂量健胃、中剂量止泻、大剂量下泻。碘酊在低浓度(2%)时表现杀菌作用(作消毒药),但在高浓度时(10%)则表现为刺激作用(作刺激药)。所以,药物的剂量是决定药效的重要因素。临床用药时,除根据兽药典、兽药规范等决定用药剂量外,还要根据药物的理化性质、毒副作用和病情发展的需要适当调整剂量,才能更好地发挥药物的治疗作用。大群混饲给药时,要拌均匀,防止个别动物超量。

2) 剂型

剂型对药物作用的影响,在传统的剂型如水溶液、散剂、片剂、注射剂等,主要表现为吸收快慢、多少的不同,影响药物的生物利用度。例如内服溶液剂比片剂吸收的速率要快得多,因为片剂在胃肠液中有一个崩解过程,药物的有效成分要从赋形剂中溶解释放出来,这就受许多因素的影响。

随着新制剂研究不断取得进展,缓释、控释和靶向制剂先后逐步用于临床,剂型对药物作用的影响越来越明显。通过新剂型改进和提高药物的疗效、减少毒副作用和方便临床给药,是目前兽医药理工作者正在研究的重要方向。

药物的剂型对药物的作用影响很大,剂型的选择常根据疾病的病情、治疗方案或用药目的而定。

3)给药方案

给药方案包括给药的剂量、途径、间隔时间和疗程。给药途径不同,主要影响生物利用度和药效出现的快慢与强度,静脉注射几乎可立即出现药物作用,其他依次为肌注、皮下注射和内服。不同的给药途径除了能够影响药效的快慢和强度之外,甚至可以影响药物作用的性质,如硫酸镁溶液内服引起下泻作用,静注则引起中枢抑制作用。临床上除根据疾病治疗需要选择给药途径外,还应考虑药物的性质,如肾上腺素内服无效,必须注射给药;氨基糖苷类抗生素内服很难吸收,作全身治疗时必须注射给药。有的药物内服时有很强的首过效应,生物利用度很低,全身用药时,也应选择肠外给药途径。家禽由于集约化饲养,数量巨大,注射给药要消耗大量人力、物力,也容易引起应激反应,所以,药物多用混饲或混饮的群体给药方法。但此时必须注意保证每个个体都能获得充足的剂量,又要防止一些个体摄入量过多而产生中毒。此外,还要根据不同气候、疾病发生过程中动物采食量和饮水量的不同,而适当调整药物的浓度。

大多数药物治疗疾病时,必须重复给药,确定给药的时间间隔主要根据药物的半衰期。有些药物给药一次即可奏效,如解热镇痛药、抗寄生虫药等。但多数药物必须按一定的剂量和时间间隔给药一段时间,才能达到治疗效果,称为疗程。抗菌药物更要求有充足的疗程,才能保证稳定的疗效,避免产生耐药性,不能给药 1~2 次出现药效立即停药。例如抗生素一般要求 2~3 天为一疗程,磺胺药则要求 3~5 天为一疗程。

4)联合用药及药物相互作用

临床上两种或两种以上的药物同时或先后使用,称为联合用药或配伍用药,其目的在于提高疗效、消除或减轻药物的不良反应,以及治疗不同的症状或合并症。适当联合应用抗菌药也可减少耐药性的产生。但是,同时使用两种或两种以上的药物,在体内的器官组织中(如胃肠道、肝)或作用部位(如细胞膜、受体部位),药物均可发生相互作用,使药效或不良反应增强或减弱。药物相互作用按其作用机制可分为药动学和药效学的相互作用。

(1)**药动学的相互作用**

在体内的吸收、分布、生物转化和排泄过程中,均可能发生药动学的相互作用。

吸收:主要发生在内服药物时在胃肠道的相互作用,具体表现为:①物理化学的相互作用,如 pH 值的改变,影响药物的解离和吸收,发生螯合作用。比如四环素、恩诺沙星等可与铁、钙、镁等金属离子发生螯合,影响吸收或使药物失活。②胃肠道运动功能的改变,如拟胆碱药可加快排空和肠蠕动,使药物迅速排出,吸收不完全;抗胆碱药如阿托品等则减少排空和减慢肠蠕动,可使吸收速率减慢,峰浓度较低,但药物在胃肠道停留时间延长,使吸收量增加。③菌群改变。胃肠道菌群参与药物的代谢,广谱抗生素能改变或杀灭胃肠内菌群,影响代谢和吸收,如抗生素治疗可使洋地黄在胃肠道的生物转化减少,吸收增加。④药物诱导改变黏膜功能。有些药物可能损害胃肠道黏膜,影响吸收或阻断主动转运过程。

分布:药物的器官摄取率和清除率最终取决于血流量,所以,影响血流量的药物便可

影响药物的分布。其次,许多药物都有很高的血浆蛋白结合率,由于亲和力不同,可以相互取代,如抗凝血药华法林可被三氯醛酸(水合氯醛代谢物)取代,使游离华法林大大增加,抗凝血作用增强,甚至引起出血。

生物转化:药物在生物转化过程中的相互作用,主要表现为酶的诱导和抑制。许多中枢抑制药包括镇静药、安定药、抗惊厥药等,如苯巴比妥能通过诱导肝微粒体酶的合成,提高其活性,从而加速药物本身或其他药物的生物转化,降低药效。相反,另外一些药物如氯霉素、糖皮质激素等则能使药酶抑制,使药物的代谢减慢,提高血中药物浓度,使药效增强。

排泄:任何排泄途径均能发生药物相互作用,但目前对肾排泄研究较多。如血浆蛋白结合的药物被置换成为游离药物,可增加肾小球滤过率;影响尿液 pH 值的药物,使药物的解离度发生改变,从而影响药物的重吸收,如碱化尿液可加速水杨酸盐的排泄;近曲小管的主动排泄,可因相互作用而出现竞争性抑制,如同时使用丙磺舒和青霉素,可使青霉素排泄减慢,提高血浆浓度,延长半衰期。

(2)药效学的相互作用

两种以上的药物同时使用,由于药物效应或作用机制的不同,使总效应发生改变,可能出现下面几种情况:

①协同作用 两药合用后的效应大于单药效应的代数和,称协同作用。如磺胺类药物与抗菌增效剂甲氧苄氨嘧啶合用,其抗菌作用大大超过各药单用时的总和。

②相加作用 两药合用后的效应等于它们分别作用的代数和,称相加作用。如三溴合剂的总药效等于溴化钠、溴化钾、溴化钙三药相加的总和。

③拮抗作用 两药合用后的效应小于它们分别作用的总和,称为拮抗作用。如应用普鲁卡因做局部麻醉时,并用磺胺类药物防治创口感染,其结果降低了磺胺药物的抑菌效果。

在同时使用多种药物时,治疗作用可能同时出现上述 3 种情况,不良反应也可能出现这些情况,例如头孢菌素的肾毒性可由于合用庆大霉素而增强。一般来说,用药种类越多,不良反应发生率也越高。

(3)药效学相互作用发生的机制是多种多样的

主要有以下几方面:

①通过受体作用 如阿托品能与 M-受体结合而拮抗毛果云香碱的作用;而阿托品与肾上腺素在扩瞳作用上表现为协同作用,则是作用于不同受体,阿托品与 M-受体结合使瞳孔括约肌松弛而扩瞳,肾上腺素则是兴奋 α-受体收缩辐射肌而扩瞳。

②作用于相同的组织细胞 如镇痛药能加强催眠药的作用,是因为对中枢神经系统都有抑制作用。

③干扰不同的代谢环节 如磺胺药抑制二氢叶酸合成酶,从而抑制细菌生长繁殖,TMP 与磺胺药表现协同作用是由于抑制二氢叶酸还原酶,对叶酸代谢起"双重阻断"作用。青霉素与链霉素合用,有很好的协同作用,是由于青霉素阻断了细菌细胞壁的合成,使链霉素更容易进入细胞,抑制细菌蛋白质的合成。

④影响体液或电解质平衡 如排钾利尿药可增强强心苷的作用,糖皮质激素的水钠潴留作用可减弱利尿药的作用。

(4)体外的相互作用

在联合用药中,两种以上药物混合使用或药物制成制剂时,可能发生体外的相互作用,出现使药物中和、水解、破坏失效等理化反应,这时可能发生混浊、沉淀、变色、产气、吸附、潮解、融化、燃烧、爆炸等外观异常的现象,被称为配伍禁忌。配伍禁忌分为物理性、化学性、疗效性3类。相互有配伍禁忌的药物,不能混合应用。例如,在静滴的葡萄糖注射液中,加入磺胺嘧啶钠注射液,最初并没有肉眼可见的变化,但过几分钟即可见液体中有微细的磺胺嘧啶结晶析出,这是磺胺嘧啶钠在 pH 值降低时必然出现的结果。兽医临床上常采用多种注射液联合应用,所以必须十分慎重,避免配伍禁忌。

另外,药物制成剂型或复方制剂时,也可发生配伍禁忌。如把氨苄西林制成水溶性粉剂时,加入含水葡萄糖作赋形剂,可使氨苄西林氧化失效。

1.4.2　动物方面的因素

1)种属差异

多数药物对各种动物一般都有类似的作用,但由于动物品种繁多,各种动物的解剖结构、生理机能、生化特点以及进化程度等不同,对同一药物的敏感性存在差异。但多数情况下表现为量的差异,即作用的强弱和维持时间的长短不同,如家禽对 NaCl 较敏感,日粮超过 0.5% 出现不良反应;对呋喃类药物非常敏感,易中毒;兔内服四环素易造成二重感染;北京鸭对硫双二氯酚敏感;如苦味健胃药,其他动物经口用药效果好,而家禽味觉乳头少,食物在口腔停留时间短,所以禽消化不良时不宜使用;磺胺脒在其他动物肠内不易被吸收,而在鸡盲肠内能吸收;氯霉素对仔猪毒性大;牛羊对水合氯醛敏感;又如链霉素等 15 种抗菌药对于马、牛、羊、猪的半衰期也表现出很大差异。

药物在不同种属动物的作用除表现量的差异外,少数药物还可表现质的差异,如吗啡对人、犬、大鼠、小鼠表现为抑制,但对猫、马和虎则表现兴奋。

2)生理因素

不同年龄、性别、怀孕或哺乳期动物对同一药物的反应往往有一定差异,这与机体器官组织的功能状态,尤其与肝药物代谢酶系统有密切的关系。如初生动物生物转化途径和有关的微粒体酶系统功能不足,大多数动物的幼畜的肾功能也是较弱(牛例外)。因此,在幼畜由微粒体酶代谢和肾排泄消除的药物,半衰期将被延长。老龄动物也有上述现象,一般对药物的反应较成年动物敏感,所以,临床用药剂量应适当减少。

除了作用于生殖系统的某些药物外,一般药物对不同性别的动物的作用并无差异,只是怀孕动物对拟胆碱药、泻药或能引起子宫收缩加强的药物比较敏感,可能引起流产,临床用药必须慎重。哺乳期动物则因大多数药物可从乳汁排泄,会造成乳中的药物残留,故要按奶废弃期规定,不得供人食用。

3)病理状态

药物的药理效应一般都是在健康动物试验中观察得到的,机能状态不同常能影响药物的作用,一般动物在病理状态下对药物的反应较敏感,甚至要在病理状态下才呈现药物的作用,例如:治疗剂量的解热药对正常体温无影响,但能使升高的体温恢复正常。洋

地黄对慢性充血性心力衰竭有很好的强心作用,对正常功能的心脏则无明显作用。

肝、肾功能障碍时,会影响药物的转化和排泄,导致药物蓄积、作用时间延长,从而增强药物的作用,严重者可能引起毒性反应,故应慎用。但也有少数药物在肝生物转化后才有作用,如可的松、泼尼松,对于肝功能不全的患病动物作用减弱。

严重的寄生虫病、失血性疾病或瘦弱、营养不良的患畜,由于血浆蛋白质大大减少,可使高血浆蛋白质结合率药物的血中游离药物浓度增加,一方面使药物作用增强,同时也使药物的生物转化和排泄增加,半衰期缩短。

4)个体差异

同种动物中,在年龄、性别、体重等基本条件相同的情况下,每个个体对药物敏感性也不相同,称为个体差异。其原因是复杂的,很多与遗传因素有关。个体差异也包括量的差异和质的差异。

(1)量的差异

①高敏性 有少数个体对某些药物特别敏感,只应用较少剂量就产生较强的药理作用,甚至引起中毒。

②耐受性 另有少数个体对某些药物特别不敏感,必须用较大剂量才能产生应有的治疗效应。

因此,相同剂量的药物,在不同个体中,有效血药浓度、作用强度和作用维持时间有很大差异。这种个体之间的差异,在最敏感和最不敏感之间约差10倍。

(2)质的差异

个体差异除表现药物作用量的差异外,有的还出现质的差异。由于个体体质的特殊性,对药物呈现与众不同的反应,主要表现为以下两种情况:

①特异质 特殊的体质与遗传有关,例如:一般给马注射吗啡后,产生痛觉减轻、中枢抑制,并能很快安静下来,但偶尔可见个别马反而兴奋不安;也有的出现荨麻疹等。

②变态反应 指少数经过某种药物致敏的机体,对该药的一种特殊反应。这是免疫反应异常的表现,如犬的青霉素过敏。

1.4.3 饲养管理和环境因素

1)饲养管理

动物的健康主要取决于饲养和管理水平。饲养方面要注意饲料营养全面,根据动物不同生长时期的需要合理调配日粮的成分,以免出现营养不良或营养过剩。管理方面应考虑群体的大小,防止密度过大,注意通风、采光和动物活动的空间,要为动物的健康生长创造较好的条件,这就是近年来提倡的动物福利问题。尤其是对患病动物更有必要,动物疾病的恢复,单纯依靠药物是不行的,一定要配合良好的饲养管理,加强病畜护理,提高动物机体抵抗力,使药物的作用得到更好的发挥。例如用镇静药治疗破伤风时,要注意环境的安静,最好将病畜安放在黑暗的房舍;全身麻醉的动物,应注意保温,给予易消化的饲料,使患畜尽快恢复正常健康。

2)环境生态条件

环境生态条件对药物的作用也能产生直接或间接的影响,例如,不同季节、温度和湿度均可影响消毒药、抗寄生虫药的疗效。环境若存在大量的有机物可大大减弱消毒药的作用,通风不良、空气污染(如高浓度的氨气)可增加动物的应激反应,加重疾病过程,影响疗效。

3)病原体状态和抵抗力

各种抗菌药物都有其独自的抗菌谱,即敏感细菌的种类。但对其敏感细菌的不同状态,药效也不尽一致。如青霉素对繁殖型的细菌效果好,对生长型的细菌效果差。有的抗寄生虫药只对成虫有效,对幼虫却无效果。化学治疗中更普遍存在的严重问题是病原体对药物产生耐受性,即耐药性问题。一旦病原体对某药产生耐药性之后,必须改用其他药物才能奏效。因此,应用化学治疗药时,应特别注意防止耐药性的产生。

1.4.4 安全、规范、合理用药的原则

兽医药理学为临床合理用药提供了理论依据,但要做到合理用药却不是一件容易的事,必须理论联系实际,不断总结临床用药的实际经验,在充分考虑上述影响药物作用各种因素的基础上,正确选择药物,制订对动物和病情都合适的给药方案,一般应遵循以下几个原则:

①正确诊断 任何药物合理应用的先决条件是正确的诊断,没有对动物发病过程的认识,药物治疗便是无的放矢,不但没有好处,反而可能延误诊断,耽误了疾病的治疗。

②用药要有明确的指征 要针对患畜的具体病情,选用药效可靠、安全、方便、价廉易得的药物制剂。反对滥用药物,尤其不能滥用抗菌药物。

③了解所用药物在靶动物的药动学知识 根据药物的作用和在动物体内的药动学特点,制订科学的给药方案。药物治疗的错误包括用错药物,但更多的是剂量的错误。

④预期药物的疗效和不良反应 根据疾病的病理生理学过程和药物的作用特点,以及它们之间的相互关系,药物的效应是可以预期的。几乎所有的药物不仅有治疗作用,也存在不良反应,临床用药必须记住疾病的复杂性和治疗的复杂性,对治疗过程做好详细的用药计划,认真观察将出现的药效和毒副作用,随时调整用药计划。

⑤避免使用多种药物或规定剂量的联合用药 在确定诊断以后,兽医师的任务就是选择最有效、安全的药物进行治疗,一般情况下不应同时使用多种药物(尤其是抗菌药物),因为多种药物极大的增加了药物相互作用的概率,也给患畜增加了危险。除了具有确实的协同作用的联合用药外,要慎重使用固定剂量的联合用药(如某些复方制剂),因为它使兽医师失去了根据动物病情需要去调整药物剂量的机会。

⑥正确处理对因治疗和对症治疗的关系 对因治疗和对症治疗的关系前已述及,一般用药首先要考虑对因治疗,但也要重视对症治疗,两者巧妙的结合将能取得更好的疗效。我国传统中医理论对此有精辟的论述:"治病必求其本,急则治其标,缓则治其本,标本兼治。"

1.5 兽药质量管理与标准

1.5.1 药物管理的一般知识

为了规范药品的生产、管理、检验和使用,国家和地方都制定、颁布了一些相应的法律、法规。

为加强兽药的监督管理,保证兽药质量,有效地防治畜禽等动物疾病,促进畜牧业发展和维护人体健康,国务院于1987年5月颁布了《兽药管理条例》,自1988年1月起施行。农业部根据《兽药管理条例》的规定,制定和发布了《兽药管理条例实施细则》。这两个法规规定,对兽药生产、经营和使用及医疗单位配制兽药制剂等实行许可证制度,兽药需有批准文号,对新兽药审批和兽药进出口管理也都作了明确规定。2004年3月24日国务院令第404号公布了新的《兽药管理条例》自2004年11月1日起施行。条例规定国家实行兽用处方药和非处方药分类管理制度,明文禁止生产、经营假劣兽药,禁止使用假、劣兽药以及国务院兽医行政管理部门规定禁止使用的药品和其他化合物;禁止在饲料和动物饮用水中添加激素类药品和国务院兽医行政管理部门规定的其他禁用药品;禁止将人用药品用于动物。

《兽药管理条例》还规定县级以上人民政府兽医行政管理部门行使兽药监督管理权。兽药检验工作由国务院兽医行政管理部门和省、自治区、直辖市人民政府兽医行政管理部门设立的兽药检验机构承担。该条例还指出,兽用麻醉药品、精神药品、毒性药品和放射性药品等特殊药品,按照国家有关规定进行管理(可参见《中华人民共和国药品管理法》第39、40条及《兽用麻醉药品的供应、使用管理办法》)。《兽药管理条例》还明确了假劣兽药的含义:

《兽药管理条例》中规定,有下列情形之一的,为假兽药:

①以非兽药冒充兽药或者以他种兽药冒充此种兽药的;

②兽药所含成分的种类、名称与兽药国家标准不符合的。

有下列情形之一的,按照假兽药处理:

①国务院兽医行政管理部门规定禁止使用的;

②依照本条例规定应当经审查批准而未经审查批准即生产、进口的,或者依照本条例规定应当经抽查检验、审查核对而未经抽查检验、审查核对即销售、进口的;

③变质的;

④被污染的;

⑤所标明的适应症或者功能主治超出规定范围的。

有下列情形之一的,为劣兽药:

①成分含量不符合兽药国家标准或者不标明有效成分的;

②不标明或者更改有效期或者超过有效期的;

③不标明或者更改产品批号的;

④其他不符合兽药国家标准,但不属于假兽药的。

按照《兽药管理条例》的规定,兽药应当符合兽药国家标准。并规定国家兽药典委员会拟定的、国务院兽医行政管理部门发布的《中华人民共和国兽药典》和国务院兽医行政管理部门发布的其他兽药质量标准为兽药国家标准。

目前,兽药国家标准包括:2005 年版《中国兽药典》一部、2000 年版《中国兽药典》一部、1990 年版《中国兽药典》一部、1978 年版《兽药规范》一部、1992 年版《兽药规范》一部、1996 年《兽药质量标准》第一册、1999 年《兽药质量标准》第二册、2003 年《兽药质量标准》、2006 年《兽药质量标准》、1999 年《进口兽药质量标准》、2006 年《进口兽药质量标准》、兽药地方标准升国家标准第一册至第十册以及农业部颁布标准。

凡不符合标准的药品,均不许生产、购销使用。

1.5.2 药物的保管与储存

妥善的储存保管药物是防止药物变质、药效降低、毒性增加和发生意外的重要环节。

1)促使药品变质的主要因素

药品由于保管不当,可变质失效,不能使用。促使药品变质和失效的主要因素如下:

(1)空气

空气中含 1/5 的氧,氧的化学性质很活泼,可使许多具有还原性的药氧化变质甚至产生毒性。如油脂氧化后即酸败,"九一四"氧化后颜色变深产生毒性;空气中的二氧化碳可使某些药物"碳酸化",如磺胺类药物的钠盐、巴比妥类药物;漂白粉在有湿气存在的条件下,可吸收二氧化碳,慢慢放出氯而使效力降低。

(2)光线

日光可使许多药品直接发生或促进其发生化学变化(氧化、还原、分解、聚合等)而变质,其中主要是紫外线的作用。如肾上腺素受光影响可渐变红色,银盐和汞盐见光可被还原而析出游离的银和汞,颜色变深,毒性增大。

(3)温度

温度增高不仅可使药品的挥发速度加快,更主要的是可促进氧化、分解等化学反应而加速药品变质,如血清、疫苗、脏器制剂在室温下存放很容易失效,需低温冷藏;温度增高还易使软膏、胶囊剂软化,使挥发性药物挥发速度加快。

但温度过低也会使一些药品或制剂产生沉淀,如甲醛在 9 ℃以下生成聚合甲醛而析出白色沉淀;低温还易使液体药物冻结,造成容器破裂。

(4)湿度

空气中的水蒸气含量称为湿度。湿度是空气中最易变动的部分,随地区、季节、气温的不同而波动。湿度对药品保管影响很大。湿度过大,能使药品吸湿而发生潮解、稀释、变性、发霉;湿度太小,易使含结晶水的药品风化(失去结晶水)。

(5)微生物与昆虫

药品露置空气中,由于微生物与昆虫侵入,而使药品发生腐败、发酵、霉变与虫蛀。

(6)时间

任何药品储藏时间过久,均会变质,只是不同的药品发生变化速度不同。抗生素、生物制品、脏器制剂和某些化学药品都规定了有效期,必须在有效期内使用。

2）药品保管与储存的一般方法

①一般药品都应按兽药典或兽药规范中的规定条件,因地制宜地储存与保管。

对包装容器有如下规定:

密闭:是指将容器密闭,防止尘土和异物混入,如玻璃瓶、纸袋等。

密封:是指将容器密封,防止风化、吸湿、挥发或异物污染,如带紧密玻璃塞或木塞的玻璃瓶等。

熔封或严封:是指将容器熔封或以适宜标准严封,防止空气、水分侵入和细菌污染,如玻璃安瓿等。

遮光容器:是指棕色容器或用黑纸包裹的无色玻璃容器及其他适宜容器。

对温度的规定:阴凉处,是指不超过 20 ℃;凉暗处,系指避光且不超过 20 ℃;冷处,是指 2～10 ℃。

对湿度的规定:干燥处,是指相对湿度在75%以下的通风干燥处。

②根据药品的性质、剂型,并结合药房的具体情况,采取"分区分类,货位编号"的方法妥善保管。堆放时要注意兽药与人药分区存放;外用药与内服药分别存放;杀虫药、杀鼠药与内服药、外用药远离存放;性质相抵触的药(如强氧化剂与还原剂,酸与碱)以及名称易混淆的药均宜分别存放。

③建立药品保管账,经常检查,定期盘点,保证账目与药品相符。

④药品库应经常保持清洁卫生,并采取有效措施,防止生霉、虫蛀和鼠。

⑤毒剧药、麻醉药品以及易燃易爆药等,要专人、专账、专柜严格管理,定期检查,以防事故发生。

3）有效期药品的保管

有效期药品因其理化性质不十分稳定,故对温度、湿度等储藏条件要求较严格,并且要在规定的有效期内使用。在储藏与使用时,要特别注意掌握"先进先出"和"近期先出"的原则。凡过了有效期的药品,都不得再用。

（1）抗生素

主要是控制湿度,故必须熔封或严封于玻璃中保存于干燥处,最好是冷藏,如无冰箱等设备,保存于阴凉干燥处也可。

（2）生物药品

生物药品是由微生物及其代谢产物制成的,具有蛋白质的性质,因而怕热、怕光,有些还怕冻。各种生物药品储藏条件见各生物药品项目。

（3）脏器制品

温度与光线对脏器制品影响较大,一般均须储藏于干燥、避光、凉爽处。酶制品储存温度不能过高,否则其活性易很快丧失;酶制剂的溶液比干燥品更不稳定,均需存于棕色瓶中,置于干燥凉暗处。

（4）化学试剂的保管

化学试剂一般是指用于科学研究和分析化验的化学药品,不用作医疗。按照国家标准,化学试剂分为:

①优级纯(保证试剂,G.R.),纯度较高,杂质含量低,用于精密科研与分析,标签为

绿色。

②分析纯(A.R.),纯度较高,杂质含量较低,广泛用于较精密的科研与分析,标签为红色。

③化学纯(C.P.),用于一般分析实验,标签为蓝色。此外,尚有实验试剂(L.R.),其纯度较差,仅用于粗浅的实验和中小学教学。化学试剂绝大多数是化学药品,保管中应防热、防光、防潮和防氧化。有些化学试剂属于危险品范围,尤应注意安全问题。

化学试剂一般用量较少,为保持其纯净,使用时尽可能按需要量自容器中取出或倾出,如有剩余,也不得倒回原容器中,若为贵重试剂,则可盛于其他小容器中,并贴上标签。

4)药品的储存中关于有效期规定

①有些稳定性较差的药品,在储存过程中,药效有可能降低,毒性可能增高,有的甚至不能供药用。为了保证用药的安全有效,对这类药品必须规定有效期,即在一定储存条件下能够保证质量的期限。

②药品的有效期,应该根据药物稳定性的不同,通过留样观察实验而加以制订。药物新产品的有效期,可通过生化试验或加速试验,先订出暂行期限,经留样规定,积累充分数据后再行修订。

③已到期的药品如需延长使用,应送请当地兽药监察所检验后,根据检验结果,确定延长使用期限。

④药品生产、供应、使用单位对有效期的药品,应严格按照规定的储存条件进行保管,要做到近期先出,近期先用。调拨有效期的药品要迅速运转。

1.6 药物残留

1.6.1 概述

自20世纪70年代以来,随着医学界对人类肿瘤和遗传病与环境污染关系认识的逐步深入,人们对环境污染问题越来越予以重视。环境化学致癌原存在于香烟、空气、水、工业毒物、工业三废、农药、药物及食品中,而许多环境化学物,则是通过食物进入人体。毫无疑问,人类食物中存在的各种化学物普遍危害着人类的健康,甚至可成为人们死亡的原因之一。这一切之所以发生,是因为人类还没有充分认识到,食物中存在的各种化学物的危害性。

由于粮食生产及发展畜牧业的需要,大量应用药物及化学药品。人类一生中不断与食物中的药物及化学残留物接触,无疑会引起过敏、致畸、致突变及致癌等不良反应。随着动物性蛋白生产的加强,应用药物诊断、预防、控制和治疗畜禽疾病显得更加重要。目前,不少国家(含美国)所有的食品动物几乎都接受过某种化学治疗剂或预防剂。在集约化畜牧业生产发展的同时,用于促进生长、同步发情等非治疗用途的药物的品种和数量也在不断地增加,用作化疗或预防的兽药及化学药品被广泛的用作饲料添加剂,以促进生长,提高饲料的转化率,控制生殖周期及繁殖性能,增进饲料的适口性及改善动物性食

品对人的口味。由于兽药用量增大,特别是饲料药物添加剂(简称药物添加剂)的广泛应用,伴随产生的食品动物组织和产品中药物残留对消费者的健康和环境的潜在危害也日趋严重,因此兽药及药物添加剂的管理越来越受到各国农业及卫生部门的重视,动物性食品中的兽药残留问题已得到国际有关组织高度重视,并为减少兽药残留对公众健康的危害作了不少的工作,采取了许多控制残留的措施。

兽药在食品中残留问题受到了食品立法委员会(CAC)、食品添加剂立法委员会等有关国际性组织的高度重视。为防止动物性食品中可能出现的药物残留损害人体健康,1984年在CAC的倡导下由联合国粮农组织(FAO)和世界卫生组织(WHO)联合发起组织了"食品中兽药残留立法委员会"(CCRVDF)。CCRVDF的主要宗旨是,为控制食品中的兽药残留,筛选并建立适用于全球的兽药及其他化学物残留的分析方法和取样方法;对兽药残留进行毒理学评价;按制定世界或地区性"法规标准"的8个步骤,制定动物组织及产品中兽药最高残留限量(MRLVD)法规及休药期法规。CCRVDF已于1986年10月正式成立,每年召开一次全体会议,在休会期间,由兽药残留取样和分析方法特别工作组和兽药残留优先评价特别工作组分别组织成员国进行工作,并为下一次会议准备有关草案和提议等。在每次全体会议上,除讨论两个特别工作组提出的有关报告外,还讨论与控制食品中兽药残留有关的兽药管理和其他方面的问题,如兽药概要、兽药注册规范、兽药良好生产规范、兽药使用中良好兽医实施规范、控制兽药使用规范、兽药对水生生物使用规范、兽药的安全性毒理学评价、控制兽药在食品中残留立法程序、饮食中兽药残留摄入量调查等。

长期以来,我国人民一直以粮食作为主食,以植物性食品为副食,而目前,肉、蛋、乳等动物性食品在副食中所占的比例正在不断增长,而且随着人们生活水平的提高,动物性食品在人每日的食物总量中的百分率还会逐步上升。换言之,人们对动物性食品的需求量日趋增长。目前,我国畜牧科技工作者正着重于寻找提高畜禽产品产量的途径,也就是说关心产品的数量(这是完全必要的),而对产品的安全性尚不够重视。自20世纪90年代初期个别单位开始从事动物性食品中兽药残留研究以来,目前已有较多单位从事此方面的研究工作。然而至今我国尚未全面开展对动物性食品进行兽药残留的常规检验。

我国许多生产者还根本不知晓动物性食品中兽药(含药物添加剂)残留问题的重要性,更不清楚如何控制残留,造成了我国动物性食品中药物残留超标,从而严重地影响了出口贸易。例如,我国是世界主要蜂蜜出口国之一,年出口量达5万t,其中3万t远销德国西部,1990年在我国出口的蜂蜜中,德国卫生检疫机构检测出脒残留,且超标,此后便拒绝进口;接着,欧盟、美国、日本也拒绝进口我国蜂蜜。由于蜂蜜中的药物残留,使我国蜂蜜在世界市场上的销售发生了困难。1990年在我国出口日本的1万t肉鸡中,由于在日本海关检测出抗球虫药物添加剂氯羟吡啶的残留量超过0.01 mg/kg便要求我国政府销毁所有产品,给我国造成巨大的经济损失。至今我国许多生产者仅知道将抗球虫药物添加剂氯羟吡啶等添加于饲料中,可以预防肉鸡发生球虫病,降低发病率和死亡率。至于药物会在肉鸡体内残留,危害人体健康或影响出口贸易等,尚缺乏足够的认识。

为保障人类及其子孙后代的健康,保护环境卫生以及保障我国的正常出口贸易,控制兽药在动物性食品中的残留问题已成为当务之急。为使动物性食品中的兽药残留不超过规定限量,最根本的措施是管理好兽药(包括兽药的研究、开发、安全评价、生产、经营和应用等),以保证兽药的合理和安全使用。其次对动物性食品中的兽药残留进行常规检测,不断补充和完善我国已制定的《动物性食品兽药最高残留限量》,迅速制定适应我国国情的兽药应用限制、食品动物屠宰前的休药期,以及产蛋、产乳动物用药后蛋、乳禁止上市期限等法规。

1.6.2 动物性食品中的药物残留

根据 CCRVDF 对兽药所下的定义,"兽药"的含义很广,不仅包括用于畜禽的治疗药物,而且也包括加入饲料中的药物添加剂等,因而与目前采用的"动物保健品"一词含义相同。随着畜牧业的发展,兽药的使用量越来越大,使用范围越来越广。兽药的用途主要包括:①防治疾病,从而提高动物健康水平;②提高饲料转化率和动物生长率,降低生产成本;③提高产仔率和仔畜体重,提供健康的新生幼畜,从而提高繁殖性能;④改善胴体质量,提供民众喜爱的畜产品,降低消费者的食品开支等。目前常用的兽药种类有:①抗微生物药:用于防治动物传染性疾病,以及促进动物生长;②驱虫药和杀虫药:用于防治动物的体内和体外寄生虫病;③激素:用于促进动物生长,增加瘦肉率,提高饲料转化率及预防或终止围栏肥育母牛的妊娠。

药物的应用极大地促进了畜牧业的发展。例如,由于抗微生物药有效地控制了动物的许多传染性疾病,对畜牧业产生的重大影响是难以估测的。由于药物具有良好的保健和促生长作用,故在畜牧业中应用日趋普遍,用量也逐年增加。

由于动物保健品的广泛应用,肉、蛋、乳中含有各种药物微量残留是不可避免的,但是不应超过允许量的标准,然而生产实践中违章残留事件屡见不鲜。例如 1987 年,美国加利福尼亚州查处了 1 166 例药物残留超量事件。同年,美国农业部检查了 117 628 只肉用犊牛,发现其中有 2 063 只(1.75%)肉用犊牛的食用组织中的药物残留超过允许量标准。兽药的应用不仅与动物的安全有关,而且已日益涉及公众健康的问题。动物性食品中的药物残留量虽然很低,但对环境卫生和人体健康的潜在危害却甚为严重,而且深远,同时也严重地影响了对外贸易,因而应引起人们越来越多的关注。

1)兽药残留

食品动物在应用兽药(包括药物添加剂)后,兽药的原形及其代谢物、与兽药有关的杂质等有可能蓄积或残存在动物的细胞、组织或器官内,或进入泌乳动物的乳、或产蛋家禽的蛋中,这就是残留,又称残留物或残毒。动物性食品中除了兽药残留外,还可能发生农药残留、意外污染物或环境污染物等其他化学物残留,这里重点介绍兽药残留。关于其他化学物残留请参考有关书籍。

有意或无意加入食品或动物饲料中的化学物都可能导致食品中化学物残留的发生。残留一般包括兽药或化学物原形、它们在动物体内的代谢物和降解产物。前面已提到,CCRVDF 认可的"兽药残留"是指动物产品的任何食用部分所含兽药的母体化合物及其代谢物,以及与兽药有关的杂质的残留。

残留量以重量表示,如 mg/kg 或 mg/L(曾用 ppm 表示);μg/kg 或 μg/L(曾用 ppb 表示);ng/kg 或 ng/L(曾用 ppt 表示)。

为了保障动物性食品安全,经过测定兽药的无作用剂量(NEL)和日许量(ADI)制定出被人食用的动物产品的最高残留限量(MRL)。意即兽药在食用动物产品中的残留量不能超过这个标准,否则将对食品消费者的健康产生有害作用。

2)兽药残留的来源

在食品动物体内或动物性食品中发现的违章残留,大都是由用药错误造成的,其原因主要有:①不正确的应用药物,如用药剂量、给药途径、用药部位和用药动物的种类等不符合用药指示,这些因素有可能延长药物残留在体内的时间,从而需要增加休药的天数;②在休药期结束前屠宰动物;③屠宰前用药掩饰临床症状,以逃避屠宰前检查;④以未经批准的药物作为添加剂饲喂动物;⑤药物标签上的用法指示不当,造成违章残留物;⑥饲料粉碎设备受污染或将盛过抗菌药物的容器用于储藏饲料;⑦接触厩舍粪尿池中含有抗生素等药物的废水和排放的污水(如猪经常摄入这种污水);⑧任意以抗生素药渣喂猪或其他食品动物等滥用抗生素,是出现抗生素残留的主要原因。

残留成为公众关注的环境问题,其起因是近40年来畜牧业生产中普遍采用的抗微生物药物亚治疗量用法。类似这种用药方法产生的根源,一是畜牧业生产者一直致力寻找一种能够促进动物生长的动物蛋白因子;二是工厂化、高密度饲养方式使现代畜牧面临发病率及死亡率。

3)兽药残留的种类

动物用药后,其体内可能存在两类残留:第一类是以游离或结合形式存在的原药及其主要代谢物(除高亲脂性化合物外,因代谢和排泄迅速,不会在动物体内蓄积)。但这些物质可能具有毒性作用,而且本人摄入后在体内可生成高度活化的中间产物,因而对消费者具有潜在的危害性。第二类是共价结合代谢物,因其从机体排出相对较慢,它们的存在对于靶动物有潜在的毒性作用,而对于消费者,由于结合残留在人体内不可能再活化,其生物利用率和含量均低,可能只显示很低的毒性。

4)影响食品动物组织中药物残留的因素

经内服或注射给药的动物,其组织中存在的药物及其代谢物或降解产物的残留。组织中药物残留随药物种类、剂量、给药途径、药物及其代谢物特性的不同而异。在有些情况下,饲料也会影响动物组织中的药物残留,但药物休药期的执行情况是影响组织残留的最重要因素。屠宰后胴体加工过程也是影响药物残留检出率的因素之一。烹调和储藏温度亦影响残留药物在组织中的稳定性。

对于大多数抗微生物药来说,药物从动物体内消除属一级动力学,而大多数情况下,组织中药物残留抗微生物活性的丧失是一个零级动力学的过程。这表示药物残留量越多,它们从食用组织中消除所需的时间就越长。如果药物添加剂是亲脂性的,那么它们会蓄积在脂肪组织中,而且其消除速度明显比亲水性药物慢。

实际上,存在于家禽食用组织、牛肉、羊肉、乳和蛋中的药物残留的种类和发生率差异较大。这是动物屠宰前或其乳和蛋上市前停止用药时间长短的一种反映。

1.6.3　药物残留对人体健康的影响

动物性食品中的药物残留对人体健康的影响,主要表现为变态反应与过敏反应、细菌耐药性、致畸作用、致突变作用和致癌作用,以及激素(样)作用等多方面。

1)变态反应与过敏反应

虽然许多抗菌药物被用作治疗药或饲料药物添加剂,但是只有少数抗菌药物能致敏易感的个体,如青霉素、磺胺类药物、四环素及某些氨基糖苷类抗生素等。这些药物具有抗原性,能刺激机体内抗体的形成。由于青霉素具有强抗原性,而且在人和动物中广泛应用,因而青霉素具有最大的潜在危害性。变态反应症状多种多样,轻者表现为红疹或皮肤瘙痒,严重者甚至发生危及生命的综合征。流行病学资料表明,在允许使用量的范围内,青霉素只对人群中的极少数个体产生危害作用,但是极小剂量即可能诱发变态反应。

2)细菌耐药性

细菌对抗菌药物产生的耐药性依旧是人们关注的问题。细菌耐药性是指有些细菌菌株对通常能抑制其生长繁殖的某种浓度的抗菌药物产生了耐受性。细菌耐药性是受染色体和(或)质粒上的基因控制。染色体型耐药性是在抗菌药物存在或不存在的条件下,由某种细菌自发突变产生的,这种情况较少见,而且只对某一特定的抗菌药物产生耐药性。大多数细菌的耐药性属质粒型耐药性,它由 R-质粒控制。

研究表明,随着抗菌药物的不断应用,尤其是近年来用于促生长而使用亚治疗量抗微生物药物,细菌中的耐药菌株数量也在不断增加。动物在反复接触某一种抗菌药物的情况下,其体内的敏感菌受到选择性的抑制,从而使耐药菌株大量繁殖。在某些情况下,动物体内的耐药菌株又可通过动物性食品传播给人,而给临床上感染性疾病的治疗造成困难。虽然一般可采用替代药品,但在寻找替代药品的过程中,耐药菌感染往往会延误正常的治疗过程,而且替代药品的毒性可能更高、价格更贵,或疗效更低。

3)"三致"作用(致畸、致癌、致突变作用)

在妊娠关键阶段对胚胎或胎儿产生毒性作用造成先天畸形的药物或化学药品称为致畸物。

致突变作用又称诱变作用。诱变剂(致变物)是指损害细胞或机体遗传成分的化学物。现已证明,有些化学药品包括烷化剂及 DNA 碱基的同类物具有诱变活性。由于药物及环境中的化学药品可引起基因突变或染色体畸变而造成对人群的潜在危害,因此越来越引起人们的关注。如苯骈咪唑类抗蠕虫药,通过抑制细胞活性,可杀灭蠕虫及其虫卵,故抗蠕虫作用范围广泛。然而,其抑制细胞活性的作用使其具有潜在的致突变性和致畸性。为此,对所有苯骈咪唑类药物都应进行安全性的毒理学评价,并确定其对消费者的安全界限。

许多致变物亦具有致癌活性。例如,人工合成的化学物质多环烃,以及天然物如黄曲霉毒素及有关的化合物,既具有致突变作用,又具有致癌作用。它们本身并不具备生物活性,只有经代谢转化为具有活性的亲核物质后,才能与大分子共价结合,从而引起突变、癌变、畸变和细胞坏死等损伤。有些国家的立法机构认为,在人的食物中不能允许含有任何量的已知致癌物,人们尤其关注的是具有潜在致癌活性的动物用药,因为这些药物在肉、蛋和乳中的残留可进入人体。因此,对曾用致癌物进行治疗或饲喂过致癌物的食用动物,在屠宰时不允许在其食用组织中有致癌物残留的存在。

4）激素（样）作用

自从动物被用作人的食品以来，人就开始接触动物体内的内源性激素。大约在 30 年前，具有性激素样活性的化合物已作为同化剂（又称同化性激素）用于畜牧业生产，以促进动物生长，提高饲料转化率。由于用药动物的肿瘤发生率有上升的趋势，因而引起人们对食用组织中同化剂残留的关注。1979 年在美国禁用己烯雌酚作为反刍动物牛和羊以及鸡的促生长剂之后，一些国家也相继禁止应用同化剂，尤其是雌激素同化剂。而一些研究结果表明，在用药动物的组织中，同化剂的浓度处于正常的生理范围以内，而且随动物性食品摄入人体的极少量的内源性性激素，其口服活性低，因而不可能有效地干扰消费者的激素机能。问题的关键在于必须有效地防止非法用药。

1.6.4　控制动物食品中药物残留的措施

1）加强对药物生产和使用的管理

对兽药的生产和使用进行严格管理，制订药物（包括药物添加剂）管理条例，切实做好兽药的具体管理工作。规定兽药、饲料添加剂、农药等化学物质均需检验其有效性与安全性，而且必须在取得食品动物组织中药物残留方面的有关资料后，才考虑批准生产。

生产实践中合理应用抗菌药物，对控制动物性食品中药物残留对人体健康的影响甚为重要，所以应该限制常用医用抗菌药物或容易产生耐药菌株的抗生素在畜牧业生产上的使用范围，不能任意将这些药物用作饲料药物添加剂。提倡一些畜禽用的抗生素，如弗吉尼亚霉素、越霉素 B、潮霉素 B、莫能菌素、盐霉素、拉沙里菌素、马杜霉素、伊维菌素 B、黄霉素等，这些不作医用的抗生素除具特有的抗菌和抗寄生虫作用外，对动物有刺激生长的作用，而且药物不易吸收，因而不易在动物的肉、蛋和乳中残留。

农业部公告　第 193 号（食品动物禁用的兽药及其他化合物清单）

农业部公告　第 176 号（禁止在饲料和动物饮用水中使用的药物品种目录）

2）严格规定药物的休药期和允许残留量

规定药物和药物添加剂的休药期，以法规形式制订肉、蛋和乳等动物性食品中药物添加剂及其他化学物质的最高残留限量。

为保障人民健康，凡供食用动物应用的药物和其他化学物质均需规定休药期。所谓休药期是食品动物被屠宰前必须停药的时间。生产中必须切实执行休药期的规定，并对动物性食品中的药物残留进行全面检测，凡超过规定残留限量的食品不允许在市场上出售。

农业部公告　第 235 号（动物性食品中兽药最高残留限量）

农业部公告　第 278 号（停药期规定）

3）对药物进行安全性毒理学评价

为保障动物性食品的安全性，必须对药物（含药物添加剂）和饲料中的各种污染物及有害物进行安全性毒理学评价。药品（包括兽药）、饲料添加剂、农药，以及各种工业用、生活用的化学药品在正式投产前均需检验其毒性，并证明确实安全有效后才能用于医学临床、畜牧业、工业、农业生产和生活上。

4）加强动物食品中化学物质的检测

我国已从农业部到各省市均设立了动物食品中化学物质检测、监察机构,除检测动物食品中药残含量外,同时还要对源头饲料生产部门进行监督检查,不允许投放不该使用的药品,不允许随意提高药物浓度。凡违规或超标的,可终止其生产,停止市场销售。

5）淘汰不安全的兽药品种,严格限制饲料药物添加剂品种

淘汰经实践证明不安全的兽药品种,并设计高效安全的化学药品取代之,这是防止药物对动物产生直接危害,并控制兽药和其他化学物及其代谢产物在畜禽体内残留,通过动物性食品对人体产生有害影响,以及对环境造成污染的有效措施之一。

1.7　处　方

管理规定:国家实行兽用处方药和非处方药分类管理制度。兽用处方药和非处方药分类管理的办法和具体实施步骤,由国务院兽医行政管理部门规定。目前,正式的国家兽用处方药管理办法尚未颁布,部分省有各自省的兽用处方药暂行管理办法。

1.7.1　处方的意义

处方是兽医根据病畜病情开写的药单。处方应开在正规处方笺上。处方是药房配药、发药的依据。也是药房管理中药物消耗的原始凭证,应妥善保存以便查阅。处方是否正确,直接影响治疗效果和病畜安全,所以兽医、药剂人员以及司药员都必须有高度的责任感,不容许在开写处方或调配处方时产生任何差错。若由此而造成的医疗事故及经济损失,兽医师及相关人员将要负法律责任。因此,一定要严肃对待。

1.7.2　处方的种类

广义上讲,凡是制备任何药剂的书面文件均可称为处方。处方的种类很多,一般分为法定处方、协定处方(验方)、医疗处方(兽医师处方、临时处方)和生产处方等。

①法定处方　是指国家法定部门审核批准发布的如国家药典、兽药规范中的处方,一般多用于配制制剂,具有法律约束力,这类处方配制的制剂又称法定制剂。如果这种药物制剂只有一种规格,可以省略规格不写;若有两种以上规格者,仍应注明规格。法定处方是不能随意改变成分和含量的,具有相对长期稳定的应用价值。

②协定处方　是医疗机构为了减少候药时间或方便应用,在医院负责人主持下由医生与药房人员商议制定的处方,不属于法定制剂或成药。这种处方只适用于本院范围内,不能在市场上流通。民间积累的简单有效的经验处方,习惯称为验方。

③医疗处方　兽医师根据病情需要,针对某个病例所开的特定的临时处方,内容由医生根据病情而定,具有对症下药或辨症施治的意义。当疾病治愈时,此处方就完成了使命。临时处方不能用来配制制剂,只能用作门诊或临床调剂。

④生产处方　兽药厂在大量生产制剂时,所列各种成分、规格、数量及制备与控制质量方法等的规程性文件,称为生产处方。

1.7.3　处方的格式

平常临床所说的处方一般是指医疗处方也称临时处方、兽医师处方。兽医院(站)都有印好的处方笺,形式统一,便于应用和保管。一个完整的处方应当包括下列内容(表1.1)。

表1.1　处方笺

处方编号	××兽医院(站/场)处方笺		门诊(住院)号		
畜主单位(姓名)		住址			
病畜种别	性别	年龄(体重 kg)		特征	

R
(1)硫酸链霉素 100 万 IU ×6
　注射用水 适量
　用法:肌肉注射,每天 2 次,每次 100 万 IU,连用 3 d
(2)大黄苏打片 0.3 g ×60
　用法:每次 10 片,每天 3 次。

药价

兽医师(签名)　　　　　　　年　月　日 调制剂(签名)

①第一部分(上项)　内容包括年月日、编号、畜主、地址、畜别、性别、特征、年龄、体重、药价等。

②第二部分(中项)　左上角有 R 或 Rp 符号。这是拉丁文 Recipe 的简写,是请取的意思,也就是请药房工作人员取下列药物。

③第三部分(下项)　开处方的兽医、调配处方的药剂人员分别签名。

1.7.4　处方的开写规则及注意事项

①药名写在左侧,剂量写在右侧。注意剂量与制剂相配合。剂量单位一律采用法定计量单位。

固体:g;液体:mL。需要其他单位时后边必须注明。另外一些药如抗生素、激素、维生素等,不能用容量和重量表示,而用特定的单位 U 或国际单位 IU 表示。

②剂量小于1,小数点前加"0",如 0.5,小数点对齐,以免差错。

③一张处方开写多种药物时,应将主要药物写在前面,依次开辅助药(佐药,起到辅助或加强主药的作用)、矫正药(减少副作用或毒性)、赋型药(能使制成适当剂型的药物)。

④配制和服用法:包括调配方法和给药方法,如混合一次、每日一次、连用三天等。

⑤同一张处方笺上开几个处方,每个处方的中项均应完整,并在每个处方第一药名的左上方写出次序号,如①、②、③等。

⑥处方中药物剂量有分量法与总量法两种。

分量法:只开一次剂量,在服用法中注明需用次数和数量。

总量法:开一天或数天总量,服用法中注明每次用量。

⑦处方开写的毒、剧药品不得超过极量,如因特殊需要而超过时(如阿托品用于抢救有机磷中毒),应在剂量旁加惊叹号,如 5.0!,同时加盖处方医师印章(或签名),以示负责。

⑧处方应字迹清楚、不用铅笔、不得涂改、不得有错别字、简体字等。

复习思考题

1.举例说明药物来源于哪些方面?

2.药物的剂型有哪几类?各有哪些特点?参观你院(校)动物药房或药厂,药物的剂型有多少?

3.药物作用的方式有哪些?请分别举例说明。

4.什么是药物作用的选择性?有何临床意义?

5.药物的不良反应有哪些?如何避免?

6.什么是联合用药?其主要目的是什么?

7.什么是药物的量效关系?有什么规律?

8.影响药物作用的因素有哪些?有何临床意义?

9.药动学研究的内容是什么?

10.剂量对药物作用有何影响?

11.造成兽药残留的原因有哪些?兽药残留对人体有何影响?控制动物性食品中兽药残留有何措施与意义?

12.怎样正确开写处方?

第2章
抗微生物药物

本章导读:本章主要对消毒防腐药和抗微生物药作了相关的阐述,重点内容包括常用防腐消毒药的应用范围、浓度和使用方法;各类抗菌药物的抗菌范围和适应症、不良反应及注意事项;了解内容包括各类防腐消毒药的概念、作用机理,同时怎样区分防腐药与消毒药;了解抗生素的概念、重要性及分类,掌握抗生素的作用机理及合理应用,了解各类化学合成抗菌药的抗菌机理,掌握临床应用和不良反应;要特别强调抗生素的滥用和耐药性问题。

抗微生物药系指对病原微生物具抑制或杀灭作用,主要用于全身感染的抗生素、磺胺药及其他合成抗菌药。在畜禽疾病中,有相当一部分是由病原微生物如细菌、真菌、支原体、病毒等所致的感染性疾病,它们给畜牧业生产带来巨大损失,而且许多人畜共患病直接或间接地危害人们的健康和影响公共卫生。因此,在与这些感染性疾病的斗争中,抗微生物药发挥着巨大作用。

2.1 防腐消毒药

2.1.1 防腐消毒药的概念

防腐药是指能抑制病原微生物生长繁殖的药物。消毒药是指能迅速杀灭病原微生物的药物。两者之间并无严格的界限,消毒药在低浓度时仅能抑菌,而防腐药在高浓度时也能杀菌。因此,一般总称为防腐消毒药。

防腐消毒药与其他抗菌药不同,它们对病原体与机体组织的作用并无明显的选择性,在防腐消毒的浓度下,往往也能损害动物机体,甚至产生毒性反应。故通常不作全身用药,主要用于杀灭或抑制体表、器械、排泄物及周围环境病原微生物的生长繁殖。

2.1.2 防腐消毒药的作用机理

1)使蛋白质凝固或变性

此类药物多为原浆毒,能使微生物的原浆蛋白质凝固或变性而杀灭微生物,如酚类、醇类、醛类、酸类和重金属盐类等。

2）改变胞浆膜的通透性

某些防腐消毒药能改变细胞膜表面张力,增加其通透性,引起胞内物质漏失,水向菌体内渗入,使菌体破裂或溶解,如新洁尔灭、洗必泰等。

3）干扰病原体的酶系统

有些防腐消毒药通过氧化还原反应损害酶的活性基团,或因化学结构与代谢相似,竞争或非竞争地同酶结合,抑制酶的活性,引起菌体死亡,如重金属盐类、氧化剂类和卤素类。

2.1.3 影响防腐消毒药作用的因素

1）药物的浓度和作用时间

浓度越高,作用时间越长,效果越好,但对组织的刺激性也越大;反之,则达不到杀菌的目的,故使用时应选用适当的浓度和作用时间。

2）温度

在一定范围,药液温度越高,杀菌力越强。一般是每增加 10 ℃,抗菌活性可增加1倍。

3）有机物

有机物能与防腐消毒药结合使其作用减弱,或机械性保护微生物而阻碍药物的作用。因此,在使用防腐消毒药前必须将消毒场所彻底打扫干净,创伤应消除脓、血、坏死组织和污物,以取得更好的消毒效果。

4）微生物的特点

不同种(型)的微生物,对药物的敏感性是不同的,如病毒对碱类敏感,而对酚类耐药;生长繁殖旺盛期的细菌对药物敏感,而具有芽胞的细菌则对其强大抵抗力。

5）药物之间的相互拮抗

两种药物合用时,常会出现配伍禁忌,使药效降低。如阳离子表面活性剂和阴离子表面活性剂共用,可使消毒作用消失。又如,高锰酸钾、过氧乙酸等氧化剂与碘酊等还原剂可发生氧化还原反应,不但减弱消毒作用,更主要是会加重对皮肤的刺激性和毒性。

6）pH 值

环境或组织的 pH 值对有些消毒防腐药作用的影响较大。如戊二醛在酸性环境中较稳定,但杀菌能力较弱,当加入 0.3% 碳酸氢钠,使其溶液 pH 值达 7.5 ~ 8.5 时,杀菌活性显著增强,不仅能杀死多种繁殖型细菌,还能杀死芽胞,因在碱性环境中形成的碱性戊二醛,易与菌体蛋白的氨基结合使之变性。含氯消毒剂作用的最佳 pH 值为 5 ~ 6。以分子形式起作用的酚、苯甲酸等,当环境 pH 值升高时,其分子的解离程度相应增加,杀菌效力随之减弱或消失。环境 pH 值升高时可使菌体表面负电基团相应地增多,从而导致其与带正电荷的消毒药分子结合数量的增多,这是季铵盐类、氯己定、染料等作用增强的原因。

7）水质硬度

硬水中的 Ca^{2+} 和 Mg^{2+} 能与季铵盐类、氯己定或碘附等结合形成不溶性盐类，从而降低其抗菌效力。

8）其他

环境的湿度、药物的剂型等都能影响药效，在使用防腐消毒药时，必须加以考虑。

2.1.4 理想消毒防腐药的条件

①抗微生物范围广、活性强，而且在有体液、脓液、坏死组织和其他有机物质存在时，仍能保持抗菌活性，能与去污剂配伍应用。

②作用产生迅速，其溶液的有效寿命长。

③具有较高的脂溶性和分布均匀的特点。

④对人和动物安全，防腐药不应对组织有毒，也不妨碍伤口愈合，消毒药应不具残留表面活性。

⑤药物本身应无臭、无色和着色性，性质稳定，可溶于水。

⑥无易燃性和易爆性。

⑦对金属、橡胶、塑料、衣物等无腐蚀作用。

⑧价廉易得。

2.1.5 注意

①消毒防腐药选择性差，不能用于全身用药。

②消毒防腐药的作用机制影响其消毒效果。

2.1.6 防腐消毒药的分类和应用

1）皮肤、黏膜消毒防腐药

（1）醇类

醇类为使用较早的一类消毒防腐药。各种脂族醇类都有不同程度的杀菌作用，常用的是乙醇。醇类消毒防腐药的优点是：性质稳定、作用迅速、无腐蚀性、无残留作用，可与其他药物配成酊剂而起增效作用。缺点是：不能杀灭细菌芽胞，受有机物影响大，抗菌有效浓度较高。

乙醇

乙醇又名酒精，医用乙醇的浓度应不低于 95.0% 。处方上凡未指明浓度的乙醇，均指 95% 乙醇。

【理化性质】 为无色澄明液体，易挥发，易燃烧。与水能作任意比例混合。变性酒精为在乙醇中添加有毒物质，如甲醇、甲醛等，使不适饮用，但可用于消毒，效果与乙醇相同。

【作用与应用】 乙醇是临床上使用最广泛，也是较好的一种皮肤消毒药。能杀死繁殖型细菌,对结核分枝杆菌、有脂囊膜病毒也有杀灭作用,但对细菌芽胞无效。乙醇可使细菌胞浆脱水,并进入蛋白肽链的空隙破坏构型,使菌体蛋白变性和沉淀。乙醇可溶解类脂质,不仅易渗入菌体破坏其胞膜,而且能溶解动物的皮脂分泌物,从而发挥机械性除菌作用。

常用75%乙醇消毒皮肤以及器械浸泡消毒。无水乙醇的杀菌作用微弱,因它使组织表面形成一层蛋白凝固膜,妨碍渗透,而影响杀菌作用,另一方面蛋白变性需有水的存在。浓度低于20%时,乙醇的杀菌作用微弱,高于95%则作用不可靠。乙醇对黏膜的刺激性大,不能用于黏膜和创面抗感染。

乙醇能扩张局部血管,改善局部血液循环,用稀醇涂擦久卧病畜的局部皮肤,可预防褥疮的形成;浓乙醇涂擦可促进炎性产物吸收,减轻疼痛,用于治疗急性关节炎、腱鞘炎和肌炎等。无水乙醇纱布压迫手术出血创面5 min可立即止血。

(2)表面活性剂

表面活性剂是一类能降低水溶液表面张力的物质,由于促进水的扩展,使表面润湿(用作润湿剂),又可浸透进入微细孔道,使两种不相混合的液体如油和水发生乳化(用作乳化剂),润湿和乳化均有利于油污的去除,表面活性剂兼有这两种作用者,就是清洁剂(detergents)。主要通过改变细菌细胞膜的通透性,影响细菌新陈代谢;还可使蛋白变性,灭活菌体内多种酶系统,而具有抗菌活性。

表面活性剂包含疏水基和亲水基。疏水基一般是烃链,亲水基有离子型和非离子型两类,后者对细菌没有抑制作用。离子型表面活性剂根据其在水中溶解后在活性基团上电荷的性质,分为阴离子表面活性剂(如肥皂)、阳离子表面活性剂(如苯扎溴铵、醋酸氯己定、癸甲溴铵和度米芬等)、非离子表面活性剂(如吐温类化合物)和两性离子表面活性剂(如汰垢类消毒剂)。表面活性剂的杀菌作用与其去污力不是平行的,如阴离子表面活性剂去污力强,但抗菌作用很弱;而阳离子表面活性剂的去污力较差,但抗菌作用强。

季铵盐类为最常用的阳离子表面活性剂,可杀灭大多数种类的繁殖型细菌、真菌以及部分病毒,不能杀死芽胞、结核杆菌和绿脓杆菌。季铵盐类处于溶液状态时,可解离出季铵盐阳离子,后者可与细菌的膜磷脂中带负电荷的磷酸基结合,低浓度呈抑菌作用,高浓度呈杀菌作用。对革兰氏阳性菌的作用比对革兰氏阴性菌的作用强。杀菌作用迅速、刺激性很弱、毒性低,不腐蚀金属和橡胶,但杀菌效果受有机物影响较大,故不适用于厩舍和环境消毒。在消毒器具前,应先机械清除其表面的有机物。阳离子表面活性剂不能与阴离子表面活性剂同时使用。

苯扎溴铵

苯扎溴铵又名新洁尔灭,为溴化二甲基苄基烃铵的混合物,属季铵盐类阳离子表面活性剂。

【理化性质】 常温下为黄色胶状体,低温时可逐渐形成蜡状固体,性质稳定,水溶液呈碱性反应。市售5%苯扎溴铵水溶液,强力振摇产生大量泡沫,遇低温可发生混浊或沉淀。

【作用与应用】 具有杀菌和去污作用,用于创面、皮肤和手术器械的消毒。

用时禁与肥皂及其他阴离子活性剂、盐类消毒药、碘化物和过氧化物等配伍使用;不

宜用于眼科器械和合成橡胶制品的消毒;器械消毒时,需加0.5%亚硝酸钠;其水溶液不得储存于由聚乙烯制作的瓶内,以避免与其增塑剂起反应而使药液失效。

【用法与用量】 创面消毒,0.01%溶液。

皮肤器械消毒,0.1%溶液。

醋酸氯己定

醋酸氯己定又名洗必泰,为阳离子型的双胍化合物。

【理化性质】 为白色晶粉,无臭、味苦。在乙醇中溶解,在水中微溶,在酸性溶液中解离。

【作用与应用】 为阳离子表面活性剂,抗菌作用强于苯扎溴铵,其作用迅速且持久,毒性低。与苯扎溴铵联用对大肠杆菌有协同杀菌作用;两药混合液呈相加消毒效力。醋酸洗必泰溶液常用于皮肤、术野、创面、器械、用具等的消毒,消毒效力与碘酊相当,但对皮肤无刺激,也不染色,注意事项同苯扎溴铵。

【用法与用量】 皮肤消毒,0.5%水溶液或醇(以70%乙醇配制)溶液。

黏膜及创面消毒,0.05%溶液。

手消毒,0.02%溶液。

器械消毒,0.1%溶液。

百毒杀

百毒杀是一种双链季铵高效表面活性剂。无色无味液体,能溶于水,性质稳定。

【作用与应用】 低浓度能杀灭畜禽的主要病原菌、病毒和部分虫卵,有除臭和清洁作用。

【用法与用量】 常用0.05%的溶液进行浸泡、洗涤、喷洒等消毒厩舍、孵化室、用具、环境。将本品1 mL加入1万~2万mL水中可消毒饮水槽和饮水。

(3)碘与碘化物

碘属卤素,碘与碘化物的水溶液或醇溶液均可用于皮肤消毒或创面消毒。

碘

【理化性质】 为灰黑色或蓝黑色、有金属光泽的片状结晶或块状物,有特臭,具挥发性水中几乎不溶,溶于碘化钾或碘化钠水溶液中,在乙醇中易溶。

【药理作用】 碘具有强大的杀菌作用,也可杀灭细菌芽胞、真菌、病毒、原虫。碘主要以分子(I_2)形式发挥杀菌作用,其原理可能是碘化和氧化菌体蛋白的活性基团,并与蛋白的氨基结合而导致蛋白变性和抑制菌体的代谢酶系统。

碘在水中的溶解度很小,且有挥发性,但当有碘化物存在时,因形成可溶性的三碘化合物,碘的溶解度增加数百倍,又能降低其挥发性,在配制碘溶液时,常加适量的碘化钾,以促进碘在水中的溶解。碘水溶液中有杀菌作用的成分为元素碘(I_2)、三碘化物的离子(I_3^-)和次碘酸(HIO)。HIO的量较少,但杀菌作用最强,I_2次之,离解的I_3^-的杀菌作用极微弱。在酸性条件下,游离碘增多,杀菌作用较强;在碱性条件下,反之。

【应用】 碘酊是最有效的常用皮肤消毒药。一般皮肤消毒用2%碘酊,大家畜皮肤和术野消毒用5%碘酊。由于碘对组织有较强的刺激性,其强度与浓度成正比,故碘酊涂抹皮肤待稍干后,宜用75%乙醇擦去,以免引起发泡、脱皮和皮炎。碘甘油刺激性较小,用于黏膜表面消毒,治疗口腔、舌、齿龈、阴道等黏膜炎症与溃疡。2%碘(水)溶液不含酒精,适用于皮肤浅表破损和创面,以防止细菌感染。在紧急条件下,每升水中加入2%碘酊5~6滴,15 min后水可供饮用。

【应用碘酊时注意事项】 ①碘酊须涂于干的皮肤上,如涂于湿皮肤上不仅杀菌效力降低,且易引起发泡和皮炎。②与含汞药物相遇,可产生碘化汞而呈现毒性作用。③配制的碘液应存放在密闭容器内。

【常用的制剂】
①碘酊:含碘2%、碘化钾1.5%,以70%的乙醇配制。
②浓碘酊:含碘10%、碘化钾6%,以95%的乙醇配制。再与等量70%的乙醇混合即成5%的碘酊。
③碘溶液:含碘2%和碘化钾2.5%的水溶液。
④碘甘油:含碘和碘化钾均为1%的甘油溶液。

聚维酮碘

聚维酮碘为1-乙烯基-2-吡咯烷酮均聚物与碘的复合物,黄棕至红棕色无定形粉末。能溶于水。

本品杀菌力比碘强,兼有清洁剂作用,毒性低,对组织刺激性小,储存稳定。常用于手术部位、皮肤和黏膜消毒。皮肤消毒配成5%溶液,奶牛乳头浸泡0.5%~1%溶液,黏膜及创面冲洗0.1%溶液。

碘仿

碘仿(CHI_3)为黄色有光泽的晶粉。有异臭,易挥发。稍溶于水,可任意溶于苯和丙酮中,1 g碘仿溶于7.5 mL乙醚中。碘仿本身无防腐作用,与组织液接触时,能缓慢地分解出游离碘而呈现防腐作用,作用持续约1~3 d。对组织刺激性小,能促进肉芽形成。具有防腐、除臭和防蝇作用。常制成10%碘仿醚溶液治疗深部瘘管、蜂窝织炎和关节炎等;4%~6%碘仿纱布用于充填会阴等深而易污染的伤口。

(4)**有机酸类**

有机酸类主要用作防腐药。醋酸、苯甲酸、山梨酸、戊酮酸、甲酸、丙酸和丁酸等许多有机酸广泛用作药品、粮食和饲料的防腐。水杨酸、苯甲酸等具有良好的抗真菌作用。向饲料中加入一定量的甲酸、乙酸、丙酸和戊酮酸等,可使沙门氏菌及其他肠道菌对胴体的污染明显下降。丙酸等尚用于防止饲料霉败。

醋酸(乙酸)

醋酸为无色澄明液体,有强烈的特臭,味极酸,可与水或乙醇任意混合。5%醋酸溶液有抗绿脓杆菌、嗜酸杆菌和假单胞菌属的作用,内服可治疗消化不良和瘤胃臌胀。外用,冲洗口腔用2%~3%溶液;冲洗感染创面用0.5%~2%溶液。

(5)**过氧化物类**

本类药品与有机物相遇时,可释出新生态氧,使菌体内活性基团氧化而起杀菌作用。

过氧化氢(双氧水)

过氧化氢溶液含过氧化氢应为2.5%~3.5%。市售的尚有浓过氧化氢溶液含H_2O_2

应为 26.0% ~28.0%。

【理化性质】 过氧化氢溶液为无色澄清液体,无臭或有类似臭氧的臭气。遇氧化物或还原物即迅速分解并发生泡沫,遇光、热易变质。应遮光、密闭、在阴凉处保存。

【作用与应用】 过氧化氢有较强的氧化性,在与组织或血液中的过氧化氢酶接触时,迅速分解,释出新生态氧,对细菌产生氧化作用,干扰其酶系统的功能而发挥抗菌作用。由于作用时间短,且有机物能大大减弱其作用,因此杀菌力很弱。在接触创面时,由于分解迅速,会产生大量气泡,机械地松动脓块、血块、坏死组织及与组织粘连的敷料,有利于清洁创面。3%的过氧化氢溶液常用于清洗创伤,去除痂皮,尤其对厌氧性感染更有效。过氧化氢尚有除臭和止血作用。

【用法与用量】 临床上常用 0.3% ~1% 的溶液冲洗口腔或阴道。1% ~3% 的溶液清洗带恶臭的创伤及深部创伤,有利于机械清除小脓块、血块、坏死组织,防止厌氧菌感染。

【应用注意】 避免用手直接接触高浓度过氧化氢溶液,因可发生灼伤。禁与强氧化剂配伍。

高锰酸钾

【理化性质】 为黑紫色、细长的棱形结晶或颗粒,带蓝色的金属光泽,无臭。与某些有机物或易氧化的化合物研磨或混合时,易引起爆炸或燃烧。在水中溶解,在沸水中易溶,水溶液呈深紫色。

【作用与应用】 为强氧化剂,遇有机物或加热、加酸或加碱等均即释出新生态氧(非游离态氧,不产生气泡):

$$2KMnO_4 + H_2O \rightarrow 2KOH + 2MnO_2 + 3[O]$$

呈现杀菌、除臭、解毒作用。在发生氧化反应时,其本身还原为棕色的二氧化锰,后者可与蛋白结合成蛋白盐类复合物,因此高锰酸钾在低浓度时对组织有收敛作用;高浓度时有刺激和腐蚀作用。高锰酸钾的抗菌作用较过氧化氢强,但它极易被有机物分解而作用减弱。在酸性环境中杀菌作用增强,如 2% ~5% 溶液能在 24 h 内杀死芽胞;在 1% 溶液中加入 1.1% 盐酸,则能在 30 s 内杀死炭疽芽胞。用于冲洗皮肤创伤及腔道炎症。

吗啡、士的宁等生物碱,苯酚、水合氯醛、氯丙嗪、磷和氰化物等均可被高锰酸钾氧化而失去毒性,临床上用于洗胃解毒。

【用法与用量】 腔道冲洗及洗胃配成 0.05% ~0.1% 溶液;创伤冲洗配成 0.1% ~0.2% 溶液。

【应用注意】 严格掌握不同适应症采用不同浓度的溶液。药液需新鲜配制,避光保存。高浓度的高锰酸钾对组织有刺激和腐蚀作用,不应反复用高锰酸钾溶液洗胃。误服可引起一系列消化系统刺激症状,严重时出现呼吸和吞咽困难、蛋白尿等。

(6)染料类

染料分为两类,即碱性(阳离子)染料和酸性(阴离子)染料,前者抗菌作用强于后者。两者仅抑制细菌繁殖,抗菌谱不广,作用缓慢。下面仅介绍兽医临床上应用的两种碱性染料,它们对革兰氏阳性菌有选择作用,在碱性环境中有杀菌作用,碱度越高,杀菌力越强。碱性染料的阳离子可与细菌蛋白的羟基结合,造成不正常的离子交换机能;抑制巯基酶反应和破坏细胞膜的机能等。

乳酸依沙吖啶(雷佛奴尔)

乳酸依沙吖啶为 2-乙氧基-6,9-二氨基吖啶的乳酸盐。

【理化性质】 黄色结晶性粉末,无臭、味苦。在水中略溶,热水中易溶,水溶液不稳定,遇光渐变色。在乙醇中微溶,在沸腾无水乙醇中溶解。置褐色玻瓶,密闭,在凉暗处保存。

【作用与应用】 属吖啶类(或黄色素类)染料,此类为染料中最有效的防腐药。碱基在未解离成阳离子前,不具抗菌活性,即当乳酸依沙吖啶解离出依沙吖啶,在其碱性氮上带正电荷时,才对革兰氏阳性菌呈现最大的抑菌作用。对各种化脓菌均有较强的作用,最敏感的细菌为魏氏梭状芽胞杆菌和酿脓链球菌。抗菌活性与溶液的 pH 值和药物解离常数有关。常以 0.1% ~0.3% 水溶液冲洗或以浸泡纱布湿敷,治疗皮肤和黏膜的创面感染。在治疗浓度时对组织无损害。抗菌作用产生较慢,但药物可牢固地吸附在黏膜和创面上,作用可维持 1 d 之久。当有机物存在时,活性增强。

【应用注意】

①溶液在保存过程,尤其曝光下,本品可分解生成很毒的产物。

②与碱类和碘液混合易析出沉淀。

③长期使用可能延缓伤口愈合。

④当有高于 0.5% 浓度的 NaCl 存在时,本品可从溶液中沉淀出来,故不能用 NaCl 溶液配制。

甲紫

【理化性质】 为深绿紫色的颗粒性粉末或绿紫色有金属光泽的碎片,臭极微。在乙醇中溶解,在水中略溶。

【作用与应用】 甲紫、龙胆紫和结晶紫是一类性质相同的碱性染料,对革兰氏阳性菌有强大的选择作用,也有抗真菌作用。对组织无刺激性。

临床上常用其 1% ~2% 水溶液或醇溶液治疗皮肤、黏膜的创面感染和溃疡。0.1% ~1% 水溶液用于烧伤,因有收敛作用,能使创面干燥,也用于皮肤表面真菌感染。

2) 环境消毒药

(1) 酚类

酚类是一种表面活性物质,可损害菌体细胞膜,较高浓度时也是蛋白变性剂,故有杀菌作用。此外,酚类还通过抑制细菌脱氢酶和氧化酶等活性,而产生抑菌作用。

在适当浓度下,对大多数不产生芽胞的繁殖型细菌和真菌均有杀灭作用,但对芽胞和病毒作用不强。酚类的抗菌活性不易受环境中有机物和细菌数目的影响,故可用于消毒排泄物等。化学性质稳定,因而储存或遇热等不会改变药效。目前,销售的酚类消毒药大多含两种或两种以上具有协同作用的化合物,以扩大其抗菌作用范围。一般酚类化合物仅用于环境及用具消毒。

另外,10% 鱼石脂软膏尚可外用于软组织,治疗急性炎症(消炎、消肿)和促进慢性皮肤病的恢复,现多用硫桐脂作为代用品。

苯酚（石炭酸）

【理化性质】 无色或微红色针状结晶或结晶性块,有特臭和引湿性。溶于水和有机溶剂。水溶液显弱酸性反应。遇光或在空气中色渐变深。

【作用与应用】 苯酚为一般原浆毒。2%～5%苯酚溶液用于器具、厩舍消毒,排泄物和污物处理等。5%溶液可在48 h内杀死炭疽芽胞。碱性环境、脂类、皂类等能减弱其杀菌作用。

兽医临床常用的制剂为复合酚,含苯酚41%～49%和醋酸22%～26%。为深红褐色黏稠液,有特臭。可杀细菌、霉菌和病毒,也可杀灭动物寄生虫卵。主要用于厩舍、器具、排泄物和车辆等消毒。药液用水稀释100～200倍,可用于喷雾消毒。

【不良反应】 当苯酚浓度大于0.5%时,具有局部麻醉作用;5%溶液对组织产生强烈的刺激和腐蚀作用。动物意外吞服或皮肤、黏膜大面积接触会引起全身性中毒,表现为中枢神经先兴奋后抑制,心血管系统受抑制,严重者可因呼吸麻痹致死。苯酚被认为是一种致癌物。

甲酚（煤酚）

甲酚为从煤焦油中分馏得到的邻位、间位和对位3种甲酚异构体的混合物。

【理化性质】 几乎无色、淡紫色或淡棕黄色的澄清液体。有类似苯酚的特臭,微带焦臭。久储或在日光下,色渐变深。难溶于水。

【作用与应用】 抗菌作用比苯酚强3～10倍,毒性大致相等,但消毒用药液浓度较低,故较苯酚相对安全。可杀灭一般繁殖型病原菌,对芽胞无效,对病毒作用不可靠。5%～10%甲酚皂溶液用于厩舍、器械、排泄物和染菌材料等消毒。

甲酚有特臭,不宜在食品加工厂等应用。可引起色泽污染。对皮肤有刺激性。

（2）醛类

这类消毒药的化学活性很强,在常温常压下很易挥发,故又称挥发性烷化剂。杀菌机制主要是通过烷基化反应,使菌体蛋白变性,酶和核酸等的功能发生改变,而呈现强大的杀菌作用。

常用的有甲醛、聚甲醛、戊二醛等。

甲醛溶液

【理化性质】 甲醛(HCHO)本身为无色气体,具有特殊刺激性气味,易溶于水和乙醇。常用其40%甲醛溶液,即福尔马林(Formalin),为无色液体,在冷处久储,可生成聚甲醛而发生混浊。常加入10%～15%甲醇,以防止聚合。

【作用与应用】 不仅能杀死细菌的繁殖型,也能杀死芽胞(如炭疽芽胞),以及抵抗力强的结核杆菌、病毒及真菌等,主要用于厩舍、仓库、孵化室、皮毛、衣物、器具等的熏蒸消毒,也可内服用于胃肠道制酵。甲醛对皮肤和黏膜的刺激性很强,用时注意。

【用法与用量】 内服,一次量,牛8～25 mL;羊1～3 mL。服时用水稀释20～30倍。标本、尸体防腐,5%～10%溶液。

熏蒸消毒,剂量为15 mL/m³。

聚甲醛

聚甲醛为甲醛的聚合物[H(CH₂O)ₙOH],具甲醛特臭的白色疏松粉末。在冷水中溶解缓慢,热水中很快溶解。溶于稀碱和稀酸溶液。聚甲醛本身无消毒作用,常温下缓慢解聚,放出甲醛。加热(低于 100 ℃)熔融时很快产生大量甲醛气体,呈现强大的杀菌作用。主要用于环境熏蒸消毒,剂量为 3 ~ 5 g/m³。

戊二醛

【理化性质】 为无色油状液体,味苦。有微弱的甲醛臭,但挥发性较低。可与水或醇作任何比例的混溶,溶液呈弱酸性。pH 值高于 9 时,可迅速聚合。

【作用与应用】 戊二醛原为病理标本固定剂,近 10 年来发现它的碱性水溶液具有较好的杀菌作用。当 pH 值为 7.5 ~ 8.5 时,作用最强,可杀灭细菌的繁殖体和芽胞、真菌、病毒,其作用较甲醛强 2 ~ 10 倍。有机物对其作用的影响不大。对组织的刺激性弱,碱性溶液可腐蚀铝制品。

由于价格较贵,目前用于不宜加热处理的医疗器械、塑料及橡胶制品等的浸泡消毒。一般配制 2% 溶液应用。

（3）碱类

碱类杀菌作用的强度取决于其解离的 OH⁻ 浓度,解离度越大,杀菌作用越强。碱对病毒和细菌的杀灭作用均较强,高浓度溶液可杀灭芽胞。高浓度的 OH⁻ 能水解菌体蛋白和核酸,使酶系和细胞结构受损,并能抑制代谢机能,分解菌体中的糖类,使细菌死亡。遇有机物可使碱类消毒药的杀菌力稍微降低。碱类无臭无味,除可消毒厩舍外,还可用于肉联厂、食品厂、牛奶场等的地面、饲槽、车船等消毒。碱溶液能损坏铝制品、油漆漆面和纤维织物。

氢氧化钠

氢氧化钠又名苛性钠。消毒用氢氧化钠又叫烧碱或火碱。

【理化性质】 为白色不透明固体。吸湿性强,露置空气中会逐渐溶解而成溶液状态。易从空气中吸收 CO₂,渐变成碳酸钠。密闭保存。

【作用与应用】 烧碱属原浆毒,杀菌力强。能杀死细菌繁殖型、芽胞和病毒,还能皂化脂肪和清洁皮肤。一般以 2% 溶液喷洒厩舍地面、饲槽、车船、木器等,用于口蹄疫、猪瘟和猪流感等病毒性感染以及猪丹毒和鸡白痢等细菌性感染的消毒;5% 溶液用于炭疽芽胞污染的消毒。习惯上应用其加热溶液,在消毒厩舍前应驱出家畜。氢氧化钠对组织有腐蚀性,能损坏织物和铝制品等,消毒时应注意防护,消毒后适时用清水冲洗。

氧化钙

消毒用石灰(生石灰),主要成分是氧化钙(CaO),是一种价廉易得的消毒药。对繁殖型细菌有良好的消毒作用,而对芽胞和结核杆菌无效。临用前加水配成 20% 石灰乳涂刷厩舍墙壁、畜栏、地面等,也可直接将石灰撒于潮湿地面、粪池周围和污水沟等处。防疫期间,畜牧场门口可放置浸透 20% 石灰乳的垫草进行鞋底消毒。

（4）酸类

酸类包括无机酸和有机酸,后者将在皮肤黏膜防腐药中叙述。

无机酸类为原浆毒,具有强烈的刺激和腐蚀作用,故应用受限制。盐酸(Hydrochloric Acid)和硫酸(Sulfuric Acid)具有强大的杀菌和杀芽胞作用。2 mol/L 硫酸可用于消毒排泄物等。2% 盐酸中加食盐 15%,并加温至 30 ℃,常用于消毒污染炭疽芽胞皮张的浸泡

消毒(6 h)。食盐可增强杀菌作用,并可减少皮革因受酸的作用膨胀而降低质量。

(5)卤素类

卤素和易放出卤素的化合物,具有强大的杀菌作用,其中氯的杀菌力最强;碘较弱,主要用于皮肤消毒(见碘与碘化物)。卤素对菌体细胞原浆有高度亲和力,易渗入细胞,使原浆蛋白的氨基或其他基团卤化,或氧化活性基团而呈现杀菌作用。氯和含氯化合物的强大杀菌作用,是由于氯化作用破坏菌体或改变细胞膜的通透性,或者由于氧化作用抑制各种巯基酶或其他对氧化作用敏感的酶类,从而引起细菌死亡。

含氯石灰(漂白粉)

由氯通入消石灰制得。为次氯酸钙、氯化钙和氢氧化钙的混合物。本品含有效氯不得少于 25.0%。

【理化性质】 灰白色颗粒性粉末,有氯臭。在水中部分溶解。在空气中吸收水分和二氧化碳而缓缓分解,丧失有效氯。不可与易燃易爆物放在一起。

【作用与应用】 含氯石灰加入水中生成次氯酸,后者释放活性氯和初生氧而呈现杀菌作用,其杀菌作用快而强,但不持久。

1% 澄清液作用 0.5 ~ 1 min 即可抑制炭疽杆菌、沙门氏菌、猪丹毒杆菌和巴氏杆菌等多数繁殖细菌的生长;1 ~ 5 min 抑制葡萄球菌和链球菌。对结核杆菌和鼻疽杆菌效果较差。漂白粉的杀菌作用受有机物的影响。漂白粉中所含的氯可与氨和硫化氢发生反应,故有除臭作用。

漂白粉为价廉有效的消毒药,广泛用于饮水消毒和厩舍、场地、车辆、排泄物等的消毒。漂白粉对皮肤和黏膜有刺激作用,也不能用于金属制品和有色棉织物消毒。

【用法与用量】 饮水消毒,用量为 0.2 g/L。

厩舍等消毒,临用前配成 5% ~20% 混悬液。

二氯异氰尿酸钠

二氯异氰尿酸钠又名优氯净。含有效氯 60% ~64.5%。属氯胺类化合物,在水溶液中水解为次氯酸。

【理化性质】 白色晶粉。有浓厚的氯臭。性稳定。在高温、潮湿地区储存 1 年,有效氯含量下降也很少。易溶于水,溶液呈弱酸性,水溶液稳定性较差,在 20 ℃ 左右时,1 周内有效氯约丧失 20%。

【作用与应用】 杀菌谱广,杀菌力较大多数氯胺类消毒药强。对繁殖型细菌和芽胞、病毒、真菌孢子均有较强的杀灭作用。溶液的 pH 值愈低,杀菌作用愈强。加热可加强杀菌效力。有机物对杀菌作用影响较小。有腐蚀和漂白作用。近年来报道,有机氯毒性的危害大于无机氯,主张在病房不宜应用。

用于厩舍、排泄物和水等消毒。0.5% ~1% 水溶液用于杀灭细菌和病毒,5% ~ 10% 水溶液用于杀灭芽胞,临用前现配。可采用喷洒、浸泡和擦拭方法消毒,也可用其干粉直接处理排泄物或其他污染物品。

【用法与用量】 厩舍等消毒,每 1 m² ,常温下 10 ~20 mg,气温低于 0 ℃时 50 mg。

饮水消毒,用量为 4 mg/L。

(6)过氧化物类

过氧化物类消毒药多依靠其强大的氧化能力杀灭微生物,又称为氧化剂。通过氧化反应,可直接与菌体或酶蛋白中的氨基、羧基、巯基发生反应而损伤细胞结构或抑制代谢机能,导致细菌死亡;或者通过氧化还原反应,加速细菌的代谢,损害生长过程而致死。此类消毒药杀菌能力强,多可作灭菌剂。本类药物的缺点是:易分解、不稳定;具有漂白和腐蚀作用。

过氧乙酸

过氧乙酸又名过醋酸。本品为过氧乙酸和乙酸的混合物。市售20%过氧乙酸溶液。

【理化性质】 纯品为无色透明液体,呈弱酸性,有刺激性酸味,易挥发,易溶于水。性质不稳定,遇热或有机物、重金属离子、强碱等易分解。浓度高于45%的溶液经剧烈碰撞或加热可爆炸,而浓度低于20%的溶液无此危险。应密闭、避光、在阴凉处保存。

【作用与应用】 过氧乙酸兼具酸和氧化剂特性,是一种高效杀菌剂,其气体和溶液均具较强的杀菌作用,比一般的酸或氧化剂作用强。作用产生快,能杀死细菌、真菌、病毒和芽胞,在低温下仍有杀菌和抗芽胞能力。主要用于厩舍、器具等消毒,腐蚀性强,有漂白作用。稀溶液对呼吸道和眼结膜有刺激性;浓度较高的溶液对皮肤有强烈刺激性。有机物可降低其杀菌效力。

【用法与用量】 厩舍和车船等喷雾消毒,0.5%溶液;空间加热熏蒸消毒,3%~5%溶液;器具等消毒,0.04%~0.2%溶液;黏膜或皮肤消毒,0.02%或0.2%溶液。

2.2 抗生素

2.2.1 概述

1)概念

抗生素是某些微生物在其代谢过程中所产生的,能抑制或杀灭其他病原微生物的化学物质。抗生素主要从微生物的培养液中提取,有些已能人工合成或半合成。

2)抗菌谱及抗菌活性

抗菌谱是指药物抑制或杀灭病原微生物的范围。凡仅作用于单一菌种或某属细菌的药物称窄谱抗菌药,例如青霉素主要对革兰氏阳性细菌有作用,链霉素主要作用于革兰氏阴性细菌。凡能杀灭或抑制多种不同种类的细菌,抗菌谱的范围广泛,称广谱抗菌药,如四环素类、氯霉素类、庆大霉素、广谱青霉素类、第三代头孢菌素等。

抗菌活性是指抗菌药抑制或杀灭病原微生物的能力。可用体外抑菌试验和体内实验治疗方法测定。体外抑菌试验对临床用药具有重要参考意义。能够抑制培养基内细菌生长的最低浓度称为最小抑菌浓度(MIC)。能够杀灭培养基内细菌生长的最低浓度称为最小杀菌浓度(MBC)。抗菌药的抑菌作用和杀菌作用是相对的,有些抗菌药在低浓度时呈抑菌作用,而高浓度呈杀菌作用。临床上所指的抑菌药是指仅能抑制病原菌的生长繁殖,而无杀灭作用的药物,如磺胺类、四环素类、氯霉素等。杀菌药是指具有杀灭病原菌作用的药物,如青霉素类、氨基糖苷类等。

3)分类

根据抗生素的抗菌谱和应用可分为:

①主要作用于革兰氏阳性菌的抗生素　青霉素类、头孢菌素类、大环内酯类、林可胺类、新生霉素、杆菌肽等。

②主要作用于革兰氏阴性菌的抗生素　氨基糖苷类、多黏菌素类等。

③广谱抗生素　即对革兰氏阳性菌和革兰氏阴性菌等均有作用的抗生素,包括四环素类及氯霉素类等。

④抗真菌抗生素　灰黄霉素、制霉菌素及两性霉素 B 等。

⑤抗寄生虫的抗生素　莫能菌素、盐霉素、马杜霉素、拉沙里菌素、伊维菌素、潮霉素 B、越霉素 A 等。

⑥抗肿瘤的抗生素　丝裂霉素 C、正定霉素、博来霉素、光辉霉素等。

⑦促生长抗生素　黄霉素、维吉尼霉素等。

4)作用机理

随着近代生物化学、分子生物学、电子显微镜、同位素示踪技术和精确的化学定量方法等飞跃发展,抗生素作用机理的研究已进入分子水平,目前阐明有 4 种类型,如图 2.1 所示。

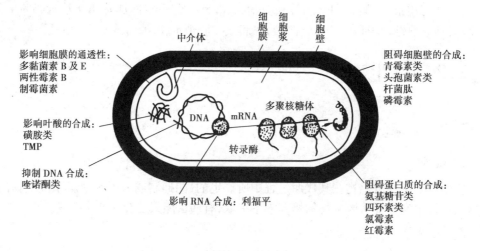

图 2.1　抗生素的作用机理

(1)抑制细菌细胞壁的合成

大多数细菌细胞(如革兰氏阳性菌)的胞浆膜外有一坚韧的细胞壁,具有维持细胞形状及保持菌体内渗透压的功能。青霉素类、头孢菌素类、万古霉素、杆菌肽和环丝氨酸等能分别抑制粘肽合成过程中的不同环节。这些抗生素的作用均可使细菌细胞壁缺损,菌体内的高渗压在等渗环境中,外面的水分不断地渗入菌体内,引起菌体膨胀变形,加上激活自溶酶,使细菌裂解而死亡。抑制细菌细胞壁合成的抗生素对革兰氏阳性菌的作用强(因革兰氏阳性菌的细胞壁主要成分为粘肽,占胞壁重量的 65% ~95%),而对革兰氏阴性菌的作用弱(因革兰氏阴性菌细胞壁的主要成分是磷脂,粘肽仅 1% ~10%)。它们主要影响正在繁殖的细菌细胞,故这类抗生素称为繁殖期杀菌剂。

(2)增加细菌胞浆膜的通透性

胞浆膜即细胞膜,是包围在菌体原生质外的一层半透性生物膜。它的功能在于维持渗透屏障、运输营养物质和排泄菌体内的废物,并参与细胞壁的合成等。当胞浆膜损伤时,通透性将增加,导致菌体内胞浆中的重要营养物质外漏而死亡,产生杀菌作用,如两性霉素 B、制霉菌素、万古霉素等。

(3)抑制菌体蛋白质的合成

蛋白质的合成是一个非常复杂的生物过程(可分为 3 个简单的阶段,即起始、延长和终止)。氯霉素类、氨基糖苷类、四环素类、大环内酯类和林可霉素,在菌体蛋白质合成的不同阶段,与核蛋白体的不同部位结合,阻断蛋白质的合成,从而产生抑菌或杀菌作用。

(4)抑制细菌核酸的合成

核酸包括脱氧核糖核酸(DNA)和核糖核酸(RNA),它们具有调控蛋白质合成的功能。新生霉素、灰黄霉素、抗肿瘤的抗生素(如丝裂霉素 C、放线菌素等)、利福平等可抑制或阻碍细菌细胞 DNA 或 RNA 的合成,从而产生抗菌作用。

5)耐药性

耐药性又称抗药性,分为天然耐药性和获得耐药性两种。前者属细菌的遗传特征,不可改变。例如绿脓杆菌对大多数抗生素不敏感;极少数金黄色葡萄球菌亦具有天然耐药性特征。获得耐药性,即一般所指的耐药性,是指病原菌与抗菌药多次接触后对药物的敏感性逐渐降低,甚至消失,致使抗菌药对耐药病原菌的作用降低或无效。某种病原菌对一种药物产生耐药性后,往往对同一类的药物也具有耐药性,这种现象称为交叉耐药性。交叉耐药性包括完全交叉耐药性和部分交叉耐药性。完全交叉耐药性是双向的,如多杀性巴氏杆菌对磺胺嘧啶产生耐药后,对其他磺胺类药均产生耐药;部分交叉耐药性是单向的,如氨基糖苷类之间,对链霉素耐药的细菌,对庆大霉素、卡那霉素、新霉素仍然敏感,而对庆大霉素、卡那霉素、新霉素耐药的细菌,对链霉素也耐药。

6)抗生素的效价

抗生素的效价通常以重量或国际单位(IU)来表示。效价是评价抗生素效能的标准,也是衡量抗生素活性成分含量的尺度。每种抗生素的效价与重量之间有特定转换关系。青霉素钠,1 mg 等于 1 667 IU,或 1 IU 等于 0.6 μg。青霉素钾,1 mg 等于 1 559 IU,或 1 IU 等于 0.625 μg。多黏菌素 B 游离碱,1 mg 为 1 万 IU,制霉菌素 1 mg 为 3 700 IU。其他抗生素多是 1 mg 为 1 000 IU。如 100 万 IU 的链霉素粉针,相当于 1 g 的纯链霉素碱;25 万 IU 的土霉素片,相当于 250 mg 的纯土霉素碱。

2.2.2 主要作用于革兰氏阳性菌的抗生素

1)青霉素类

(1)天然青霉素

青霉素 G

青霉素 G 是从青霉菌培养液中提取的一种有机酸,难溶于水。其钾盐或钠盐为白色结晶性粉末;无臭或微有特异性臭;有引湿性;遇酸、碱或氧化剂等迅速失效,水溶液在室温放置易失效;20 万 IU/mL 青霉素溶液于 30 ℃放置 24 h,效价下降 56%,青霉烯酸含量增加 200 倍,故临床应用时要现用现配。

【药动学】 内服易被胃酸和消化酶破坏,仅少量吸收。肌注或皮下注射后吸收较

快,一般15~30 min达到血药峰浓度,并迅速下降。吸收后在体内分布广泛,能分布到全身各组织,以肾、肝、肺、肌肉、小肠和脾脏等的浓度较高;骨骼、唾液和乳汁含量较低。当中枢神经系统或其他组织有炎症时,青霉素则较易透入。青霉素在动物体内的消除半衰期较短,种属间的差异较小。肌注给药在马、水牛、犊牛、猪、兔的消除半衰期分别是2.6,1.02,1.63,2.56,0.52 h,而静注给药后,马、牛、骆驼、猪、羊、犬及火鸡的消除半衰期分别是0.9,0.7~1.2,0.8,0.3~0.7,0.7,0.5,0.5 h。青霉素吸收进入血液循环后,在体内不易破坏,主要以原形从尿中排出。在尿中约80%的青霉素由肾小管排出,20%左右通过肾小球过滤。青霉素也可在乳中排泄,因此,给药后的乳汁应禁止给人食用,以免引起过敏反应。

【抗菌谱】 属窄谱杀菌性抗生素。抗菌作用很强,低浓度抑菌,高浓度杀菌。对大多数革兰氏阳性菌、革兰氏阴性球菌、放线菌和螺旋体等高度敏感,常作为首选药。对结核杆菌、病毒、立克次体及真菌则无效。对青霉素敏感的病原菌主要有:链球菌、葡萄球菌、肺炎球菌、脑膜炎球菌、丹毒杆菌、化脓棒状杆菌、炭疽杆菌、破伤风梭菌、李氏杆菌、产气荚膜梭菌、魏氏梭菌、牛放线杆菌和钩端螺旋体等。大多数革兰氏阴性杆菌对青霉素不敏感。

【耐药性】 除金黄色葡萄球菌外,一般细菌不易产生耐药性。耐药的金葡菌能产生大量的青霉素酶(β-内酰胺酶),使青霉素的β-内酰胺环水解而成为青霉素噻唑酸,失去抗菌活性。目前,对耐药金葡菌感染的治疗,可采用半合成青霉素类、头孢菌素类、红霉素及氟喹诺酮类药物等进行治疗。

【应用】 主要用于对青霉素敏感的病原菌所引起的各种感染,如马腺疫、链球菌病、猪淋巴结脓肿、葡萄球菌病,以及乳腺炎、子宫炎、化脓性腹膜炎和创伤感染;炭疽、恶性水肿、气肿疽、气性坏疽、猪丹毒、放线菌病、钩端螺旋体病以及肾盂肾炎、膀胱炎等尿路感染;此外,大剂量应用可治疗禽巴氏杆菌病及鸡球虫病。

【不良反应】 青霉素的毒性很小。其不良反应除局部刺激外,主要是过敏反应。家畜的主要临床表现为流汗、兴奋、不安、肌肉震颤、呼吸困难、心率加快、站立不稳,有时见荨麻疹,眼睑、头面部水肿,阴门、直肠肿胀和无菌性蜂窝织炎等,严重时休克,抢救不及时,可导致迅速死亡。因此,在用药后应注意观察,若出现过敏反应,要立即进行对症治疗,严重者可静注肾上腺素,必要时可加用糖皮质激素等,增强或稳定疗效。

【用法与用量】 肌内注射,一次量,每1 kg体重,马、牛1万~2万IU;羊、猪、驹、犊2万~3万IU;犬、猫3万~4万IU;禽5万IU。2~3次/d。

乳管内注入,一次量,每一乳室,牛10万IU。1~2次/d。奶的废弃期3 d。

【联用】

+利多卡因:促进青霉素吸收,对青霉素利用度无影响,可作为青霉素无痛溶媒应用。

+下列药物可明显延长青霉素G半衰期,如阿司匹林、消炎痛、丙磺舒、保泰松、磺胺苯吡唑、磺吡酮等。

+麻杏石甘散:具有止咳、祛痰、解痉及抗变态反应等作用,联合应用可产生协同作用,提高对呼吸道感染的疗效,并可减少使用抗生素种类及剂量,减轻不良反应。

-四环素、万古霉素、两性霉素B:不宜与青霉素钾盐合用。

－庆大霉素:不宜与青霉素配伍静脉滴注,两药联合应用时分别给药。

－复方新诺明:影响青霉素的杀菌作用。

长效青霉素

为了克服青霉素钠或钾在动物体内的有效血药浓度维持时间短的缺点,制成了一些难溶于水的青霉素胺盐,肌注后缓慢吸收,维持时间较长,称为青霉素长效制剂,如普鲁卡因青霉素、苄星青霉素(青霉素的二苄基乙二胺盐)。普鲁卡因青霉素用于非急性、非重症轻度感染,或作维持剂量用。苄星青霉素因其吸收慢,血药浓度较低,但维持时间较长,主要用于预防或需长期用药的家畜,例如长途运输家畜时用于预防呼吸道感染、肺炎等。

【用法与用量】 肌内或皮下注射(普鲁卡因青霉素),一次量,每 1 kg 体重,马、牛 1 万 ~ 2 万 IU;羊、猪、驹、犊 2 万 ~ 3 万 IU;犬、猫 3 万 ~ 4 万 IU。1 次/d。

肌内或皮下注射(苄星青霉素),一次量,每 1 kg 体重,马、牛 2 万 ~ 3 万 IU;羊、猪 3 万 ~ 4 万 IU;犬、猫 4 万 ~ 5 万 IU。必要时 3 ~ 4 d 重复 1 次。

(2)**半合成青霉素**

半合成青霉素以青霉素的母核 6-氨基青霉素烷酸(6-APA)为基本结构,经过化学修饰合成的一系列具有耐酸、耐酶、广谱特点的青霉素。如青霉素 V(苯氧甲青霉素)、苯氧乙青霉素等,不易被胃酸破坏,可内服;如苯唑西林、邻氯西林、双氯西林及氟氯西林等,不易被 β-内酰胺酶水解,对耐青霉素酶的金黄色葡萄球菌有效;如氨苄西林、卡巴西林、阿莫西林,不仅对 G^+ 菌有效,而且对 G^- 菌也有杀灭作用。

苯唑西林钠(苯唑青霉素钠)

为白色粉末或结晶性粉末,无臭或微臭。在水中易溶,在丙酮或丁醇中极微溶解。在醋酸乙酯或石油醚中几乎不溶。水溶液极不稳定。

【作用与应用】 本品为半合成的耐酸、耐酶青霉素。对青霉素耐药的金葡菌有效,但对青霉素敏感菌株的杀菌作用不如青霉素。主要用于对青霉素耐药的金葡菌感染,如败血症、肺炎、乳腺炎、烧伤创面感染等。

【用法与用量】 内服或肌内注射,一次量,每 1 kg 体重,马、牛、羊、猪 10 ~ 15 mg,犬、猫 15 ~ 20 mg。2 ~ 3 次/d,连用 2 ~ 3 d。

氨苄西林(氨苄青霉素)

为白色结晶性粉末,在水中微溶,其钠盐易溶入水,水溶液极不稳定。10% 水溶液的 pH 值为 8 ~ 10。

【药动学】 本品耐酸、不耐酶,内服或肌注均易吸收。吸收后分布到各组织,其中以胆汁、肾、子宫等浓度较高,主要由尿和胆汁排泄。其血清蛋白结合率较青霉素低,丙磺舒可提高和延长本品的血药浓度。

【抗菌谱】 对大多数革兰氏阳性菌的效力不及青霉素或相近。对革兰氏阴性菌,如大肠杆菌、变形杆菌、沙门氏菌、嗜血杆菌和巴氏杆菌等均有较强的作用,与氯霉素、四环素相似或略强,但不如卡那霉素、庆大霉素和多黏菌素。本品对耐药金葡菌、绿脓杆菌无效。

【应用】 主要用于敏感菌所致的肺部、尿道感染和革兰氏阴性杆菌引起的某些感染

等,例如驹、犊牛肺炎,牛巴氏杆菌病、肺炎、乳腺炎,猪传染性胸膜肺炎,鸡白痢、禽伤寒等。严重感染时,可与氨基糖苷类抗生素合用以增强疗效。不良反应同青霉素。

【用法与用量】 内服,一次量,每 1 kg 体重,家畜、禽 20~40 mg。2~3 次/d。

肌内或静脉注射,一次量,每 1 kg 体重,家畜、禽 10~20 mg。2~3 次/d(高剂量用于幼畜、禽和急性感染)。连用 2~3 d。

乳管内注入,一次量,每一乳室,奶牛 200 mg。1 次/d。

【联用】

+阿司匹林、消炎痛:升高血药浓度,延长半衰期。

+五苓散:减轻不良反应。

−四环素:干扰青霉素杀菌作用,降低治疗肺炎的疗效。

−庆大霉素:不宜与青霉素配伍静脉滴注,两药联合应用时分别给药。

−维生素 C:可使氨苄西林失活或降效。

阿莫西林(羟氨苄青霉素)

为白色或类白色结晶性粉末,味微苦。在水中微溶,在乙醇中几乎不溶。耐酸性较氨苄西林强。

【药动学】 本品在胃酸中较稳定,单胃动物内服后有 74%~92% 被吸收,食物会影响吸收速率,但不影响吸收量。内服相同的剂量后,阿莫西林的血清浓度一般比氨苄西林高 1.5~3 倍。吸收后在体内广泛分布,犬的表观分布容积为 0.2 L/kg。本品可进入脑脊液,脑膜炎时的浓度为血清浓度的 10%~60%。犬的血浆蛋白结合率约 13%,奶中的药物浓度很低。

【作用与应用】 本品的作用、应用、抗菌谱与氨苄西林基本相似,对肠球菌属和沙门氏菌的作用较氨苄西林强 2 倍。临床上多用于呼吸道、泌尿道、皮肤、软组织及肝胆系统等感染。

【用法与用量】 内服,一次量,每 1 kg 体重,家畜、禽 10~15 mg/kg。2 次/d。

肌内注射,一次量,每 1 kg 体重,家畜 4~7 mg。2 次/d。

乳管内注入,一次量,每一乳室,奶牛 200 mg。1 次/d。

2)头孢菌素类

头孢菌素类又称先锋霉素类,是以冠头孢菌的培养液中提取获得的头孢菌素 C 为原料,在其母核 7-氨基头孢烷酸(7-ACA)上引入不同的基团,形成一系列的半合成头孢菌素。根据发现时间的先后,可分为一、二、三、四代头孢菌素,见表 2.1。头孢菌素类具有抗菌谱广、杀菌力强、毒性小、过敏反应较少,对酸和 β-内酰胺酶比青霉素类稳定等优点。由于价格原因,国内兽医临床主要用的是第一代头孢菌素如头孢噻吩(头孢菌素 I)、头孢噻啶(头孢菌素 II)、头孢氨苄(头孢菌素 IV)、头孢唑啉(头孢菌素 V)。头孢噻呋为第三代动物专用头孢菌素,常制成钠盐和盐酸盐供生产应用。其抗菌活性比氨苄西林强,对链球菌活性比喹诺酮抗菌药强。

表 2.1 头孢菌素分类

分 类	药 名	给药途径
第一代	头孢噻吩	注射
	头孢氨苄	内服
	头孢唑啉	注射
	头孢羟氨苄	内服
第二代	头孢孟多	注射
	头孢西丁	注射
	头孢克洛	内服
	头孢呋辛	注射
第三代	头孢噻肟	注射
	头孢唑肟	注射
	头孢曲松	注射
	头孢他啶	注射
	头孢噻呋	注射
	头孢吡肟	注射
第四代	头孢吡肟	注射

【药动学】 第一代可内服的头孢氨苄和头孢羟氨苄均可从胃肠道吸收,犬、猫的生物利用度为75%～90%,头孢氨苄在犬的消除半衰期为1～2 h。用于注射的头孢菌素肌注能很快吸收,约半小时血药浓度达峰值。头孢噻吩在动物体内很快代谢为去乙酰头孢噻吩,其抗菌活性约为原形药的1/4。原形药的消除半衰期很短,在马、水牛、黄牛、猪、犬及家禽的消除半衰期分别是0.5,1.47,0.76,0.18,0.7,0.26～0.66 h。头孢唑啉在犬的表观分布容积为0.7 L/kg,消除半衰期为48 min,血浆蛋白结合率为16%～28%。头孢菌素能广泛地分布于大多数的体液和组织中,包括肾脏、肺、关节、骨、软组织和胆囊。第三代头孢菌素具有较好的穿透脑脊液的能力。头孢菌素主要经肾小球过滤和肾小管分泌排泄,丙磺舒可与头孢菌素产生竞争性拮抗作用,延缓头孢菌素的排出。但肾功能障碍时,消除半衰期显著延长。

【抗菌谱】 头孢菌素的抗菌谱与广谱青霉素相似,对革兰氏阳性菌、阴性菌及螺旋体有效。第一代头孢菌素对革兰氏阳性菌(包括耐药金葡菌)的作用强于第二、三、四代,对革兰氏阴性菌的作用则较差,对绿脓杆菌无效。第二代头孢菌素对革兰氏阳性菌的作用与第一代相似或有所减弱,但对革兰氏阴性菌的作用则比第一代增强;部分药物对厌氧菌有效,但对绿脓杆菌无效。第三代头孢菌素对革兰氏阴性菌的作用比第二代更强,尤其对绿脓杆菌、肠杆菌属有较强的杀菌作用,但对革兰氏阳性菌的作用比第一、二代弱。第四代头孢菌素除具有第三代对革兰氏阴性菌有较强的抗菌谱外,对β-内酰胺酶高度稳定,血浆消除半衰期较长,无肾毒性。

【应用】 主要治疗耐药金葡菌及某些革兰氏阴性杆菌如大肠杆菌、沙门氏菌、伤寒杆菌、痢疾杆菌、肺炎球菌、巴氏杆菌等引起的消化道、呼吸道、泌尿生殖道感染,牛乳腺炎和预防术后败血症等。

【不良反应】 头孢菌素的毒性较小,对肝、肾无明显损害作用。过敏反应的发生率较低。与青霉素 G 偶尔有交叉过敏反应。肌注给药时,对局部有刺激作用,导致注射部位疼痛。

【制剂、用法与用量】 头孢氨苄胶囊、片、混悬剂(2%):内服,一次量,每 1 kg 体重马 22 mg;犬、猫 10～30 mg。3～4 次/d。

乳管注入,一次量,每一乳室,奶牛 200 mg。2 次/d,连用 2 d。

注射用头孢唑啉钠:静脉或肌内注射,一次量,每 1 kg 体重,马 15～20 mg,3 次/d;犬、猫 20～25 mg,3～4 次/d。

头孢拉定胶囊、粉针:内服,一次量,每 1 kg 体重,犬、猫 22 mg。2～3 次/d。静脉或肌内注射,一次量,每 1 kg 体重,马 15～20 mg,3 次/d;犬、猫 20～25 mg,3～4 次/d。

头孢羟氨苄胶囊:内服,一次量,每 1 kg 体重,犬、猫 22 mg。2～3 次/d。

注射用头孢西丁钠:静脉或肌内注射,一次量,每 1 kg 体重,犬、猫 10～20 mg。2～3 次/d。

注射用头孢噻肟钠:静脉注射,一次量,每 1 kg 体重,驹 20～30 mg,4 次/d。静脉、肌内或皮下注射,一次量,每 1 kg 体重,犬、猫 25～50 mg,2～3 次/d。

注射用头孢噻呋钠:肌内注射,一次量,每 1 kg 体重,牛 1.1 mg;猪 3～5 mg;犬 2.2 mg。1 次/d,连用 3 d。1 日龄雏鸡,每只 0.1 mg。

3)β-内酰胺酶抑制剂

克拉维酸(棒酸)

克拉维酸是由棒状链霉菌产生的抗生素。本品的钾盐为无色针状结晶。易溶于水,水溶液极不稳定。本品性质及不稳定,易吸湿失效。原料药应严封在 −20 ℃以下干燥处保存。需特殊工艺制剂才能保证药效。

【作用与应用】 克拉维酸仅有微弱的抗菌作用,是一种革兰氏阳性和阴性细菌产生的 β-内酰胺酶抑制剂。内服吸收好,也可注射。本品不单独用于抗菌,通常与其他 β-内酰胺抗生素合用,以克服细菌的耐药性而提高疗效。现已有氨苄西林或阿莫西林与克拉维酸组成的复方制剂用于兽医临床,如阿莫西林 + 克拉维酸钾[(2～4):1]。

【用法与用量】 内服,一次量,每 1 kg 体重,家畜 10～15 mg(以阿莫西林计)。2 次/d。

舒巴坦(青霉烷砜)

本品的钠盐为白色或类白色结晶粉末。溶于水,在水溶液中有一定的稳定性。

【作用与应用】 本品对革兰氏阳性和阴性菌(绿脓杆菌除外)所产生的 β-内酰胺酶有抑制作用,与青霉素类和头孢类抗生素合用能产生协同抗菌作用。单独使用抗菌作用很弱,与氨苄西林联用可治疗敏感菌所致的呼吸道、泌尿道、皮肤软组织、骨和关节等部位感染以及败血症。

【用法与用量】 内服,一次量,每 1 kg 体重,家畜 20～40 mg(以氨苄西林计）。2 次/d。

肌内注射，一次量，每 1 kg 体重，家畜 10～20 mg（以氨苄西林计）。2 次/d。

2.2.3 主要作用于革兰氏阴性菌的抗生素

1）氨基糖苷类

本类药物的化学结构含有氨基糖分子和非糖部分的糖元结合而成的苷，故称为氨基糖苷类抗生素。临床上常用的有链霉素、卡那霉素、庆大霉素、新霉素、阿米卡星、小诺霉素、大观霉素等。它们具有以下的共同特征：

①均为有机碱，能与酸形成盐。常用制剂为硫酸盐，易溶于水，性质比青霉素稳定，在碱性环境中作用增强。

②内服吸收很少，可作为肠道感染用药。全身感染时常注射给药。大部分以原形从尿中排出，适用于泌尿道感染，肾功能下降时，消除半衰期明显延长。

③抗菌谱较广，对需氧革兰氏阴性杆菌及结核杆菌有强大作用，但对革兰氏阳性菌的作用较弱。

④作用机理均为抑制细菌蛋白质的生物合成，在低浓度时抑菌，高浓度时杀菌，对静止期细菌的杀灭作用较强，为一静止期杀菌剂。

⑤主要不良反应是对第八对脑神经的毒性及肾损伤。

⑥细菌对本类药物易产生耐药性，其发生方式为跃进式，各药间有部分或完全交叉耐药性。

【联用】

＋本类药物在碱性环境中抗菌作用较强，与碱性药物（如碳酸氢钠、氨茶碱）联用可增强抗菌效力，但毒性亦相应增强。pH 值超过 8.4 时，则抗菌作用减弱。

－Ca^{2+}，Mg^{2+}，Na^+，NH^+，K^+ 等阳离子可抑制氨基糖苷类的抗菌活性，做药敏测定试验时注意培养基中的阳离子浓度。

链霉素

链霉素是从灰链霉菌培养液中提取的。常用其硫酸盐，为白色或类白色粉末，有吸湿性，易溶于水。

【药动学】 内服难吸收，大部分以原形由粪便排出。肌注吸收迅速而完全，约 1 h血药浓度达高峰，有效药物浓度可维持 6～12 h。主要分布于细胞外液，易透入胸腔、腹腔中，有炎症时渗入增多。亦可透过胎盘进入胎血循环，胎血浓度约为母畜血浓度的一半，因此孕畜慎用链霉素。链霉素大部分以原形通过肾小球滤过而排出，故在尿中浓度较高，可用于治疗泌尿道感染（常配用碳酸氢钠）。

【抗菌谱】 抗菌谱较广，主要对结核杆菌和大多数革兰氏阴性杆菌有效。对革兰氏阳性菌的作用不如青霉素。对钩端螺旋体、放线菌、败血霉形体也有效。对梭菌、真菌、立克次氏体、病毒无效。

反复使用链霉素，细菌极易产生耐药性，并远比青霉素为快，且一旦产生，停药后不易恢复。因此，临床上常采用联合用药，以减少或延缓耐药性的产生。

【应用】 主要用于敏感菌所致的急性感染，例如大肠杆菌所引起的各种腹泻、乳腺

炎、子宫炎、败血症、膀胱炎等;巴氏杆菌所引起的牛出血性败血症、犊牛肺炎、猪肺疫、禽霍乱等;鸡传染性鼻炎;马棒状杆菌引起的幼驹肺炎。

【不良反应】 家畜对链霉素的不良反应不多见,但一旦发生,死亡率较高。过敏反应时可出现皮疹、发热、血管神经性水肿、嗜酸性白细胞增多等。在马、牛肌注后 5 ~ 15 min,出现不安、呼吸困难、发绀、昏迷及眼睑、颜面、乳房、阴唇等部位水肿。长时间应用可损害第八对脑神经,出现行走不稳、共济失调和耳聋等症状。用量过大可阻滞神经肌肉接头,出现呼吸抑制、肢体瘫痪和骨骼肌松弛等症状。若出现以上症状应立即停药,静注 10% 葡萄糖酸钙等抢救。

【用法与用量】 肌内注射,一次量,每 1 kg 体重,家畜 10 ~ 15 mg;家禽 20 ~ 30 mg。2 ~ 3 次/d。

【联用】

+ 白头翁:与链霉素有协同抗菌作用。

庆大霉素

庆大霉素系从小单孢子属培养液中提取获得的 C_1, C_{1a} 和 C_2 3 种成分的复合物。3 种成分的抗菌活性和毒性基本一致。其硫酸盐为白色或类白色结晶性粉末,无臭,有引湿性,在水中易溶,在乙醇中不溶。

【药动学】 本品内服难吸收,肠内浓度较高。肌注后吸收快而完全,主要分布于细胞外液,可渗入胸腹腔、心包、胆汁及滑膜液中,亦可进入淋巴结及肌肉组织。其 70% ~ 80% 以原形通过肾小球滤过从尿中排出。

【作用与应用】 本品抗菌谱广,抗菌活性较链霉素强。对革兰氏阴性菌和阳性菌均有作用。特别对绿脓杆菌及耐药金葡菌的作用最强。此外,对霉形体、结核杆菌亦有作用。临床主要用于耐药金葡菌、绿脓杆菌、变形杆菌和大肠杆菌等所引起的各种呼吸道、肠道、泌尿道感染和败血症等;内服还可用于治疗肠炎和细菌性腹泻。

【不良反应】 与链霉素相似。影响第八对脑神经,较链霉素少见;对肾脏有损害作用。若按治疗量给药是非常安全的。

【用法与用量】 肌内注射,一次量,每 1 kg 体重,马、牛、羊、猪 2 ~ 4 mg;犬、猫 3 ~ 5 mg;家禽 5 ~ 7.5 mg。2 次/d,连用 2 ~ 3 d。休药期猪 40 d。

静脉滴注(严重感染),用量同肌注。

内服,一次量,每 1 kg 体重,驹、犊、羔羊、仔猪 5 ~ 10 mg。2 次/d。

卡那霉素

卡那霉素是从卡那链霉菌的培养液中提取的。有 A,B,C 3 种成分。临床应用以卡那霉素 A 为主,常用其硫酸盐,为白色或类白色结晶性粉末。效价测定 1 000 卡那霉素单位相当于 1 mg 的卡那霉素。

【药动学】 内服吸收差。肌注吸收迅速,有效血药浓度可维持 12 h。主要分布于各组织和体液中,以胸、腹腔中的药物浓度较高,胆汁、唾液、支气管分泌物及脑脊液中含量很低。约有 40% ~ 80% 以原形从尿中排出。尿中浓度很高,可用于治疗尿道感染。

【抗菌谱】 与链霉素相似,但抗菌活性稍强。对多数革兰氏阴性菌如大肠杆菌、变形杆菌、沙门氏菌和巴氏杆菌等有效,但对绿脓杆菌无效;对结核杆菌和耐青霉素的金葡菌亦有效。与链霉素或庆大霉素有单向的交叉耐药性。

【应用】 主要用于治疗多数革兰氏阴性杆菌和部分耐青霉素金葡菌所引起的感染,如呼吸道、肠道和泌尿道感染、乳腺炎、鸡霍乱和雏鸡白痢等。此外,亦可用于治疗猪喘气病、猪萎缩性鼻炎和鸡慢性呼吸道病。

【用法与用量】 肌内注射,一次量,每 1 kg 体重,家畜、家禽 10～15 mg。2 次/d,连用 2～3 d。

阿米卡星(丁胺卡那霉素)

阿米卡星是在卡那霉素的基团上引入较大的丁胺基团而生成的半合成衍生物。常用其硫酸盐,效价测定 1 000 阿米卡星单位相当于 1 mg 的阿米卡星。

【作用与应用】 抗菌谱较卡那霉素广,其特点是对庆大霉素、卡那霉素耐药的绿脓杆菌、大肠杆菌、变形杆菌、肺炎杆菌仍有效;对金葡菌亦有较好作用。主要用于治疗敏感菌引起的菌血症、败血症、呼吸道、泌尿道、消化道感染,腹膜炎、关节炎及脑膜炎等。

【用法与用量】 肌内注射,一次量,每 1 kg 体重,马、牛、羊、猪、犬、猫、家禽 5～7.5 mg。2 次/d。

新霉素

【作用与应用】 是从链丝菌培养液中提取获得。抗菌谱与卡那霉素相似。在氨基糖苷类中,毒性最大,一般禁用于注射给药。内服给药后很少吸收,主要用于治疗畜禽的肠道感染;子宫或乳管内注入,治疗奶牛、母猪的子宫内膜炎和乳腺炎;局部外用(0.5%的溶液或软膏),治疗皮肤、黏膜化脓性感染。

【用法与用量】 内服,一次量,每 1 kg 体重,家畜 10～15 mg;犬、猫 10～20 mg。2 次/d,连用 2～3 d。

混饮,每 1 L 水,禽 50～75 mg(效价),连用 3～5 d。休药期鸡 5 d。

混饲,每 1 000 kg 饲料,禽 77～154 g(效价),连用 3～5 d。肉鸡宰前 5 d、火鸡宰前 14 d 停止给药。蛋鸡产蛋期禁用。

大观霉素(壮观霉素)

其盐酸盐或硫酸盐为白色或类白色结晶粉末,易溶于水。

【作用与应用】 对革兰氏阴性菌(如大肠杆菌、布鲁氏菌、变形杆菌、绿脓杆菌、沙门氏菌、巴氏杆菌等)有较强作用,对革兰氏阳性菌(链球菌、葡萄球菌)作用较弱。对支原体有一定作用。兽医临床上多用于防治大肠杆菌病、禽霍乱、禽沙门氏菌病。常与林可霉素联合用于防治仔猪腹泻、猪的支原体性肺炎和败血支原体引起的鸡慢性呼吸道病。

【用法与用量】 混饮,每 1 L 水,禽 500～1 000 mg(效价),连用 3～5 d。肉鸡宰前 5 d 停药。蛋鸡产蛋期禁用。

内服,一次量,每 1 kg 体重,猪 20～40 mg,2 次/d。

安普霉素(普拉霉素)

其硫酸盐为白色或类白色结晶粉末,易溶于水。

【作用与应用】 抗菌谱广,对革兰氏阴性菌(如大肠杆菌、变形杆菌、沙门氏菌等)、对革兰氏阳性菌(某些链球菌)、密螺旋体和某些支原体有较好的抗菌作用。内服给药吸收差(<10%),肌注后吸收迅速,约 1～2 h 可达血药峰浓度,生物利用度 50%～100%。

只能分布于细胞外液,大部分以原形从尿中排出。临床上主要用于幼畜大肠杆菌、沙门氏菌感染,对猪的密螺旋性痢疾、畜禽支原体病亦有效。猫较敏感,易产生毒性。

【用法与用量】 肌注一次量,每 1 kg 体重,家畜 20 mg,2 次/d,连用 3 d。

内服,一次量,每 1 kg 体重,家畜 20 ~ 40 mg,1 次/d,连用 5 d。

混饮,每 1 L 水,禽 250 ~ 500 mg(效价),连用 5 d。宰前 7 d 停止给药。

混饲,每 1 000 kg 饲料,猪 80 ~ 100(效价,用于促生长),连用 7 d。宰前 21 d 停止给药。

2)多肽类

多黏菌素

本类抗生素是由多黏芽胞杆菌的培养液中提取的,有 A,B,C,D,E 5 种成分。兽医临床应用的有多黏菌素 B、多黏菌素 E(抗敌素)和多黏菌素 M(多黏菌素甲)3 种,前两种供全身应用,后一种主要外用。

【药动学】 内服不吸收,主要用于肠道感染。肌注后 2 ~ 3 h 达血药峰浓度,有效血药浓度可维持 8 ~ 12 h。吸收后分布于全身组织,肝、肾中含量较高,主要经肾缓慢排泄。

【作用与应用】 本品为窄谱杀菌剂,对革兰氏阴性杆菌的抗菌活性强。主要敏感菌有大肠杆菌、沙门氏菌、巴氏杆菌、布鲁氏菌、弧菌、痢疾杆菌、绿脓杆菌等。尤其对绿脓杆菌具有强大的杀菌作用。细菌对本品不易产生耐药性,但与多黏菌素 E 之间有交叉耐药性。

临床主要用于革兰氏阴性杆菌的感染,特别是绿脓杆菌、大肠杆菌所致的严重感染。局部应用可治疗创面、眼、耳、鼻部的感染等。

【用法与用量】 内服,一次量,每 1 kg 体重,犊牛 0.5 万 ~ 1 万 IU,2 次/d;仔猪 2 000 ~ 4 000 IU,2 ~ 3 次/d。

杆菌肽

本品最初从枯草杆菌中发现,目前生产由地衣型芽孢杆菌的培养液中取得。

【作用与应用】 内服不吸收,肌注 2 h 可达血药峰浓度。分布广泛,主要经肾排泄,易导致严重肾损害。本品抗菌谱与青霉素相似,对各种革兰氏阳性菌、耐药金葡菌、肠球菌、非溶血性链球菌有较强的抗菌作用;尤其对金葡菌和链球菌作用强大。对少数革兰氏阴性菌、螺旋体、放线菌也有效。但对革兰氏阴性杆菌无效。临床上不适合全身性治疗,常与链霉素、新霉素、多黏菌素合用,治疗家畜的肠道疾病。亦可用作饲料添加剂,以促进鸡、猪的生长,提高饲料利用率。局部外用其眼膏、软膏或复方眼膏治疗敏感菌所致的皮肤伤口、软组织、眼、耳、口腔等部位感染。

【用法与用量】 混饲,每 1 000 kg 饲料,3 月龄以下犊牛 10 ~ 100 g,3 ~ 6 月龄 4 ~ 40 g;4 月龄以下猪 4 ~ 40 g;16 周龄以下禽 4 ~ 40 g(以杆菌肽计)。

2.2.4 主要作用于霉形体的抗生素

1)大环内酯类

大环内酯类是一族由 12 ~ 16 个碳骨架的大内酯环及配糖体组成的抗生素。兽医临床常用的是红霉素、泰乐菌素、替米考星、吉他霉素、螺旋霉素等。

红霉素

红霉素是从红链霉菌的培养液中提取的,为白色或类白色的结晶或粉末,难溶于水,其乳糖酸盐或硫氰酸盐较易溶于水。

【药动学】 红霉素碱内服易被胃酸破坏,常采用耐酸制剂如红霉素肠溶片或红霉素琥珀酸乙酯。脑膜炎时脑脊液中可达较高浓度。肌注后吸收迅速,分布广泛,肝、胆中含量最高,部分可经肠重吸收。本品大部分在肝内代谢灭活,主要经胆汁排泄。

【抗菌谱】 与青霉素相似,对革兰氏阳性菌如金葡菌、链球菌、肺炎球菌、猪丹毒杆菌、梭状芽胞杆菌、炭疽杆菌、棒状杆菌等有较强的抗菌作用;对某些革兰氏阴性菌如巴氏杆菌、布鲁氏菌的作用较弱,对大肠杆菌、克雷伯氏菌、沙门氏菌等肠杆菌属无作用。此外,对某些霉形体、立克次氏体和螺旋体亦有效;对青霉素耐药的金葡菌亦敏感。

本品与其他类抗生素之间无交叉耐药性,但大环内酯类抗生素之间有部分或完全的交叉耐药。

【应用】 主要用于对青霉素耐药的金葡菌所致的轻、中度感染和对青霉素过敏的病例,如肺炎、败血症、子宫内膜炎、乳腺炎和猪丹毒等。对禽的慢性呼吸道病(霉形体病)、猪霉形体性肺炎也有较好的疗效。

【不良反应】 毒性低,但刺激性强。肌注可发生局部炎症,宜采用深部肌注。静注速度要缓慢,同时应避免漏出血管外。犬猫内服可引起呕吐、腹痛、腹泻等症状,应慎用。

【用法与用量】 内服,一次量,每1 kg体重,仔猪、犬、猫10～20 mg。2/d,连用3～5 d。混饮,每1 L水,鸡125 mg(效价),连用3～5 d。

静脉滴注,一次量,每1 kg体重,马、牛、羊、猪3～5 mg;犬、猫5～10 mg。连用2～3 d。

泰乐菌素

泰乐菌素是从弗氏链霉菌的培养液中提取的。微溶于水,与酸制成盐后则易溶于水。若水中含铁、铜、铝等金属离子时,则可与本品形成络合物而失效。兽医临床上常用其酒石酸盐和磷酸盐。

【抗菌谱】 本品为畜禽专用抗生素。对革兰氏阳性菌、霉形体、螺旋体等均有抑制作用;对大多数革兰氏阴性菌作用较差。对革兰氏阳性菌的作用较红霉素弱,其特点是对霉形体的作用较强。

【应用】 主要用于防治鸡、火鸡和其他动物的霉形体感染;猪的密螺旋体性痢疾、弧菌性痢疾、羊胸膜性肺炎。此外,亦可作为畜禽的饲料添加剂,以促进增重和提高饲料转化率。

【不良反应】 本品毒性小,几乎无残留,但不能与聚醚类抗生素合用,否则导致后者的毒性增强。

【用法与用量】 混饮,每1 L水,禽500 mg(效价),连用3～5 d。蛋鸡产蛋期禁用,休药期鸡1 d;猪200～500 mg(治疗弧菌性痢疾)。

混饲,每1 000 kg饲料,猪10～100 g;鸡4～50 g。用于促生长,宰前5 d停止给药。

内服,一次量,每1 kg体重,猪7～10 mg。3次/d,连用5～7 d。

肌内注射,一次量,每1 kg 体重,牛10 ~ 20 mg;猪5 ~ 13 mg;猫10 mg。1 ~ 2 次/d,连用5 ~ 7 d。

替米考星

替米考星系由泰乐菌素的一种水解产物半合成的畜禽专用抗生素,药用其磷酸盐。

【药动学】 本品内服和皮下注射吸收快,但不完全,奶牛及奶山羊皮下注射的生物利用度分别为22%及8.9%。表观分布容积大,肺组织中的药物浓度高。具有良好的组织穿透力,能迅速而较完全地从血液进入乳房,乳中药物浓度高,维持时间长,乳中半衰期长达1 ~ 2 d。皮下注射后,奶牛及奶山羊的血清半衰期分别为4.2,29.3 h。这种特殊的药动学特征尤其适合家畜肺炎和乳腺炎等感染性疾病的治疗。

【药理作用】 本品具有广谱抗菌作用,对革兰氏阳性菌、某些革兰氏阴性菌、支原体、螺旋体等均有抑制作用;对胸膜肺炎放线杆菌、巴氏杆菌及畜禽支原体具有比泰乐菌素更强的抗菌活性。

本品禁止静注,牛一次静注5 mg/kg 体重即可致死,对猪、灵长类和马也易致死,其毒作用的靶器官是心脏,可引起负性心力效应。

【应用】 主要用于防治家畜肺炎(由胸膜肺炎放线杆菌、巴氏杆菌、支原体等感染引起)、禽支原体病及泌乳动物的乳腺炎。

【用法与用量】 混饮,每1 L 水,鸡100 ~ 200 mg,连用5 d。用于鸡支原体病的治疗(蛋鸡除外)。

混饲,每1 000 kg 饲料,猪200 ~ 400 g。用于防治胸膜肺炎放线杆菌及巴氏杆菌引起的肺炎。

皮下注射,一次量,每1 kg 体重,牛、猪10 ~ 20 mg,1 次/d。

乳管内注入,一次量,每一乳室,奶牛300 mg。用于治疗急性乳腺炎。

吉他霉素

吉他霉素又名北里霉素、柱晶白霉素。

【药理作用】 抗菌谱与红霉素相似。对革兰氏阳性菌有较强的抗菌作用,但较红霉素弱;对耐药金葡菌的效力强于红霉素,对某些革兰氏阴性菌、支原体、立克次氏体亦有抗菌作用。葡萄球菌对本品产生耐药性的速度比红霉素慢。对大多数耐青霉素和红霉素的金葡菌有效是本品的特点。

【应用】 主要用于革兰氏阳性菌(包括耐药金葡菌)所致的感染、支原体病及猪的弧菌性痢疾等。此外,还用作猪鸡的饲料添加剂,促进生长和提高饲料转化率。

【用法与用量】 混饮,每1 L 水,鸡250 ~ 500 mg(效价),蛋鸡产蛋期禁用,肉鸡休药期7 d;猪100 ~ 200 mg。连用3 ~ 5 d。

混饲,每1 000 kg 饲料,猪5.5 ~ 50 g;鸡5.5 ~ 11 g(用于促生长)。宰前7 d 停止给药。

内服,一次量,每1 kg 体重,猪20 ~ 30 mg;鸡20 ~ 50 mg。2 次/d,连用3 ~ 5 d。

螺旋霉素

【作用与应用】 抗菌谱与红霉素相似,但效力较红霉素差。本品与红霉素、泰乐菌素之间有部分交叉耐药性。

主要用于防治葡萄球菌感染和支原体病,如慢性呼吸道病、肺炎等。本品曾用做猪的饲料药物添加剂。欧盟从 2000 年开始禁用本品作促生长剂。

【用法与用量】 混饮,每 1 L 水,禽 400 mg(效价),连用 3～5 d。

内服,一次量,每 1 kg 体重,马、牛 8～20 mg;猪、羊 20～100 mg;禽 50～100 mg。1 次/d,连用 3～5 d。

皮下或肌内注射,一次量,每 1 kg 体重,马、牛 4～10 mg;猪、羊 10～50 mg;禽 25～55 mg。1 次/d,连用 3～5 d。

2）林可胺类

林可胺类包括林可霉素和氯林可霉素。林可霉素是由链霉菌产生的一种碱性抗生素,氯林可霉素为其半合成衍生物。

林可霉素(洁霉素)

其盐酸盐为白色结晶性粉末,味苦。在水或甲醇中易溶,在乙醇中略溶。

【药动学】 内服吸收不完全,肌注吸收良好,0.5～2 h 可达血药峰浓度。广泛分布于各种体液和组织中,包括骨骼,可扩散进入胎盘。但脑脊液即使在炎症时也达不到有效浓度。内服给药,约 50% 的林可霉素在肝脏中代谢,代谢产物仍具有活性。原药及代谢物在胆汁、尿与乳汁中排出,在粪中可继续排出数日,以致敏感微生物受到抑制。

【作用与应用】 抗菌谱与大环内酯类相似。对革兰氏阳性菌如葡萄球菌、溶血性链球菌和肺炎球菌以及某些霉形体、钩端螺旋体等有较强的抗菌作用。林可霉素的最大特点是对厌氧菌有良好的抗菌活性,如破伤风梭菌、产气荚膜芽胞杆菌、消化球菌、消化链球菌以及大多数放线菌等对本类抗生素敏感;对革兰氏阴性菌作用差。主要用于革兰氏阳性菌引起的各种感染,特别适用于耐青霉素、红霉素菌株的感染或对青霉素过敏的患畜。由于本类药物的作用部位与红霉素、氯霉素相同,因此本类药物不宜与红霉素或氯霉素合用,以免出现拮抗现象。

【不良反应】 大剂量内服有胃肠道反应。肌内给药有疼痛刺激,或吸收不良。本品对家兔、马、反刍动物敏感,易引起严重反应或死亡,不宜应用。

【用法与用量】 内服,一次量,每 1 kg 体重,马、牛 6～10 mg,羊、猪 10～15 mg;犬、猫 15～25 mg。1～2 次/d。

混饮,每 1 L 水,猪 100～200 mg(效价);鸡 200～300 mg。连用 3～5 d。蛋鸡产蛋期禁用。宰前 5 d 停止给药。

肌内注射,一次量,每 1 kg 体重,猪 10 mg,1 次/d;犬、猫 10 mg,2 次/d。连用 3～5 d。休药期猪 2 d。

克林霉素

克林霉素又名氯林可霉素、氯洁霉素。

【理化性质】 盐酸盐为白色或类白色晶粉,易溶于水。本品的盐酸盐、棕榈酸酯盐酸盐供内服用,磷酸酯供注射用。

【药动学】 克林霉素内服吸收比林可霉素好,达峰时间比林可霉素快。犬静注的半衰期为 3.2 h;肌注的生物利用度为 87%,半衰期为 3.6 h。分布、代谢特征与林可霉素相似,但血浆蛋白结合率高,可达 90%。

【作用与应用】 抗菌作用、应用与林可霉素相同。抗菌效力比林可霉素强4~8倍。

【用法与用量】 内服或肌内注射，一次量，每1 kg体重，犬、猫10 mg。2次/d。

3）其他抗生素

泰妙菌素

泰妙菌素又名泰妙灵、支原净。

【理化性质】 系由伞菌科北风菌（Pleurotusmutilis）培养液中提取获得。本品的延胡索酸盐为白色或类白色结晶粉末，无臭、无味。在乙醇中易溶，在水中溶解。

【药动学】 内服生物利用度高（>90%），在2~4 h血药浓度达高峰，体内分布广泛。每1 kg饲料加入本品220 mg，给猪饲喂，肺、结肠黏膜、结肠内容物的药物浓度分别达1.99,1.57,8.05 μg/mL;120 mg/L混饮，肺、结肠黏膜、结肠内容物酌药物浓度分别达4.26,1.56,5.59 μg/mL。主要从胆汁中排泄。

【作用与应用】 抗菌谱与大环内酯类相似。对革兰氏阳性菌（如金葡菌、链球菌）、支原体（鸡败血支原体、猪肺炎支原体）、猪胸膜肺炎放线杆菌及猪密螺旋体等有较强的抗菌作用。用于防治鸡慢性呼吸道病、猪喘气病、传染性胸膜肺炎、猪密螺旋体性痢疾等。

【不良反应】 本品能影响莫能菌素、盐霉素等的代谢，合用时导致中毒，引起鸡生长迟缓、运动失调、麻痹瘫痪，直至死亡。因此，禁止本品与聚醚类抗生素合用。

【用法与用量】 混饮，每1 L水，猪90~120 mg;鸡125~250 mg。连用3~5 d。混饲，每1 000 kg饲料，猪40~100 g，连用5~10 d。休药期，内服，猪5 d。

2.2.5　广谱抗生素

1）四环素类

四环素类可分为天然品和半合成品两类。前者由不同链霉菌的培养液中提取获得，有四环素、土霉素、金霉素和去甲金霉素。后者为半合成衍生物，有多西环素、甲烯土霉素等。兽医常用的有四环素、土霉素、金霉素和多西环素。

土霉素

从土壤链霉菌中获得。为淡黄色的结晶性或无定形粉末;效价测定每1 000 土霉素单位相当于1 mg土霉素。在日光下颜色变暗，在碱性溶液中易被破坏失效。在水中极微溶解，易溶于稀酸、稀碱。常用其盐酸盐，易溶于水，水溶液不稳定，宜现用现配。

【药动学】 内服吸收均不规则、不完全，主要在小肠的上段被吸收。胃肠道内的镁、钙、铝、铁、锌、锰等多价金属离子，能与本品形成难溶的螯合物，而使药物吸收减少。因此，不宜与含多价金属离子的药品或饲料、乳制品同用。内服后，2~4 h血药浓度达峰值。反刍动物不宜内服给药。吸收后在体内分布广泛，易渗入胸、腹腔和乳汁;亦能通过胎盘屏障进入胎儿循环;但脑脊液中浓度低。体内储存于胆、脾，尤其易沉积于骨骼和牙齿;有相当一部分可由胆汁排入肠道，并再被吸收利用，形成"肝肠循环"，从而延长药物在体内的持续时间。主要由肾脏排泄，在胆汁和尿中浓度高，有利于胆道及泌尿道感染的治疗。但当肾功能障碍时，则减慢排泄，延长消除半衰期，增强对肝脏的毒性。

【抗菌谱】 为广谱抗生素。除对革兰氏阳性菌和阴性菌有作用外,对立克次氏体、衣原体、霉形体、螺旋体、放线菌和某些原虫亦有抑制作用。但对革兰氏阳性菌的作用不如青霉素类和头孢菌素类;对革兰氏阴性菌作用不如氨基糖苷类和氯霉素。细菌对本品能产生耐药性,但产生较慢。天然四环素之间有交叉耐药性,例如四环素与土霉素,但与半合成四环素的交叉耐药不明显。

【应用】 主要用于治疗敏感菌(包括对青霉素、链霉素耐药菌株)所致的各种感染。如猪肺疫、禽霍乱、犊牛、仔猪和禽的白痢、布氏杆菌病等。此外对防治畜禽霉形体病、放线菌病、球虫病、钩端螺旋体病等也有一定疗效。

【不良反应】 局部刺激:其盐酸盐水溶液属强酸性,刺激性大,不宜肌注,静注时药液漏出血管外可导致静脉炎。二重感染:成年草食动物内服后,易引起肠道菌群紊乱,消化机能失调,造成肠炎和腹泻。肝脏毒性:长期应用可导致肝脏脂肪变性,甚至坏死,尤以金霉素为甚。

为防止不良反应的产生,应用四环素类应注意:除土霉素外,均不宜肌注,静注时勿漏出血管外;成年草食动物不宜内服;大剂量或长期应用时,应检查肝功能和二重感染的临床迹象。

【用法与用量】 内服,一次量,每 1 kg 体重,猪、驹、犊、羔 10 ~ 25 mg;犬 15 ~ 50 mg;禽 25 ~ 50 mg。2 ~ 3 次/d,连用 3 ~ 5 d。

混饲,每 1 000 kg 饲料,猪 300 ~ 500 g(治疗用)。

混饮,每 1 L 水,猪 100 ~ 200 mg;禽 150 ~ 250 mg。

静脉或肌肉注射,一次量,每 1 kg 体重,家畜 5 ~ 10 mg,1 ~ 2 次/d。

四环素

由链霉菌培养液中提取获得。常用其盐酸盐,为黄色结晶性粉末。有吸湿性。遇光色渐变深。在碱性溶液中易破坏失效。在水中溶解,在乙醇中略溶。其 1% 水溶液的 pH 值为 1.8 ~ 2.8。水溶液放置后不断降解,效价降低,并变为混浊。

【药动学】 内服后血药浓度较土霉素或金霉素高。对组织的渗透率较高,易透入胸腹腔、胎畜循环及乳汁中。静注四环素在动物体内的半衰期(h)是:马 5.8,水牛 4.0,黄牛 5.4,羊 5.7,猪 3.6,犬和猫 5 ~ 6,兔 2,鸡 2.77。

【作用与应用】 与土霉素相似。但对革兰氏阴性杆菌的作用较好,对革兰氏阳性球菌,如葡萄球菌的效力则不如金霉素。

【用法与用量】 内服,一次量,每 1 kg 体重,猪、驹、犊、羔羊 10 ~ 25 mg;犬 15 ~ 50 mg;禽 25 ~ 50 mg。2 ~ 3 次/d,连用 3 ~ 5 d。

混饲,每 1 000 kg 饲料,猪 300 ~ 500 g(治疗)。

混饮,每 1 L 水,猪 100 ~ 200 mg;禽 150 ~ 250 mg。

静脉注射,一次量,每 1 kg 体重,家畜 5 ~ 10 mg,2 次/d,连用 2 ~ 3 d。

金霉素

由链霉菌的培养液中所制得。常用其盐酸盐,为金黄色或黄色结晶。遇光色渐变深。在水或乙醇中微溶。其水溶液不稳定,浓度超过 1% 即析出。在 37 ℃ 放置 5 h,效价降低 50%。

【作用与应用】 与土霉素相似。在火鸡、犊牛的半衰期分别是0.88、8.3～8.9 h。本品对耐青霉素的金葡菌感染的疗效优于土霉素和四环素。由于局部刺激性强,稳定性差,人医用的内服制剂和针剂均已淘汰。

【用法与用量】 内服,一次量,每1 kg体重,猪、驹、犊、羔10～25 mg,2次/d。

混饲,每1 000 kg饲料,猪300～500 g;家禽200～600 g。一般不超过5 d。

多西环素

多西环素又名脱氧土霉素、强力霉素。其盐酸盐为淡黄色或黄色结晶性粉末。易溶于水,1%水溶液的pH值为2～3。

【药动学】 本品内服后吸收迅速,生物利用度高,犊牛用牛奶代替品同时内服的生物利用度为70%,维持有效血药浓度时间长,对组织渗透力强,分布广泛,易进入细胞内。原形药物大部分经胆汁排入肠道又再吸收,而有显著的肝肠循环。本品在肝内大部分以结合或络合方式灭活,再经胆汁分泌入肠道,随粪便排出,因而对胃肠菌群及动物的消化机能无明显影响。从肾脏排出时,由于本品具有较强的脂溶性,易被肾小管重吸收,因而有效药物浓度维持时间较长。在动物体内的半衰期(h)是:奶牛9.2,犊牛9.5～14.9,山羊16.6,猪4.04,犬7～10.4,猫4.6。

【作用与应用】 抗菌谱与其他四环素类相似,体内、外抗菌活性较土霉素、四环素强。细菌对本品与土霉素、四环素等存在交叉耐药性。

主要用于治疗畜禽的支原体病、大肠杆菌病、沙门氏菌病、巴氏杆菌病和鹦鹉热等。本品在四环素类中毒性最小,但有报道给马属动物静脉注射可致心律不齐、虚脱和死亡。

【用法与用量】 内服,一次量,每1 kg体重,猪、驹、犊、羔3～5 mg;犬、猫5～10 mg;禽15～25 mg。1次/d,连用3～5 d。

混饲,每1 000 kg饲料,猪150～250 g;禽100～200 g。

混饮,每1 L水,猪100～150 mg;禽50～100 mg。

2)氯霉素类

本类抗生素包括氯霉素、甲砜霉素及其衍生物氟苯尼考(氟甲砜霉素)等,它们均属广谱抗生素。

氯霉素

本品系从委内瑞拉链霉菌培养液中提取。为白色针状或微带黄绿色的针状、长片状结晶或结晶性粉末;味苦。在甲醇、乙醇、丙二醇中易溶,在水中微溶。在弱酸性或中性溶液中较稳定,在碱性溶液中易破坏。

【药动学】 内服吸收良好,约2 h达血药峰浓度,有效血药浓度(5 μg/mL)可持续6～10 h。猪、犬单剂量内服50 mg/kg有效血药浓度维持时间可达10 h。若剂量低于30 mg/kg,则达不到最低有效浓度。在反刍动物的胃肠道内易受微生物破坏,药物浓度不能达到有效。肌注吸收较慢,主要在局部滞留。但琥珀酸氯霉素的水溶性好,肌注吸收迅速,消除亦快。吸收后迅速分布于全身各组织和体液中,易透入血脑屏障及胎盘屏障。主要在肝中代谢,大部分与葡萄糖醛酸结合,小部分降解为芳香胺而失活,约10%以原形从尿中排出。幼龄动物因肝、肾功能较弱,用氯霉素后可获较高的药物浓度和较长的维持时间;成年动物,若肝、肾功能障碍可致蓄积性中毒。

【抗菌谱】 属于广谱抑菌性抗生素。对革兰氏阳性菌和阴性菌都有作用,但对阴性菌的作用较阳性菌强。特别是对沙门氏菌、伤寒杆菌、副伤寒杆菌、流感杆菌作用最强;其次为大肠杆菌、痢疾杆菌、变形杆菌、布鲁氏菌、巴氏杆菌、克雷伯杆菌。对部分衣原体、立克次氏体和某些原虫也有一定抑制作用。但对绿脓杆菌、真菌及病毒无效。

氯霉素已被农业部列为禁药。

甲砜霉素(甲砜氯霉素、硫霉素)

甲砜霉素为白色结晶性粉末,无臭。微溶于水,溶于甲醇,几乎不溶于乙醚或氯仿。

【药动学】 猪肌注本品吸收快,达峰时间为 1 h,生物利用度为 76%,半衰期为4.2 h,体内分布较广;静注给药的半衰期为 1 h。本品在肝内代谢少,大多数药物(70%~90%)以原形从尿中排出。

【作用与应用】 属广谱抗生素。抗菌谱、抗菌活性与氯霉素相似,对肠杆菌科细菌和金黄色葡萄球菌的活性较氯霉素弱,与氯霉素存在交叉耐药性,但某些对氯霉素耐药的菌株仍可对甲砜霉素敏感。主要用于畜禽的细菌性疾病,尤其是大肠杆菌、沙门氏菌及巴氏杆菌感染。

【不良反应】 不产生再生障碍性贫血,但可抑制红细胞、白细胞和血小板生成,程度比氯霉素轻。

【用法与用量】 内服,一次量,每 1 kg 体重,家畜 10~20 mg;家禽 20~30 mg。2 次/d。

氟苯尼考(氟甲砜霉素)

氟苯尼考是甲砜霉素的单氟衍生物。为白色或类白色结晶性粉末,无臭。在二甲基甲酰胺中极易溶解,在甲醇中溶解,在冰醋酸中略溶,在水或氯仿中极微溶解。

【作用与应用】 属动物专用的广谱抗生素。内服和肌注吸收快,体内分布较广,大多数药物(50%~65%)以原形从尿中排出。抗菌谱与氯霉素相似,但抗菌活性优于氯霉素和甲砜霉素。对猪胸膜肺炎放线杆菌的最小抑菌浓度为 0.2~1.56 μg/mL。对耐氯霉素和甲砜霉素的大肠杆菌、沙门氏菌、克雷伯氏菌亦有效。主要用于鱼类、牛、猪、鸡的细菌性疾病,如牛的呼吸道感染、乳腺炎;猪的胸膜肺炎、黄痢、白痢;鸡的大肠杆菌病、巴氏杆菌病。不引起骨髓抑制或再生障碍性贫血,但对胚胎有一定毒性,故妊娠动物禁用。

【用法与用量】 内服,一次量,每 1 kg 体重,猪、鸡 20~30 mg,2 次/d,连用 3~5 d。肌内注射,一次量,每 1 kg 体重,猪、鸡 20 mg,1 次/2 d,连用 2 d。

2.3 化学合成抗菌药

2.3.1 磺胺类

自从 1935 年发现第一个磺胺类药物——百浪多息以来,已有 60 多年的历史,先后合成的这类药有成千上万种,而临床上常用的有二三十种。虽然 20 世纪 40 年代以后,各类抗生素不断的发现和发展,但磺胺药由于有其独特的优点:抗菌谱较广,性质稳定,使用方便,价格低廉,国内能大量生产等。特别是甲氧苄啶和二甲氧苄啶等抗菌增效剂的发现,使磺胺药与抗菌增效剂联合使用后,抗菌谱增大、疗效显著提高。因此,目前在抗微

生物药物中仍占有重要地位。

1)构效关系及分类

磺胺类药物的基本化学结构是对氨基苯磺酰胺(简称磺胺)即:

磺胺类药物的基本化学结构

R 代表不同的基团,由于所引入的基团不同,因此就合成了一系列的磺胺类药物。它们的抑菌作用与化学结构之间的关系是:①氨基和磺酰胺基必须在苯环上处于对位,游离氨基是抗菌活性的必需基团;②氨基中一个氢原子(R_2)被其他基团取代,则抗菌活性减弱或消失,此化合物必须在体内被水解为游离氨基才能起作用,例如酞磺胺噻唑;③磺酰胺基中一个氢原子(R_1)被杂环取代所得的衍生物抗菌活性更强,如磺胺嘧啶等。

磺胺类药物根据内服后的吸收情况可分为肠道易吸收、肠道难吸收及外用等3类,见表2.2。

表2.2　常见磺胺类药的分类与简称

1.肠道易吸收的磺胺药	
药　名	简　称
氨苯磺胺(Sulfaniamide)	SN
磺胺噻唑(Sulfathiazole)	ST
磺胺嘧啶(Sulfadiazine)	SD
磺胺二甲嘧啶(Sulfadimidine;Sulfadiazine)	SM_2
磺胺甲噁唑(新诺明,新明磺,Sulfamethoxazole)	SMZ
磺胺对甲氧嘧啶(磺胺-5-甲氧嘧啶,消炎磺,Sulfamethoxydiazine)	SMD
磺胺间甲氧嘧啶(磺胺-6-甲氧嘧啶,制菌磺,Sulfamonomethoxine)	SMM;DS-36
磺胺地索辛(磺胺-2,6-二甲氧嘧啶,Sulfadimethoxine)	SDM
磺胺多辛(磺胺-5,6-二甲氧嘧啶,周效磺胺,Sulfadoxine,Sulfadimoxine)	SDM'
磺胺喹噁啉(Sulfaquinoxaline)	SQ
磺胺氯吡嗪(Sulfachlorpyrazine)	
2.肠道难吸收的磺胺药	
磺胺脒(Sulfamidine,Sulfaguanidine)	SM;SG
柳氮磺胺吡啶(水杨酰偶氮磺胺吡啶,Sulfasalazine,Salicylazosulfapyridine)	SASP
酞磺胺噻唑(酞酰磺胺噻唑,Phthalylsulfathiazole,Sulfathalidine)	PST
酞磺醋胺(Phthalylsufacetamide)	PSA
琥珀酰磺胺噻唑(琥磺胺噻唑,琥磺噻唑,Sulfasuxlidine,Succinylsulfathiazole)	SST
3.外用磺胺	
磺胺醋酰钠(Sulfacetamide,Sodium)	SA-NA
醋酸磺胺米隆(甲磺灭脓,Mafenide Acetate,Sulfamylon)	SML
磺胺嘧啶银(烧伤宁,Sulfadiazine Silver)	SD-Ag

2）药动学

（1）吸收

内服易吸收的磺胺，其生物利用度大小因药物和动物种类而有差异。其顺序分别为：$SM_2 > SDM > SN > SMP > SD$；禽>犬>猪>马>羊>牛。一般而言，肉食动物内服后3~4 h，血药达峰浓度；草食动物为4~6 h；反刍动物为12~24 h。尚无反刍机能的犊牛和羔羊，其生物利用度与肉食、杂食的单胃动物相似。此外，胃肠内容物充盈度及胃肠蠕动情况，均能影响磺胺药的吸收。难吸收的磺胺类如SG，SST，PST等，在肠内保持相当高的浓度，故适用于肠道感染。

（2）分布

吸收后分布于全身各组织和体液中。以血液、肝、肾含量较高，神经、肌肉及脂肪中的含量较低，可进入乳腺、胎盘、胸膜、腹膜及滑膜腔。吸收后，一部分与血浆蛋白结合，但结合疏松，可逐渐释出游离型药物。磺胺类中以SD与血浆蛋白的结合率较低，因而进入脑脊液的浓度较高，故可作脑部细菌感染的首选药。磺胺类的蛋白结合率因药物和动物种类的不同而有很大差异，通常以牛为最高，羊、猪、马等次之。一般来说，血浆蛋白结合率高的磺胺类排泄较缓慢，血中有效药物浓度维持时间也较长。

（3）代谢

主要在肝脏代谢，引起多种结构上的变化。其中最常见的方式是对位氨基的乙酰化。磺胺乙酰化后失去抗菌活性，但保持原有磺胺的毒性。除SD外，其他乙酰化磺胺的溶解度普遍下降，增加了对肾脏的毒副作用。肉食及杂食动物，由于尿中酸度比草食动物为高，较易引起磺胺及乙酰磺胺的沉淀，导致结晶尿的产生，损害肾功能。若同时内服碳酸氢钠碱化尿液，则可提高其溶解度，促进从尿中排出。

（4）排泄

内服难吸收的磺胺药主要随粪便排出；肠道易吸收的磺胺药主要通过肾脏排出。少量由乳汁、消化液及其他分泌液排出。经肾排出的部分以原形，部分以乙酰化物和葡萄糖苷酸结合物的形式排出。排泄的快慢主要决定于通过肾小管时被重吸收的程度。凡重吸收少者，排泄快，消除半衰期短，有效血药浓度维持时间短（如SN，SD）；而重吸收多者，排泄慢，消除半衰期长，有效血药浓度维持时间较长（如SM_2，SMM，SDM等）。当肾功能损害时，药物的消除半衰期明显延长，毒性可能增加，临床使用时应注意。

3）抗菌谱及作用

抗菌谱较广。对大多数革兰氏阳性菌和部分革兰氏阴性菌有效，甚至对衣原体和某些原虫也有效。对磺胺药敏感的细菌有：链球菌、肺炎球菌、沙门氏菌、化脓性棒状杆菌、大肠杆菌等；一般敏感菌有：葡萄球菌、变形杆菌、巴氏杆菌、产气荚膜杆菌、肺炎杆菌、炭疽杆菌、绿脓杆菌等。某些磺胺药还对球虫、卡氏白细胞原虫、疟原虫、弓形虫等有效，但对螺旋体、立克次体、结核杆菌等无效。

不同磺胺类药物对病原菌的抑制作用亦有差异。一般来说，其抗菌作用强度的顺序为 SMM > SMZ > SD > SDM > SMD > SM_2 > SDM' > SN。

4)作用机理

主要通过干扰敏感菌的叶酸代谢而抑制其生长繁殖。对磺胺药敏感的细菌在生长繁殖过程中,不能直接从生长环境中利用外源叶酸,而是利用对氨基苯甲酸(PABA)及二氢喋啶,在二氢叶酸合成酶的催化下合成二氢叶酸,再经二氢叶酸还原酶还原为四氢叶酸。四氢叶酸是一碳基团转移酶的辅酶,参与嘌呤、嘧啶、氨基酸的合成。磺胺类的化学结构与 PABA 的结构极为相似,能与 PABA 竞争二氢叶酸合成酶,抑制二氢叶酸的合成,进而影响了核酸合成,结果细菌生长繁殖被阻止,如图 2.2 所示。

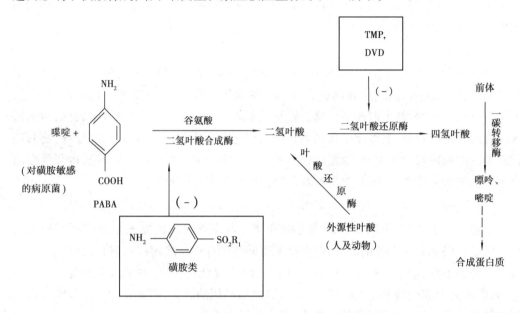

图 2.2　磺胺类药和抗菌增效剂的作用机理

根据上述作用机理,应用时须注意:①首次量应加倍(负荷量),使血药浓度迅速达到有效抑菌浓度;②在脓液和坏死组织中,含有大量的 PABA,可减弱磺胺类的局部作用,故局部应用时要清创排脓;③局部应用普鲁卡因时,普鲁卡因在体内可水解生成 PABA,亦可减弱磺胺类的疗效。

5)耐药性

细菌对磺胺类易产生耐药性,尤以葡萄球菌最易产生,大肠杆菌、链球菌等次之。各磺胺药之间可产生程度不同的交叉耐药性,但与其他抗菌药之间无交叉耐药现象。

6)常用药物及应用

(1)磺胺嘧啶(SD)

本药与血浆蛋白结合率低,易渗入组织和脑脊液,为脑部感染的首选药。对球菌和大肠杆菌效力强,也用于防治混合感染,但易在泌尿道中析出结晶。

(2)磺胺二甲嘧啶(SM₂)

抗菌作用比 SD 稍弱,不良反应少,内服后吸收迅速而完全,维持有效血药浓度时间较长,排泄较慢,乙酰化率牛较低,猪次之,羊较高,其乙酰化物溶解度较高,在肾小管沉淀的发生率较低,不易引起结晶尿或血尿。除用于治疗敏感菌所致的全身感染外,还可防治球虫病、弓形虫病等。

(3)磺胺间甲氧嘧啶(SMM)

抗菌力最强,不良反应少。乙酰化率牛低,不易引起结晶尿或血尿。可治疗各种全身和局部感染,尤其对猪弓形体病、附红细胞体病、猪水肿病和家禽球虫病疗效较好,对猪萎缩性鼻炎亦有一定防治作用。

(4)磺胺二甲氧嘧啶(SDM)

抗菌力与 SD 相似,乙酰化率低,血浆蛋白结合率高。主要用于呼吸道、泌尿道、消化道及局部感染。对犊牛和禽球虫病、禽霍乱、禽传染性鼻炎有较好疗效。对鸡球虫病优于呋喃类和其他磺胺药。

(5)磺胺甲噁唑(SMZ、新诺明)

抗菌力与 SMM 相似,内服后吸收和排泄慢。主要用于严重的呼吸道和泌尿道感染,与 TMP 配用,抗菌效力可增强数倍至数十倍。血浆蛋白结合率高,排泄较慢,乙酰化率高,且溶解度低,易引起结晶尿或血尿。

(6)磺胺异噁唑(SIZ、菌得净)

抗菌力比 SD 强,乙酰化率低,尿中浓度高,适用于治疗泌尿道感染。

(7)磺胺对甲氧嘧啶(SMD)

疗效不如 SDM,但由于乙酰化率低,毒性小,主要从尿中排出,比较适用于泌尿道感染。

7)不良反应及预防措施

(1)急性中毒

多见于静注速度过快或剂量过大。表现为神经症状,如共济失调、痉挛性麻痹、呕吐、昏迷、食欲降低和腹泻等。严重者迅速死亡。牛、山羊还可见目盲、散瞳。雏鸡中毒时出现大批死亡。

(2)慢性中毒

常见于剂量较大或连续用药超过1周以上。主要症状为:损害泌尿系统,出现结晶尿、血尿和蛋白尿等;消化系统障碍和草食动物的多发性肠炎,出现食欲不振,呕吐、便秘、腹泻等;此外还可引起白细胞减少,粒细胞缺乏或溶血性贫血;家禽则表现增重减慢,蛋鸡产蛋率下降,蛋破损率和软蛋率增加。

除严格掌握剂量与疗程外,为了防止磺胺类药的不良反应,可采取下列措施:①充分饮水,以增加尿量、促进排出;②选用疗效高、作用强、溶解度大、乙酰化率低的磺胺类药;③幼畜、杂食或肉食动物使用磺胺类药物时,宜与碳酸氢钠同服,以碱化尿液,减少对泌尿道毒性;④蛋鸡产蛋期禁用磺胺药,因为磺胺类药物与碳酸酐酶结合降低了酶的活性。从而使碳酸盐的形成和分泌减少,使用后会使鸡产蛋率下降,产软壳蛋和破壳蛋增多。

8)制剂、用法与用量

磺胺噻唑钠注射液:静脉或肌内注射,一次量,每 1 kg 体重,家畜 50 ~ 100 mg,

2~3次/d。

磺胺嘧啶片:内服,一次量,每1 kg体重,家畜首次量140~200 mg,维持量70~100 mg,2次/d。

磺胺嘧啶钠注射液:静脉或肌内注射,一次量,每1 kg体重,家畜50~100 mg,1~2次/d。

磺胺二甲嘧啶片:内服,一次量,每1 kg体重,家畜首次量140~200 mg,维持量70~100 mg,1~2次/d。

磺胺二甲嘧啶钠注射液:静脉或肌内注射,一次量,每1 kg体重,家畜50~100 mg,1~2次/d。

磺胺甲噁唑片:内服,一次量,每1 kg体重,家畜首次量50~100 mg,维持量25~50 mg,2次/d。

磺胺对甲氧嘧啶片:内服,一次量,每1 kg体重,家畜首次量50~100 mg,维持量25~50 mg,1~2次/d。

磺胺间甲氧嘧啶片:内服,一次量,每1 kg体重,畜禽首次量50~100 mg,维持量25~50 mg,1~2次/d。

磺胺间甲氧嘧啶钠注射液:静脉或肌内注射,一次量,每1 kg体重,家畜50 mg,1~2次/d。

磺胺喹噁啉钠可溶性粉:混饮,每1 L水,禽300~500 mg(以磺胺喹噁啉钠计)。蛋鸡产蛋期禁用。肉鸡宰前10 d停止给药。

2.3.2 抗菌增效剂

抗菌增效剂是一类新型广谱抗菌药物。由于它能增强磺胺药和多种抗生素的疗效,故称为抗菌增效剂。国内常用三甲氧苄胺嘧啶(TMP)和二甲氧苄胺嘧啶(DVD)两种。

1)药动学

三甲氧苄胺嘧啶(TMP),内服、肌注吸收迅速而完全,1~4 h血药浓度达高峰。由于脂溶性较高,可广泛分布于各组织和体液中。血浆蛋白结合率30%~40%。其消除半衰期存在较大的种属差异,马4.2 h;水牛3.4 h;黄牛1.4 h;奶山羊0.9 h;猪1.4 h;鸡、鸭约2 h。主要从尿中排出,尚有少量从胆汁、唾液和粪便中排出。

二甲氧苄胺嘧啶(DVD),内服吸收很少,其最高血药浓度约为TMP的1/5,但在胃肠道内的浓度较高,主要从粪便中排出,故用作肠道抗菌增效剂比TMP优越。

2)抗菌谱与作用机理

抗菌谱广。对多种革兰氏阳性菌及阴性菌均有抗菌活性,其中较敏感的有溶血性链球菌、葡萄球菌、大肠杆菌、变形杆菌、巴氏杆菌和沙门氏菌等。但对绿脓杆菌、结核杆菌、丹毒杆菌、钩端螺旋体无效。单用易产生耐药性,一般不单独作抗菌药使用。

作用机理是抑制二氢叶酸还原酶,使二氢叶酸不能还原成四氢叶酸,因而阻碍了核酸代谢和利用,从而妨碍菌体核酸合成。TMP或DVD与磺胺类药物合用时,可从同环节同时阻断叶酸合成,而起双重阻断作用(图2.2),抗菌作用可增强数倍至几十倍,甚至使抑菌作用变为杀菌作用,对磺胺药耐药的大肠杆菌、变形杆菌、化脓链球菌等亦有作用,并可减少耐药菌株的产生。

3)常用药物及应用

TMP 常与 SMD,SMM,SMZ,SD,SM$_2$,SQ 等磺胺药合用。主要用于治疗敏感菌引起的呼吸道、泌尿道感染及蜂窝织炎、腹膜炎、乳腺炎、创伤感染等。亦用于幼畜肠道感染、猪萎缩性鼻炎、猪传染性胸膜肺炎。对家禽大肠杆菌病、鸡白痢、鸡传染性鼻炎、禽伤寒及霍乱等均有良好的疗效。

DVD 常与 SQ 等合用。主要防治禽、兔球虫病及畜禽肠道感染等。DVD 单独应用时也具有防治球虫的作用。

2.3.3 氟喹诺酮类

喹诺酮类是指一类具有 4-喹诺酮环结构的药物。1962 年首先应用于临床的第一代喹诺酮类是萘啶酸;第二代的代表药物是 1974 年合成的吡哌酸;1979 年合成了第三代的第一个药物诺氟沙星,又称为氟喹诺酮类药物,它具有 6-氟-7-哌嗪-4 喹诺酮环结构,由于在喹诺酮结构中加入了氟原子后增强了药物对细胞组织的穿透力,使口服制剂的生物利用度提高,吸收后也在体内广泛分布。近十几年来,这类药物的研究进展十分迅速,临床常用有:诺氟沙星、培氟沙星、氧氟沙星、环丙沙星、洛美沙星、恩诺沙星、达氟沙星、二氟沙星、单诺沙星、沙拉沙星等。这类药物具有抗菌谱广,杀菌力强,吸收快和体内分布广泛,抗菌作用独特,与其他抗菌药无交叉耐药性,使用方便,不良反应小等特点。

1)抗菌谱

氟喹诺酮类为广谱杀菌性抗菌药。对革兰氏阳性菌、阴性菌、霉形体、某些厌氧菌均有效,例如对大肠杆菌、沙门氏菌、巴氏杆菌、克雷伯氏菌、变形杆菌、绿脓杆菌、嗜血杆菌、波氏杆菌、丹毒杆菌、金葡菌、链球菌、化脓棒状杆菌、霉形体等均敏感。对耐甲氧苯青霉素的金葡菌、耐磺胺 + TMP 的细菌、耐庆大霉素的绿脓杆菌、耐泰乐菌素或泰妙菌素的霉形体也有效。

2)作用机理

能抑制细菌脱氧核糖核酸(DNA)回旋酶,干扰 DNA 复制而产生杀菌作用。DNA 回旋酶由 2 个 A 亚单位及 2 个 B 亚单位组成,能将染色体正超螺旋的一条单链切开、移位、封闭,形成负超螺旋结构。氟喹诺酮类可与 DNA 和 DNA 回旋酶形成复合物,进而抑制 A 亚单位,只有少数药物还作用于 B 亚单位,结果不能形成负螺旋结构,阻断 DNA 复制,导致细菌死亡。由于细菌细胞的 DNA 呈裸露状态(原核细胞),而畜禽细胞的 DNA 呈包被状态(真核细胞),故这类药物易进入菌体直接与 DNA 相接触而呈选择性作用。动物细胞内有与细菌 DNA 回旋酶功能相似的酶,称为拓扑异构酶Ⅱ,治疗量的氟喹诺酮类对此酶无明显影响。

3)药物相互作用与不良反应

利福平(RNA 合成抑制剂)、氯霉素(蛋白质合成抑制剂)均可导致氟喹诺酮类药物

作用的降低。因此，氟喹诺酮类药物最好不要与利福平、氯霉素联合应用。

丙磺舒能阻断肾小管分泌而与某些喹诺酮类药物发生相互作用，延迟后者的消除。

本类药物能抑制茶碱和咖啡因的代谢，与它们联合应用时，可使茶碱和咖啡因的血药浓度升高。

本类药物对幼龄动物(幼犬、幼驹)可引起负重软骨病变，导致疼痛和跛行。

4)常用药物及应用

诺氟沙星(氟哌酸)

诺氟沙星为类白色至淡黄色结晶性粉末，无臭，味微苦。在水或乙醇中极微溶解，在醋酸、盐酸或氢氧化钠溶液中易溶。

【药动学】 内服及肌注吸收均较迅速，1~2 h 达血药峰浓度，但不完全。内服给药的生物利用度：鸡 57%~61%；犬 35%。分布广泛，鸡、犬的表观分布容积分别是 3.81 L/kg 及 1.77 L/kg。内服剂量的 1/3 经尿排出，其中 80% 为原形药物。消除半衰期较长，在鸡、兔和犬体内分别是 3.7~12.1、8.8、6.3 h。有效血药浓度维持时间较长。

【作用与应用】 本品为广谱杀菌药。对革兰氏阴性菌如大肠杆菌、沙门氏菌、巴氏杆菌及绿脓杆菌的作用较强；对革兰氏阳性菌有效；对霉形体亦有一定的作用；对大多数厌氧菌不敏感。主要用于敏感菌引起的消化系统、呼吸系统、泌尿道感染和支原体病等的治疗。

【用法与用量】 内服，一次量，每 1 kg 体重，猪、犬 10~20 mg，1~2 次/d。

混饮，每 1 L 水，禽 100 mg。

肌内注射，一次量，每 1 kg 体重，猪 10 mg，2 次/d。

环丙沙星

其盐酸盐和乳酸盐，为淡黄色结晶性粉末，易溶于水。

【药动学】 内服、肌注吸收迅速，生物利用度种属间差异较大。猪、犊牛内服的生物利用度分别是 37.3%、53.0%。血药浓度的达峰时间为 1~3 h。在动物体内的分布广泛，表观分布容积：猪 2.50~3.24 L/kg；犊牛 3.83 L/kg。内服的消除半衰期是：犊牛 8.0 h；猪 3.32 h；犬 4.65 h。主要通过肾脏排泄，猪和犊牛从尿中排出的原形药物分别为给药剂量的 47.3% 及 45.6%。血浆蛋白结合率猪为 23.6%，牛为 70.0%。

【作用与应用】 属广谱杀菌药。对革兰氏阴性菌的抗菌活性是目前应用的氟喹诺酮类中较强的一种；对革兰氏阳性菌的作用也较强。此外，对厌氧菌、绿脓杆菌亦有较强的抗菌作用。临床应用于全身各系统的感染，对消化道、呼吸道、泌尿生殖道、皮肤软组织感染及支原体感染等均有良效。

【用法与用量】 内服，一次量，每 1 kg 体重，猪、犬 5~15 mg。2 次/d。

混饮，每 1 L 饮水，禽 25~50 mg。

肌内注射，一次量，每 1 kg 体重，家畜 2.5 mg；家禽 5 mg。2 次/d。

【联用】

+氨基苷类抗生素、β-内酰胺类抗生素与环丙沙星联用有协同作用。

+甲硝唑：有协同作用。

+西咪替丁:可使环丙沙星吸收增加,提高血药浓度。

恩诺沙星

恩诺沙星为类白色结晶性粉末,无臭,味苦,在水或乙醇中极微溶解;在醋酸、盐酸或氢氧化钠溶液中易溶。

【药动学】 内服和肌注的吸收迅速和较完全。内服的生物利用度:鸽子92%;鸡62.2%~84%;火鸡58%;兔61%;犬、猪100%。肌注的生物利用度:鸽子87%;兔92%;猪91.9%;奶牛82%。血清蛋白结合率为20%~40%。在动物体内的分布很广泛,表观分布容积:鸽子1.47 L/kg;鸡4.31 L/kg;火鸡3.16 L/kg;兔2.1~3.4 L/kg;猪3.34 L/kg。肌注的消除半衰期是:猪4.06 h;奶牛5.9 h;马9.9 h;骆驼6.4 h。内服的消除半衰期是:鸡9.14~14.2 h;猪6.93 h。畜禽应用恩诺沙星后,除了中枢神经系统外,几乎所有组织的药物浓度都高于血浆,这有利于全身感染和深部组织感染的治疗。通过肾和非肾代谢方式进行消除,约15%~50%的药物以原形通过尿排泄。在动物体内的代谢主要是脱去乙基而成为环丙沙星。

【作用与应用】 本品为动物专用的广谱杀菌药,对支原体有特效。其抗支原体的效力比泰乐菌素和泰妙菌素强。对耐泰乐菌素、泰妙菌素的支原体,本品亦有效。主要应用于:

①牛:犊牛大肠杆菌性腹泻、大肠杆菌性败血症、溶血性巴氏杆菌、牛支原体引起的呼吸道感染、舍饲牛的斑疹伤寒、犊牛鼠伤寒沙门氏菌感染及急性、隐性乳腺炎等。由于成年牛内服给药的生物利用度低,须采用注射给药。

②猪:链球菌病、仔猪黄痢和白痢、大肠杆菌性肠毒血症(水肿病)、沙门氏菌病、传染性胸膜肺炎、乳腺炎、子宫炎、无乳综合征、支原体性肺炎等。

③家禽:各种支原体感染(败血支原体、滑液囊支原体、火鸡支原体和衣阿华支原体);大肠杆菌、鼠伤寒沙门氏菌和副鸡嗜血杆菌感染;鸡白痢沙门氏菌、亚利桑那沙门氏菌、多杀性巴氏杆菌、丹毒杆菌、葡萄球菌、链球菌感染等。

④犬、猫:皮肤、消化道、呼吸道及泌尿生殖系统等由细菌或支原体引起的感染,如犬的外耳炎、化脓性皮炎、克雷伯氏菌引起的创伤感染和生殖道感染等。

【用法与用量】 内服,一次量,每1 kg体重,反刍前犊牛、猪、犬、猫、兔2.5~5 mg;禽5~7.5 mg。2次/d,连用3~5 d。

混饮,每1 L水,禽50~75 mg。

肌内注射,一次量,每1 kg体重,牛、羊、猪2.5 mg,连用2~3 d。

二氟沙星

二氟沙星为白色或类白色粉末,无臭,味苦。不溶于水,其盐酸盐能溶于水。

【作用与应用】 猪、鸡体内吸收迅速,达峰时间短,表观分布容积大,消除缓慢。猪的消除显著慢于鸡。猪肌注及内服后吸收完全,鸡肌注及内服给药吸收不完全。对多种细菌敏感,例如大肠杆菌、绿脓杆菌、金黄色葡萄球菌、变形杆菌、多杀性巴氏杆菌、支原体等。临床主要用于畜禽慢性呼吸道病、气管炎、肺炎、禽霍乱、链球菌病、伤寒等疾病,尤其对鸡的大肠杆菌、仔猪红、黄、白痢有特效。

【用法与用量】 肌肉注射,每 1 kg 体重,猪、羊 2.5 ~ 5 mg;牛 2.5 mg,2 次/d,连用 3 d。

混饮,每 1 L 水,畜禽 25 mg,连用 3 d,病重可加倍。

2.3.4 喹噁啉类

本类药物为合成抗菌药,均属喹噁啉-N-1,4-二氧化物的衍生物,应用于畜禽的主要有卡巴氧、乙酰甲喹和喹乙醇。

乙酰甲喹(痢菌净)

乙酰甲喹为鲜黄色结晶或黄色粉末,无臭,味微苦。在水、甲醇中微溶。

【作用与应用】 内服和肌注给药均易吸收,猪肌注后约 10 min 即可分布于全身各组织,体内消除快,消除半衰期约 2 h,给药后 8 h 血液中已测不到药物。在体内破坏少,约 75% 以原形从尿中排出,故尿中浓度高。应用与卡巴氧相似,主要用于猪密螺旋体引起的猪血痢及细菌性肠炎的治疗。

【用法与用量】 内服,一次量,每 1 kg 体重,牛、猪、鸡 5 ~ 10 mg,2 次/d,连用 3 d。

肌注,一次量,每 1 kg 体重,牛、猪 2.5 ~ 5 mg;鸡 2.5 mg。2 次/d,连用 3 d。

2.3.5 硝基咪唑类

5-硝基咪唑类是指一组具有抗原虫和抗菌活性的药物,同时亦具有很强的抗厌氧菌的作用。在兽医临床常用的为甲硝唑、地美硝唑等。

甲硝唑(灭滴灵)

甲硝唑为白色或微黄色的结晶或结晶性粉末,在乙醇中略溶,在水中微溶。

【作用与应用】 对大多数专性厌氧菌具有较强的作用,包括拟杆菌属、梭状芽胞杆菌属、产气荚膜梭菌、粪链球菌等;此外,还有抗滴虫和阿米巴原虫的作用。但对需氧菌或兼性厌氧菌则无效。主要用于治疗阿米巴痢疾、毛滴虫病、贾第鞭毛虫病、小袋虫病等原虫感染;手术后感染;肠道和全身的厌氧菌感染。剂量过大,可出现以震颤、抽搐、共济失调、惊厥等为特征的神经系统紊乱症状。不宜用于孕畜。

【用法与用量】 内服,一次量,每 1 kg 体重,牛 60 mg;犬 25 mg。1 ~ 2 次/d。

混饮,每 1 L 水,禽 500 mg,连用 7 d。

静脉滴注,每 1 kg 体重,牛 10 mg,1 次/d,连用 3 d。

外用,配成 5% 软膏涂敷,配成 1% 溶液冲洗尿道。

地美硝唑(二甲硝唑、二甲硝咪唑)

地美硝唑为类白色或微黄色粉末,在乙醇中溶解,在水中微溶。

【作用与应用】 本品具有广谱抗菌和抗原虫作用。不仅能抗厌氧菌、大肠弧菌、链球菌、葡萄球菌和密螺旋体,且能抗组织滴虫、纤毛虫、阿米巴原虫等。用于猪密螺旋体性痢疾;鸡组织滴虫病;肠道和全身的厌氧菌感染。

【不良反应】 鸡对本晶较为敏感,大剂量可引起平衡失调,肝肾功能损害。产蛋鸡禁用。

【用法与用量】 混饲,每1 000 kg饲料,猪200～500 g;鸡80～500 g。蛋鸡产蛋期禁用。连续用药,鸡不得超过10 d。宰前3 d猪、肉鸡停止给药。

2.4 抗真菌药和抗病毒药

2.4.1 抗真菌药

真菌种类很多,可引起动物不同的感染,根据感染部位可分为两类:一为浅表真菌感染,如皮肤、羽毛、趾甲、鸡冠、肉髯等,引起多种癣病,有的人畜之间可以互相传染;二为深部真菌感染,主要侵犯机体的深部组织及内脏器官,如念珠菌病、犊牛真菌性胃肠炎、牛真菌性子宫炎和雏鸡曲霉菌性肺炎等。兽医临床应用的抗真菌药(antifimgals)有两性霉素B、灰黄霉素、酮康唑、伊曲康唑、氟康唑、制霉菌素及克霉唑等。

1)全身性抗真菌药

两性霉素B

两性霉素B属多烯类全身抗真菌药。国产庐山霉素含相同成分。

【药动学】 内服及肌注均不易吸收,肌注刺激性大,一般以缓慢静脉注射治疗全身性真菌感染,可维持较长的血中药物有效浓度。体内分布较广,但不易进入脑脊液。大部分经肾脏缓慢排出,胆汁排泄20%～30%。

【药理作用】 本品为广谱抗真菌药。对隐球菌、球孢子菌、白色念珠菌、芽生菌等都有抑制作用,是治疗深部真菌感染的首选药。

其作用机理是能选择性地与真菌胞浆膜上的麦角固醇相结合,损害胞浆膜的通透性,导致真菌死亡。由于细菌的胞浆膜不含固醇,故本品无效。而哺乳动物的肾上腺细胞、肾小管上皮细胞、红细胞的胞浆膜含固醇,故可产生毒性作用。

【应用】 用于犬组织胞浆菌病、芽生菌病、球孢子菌病,亦可预防白色念珠菌感染及各种真菌的局部炎症,如甲或爪的真菌感染、雏鸡嗉囊真菌感染等。本品内服不吸收,故毒性反应较小,是消化道系统真菌感染的有效药物。

【不良反应】 本品毒性较大,不良反应较多。在静脉注射过程中,可引起寒颤、高热和呕吐等。在治疗过程中,可引起肝、肾损害,贫血和白细胞减少等。猫每天静脉注射1 mg/kg,连续17 d即出现严重溶血性贫血。

在使用两性霉素B治疗时,应避免使用的其他药物包括氨基糖苷类(肾毒性)、洋地黄类(两性霉素B使此类药物的毒性增强)、箭毒(神经肌肉的阻断)、噻嗪类利尿药(低血钾症、低血钠症)。

【用法与用量】 静脉注射,一次量,每1 kg体重,家畜0.1～0.5 mg,隔天1次或1周3次,总剂量4～11 mg。每1 kg体重,马开始用0.38 mg,1次/d,连用4～10 d,以后可增加到1 mg,再用4～8 d。临用前,先用注射用水溶解,再用5%的葡萄糖注射液(切勿用生理盐水)稀释成0.1%的注射液,缓缓静脉注入。

外用,0.5%溶液,涂敷或注入局部皮下,或用其3%软膏。

酮康唑

酮康唑属咪唑类(imidazoles)合成全身抗真菌药。

【药动学】 内服易吸收,但个体间变化很大,犬内服的生物利用度为4%~89%。达峰时间为1~4 h,6只犬的峰浓度变化为1.1~45.6 μg/mL,这种大范围的变化给临床应用增加了复杂性。吸收后分布于胆汁、唾液、尿、滑液囊和脑脊液,在脑脊液的浓度少于血液的10%,血浆蛋白结合率为84%~99%,犬的半衰期平均为2.7 h(1~6 h)。只有2%~4%的药物以原形从尿中排泄。胆汁排泄超过80%,有约20%的代谢物从尿中排出。

【药理作用】 本品为广谱抗真菌药,对全身及浅表真菌均有抗菌活性。一般浓度对真菌有抑制作用,高浓度时对敏感真菌有杀灭作用。对芽生菌、球孢子菌、隐球菌、组织胞浆菌、小孢子菌和毛癣菌等真菌有抑制作用;对曲霉菌、孢子丝菌作用弱;对白色念珠菌无效。

其作用机理是能选择性地抑制真菌微粒体细胞色素 P-450 依赖性的14-α-去甲基酶,导致不能合成细胞膜麦角固醇,使 14-α-甲基固醇蓄积。这些甲基固醇干扰磷脂酰化偶联,损害某些膜结合的酶系统功能,如 ATP 酶和电子传递系统酶,从而抑制真菌生长。

【应用】 用于治疗球孢子菌病、组织胞浆菌病、隐球菌病、芽生菌病;亦可防治皮肤真菌病等。

【用法与用量】 内服,一次量,每1 kg 体重,家畜5~10 mg,1~2 次/d;犬5~20 mg,2 次/d。

2)浅表应用的抗真菌药

灰黄霉素

【药动学】 本品内服易吸收,其生物利用度与颗粒大小有关,直径2.7 μm 的灰黄霉素微细颗粒的生物利用度为10 μm 的2倍。单胃动物内服后4~6 h 血药达峰浓度。吸收后广泛分布于全身各组织,以皮肤、毛发、爪、甲、肝、脂肪和肌肉中含量较高。进入体内的灰黄霉素在肝内被代谢为5-二甲基灰黄霉素及其葡萄糖醛酸的结合物,经肾脏排出。少数原形药物直接经尿和乳汁排出,未被吸收的灰黄霉素随粪便排出。

【作用与应用】 灰黄霉素系内服的抑制真菌药,对各种皮肤真菌(小孢子菌、表皮癣菌和毛发癣菌)有强大的抑菌作用,对其他真菌无效。

主要用于小孢子菌、毛癣菌及表皮癣菌引起的各种皮肤真菌病,如犊牛、马属动物、犬和家禽的毛癣。应用时要注意本品无直接杀真菌作用,只能保护新生细胞不受侵害,因此,必须连续用药至受感染的角质层完全为健康组织所替代为止。

【不良反应】 有致癌和致畸作用,禁用于怀孕动物,尤其是母马及母猫。有些国家已将其淘汰。

【用法与用量】 内服,一次量,每1 kg 体重,马、牛5~10 mg;犬12.5~25 mg。连用3~6 周(如果需要,疗程可以更长)。

制霉菌素

【作用与应用】 本品的抗真菌作用与两性霉素 B 基本相同,但其毒性更大,不宜用于全身感染。内服几乎不吸收,多数随粪便排出。

内服给药治疗胃肠道真菌感染,如犊牛真菌性胃炎、禽曲霉菌病、禽念珠菌病;局部应用治疗皮肤、黏膜的真菌感染,如念珠菌病和曲霉菌所致的乳腺炎、子宫炎等。

【用法与用量】 内服,一次量,马、牛 250 万 ~ 500 万 IU;羊、猪 50 万 ~ 100 万 IU;犬 5 万 ~ 15 万 IU。2 ~ 3 次/d。

家禽鹅口疮(白色念珠菌病),每 1 kg 饲料,50 万 ~ 100 万 IU,混饲连喂 1 ~ 3 周。

雏鸡曲霉菌病,每 100 羽 50 万 IU,2 次/d,连用 2 ~ 4 d。

乳管内注入,一次量,每一乳室,牛 10 万 IU。

子宫内灌注,马、牛 150 万 ~ 200 万 IU。

克霉唑

【作用与应用】 对浅表真菌的作用与灰黄霉素相似,对深部真菌作用较两性霉素 B 差。主要用于体表真菌病,如耳真菌感染和毛癣。

【用法与用量】 内服,一次量,马、牛 5 ~ 10 g;驹、犊、猪、羊 1 ~ 1.5 g。2 次/d。

混饲,每 100 只雏鸡 1 g。

外用,1% 或 3% 软膏。

2.4.2 抗病毒药

病毒是最小的病原微生物,无完整的细胞结构,由 DNA 或 RNA 组成核心,外包蛋白外壳(分别称 DNA 或 RNA 病毒),需寄生于宿主细胞内,并利用宿主细胞的代谢系统生存、增生。目前应用的抗病毒药可通过干扰病毒吸附于细胞、阻止病毒进入宿主细胞、抑制病毒核酸复制、抑制病毒蛋白质合成、诱导宿主细胞产生抗病毒蛋白等多途径发挥效应。如金刚烷胺等阻止病毒进入细胞;阿糖腺苷、利巴韦林等抑制病毒核酸的复制;利福霉素类药物抑制病毒蛋白合成;干扰素诱导宿主细胞产生一种抗病毒蛋白,而抑制多种病毒繁殖;丙种球蛋白或高效价免疫球蛋白则通过与病毒结合而组织病毒吸附于细胞,也能起到一定的抗病毒作用。目前常用的抗病毒药,有金刚烷胺、吗啉胍、利巴韦林与干扰素等。许多中草药,如穿心莲、板蓝根、大青叶等也可用于某些病毒感染性疾病的防治。

金刚烷胺

金刚烷胺是人工合成的饱和三环癸烷的氨基衍生物。常用其盐酸盐,为白色结晶或结晶性粉末;无臭;味苦;在水或乙醇中易溶,在氯仿中溶解。

【作用与应用】 为窄谱抗病毒药。对亚洲甲型流感病毒选择性高。此外,亦能抑制丙型流感病毒、仙台病毒和假性狂犬病毒的复制,但对乙型流感病毒、疱疹病毒、麻疹病毒、腮腺炎病毒等无效。主要用于甲型流感的防治。对禽流感、猪传染性胃肠炎的防治,与抗菌药合用,可控制继发细菌感染并可提高疗效。

吗啉胍(病毒灵)

其盐酸盐,为白色结晶性粉末;无臭;味微苦;在水中易溶,在乙醇中微溶。

【作用与应用】 为广谱抗病毒药。对流感病毒、副流感病毒、鼻病毒、呼吸道合胞体病毒等 RNA 病毒有作用,对 DNA 型的某些腺病毒、鸡马立克氏病毒也有一定的抑制作

用。主要用于流感、病毒性支气管炎、水痘疱疹等。对鸡传染性支气管炎、鸡传染性喉气管炎、鸡痘、禽流感等的防治，与抗菌药物合用，可控制继发细菌感染，并提高疗效。

利巴韦林（病毒唑）

利巴韦林为白色结晶性粉末；无臭，无味，易溶于水。

【作用与应用】 是广谱抗病毒药，对 DNA 病毒及 RNA 病毒均有抑制作用。敏感的病毒包括流感病毒、副流感病毒、腺病毒、疱疹病毒、正黏液病毒、副黏液病毒、痘病毒、细小核糖核酸病毒、棒状病毒、轮状病毒和逆病毒。可用于防治禽流感、鸡传染性支气管炎、鸡传染性喉支气管炎等。

干扰素

干扰素是病毒进入机体后诱导宿主细胞产生的一类具有多种蛋白活性的糖蛋白。自细胞释放后可促使其他细胞抵抗病毒的感染。其他非病毒物质如衣原体、立克次氏体、细胞内毒素、真菌提取物、甚至合成的多聚核苷酸如 PolyI: C 也能诱导细胞产生干扰素，它们统称为干扰素诱导剂。其中多聚核苷酸有较高的药用价值。

干扰素并不直接作用于病毒，而是在未感染细胞表面与特殊的受体相结合，导致产生 20 余种细胞蛋白，其中某些蛋白（抗病毒蛋白）对不同病毒具有特殊抑制作用，另一方面干扰素也可作用于免疫系统，增强免疫功能，产生免疫反应的调节作用，两者综合有利于病毒感染的减轻或消除。

干扰素具有广谱的抗病毒作用，对同种和异种病毒均有效。但具有细胞种属特异性，即某一种属动物细胞产生的干扰素只能保护同种属或非常接近的种属的动物和细胞。如鸡细胞产生的干扰素只能保护鸡，对其他动物无效；牛干扰素只能在牛体内有效，而在猪体内效果很低或无效。

干扰素对动物毒性很小，抗原性很弱，可反复应用。内服不吸收，肌内或皮下注射，α-干扰素吸收率在 80% 以上，而 β、γ 干扰素的吸收率较低，基本不能通过血脑屏障，可通过胎盘和进入乳汁。主要在体内灭活，少部分经尿排出。

聚肌苷酸-聚胞苷酸

本品属多聚核苷酸，为有效的干扰素诱导剂，有广谱抗病毒作用，可保护培养细胞的病毒侵袭，在试验动物中可快速升高干扰素含量，保护局部或全身病毒感染。

2.5 抗微生物药的合理应用

抗微生物药是目前兽医临床使用最广泛和最重要的药物。但目前不合理使用尤其是滥用的现象较为严重，不仅造成药品的浪费，而且导致畜禽不良反应增多、细菌耐药性的产生和兽药残留等，给兽医工作、公共卫生及人民健康带来不良的后果。因此，为了充分发挥抗菌药的疗效，降低药物对畜禽的毒副反应，减少细菌耐药性的产生，必须切实合理使用抗微生物药物。

1）正确诊断、准确选药

只有明确病原，掌握不同抗菌药物的抗菌谱，才能选择对病原菌敏感的药物。细菌的分离鉴定和药敏试验是合理选择抗菌药的重要手段。畜禽活菌(疫)苗接种期间(一周内)停用抗菌药。

2)制订合适的给药方案

抗菌药在机体内要发挥杀灭或抑制病原菌的作用,必须在靶组织或器官内达到有效的浓度,并能维持一定的时间。因此,必须有合适的剂量、间隔时间及疗程;同时,血中有效浓度维持时间受药物在体内的吸收、分布、代谢和排泄的影响。因此,应在考虑各药的药物动力学、药效学特征的基础上,结合畜禽的病情、体况,制订合适的给药方案,包括药物品种、给药途径、剂量、间隔时间及疗程等。此外,兽医临床药理学提倡按药物动力学参数制订给药方案,特别是对使用毒性较大,用药时间较长的药物,最好能通过血药浓度监测,作为用药的参考,以保证药物的疗效,减少不良反应的发生。

3)防止产生耐药性

随着抗菌药物的广泛应用,细菌耐药性的问题也日益严重,其中以金黄色葡萄球菌、大肠杆菌、绿脓杆菌、痢疾杆菌及结核杆菌最易产生耐药性。为了防止耐药菌株的产生,应注意以下几点:严格掌握适应症,不滥用抗菌药物;严格掌握剂量与疗程;病因不明者,不要轻易使用抗菌药;发现耐药菌株感染,应改用对病原菌敏感的药物或采取联合用药;尽量减少长期用药。

4)正确的联合应用

联合应用抗菌药物的目的是扩大抗菌谱、增强疗效、减少用量、降低或避免毒副作用,减少或延缓耐药菌株的产生。临床中根据抗菌药物的抗菌机理和性质,将其分为4大类:

Ⅰ类为繁殖期或速效杀菌剂,如青霉素类、头孢菌素类;

Ⅱ类为静止期或慢效杀菌剂,如氨基糖苷类、多黏菌素类(对静止期或繁殖期细菌均有杀菌活性);

Ⅲ类为速效抑菌剂,如四环素类、氯霉素类、大环内酯类;

Ⅳ类为慢效抑菌剂,如磺胺类等。

Ⅰ类与Ⅱ类药物合用一般可获得增强作用,如青霉素 G 和链霉素合用。Ⅰ类与Ⅲ类药物合用出现拮抗作用,例如,四环素 + 青霉素 G 合用出现拮抗。Ⅰ类与Ⅳ类合用,可能无明显影响,但在治疗脑膜炎时,合用可提高疗效,如青霉素 G 与 SD 合用。其他类合用多出现相加或无关作用。还应注意,作用机理相同的同一类药物的疗效并不增强,而可能相互增加毒性,如氨基糖苷类之间合用能增加对第八对脑神经的毒性;氯霉素、大环内酯类、林可霉素类,因作用机理相似,均竞争细菌同一靶位,而出现拮抗作用。此外,联合用药时应注意药物之间的理化性质、药物动力学和药效学之间的相互作用与配伍禁忌。

5)采取综合治疗措施

机体的免疫力是协同抗菌药的重要因素,外因通过内因而起作用,在治疗中过分强调抗菌药的功效而忽视机体内在因素,往往是导致治疗失败的重要原因之一。因此,在使用抗菌药物的同时,根据病畜的种属、年龄、生理、病理状况,采取综合治疗措施,增强抗病能力,如纠正机体酸碱平衡失调,补充能量、扩充血容量等辅助治疗,促进疾病康复。

复习思考题

1. 某鸡场门口要设一消毒池，对来人鞋履及车辆进行消毒，请选择4种可被应用的消毒剂，并说明应用的方法及使用时的注意事项。

2. 根据抗生素的抗菌谱和应用，举例说明抗生素分为哪几类？

3. 写出下列疾病的首选药物：猪丹毒、马腺疫、结核病、炭疽、巴氏杆菌、畜禽白痢、破伤风、气肿疽、乳腺炎、猪喘气病、菌痢、牛肺疫、鸡慢性呼吸道、羊传染性胸膜炎、布氏杆菌病、钩端螺旋体病、猪密螺旋体病、雏鸡烟曲霉性肺炎、化脓创、烧伤感染、耐青霉素金葡菌感染。

4. 如何理解有些药物主要用于消化道感染，有些适用于泌尿道感染，有些则可作为脑部感染的首选药？

5. 应用磺胺药和抗菌增效剂的作用机理说明，为什么首次使用磺胺药要加倍？为什么磺胺药和抗菌增效剂合用疗效会提高许多倍？

6. 临床上怎样合理使用抗微生物药。

第3章
抗寄生虫药物

本章导读：本章主要就抗寄生虫药作了相关的阐述，重点了解抗寄生虫药的概念、分类、使用方法(包括注意事项)。驱虫必须懂得使用方法及用药剂量(因各种寄生虫有它特别的驱虫方法)。尤为重要的是熟悉驱该虫的注意事项。

抗寄生虫药是指用来驱除或杀灭畜禽体内外寄生虫的药物。畜禽寄生虫病感染是一种普遍存在的现象。有些寄生虫病一旦流行可引起大批死亡；慢性者可使幼畜的生长发育受阻，役畜使役能力下降；肉的质量、乳和蛋的产量、皮毛的质量降低。此外，某些寄生虫病属人畜共患病，能直接危害人体的健康，甚至生命安全。寄生虫病多为群发性疾病，合理选用抗寄生虫药是防治畜禽寄生虫病综合措施中的一个重要环节。抗寄生虫药除具有抗虫作用外，有些还能对机体产生不同程度的毒副作用。

因此为了保证抗寄生虫药在使用过程中安全有效，必须正确认识宿主、寄生虫和药物三者之间的关系。

①宿主　畜禽的种属、年龄不同，对药物的反应也不同。如禽对敌百虫敏感；马对噻咪唑较敏感等。畜禽的个体差异、性别也会影响到抗寄生虫药的药效或产生不良反应。体质强弱，遭受侵袭程度与用药后的反应亦有关。同时，地区不同，寄生虫病种类不一，流行病学季节动态规律也不一致。

②寄生虫　种类很多，对不同宿主危害程度不一，且对药物的敏感性反应亦有差异，就广谱驱虫药来讲，也不是对所有寄生虫都有效。因此，对混合感染，为了扩大驱虫范围，在选用广谱驱虫药的基础上，根据感染范围，几种药物配伍应用，很有必要。寄生虫的不同发育阶段对药物的敏感性有差异，为了达到防止传播，彻底驱虫的目的，必须间隔一定的时间进行二次或多次驱虫。另外，轮换使用抗寄生虫药是避免产生耐药性的有效措施之一。

③药物　药物剂量大小、用药时间长短，与寄生虫耐药性产生有关。药物的种类、剂型、给药途径、剂量不同，产生的抗虫作用也不一样。

抗寄生虫药种类繁多，化学结构和作用不同，因此作用机理亦各不相同。此外，迄今对某些寄生虫的生理生化系统尚未完全了解，故药物的作用机理也不完全清楚，已初步

弄清的,大概可归纳为如下几方面的作用方式。

①抑制虫体内的某些酶 不少抗寄生虫药通过抑制虫体内酶的活性,而使虫体的代谢过程发生障碍。例如,左旋咪唑、硫双二氯酚、硝硫氰胺和硝氯酚等能抑制虫体内的琥珀酸脱氢酶(延胡索酸还原酶)的活性,阻碍延胡索酸还原为琥珀酸,阻断了 ATP 的产生,导致虫体缺乏能量而致死;有机磷酸酯类能与胆碱酯酶结合,使酶丧失水解乙酰胆碱的能力,使虫体内乙酰胆碱蓄积,引起虫体兴奋、痉挛,最后麻痹死亡。

②干扰虫体的代谢 某些抗寄生虫药能直接干扰虫体的物质代谢过程,例如苯并咪唑类药物能抑制虫体微管蛋白的合成,影响酶的分泌,抑制虫体对葡萄糖的利用,引起虫体死亡;三氮脒能抑制虫体 DNA 的合成,而抑制原虫的生长繁殖;氯硝柳胺能干扰虫体氧化磷酸化过程,影响 ATP 的合成,使绦虫缺乏能量,头节脱离肠壁而排出体外;氨丙啉的化学结构与硫胺相似,故在球虫的代谢过程中可取代硫胺而使虫体代谢不能正常进行;有机氯杀虫剂能干扰虫体内的肌醇代谢。

③作用于虫体的神经肌肉系统 有些抗寄生虫药可直接作用于虫体的神经肌肉系统,影响其运动功能或导致虫体麻痹死亡。例如哌嗪有箭毒样作用,使虫体肌细胞膜超极化,引起弛缓性麻痹;阿维菌素类则能促进 Y-氨基丁酸(GABA)的释放,使神经肌肉传递受阻,导致虫体产生弛缓性麻痹,最终可引起虫体死亡或排出体外;噻嘧啶能与虫体的胆碱受体结合,产生与乙酰胆碱相似的作用,引起虫体肌肉强烈收缩,导致痉挛性麻痹。

④ 干扰虫体内离子的平衡或转运 聚醚类抗球虫药能与钠、钾、钙等金属阳离子形成亲脂性复合物,使其能自由穿过细胞膜,使子孢子和裂殖子中的阳离子大量蓄积,导致水分过多地进入细胞,使细胞膨胀变形,细胞膜破裂,引起虫体死亡。

抗寄生虫药物在使用时应注意:A. 尽量选择广谱、高效、低毒、便于投药、价格便宜、无残留或少残留,不易产生耐药性的药物;B. 必要时联合用药;C. 准确地掌握剂量和给药时间;D. 混饮投药前应禁饮,混饲前应禁食,药浴前应多饮水等;E. 大规模用药时必须作安全试验,以确保安全;F. 应用抗寄生虫药后,必须经过一定的休药期,以防止在畜禽组织中残留某种药物过多,从而威胁人体的健康和影响公共卫生。如左旋咪唑内服的休药期,牛为 2~3 d,猪为 3 d。

抗寄生虫药根据其主要作用特点和寄生虫的分类不同,可分为抗蠕虫药、抗原虫药和杀虫药。

3.1 抗蠕虫药

抗蠕虫药物是指能驱除或杀灭畜禽体内寄生蠕虫的药物,又称驱虫药。根据寄生于动物体内的蠕虫种类不同,又将抗蠕虫药分为驱线虫药、驱绦虫药和驱吸虫药。

3.1.1 驱线虫药

1)咪唑并噻唑类

本类药物对畜禽主要消化道寄生线虫和肺线虫有效,驱虫范围较广,本类药物主要包括四咪唑(噻咪唑)和左旋咪唑(左噻咪唑)。四咪唑为混旋体,左旋咪唑为左旋体,驱虫主要由左旋体发挥作用。

<h2 style="text-align:center">左旋咪唑（左咪唑、左咪唑、左噻咪唑）</h2>

左旋咪唑是噻咪唑（四咪唑）的左旋体。临床常用其盐酸盐或磷酸盐。

【作用与应用】 本品属广谱驱线虫药。可抑制虫体延胡素酸还原酶的活性,阻断延胡索酸还原为琥珀酸,干扰虫体糖代谢过程,致虫体内 ATP 生成减少,导致虫体麻痹。用药后,最初排出尚有活动性虫体,晚期排出的虫体则死去甚至腐败。

左咪唑可用于各种动物体内寄生线虫的驱除,对成虫和某些线虫的幼虫均有效。对马副蛔虫、尖尾线虫成虫效果好,对马的副蛔虫移行期幼虫亦有效,对圆形线虫效果不稳定。对牛血矛线虫、奥斯特线虫、古柏线虫、毛圆线虫、仰口线虫、食道口线虫、细颈线虫、胎生网尾线虫的成虫均有良好驱虫效果;对某些未成熟虫体也有较好作用,对毛首线虫效果不稳定。对猪蛔虫、类圆线虫、后圆线虫效果极佳;对食道口线虫、红色舌圆线虫亦有良好效果;对毛首线虫、冠尾线虫效果不稳定;对猪蛔虫、后圆线虫和食道口线虫等的未成熟虫体有较好作用。对犬的蛔虫、钩虫和心丝虫,猫的肺线虫均有治疗作用。对鸡的蛔虫、异刺线虫及鹅裂口线虫有极好的驱虫作用。

本品有免疫增强作用,能使受抑制的巨噬细胞和 T 细胞功能恢复到正常水平,并能调节抗体的产生。用于调节免疫的剂量约为治疗量的1/3。

【不良反应】 左旋咪唑对牛、羊、猪、禽安全范围较大,马较敏感,对骆驼十分敏感,绝对禁止使用。左旋咪唑中毒时会出现类似胆碱药过量产生的症状,可用阿托品解救。

【用法与用量】 内服、皮下和肌内注射,一次量,每 1 kg 体重,牛、羊、猪 7.5 mg;犬、猫 10 mg;家禽 25 mg。

2）苯并咪唑类

噻苯唑是苯并咪唑类的第一个驱虫药,自 20 世纪 60 年代初问世以来,相继合成了许多广谱、高效、低毒的抗蠕虫药,主要的药物有甲苯咪唑、芬苯达唑、康苯咪唑、丁苯咪唑、阿苯达唑、奥芬达唑、芬苯达唑、三氯苯咪唑、尼托比明等,它们的基本作用相似,主要对线虫具有较强的驱杀作用,有的不仅对成虫,而且对幼虫也有效,有些还具有杀虫卵作用。但由于理化性质和药动学特征的差异,其作用也有不同,有些药物对绦虫、吸虫也有驱除效果,如阿苯达唑,而三氯苯达唑则主要做驱吸虫药。

本类药物曾广泛用做畜禽的驱蠕虫药,近年来由于阿维菌素类的推广应用,苯并咪唑类的用量有减少趋势。

<h2 style="text-align:center">阿苯达唑（丙硫苯咪唑、抗蠕敏）</h2>

【作用与应用】 本品为广谱、高效、低毒的新型驱虫药,对动物肠道线虫、绦虫、多数吸虫等均有效,对猪、牛、羊的囊尾蚴及猪肾虫亦有一定疗效。可同时驱除混合感染的多种寄生虫。其驱虫机理在于抑制虫体内的酶而干扰能量代谢。本类药物大部分能抑制虫体延胡索酸还原酶的活性,阻断 ATP 的产生,导致虫体肌肉麻痹而死亡。

阿苯达唑可驱除马大、小型圆形线虫、蛲虫、毛细线虫,对马蛔虫和未成熟蛲虫的驱除效果比噻苯咪唑好,对胃蝇蛆无效,对牛、羊消化道寄生的主要线虫的成虫均有较好的驱除作用;治疗剂量的本品对牛、羊肝片形吸虫、莫尼茨绦虫均有良好的作用,对猪蛔虫、后圆线虫、食道口线虫有效,对猪囊尾蚴及猪肾虫有一定疗效;对猪蛭状巨吻棘头虫效果

不稳定,对犬弓蛔虫有特效,对钩虫较差。对鸡蛔虫、异刺线虫、卷棘口吸虫,对鸭棘口吸虫、华枝睾棘口吸虫、膜壳绦虫有高效。

【不良反应】 本品的毒性相当小,治疗量无任何不良反应,但因马较敏感,不能使用大剂量连续应用。对动物长期毒性观察发现,本品有胚胎毒和致畸胎,但无致突变和致癌作用。因此,妊娠家畜慎用。牛、羊妊娠前期禁用,肉用动物屠宰前休药期 14 d。

【用法与用量】 内服,一次量,每 1 kg 体重,马 5 ~ 10 mg;牛、羊 10 ~ 15 mg;猪 5 ~ 10 mg;犬 25 ~ 50 mg;禽 10 ~ 20 mg。

芬苯达唑(苯硫苯咪唑或硫苯咪唑)

芬苯达唑为白色或类白色粉末,无臭、无味。不溶于水,可溶于二甲亚砜和冰醋酸。

【药动学】 内服仅少量吸收,犊牛和马的血药峰浓度分别为 0.11 μg/mL 和 0.07 μg/mL。芬苯达唑在体内代谢为活性产物芬苯达唑亚砜(即奥芬达唑)和砜。在绵羊、牛和猪,内服剂量约 44% ~ 50% 以原形从粪便排出,尿中排出不到 1%。

【作用与应用】 芬苯达唑不仅对胃肠道线虫成虫及幼虫有高度驱虫活性,而且对网尾线虫(肺线虫)、片形吸虫和绦虫亦有良好效果,还有极强的杀虫卵作用。

羊:对羊血矛线虫、奥斯特线虫、毛圆线虫、古柏线虫、细颈线虫、仰口线虫、夏伯特线虫、食道口线虫、毛首线虫、网尾线虫的成虫及幼虫均有高效。对扩展莫尼茨绦虫、贝氏莫尼茨绦虫有良好驱除效果。对吸虫需用大剂量,如 20 mg/kg 连用 5 d,对矛形双腔线吸虫有效率达 100%;15 mg/kg 剂量连用 6 d,对肝片吸虫有高效。

牛:对牛的驱虫谱大致与羊相似,对吸虫需用较高剂量,如 7.5 ~ 10 mg/kg 连用 6 d,对肝片吸虫成虫及牛前后盘吸虫童虫均有良好效果。

马:对马副蛔虫、马尖尾线虫的成虫及幼虫、胎生普氏线虫、普通圆形线虫、无齿圆形线虫、马圆形线虫、小型圆形线虫均有优良效果。

猪:对猪蛔虫、红色猪圆线虫、食道口线虫的成虫及幼虫有良好驱虫效果。按 3 mg/kg 连用 3 d,对冠尾线虫(肾虫)亦有显著杀灭作用。

犬、猫:犬内服 25 mg/kg 对犬钩虫、毛首线虫、蛔虫作用明显。50 mg/kg 连用 14 d,能杀灭移行期犬蛔虫幼虫;连用 3 d 几乎能驱净绦虫。猫用治疗量 3 d,对猫蛔虫、钩虫、绦虫均有高效。

野生动物:给感染奥斯特线虫、古柏线虫、细颈线虫、毛圆线虫、毛首线虫、肺线虫的鹿内服 5 mg/kg 连用 3 ~ 5 d,具有良好效果,此外对莫尼茨绦虫也有一定作用。对严重感染禽蛔虫、锯刺线虫、毛细线虫及吸虫的各种食肉猛禽,以 25 mg/kg 剂量连服 3 d,对上述虫体几乎全部有效。

【注意事项】 牛在用药后 3 d 内乳禁止上市,山羊产奶期禁用;休药期,牛 8 d,羊 6 d,猪 5 d。

【用法与用量】 内服,一次量,每 1 kg 体重,马、牛、羊、猪 5 ~ 7.5 mg;犬、猫 25 ~ 50 mg;禽 10 ~ 50 mg。

噻苯唑(噻苯达唑)

对大多数胃肠道线虫均有高效,对未成熟虫体也有较强作用,对旋毛虫早期移行幼虫的作用与成虫相似。本品还能杀灭排泄物中虫卵及抑制虫卵发育。主要用于家畜胃肠道线虫病,对反刍动物和马的安全范围大,妊娠母羊对本品耐受性较差。内服一次量,每1 kg体重,家畜50~100 mg。休药期牛3 d,羊、猪30 d。

奥芬达唑(砜苯咪唑)

奥芬达唑是芬苯达唑在体内发挥驱虫作用的有效代谢产物,驱虫谱与芬苯达唑相同。奥芬达唑内服容易吸收,其作用比芬苯达唑强1倍。内服适口性极差,混饲给药时应注意防止因摄入量少而影响驱虫效果。禁用于妊娠早期母羊和产奶期牛、羊,休药期牛11 d,羊21 d。内服,一次量,每1 kg体重,马10 mg;牛5 mg;羊5~7.5 mg;猪3 mg;犬10 mg。

3)阿维菌素类

阿维菌素类药物是由阿维链霉菌产生的一组新型大环内酯类抗寄生虫药,目前在这类药物中已商品化的有阿维菌素、伊维菌素、多拉菌素和依立菌素。阿维菌素类药物由于其优异的驱虫活性和较高的安全性,被视为目前最优良、应用最广泛、销量最大的一类新型广谱、高效、安全和用量小的理想抗内外寄生虫药。

伊维菌素(艾佛菌素、灭虫丁)

伊维菌素为白色或淡黄色结晶性粉末,难溶于水,易溶于多数有机溶剂。性质稳定,但溶液易受光线的影响而降解。

【作用与应用】 本品为新型、广谱、高效、低毒大环内酯抗生素类驱虫药。对马、牛、羊、猪、犬胃肠道主要线虫(包括蛔虫)、肺线虫成虫及幼虫有效;对马胃蝇和牛皮蝇蛆以及疥螨、痒螨、毛虱、血虱等外寄生虫亦有良效。无论是内服还是皮下注射,均能吸收完全。进入体内的伊维菌素能分布大多数组织,包括皮肤。所以,经给药后可驱除体内线虫和体表寄生虫。伊维菌素是在线虫的神经元及节肢动物的肌肉内增加抑制性神经递质广氨基丁酸(γ-GABA)的释放,GABA能作用于突触前神经末梢,减少兴奋性递质释放,而引起抑制、虫体麻痹死亡。但吸虫及绦虫不能利用GABA作用周围神经递质,而不产生驱虫作用。对左旋咪唑和甲苯唑等的耐药虫株也有良好的效果。

【注意事项】 伊维菌素猪用后28 d内和羊用后21 d内肉不得食用;用药后28 d内羊奶不得食用。

伊维菌素注射给药时,通常一次即可,对患有严重螨病的家畜每隔7~9 d,再用药2~3次。

【用法与用量】 皮下注射,一次量,每1 kg体重,牛、羊0.2 mg;猪0.3 mg。牛、羊泌乳期禁用。休药期,牛35 d,羊21 d,猪28 d。

阿维菌素

阿维菌素是阿维链霉菌发酵的天然产物,主要成分为Avermectin B1,国外又名爱比菌素。兽用阿维菌素系由我国首先研究开发的,由于价格低于伊维菌素,很快在我国推广应用。近年来国外也开始生产兽用阿维菌素。

本品为白色或淡黄色粉末,无味。本品在醋酸乙酯、丙酮、氯仿中易溶;在甲醇、乙醇中略溶,在正己烷,石油醚中微溶;在水中几乎不溶。

【作用与应用】 本品的作用、应用、剂量等均与伊维菌素相同。我国多年来的应用实践表明,阿维菌素是一种新型、广谱、高效、安全的抗体内外寄生虫药。

【用法与用量】 内服,一次量,每 1 kg 体重,羊、猪 0.3 mg。皮下注射,一次量,每 1 kg 体重,牛、羊 0.2 mg,猪 0.3 mg。背部浇泼,一次量,每 1 kg 体重,牛、猪 0.5 mg(按有效成分计)。耳根部涂敷,一次量,每 1 kg 体重,犬、兔 0.5 mg(按有效成分计)。

多拉菌素

多拉菌素由基因重组的阿维链霉菌新菌株发酵而得。主要成分为 25-环己阿维菌素 B1。

本品的作用、应用、用法与用量与其他阿维菌素类基本相同,只是由于其第 25 位碳原子上环己基的作用,它在动物体内的血药浓度较高、半衰期较长、生物利用度较好,所以对线虫和节肢动物具有长效作用。除可驱杀宿主动物已感染的内外寄生虫外,由于有效血药浓度持续时间较长,可以在一定时间内保护宿主不受环境中寄生虫的再感染,故有一定的预防效果。

4) 其他驱线虫药

这里主要介绍抗丝虫药。丝虫病对家畜的危害性较大,尤其是犬心丝虫病,近年来随着国内宠物饲养业的日益发展,对犬心丝虫病的预防和治疗也就更显示其重要性。

乙胺嗪(海群生)

【理化性质】 临床上常用枸橼酸乙胺嗪。白色晶粉。无臭,味酸苦。微有引湿性。在水中易溶。

【作用与应用】 本品为哌嗪衍生物,主用于马、羊脑脊髓丝状虫病(连用 5 d)、犬心丝虫病,亦可用于家畜肺线虫病和蛔虫病。

对犬心丝虫的微丝蚴也有一定作用,使血液中微丝蚴迅速集中到肝脏微血管内,大部分被肝脏吞噬细胞消灭。由于本品不能直接杀灭微丝蚴,故需以小剂量连用 3~5 周用作预防药。注意禁用于微丝蚴阳性犬,因可引起过敏反应,甚至死亡。大剂量对犬、猫的胃有刺激性,宜喂食后服用。

【用法与用量】 内服,一次量,每 1 kg 体重,马、牛、羊、猪 20 mg;犬、猫 50 mg(预防犬心丝虫病 6.6 mg)。

硫胂胺钠

硫胂胺钠为三价有机砷(胂)化合物,主用于杀灭犬心丝虫成虫。硫胂胺钠分子中的砷能与丝虫酶系统的巯基结合,破坏虫体代谢,从而出现杀虫作用,但对微丝蚴无效。本品有强刺激性,静脉注射宜缓慢,并严防漏出血管。在治疗后 1 月内,务必使动物绝对安静,因此时虫体碎片栓塞能引起致死性反应。有显著肝毒、肾毒作用,肝、肾功能不全动物禁用。遇有砷中毒症状,应立即停药,6 周后再继续治疗。反应严重时,可用二巯基丙醇解毒。硫胂胺钠注射液:静脉注射,一次量,每 1 kg 体重,犬 2.2 mg,2 次/d,连用 2 d (或 1 次/d,连用 15 d)。

碘噻青胺(碘二噻宁)

碘噻青胺为蓝紫色粉末,难溶于水。主用于杀犬心丝虫微丝蚴。驱虫谱较广,对犬钩虫、蛔虫、鞭虫、类圆线虫,甚至对狼旋尾线虫也有良好效果。碘噻青胺能使微丝蚴丧失活动能力,陷入毛细血管床内,最后为宿主细胞所吞噬。还能使雌虫子宫内微丝蚴发育不良,从而使绝大多数犬血液循环中的微丝蚴转为阴性,个别阳性犬可改用左咪唑治疗。犬对本品较敏感,本品吸收较少,能使用药犬的粪便或呕吐物染成蓝绿色或紫色。内服,一日量,每1 kg体重,犬6.6~11 mg,分1~2次,连用7~10 d。

3.1.2 驱绦虫药

绦虫发育过程中各有其中间宿主,要彻底消灭畜禽绦虫病,不仅需要使用驱绦虫药,而且还须控制绦虫的中间宿主,采取有效的综合防治措施,以阻断其传播。理想的抗绦虫药,应能完全驱杀虫体,若仅使绦虫节片脱落,则完整的头节大概在2周内又会生出体节。古老的抗绦虫药有两大类:一类为天然植物类,如南瓜子、绵马、卡马拉、鹤草芽、槟榔等,其中除槟榔碱目前仍用于犬、禽外,其余制剂兽医上已很少应用;另一类为无机化合物类,如砷酸锡、砷酸铅、砷酸钙、硫酸铜等,因毒性太大,目前已不再应用。

目前常用的驱绦虫药,主要有吡喹酮、氯硝柳胺、硫双二氯酚、丁萘脒、溴羟苯酰苯胺等。

氯硝柳胺(灭绦灵)

氯硝柳胺为黄白色结晶性粉末,无味。不溶于水,稍溶于乙醇。

【作用与应用】 本品内服后难吸收,故毒性小,在肠道内保持较高浓度。杀绦虫机理是妨碍绦虫的三羧酸循环,使乳酸蓄积而发挥作用。通常经虫与药物接触1 h,虫体萎缩,头节脱落而致虫体死亡。能杀灭绦虫的头节及其近段,使绦虫从肠壁脱落而随粪便排出体外。对马的裸头绦虫,牛、羊莫尼茨绦虫、无卵黄腺绦虫、曲子宫绦虫,牛、羊、鹿隧状绦虫、犬豆状带绦虫、腹囊带绦虫、带状带绦虫,鸡的赖利绦虫,鲤鱼的裂头绦虫均有效,而对犬复孔带绦虫不稳定;对牛、羊的前后盘吸虫也有效。还可杀灭血吸虫的中间宿主钉螺。

氯硝柳胺哌嗪是氯硝柳胺的哌嗪盐,驱虫也有同等效力。

【用法与用量】 内服,一次量,每1 kg体重,牛40~60 mg;羊60~70 mg;犬、猫80~100 mg;禽50~60 mg。

吡喹酮(环吡异喹酮)

吡喹酮为白色或类白色结晶性粉末,水中不溶,易溶于氯仿,能溶于乙醇。应遮光密闭保存。

【作用与应用】 本品为广谱驱虫药,对畜禽多种绦虫的成虫和童虫,牛血吸虫及其他动物的吸虫均有很好的疗效。

①绦虫病:如牛和猪的莫尼茨绦虫、无卵黄腺绦虫、带属绦虫、犬细粒棘球绦虫、复孔绦虫、中线绦虫、家禽和兔的各种绦虫;豆状囊尾蚴、牛囊尾蚴、猪囊尾蚴、细颈囊尾蚴等,都有显著的驱杀作用。

②血吸虫病:杀虫作用强而迅速,而对童虫作用弱。能很快使虫体失去活性,并使病牛体内血吸虫向肝脏移动,被消灭于肝脏组织中。主要用于耕牛血吸虫病,既可内服,亦可肌注和静注给药,高剂量的杀虫率均在90%以上。

③吸虫病:本品能驱杀牛、羊的胰阔盘吸虫和矛形歧腔吸虫,肉食动物的华枝睾吸虫、后睾吸虫、扁体吸虫和并殖吸虫;水禽的棘口吸虫等。

【不良反应】 病猪用药后数天内,升温、沉郁、乏力,重者卧地不起、肌肉震颤、减食或停食、呕吐、尿多而频、口流白沫、眼结膜和肛门黏膜肿胀等。可静脉注射碳酸氢钠、高渗葡萄糖以减轻反应。肌注局部刺激性大,病牛极度不安,个别牛倒地不起,其他无异常。

【用法与用量】 内服,一次量,每1 kg体重,牛、羊、猪10~35 mg;犬、猫2.5~5 mg;禽10~20 mg。

硫双二氯酚(别丁)

硫双二氯酚为白色或黄色结晶粉末,难溶于水,易溶于乙醇或稀碱溶液中,宜密封保存。

【作用与应用】 本品对畜禽多种吸虫和绦虫有驱虫作用。对牛、羊、肝片形吸虫,鹿、牛、羊前后盘吸虫,猪姜片吸虫有效。对莫尼茨绦虫、曲子宫绦虫、马裸头绦虫,犬、猫带绦虫,鸡赖利绦虫,鹅绦虫等也有效。对肝片形吸虫成虫效力高,对童虫效果差,必须增加剂量。

内服后,仅少量硫双二氯酚由消化道迅速吸收,并由胆汁排泄,大部分未吸收的药物由粪便排泄,因此能够较好地驱除胆道吸虫和胃肠道绦虫。

本品可降低虫体糖原分解和氧化代谢过程,抑制琥珀酸的氧化,导致虫体能量不足而死。它对动物有类似M-胆碱样作用,可使肠道蠕动增强,剂量增大时动物可表现为食欲减退、短暂性腹泻,乳牛的产奶量和鸡的产蛋率下降,一般不经处理,数日内可自行恢复。家禽中,鸭比鸡敏感,用药时宜注意。

【用法与用量】 内服,一次量,每1 kg体重,马10~20 mg;牛40~60 mg;羊、猪75~100 mg;犬、猫200 mg;鸡100~200 mg。

丁萘脒

丁萘脒多制成盐酸盐或羟萘酸盐供临床应用。盐酸丁萘脒主要用作犬、猫驱绦虫药,而羟萘酸丁萘脒则主用于羊的莫尼茨绦虫。各种丁萘脒盐都有杀绦虫特性,使绦虫在宿主消化道内被消化,因而粪便中不出现虫体。盐酸丁萘脒对眼有刺激性,还可引起肝损害和胃肠道反应。

盐酸丁萘脒:内服,一次量,每1 kg体重,犬、猫25~50 mg。

羟萘酸丁萘脒:内服,一次量,每1 kg体重,羊25~50 mg;鸡400 mg。

雷琐仓太(溴羟苯酰苯胺)

对牛、羊莫尼茨绦虫灭虫率超过95%;对无卵黄腺绦虫亦有效。对前后盘吸虫成虫有效率达100%,对童虫亦有明显效果(90%)。应用治疗量后36 h内偶见牛、羊腹泻、食欲减退等不良反应。内服,一次量,每1 kg体重,牛、羊65 mg。

3.1.3 驱吸虫药

除前述吡喹酮、硫双二氯酚以及苯并咪唑类药物等具有驱吸虫作用外,尚有多种驱吸虫药,这里主要介绍几种常用驱肝片吸虫的药物。

硝氯酚(拜耳9015)

硝氯酚为深黄色结晶性粉末,无臭、无味。不溶于水,其钠盐易溶于水。应遮光,密封保存。

【作用与应用】 本品能抑制琥珀酸脱氢酶的活性,从而影响虫体的代谢过程而产生驱虫作用。它对牛、羊肝片形吸虫成虫有很好的驱杀作用,具有高效、低毒、用量小的特点,是反刍动物肝片形吸虫较理想的驱虫药。对肝片形吸虫的幼虫虽有效,但需要较高剂量,且不安全。

【不良反应】 治疗量的本品无显著毒性,剂量过大可能出现中毒症状,如体温升高、心率加快、呼吸增数、精神沉郁、停食、步态不稳、口流白沫等。可用强心药、葡萄糖及其他保肝药物解救。

黄牛对本品较耐受,而羊则较敏感。但不可用钙剂,以免增加心脏负担。

【用法与用量】 内服,一次量,每 1 kg 体重,黄牛 3 ~ 7 mg;水牛 1 ~ 3 mg;羊 3 ~ 4 mg;猪 3 ~ 6 mg。

深层肌内注射,一次量,每 1 kg 体重,牛、羊 0.5 ~ 1 mg。

氯生太尔(氯氰碘柳胺)

【作用与应用】 本品对肝片吸虫、胃肠道线虫及节肢动物的幼虫阶段均有驱杀活性,对阿维菌素类、苯并咪唑类、左咪唑、甲噻嘧啶和氯苯碘柳胺具抗药性的虫株,本品仍有良好驱虫效果。主要用于防治牛、羊肝片吸虫病、胃肠道线虫病及羊鼻蝇蛆病,也可用于预防或减少马胃蝇蛆和普通圆形线虫的感染。本品通过提高吸虫虫体线粒体的通透性而起氧化磷酸化解偶联剂作用。用药后 28 d 内乳禁止上市;休药期 28 d。

本品与其他柳胺类药物一样,与血浆蛋白的结合极广泛(约99%)。由于其半衰期长(14.5 d),从而在用药后 60 d 内,对绵羊血矛线虫具有预防效果,也可阻止新成熟的肝片吸虫进入胆管。

本品约80%由粪便排出体外,低于0.5%的药物由尿液排出体外。组织中药物浓度甚微。

【用法与用量】 内服,一次量,每 1 kg 体重,牛 5 mg;羊 10 mg。

皮下注射,一次量,每 1 kg 体重,牛 2.5 mg;羊 5 mg。

硝碘酚腈氰(碘硝基苯酚)

硝碘酚腈氰为黄色晶粉,微溶于水。是一种较新型杀肝片吸虫药,注射给药较内服更有效。硝碘酚腈能阻断虫体的氧化磷酸化作用,降低 ATP 浓度,减少细胞分裂所需的能量而导致虫体死亡。一次皮下注射,对牛羊肝片吸虫、大片形吸虫成虫有 100% 驱杀效果。但对未成熟虫体效果较差。本品对阿维菌素类和苯并咪唑类药物有抗性的羊捻转血矛线虫虫株的驱虫率超过99%。药物排泄缓慢,重复用药应间隔 4 周以上。药液能使羊毛黄染,泌乳动物禁用;休药期 60 d。皮下注射一次量,每 1 kg 体重,牛、猪、羊、犬 10 mg。制剂有 25% 硝碘酚腈注射液。

海托林(三氯苯哌嗪)

海托林为白色结晶性粉末,微溶于水,易溶于乙醇,是治疗牛羊矛形双腔吸虫较安全、有效的药物。治疗量不引起动物异常反应,妊娠后期母畜,亦能耐受 2 倍治疗量。乳牛用药后 30 d 内乳汁有异味,不宜供人食用。内服,一次量,每 1 kg 体重,牛 30 ~ 40 mg;羊 40 ~ 60 mg。

三氯苯达唑(三氯苯咪唑)

三氯苯达唑为新型苯并咪唑类驱虫药,对各种日龄的肝片吸虫均有明显杀灭效果,是比较理想的杀肝片吸虫药。三氯苯咪唑对牛羊大片形吸虫、前后盘吸虫亦有良效,对鹿肝片吸虫有高效。本品毒性较小,治疗量对动物无不良反应,与左咪唑、甲噻嘧啶联合应用时,亦安全有效。休药期28 d。内服,一次量,每1 kg体重,牛12 mg;羊、鹿10 mg。

3.1.4　抗血吸虫药

血吸虫病是人畜共患的寄生虫病,也是危害人体最严重的寄生虫病。患畜主要是耕牛,防治耕牛血吸虫病是消灭血吸虫病的重要措施之一。抗血吸虫病的药物包括锑制剂与非锑制剂,后者多为近年来研制的新药,如吡喹酮、硝硫氰胺等。锑制剂毒性较大,疗程较长,已逐渐被吡喹酮等代替。

硝硫氰醚

硝硫氰醚为无色或浅黄色微细结晶性粉末,不溶于水,极微溶于乙醇,溶于丙酮和二甲基亚砜。

【作用与应用】　是新型广谱驱虫药,国外多用于犬、猫驱虫,我国主要用于耕牛血吸虫病和肝片吸虫病治疗。对弓首蛔虫、各种带绦虫、犬复孔绦虫、钩口线虫有高效。对细粒棘球绦虫未成熟虫体也有良好效果。本品对猪姜片吸虫亦有较好疗效。耕牛血吸虫病必须用第三胃注射法才能获得良好效果。对牛肝片吸虫应用第三胃注射法的驱虫效果亦明显优于内服法。

本品颗粒愈细,作用愈强,并对胃肠道有刺激性。作第三胃注射应配成3%油溶液。

【用法与用量】　内服,一次量,每1 kg体重,牛30~40 mg;猪15~10 mg;犬、猫50 mg;禽50~70 mg。

第三胃注射,一次量,每1 kg体重,牛15~20 mg。

硝硫氰胺(7507)

硝硫氰胺为黄色晶粉,无味、无臭。极难溶于水,可溶于聚乙二醇、二甲亚砜等,脂溶性很高。

【作用与应用】　本品为合成的广谱驱虫药,内服易吸收,分布于全身各个组织器官,胆汁中含量较高。经肝肠循环重新吸收入血液,因而在血液中维持时间较长。它对耕牛各种血吸虫疗效很好,不良反应轻,优于其他血防药。本药杀虫作用强烈,而且作用迅速彻底。能抑制虫体的功能,并产生形态的变化,虫体可迅速"肝移",被吞噬细胞包围而消灭。给药后2周虫体开始死亡,1个月以后几乎全部死亡。

【不良反应】　大部分动物经静注给药后可出现不同程度的呼吸加快加深,咳嗽,步态不稳,失明,身体向一侧倾斜以及消化机能障碍等不良反应。以上反应多能自行耐过,一般经6~20 h恢复正常。

【用法与用量】　内服,一次量,每1 kg体重,牛60 mg。

六氯对二甲苯(血防-846)

六氯对二甲苯为有机氯化合物类广谱抗寄生虫药,对耕牛血吸虫、牛羊肝片吸虫、前后盘吸虫、复腔吸虫均有较高疗效,对猪姜片吸虫也有一定效果。对童虫和成虫均有抑制作用,对童虫作用优于成虫。本品毒性较锑剂小,但亦损害肝脏,导致变性或坏死。本品有蓄积作用,在脂肪和类脂质丰富的组织含量最高。停药2周后,血中才检不出药物。尚可通过胎盘到达胎儿体内,孕畜和哺乳母畜慎用。

治疗血吸虫病:内服,一次量,每1 kg体重,黄牛120 mg;水牛90 mg。1次/d(每日极量:黄牛28 g,水牛36 g),连用10 d。

治疗肝片吸虫病:内服,一次量,每1 kg体重,牛200 mg;羊200~250 mg。

呋喃丙胺

本品属硝基呋喃类,是我国首创的一种非锑剂内服抗血吸虫药。内服后主要由小肠吸收,进入门静脉直接与虫体接触,产生杀虫作用,对日本血吸虫的成虫和童虫均有驱杀作用。因本品在门静脉中的浓度较高,在肠系膜下静脉中浓度较低,虫体不易受到药物作用,单独使用效果不佳,故对慢性血吸虫病宜与敌百虫合用,在敌百虫作用下,虫体迅速移入门静脉和肝脏内,使呋喃丙胺能充分发挥作用。内服,一次量,每1 kg体重,黄牛80 mg。每日下午内服,每日上午先内服敌百虫,每1 kg体重,1.5 mg,连用7 d。

3.2　抗原虫药

家畜原虫病主要有球虫病、锥虫病、梨形虫病及弓形体病等。临床上多表现急性和亚急性过程,并呈现季节性和地方流行性或散在发生,对畜禽的危害较严重,有时会造成畜禽大批死亡,直接危害畜牧业的发展。

抗原虫药可分为抗球虫药、抗梨形虫药和抗锥虫药。

3.2.1　抗球虫药

球虫病对雏鸡、幼兔、犊牛和羔羊的危害较大,常造成巨大的经济损失。危害畜禽的球虫以艾美耳属球虫为主,其发育分为裂殖生殖、配子生殖和孢子生殖3个阶段。前两个阶段在宿主肠黏膜上皮细胞内进行,后一个阶段在外界环境中完成。

1)抗球虫药的种类

球虫病目前主要以预防为主,将抗球虫药混饲定期饲喂,效果较好。长期以低浓度的抗球虫药饲喂雏鸡,因而出现了对某些药物产生耐药性的球虫虫株,甚至有交叉耐药的现象。球虫对大多数抗球虫药都产生抗药性,喹啉类药物产生耐药性最快;氯羟吡啶较快;磺胺类、呋喃类、胍类药物居中;氨丙啉、球痢灵较慢;尼卡巴嗪最慢。

在使用抗球虫药时,除选用高效、低毒药,并按规定浓度使用外,还应注意抗球虫药物的作用峰期(指药物作用于球虫的主要发育阶段)。常用抗球虫药物作用峰期,如图3.1所示。

氨丙啉(氨保宁)

氨丙啉为白色结晶性粉末,易溶于水,可溶于乙醇。

【作用与应用】　本品结构与硫胺相似,能抑制球虫硫胺代谢而发挥抗球虫作用,对脆弱、堆型艾美耳球虫作用最强,对毒害、波氏、巨型、变位艾美耳球虫作用稍差。临床常

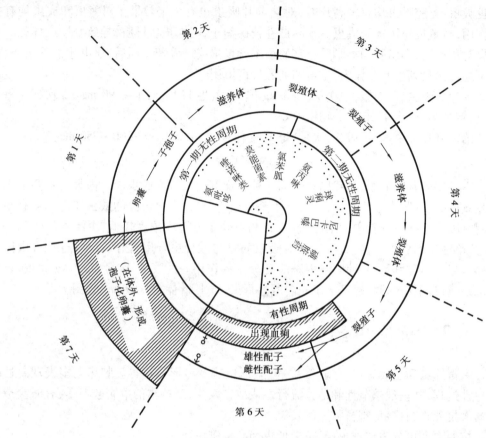

图3.1 代表性抗球虫药对鸡脆弱艾美耳球虫的作用峰期

将氨丙啉与乙氧酰胺甲苯酯、磺胺喹噁啉合并应用,可增强其抗球虫效力。其活性峰期在感染后的第3 d即第一代裂殖体。球虫对本品不易产生耐药性,几乎不影响宿主对球虫的免疫力抑制。

【注意事项】 用量过大会使鸡患维生素 B_1(硫胺素)缺乏症;禁止与维生素 B_1 同时使用,或在使用氨丙啉期间,每千克饲料维生素 B_1 的添加量控制在 10 mg 以下。此药是产蛋鸡的主要抗球虫药,肉鸡休药期 7 d。

【用法与用量】 治疗鸡球虫病:以 125～250 mg/kg 浓度混饲,连喂 3～5 d;接着以 60 mg/kg 浓度混饲再喂 1～2 周。也可混饮,加入饮水的氨丙啉浓度为 60～240 mg/L。预防球虫病:常与其他抗球虫药一起制成预混剂。

氯羟吡啶(克球粉、可爱丹)

氯羟吡啶为白色粉末,无臭,不溶于水,性质稳定。

【作用与应用】 本品对鸡的各种球虫均有效,尤其对柔嫩艾美耳球虫作用最强。其活性峰期是子孢子期(即感染第 1 d),因此,作预防药或早期治疗药较为适合。效果比氨丙啉、球痢灵、尼卡巴嗪好,且无明显毒副作用,缺点是能抑制鸡对球虫的免疫力。球虫对本品易产生耐药性,必须按计划轮换使用其他抗球虫药。氯羟吡啶与苄氧喹甲酯合并应用可产生协同效应。蛋鸡和种用肉鸡禁用。肉鸡、兔屠宰前休药期 5 d。

本品对兔球虫亦有一定的防治效果。

【用法与用量】　氯羟吡啶预混剂（含氯羟吡啶 25%）：混饲，每 1 000 kg 饲料，鸡 500 g；兔 800 g。

常山酮（速丹）

常山酮是中药常山中提取的一种生物碱，现已人工合成。为白色或白色结晶性粉末，性质稳定。

【作用与应用】　本品用量较小，抗球虫谱较广，对鸡多种球虫有效。对刚从卵囊内释出的子孢子，对第一、二代裂殖体均有明显的抑制作用。抗球虫的活性甚至超过聚醚类抗球虫药，与其他抗球虫药物无交叉耐药性。

【注意事项】　本品治疗量对鸡、兔较安全，但抑制鸭、鹅生长，应禁用。每千克饲料含常山酮 3 mg 效果良好，6 mg 即影响适口性，使部分鸡采食减少，9 mg 则大部分鸡拒食。因此，混料一定要均匀，并严格控制其使用剂量。鸡屠宰前休药期 5 d。

【用法与用量】　常山酮预混剂（含常山酮 0.6%）：混饲，每 1 000 kg 饲料，鸡 500 g（务必混合均匀，否则影响药效）。

莫能菌素（瘤胃素、莫能素）

莫能菌素为微白至微黄色粉末，性质稳定，不溶于水。

【作用与应用】　属聚醚类抗球虫药。莫能菌素能抑制第一代裂殖体和子孢子，作用峰期为感染后第 2 d，临床上用于防治雏鸡、雏火鸡、犊牛、羔羊和兔的球虫病，对革兰氏阳性菌和猪密螺旋体有抑制作用，并促进动物生长发育，增加体重，提高饲料利用率。

【注意事项】　本品对马属动物毒性较大，禁用；亦禁与泰乐菌素、泰妙灵等合用，否则有中毒的危险；对饲喂富含硝酸盐饲料的牛、羊不宜用本品，以免发生中毒；牛屠宰前，应停药 2 d。产蛋鸡禁用，肉鸡上市前，应停药 3～5 d。

【用法与用量】　混饲，每 1 000 kg 饲料，禽 90～110 g；兔 20～40 g。

盐霉素（沙利霉素）

盐霉素为聚醚类抗球虫药。

【作用与应用】　多制成 6% 或 10% 预混剂供用。其抗球虫效应与莫能菌素相似，对鸡柔嫩、毒害、堆型艾美耳球虫均有明显效果。另外，盐霉素还可作猪的生长促进剂。本品的安全范围较窄，应严格控制用药浓度，马及马属动物对本品敏感易中毒，应禁用。对火鸡、鸟类及雏鸭毒性较大，用时慎重。禁与泰牧霉素、竹桃霉素并用。如超过 80 mg/kg 饲料浓度，肉鸡则摄食减少，影响增重，肉鸡屠宰上市前休药期为 5 d。

【用法与用量】　混饲，每 1 000 kg 饲料，禽 60 g。

马杜拉霉素（加福、抗球王）

其铵盐为白色结晶性粉末，不溶于水。其 1% 预混剂为黄色或浅褐色粉末。

【作用与应用】　本品为聚醚类抗球虫药，能有效的控制和杀灭鸡柔嫩、巨型、毒害、堆型、布氏、缓和变位艾美耳球虫，按每千克饲料 5 mg 药料浓度，其抗球虫效力优于莫能菌素、盐霉素、尼卡巴嗪和氯羟吡啶等。

抗球虫活性峰期在第一代子孢子和裂殖体（即感染第 1～2 d）。对其他离子载体抗生素已产生耐药性的球虫仍有效。此外，本品对大多数革兰氏阳性菌和部分真菌有杀灭作用，并有促进生长和提高饲料利用率的作用。

【注意事项】 本品只用于肉鸡,对其他动物及产蛋鸡均不适用;为保证药效和防止中毒,药料应充分混匀;肉鸡休药期为5 d。

【用法与用量】 混饲,每1 000 kg饲料,鸡5 g。

磺胺喹噁啉

磺胺喹噁啉属磺胺类药物,专供抗球虫使用。系黄色粉末,无臭,在乙醇中极微溶解,其钠盐在水中易溶。

【作用与应用】 对鸡巨型、布氏和堆型艾美耳球虫作用最强,对柔嫩、毒害艾美耳球虫作用较强,若与氨丙啉、乙氧酰胺苯甲酯合用,可起协同作用。其作用峰期是第二代裂殖体(感染后第4 d),不影响宿主对球虫的免疫力,同时具有一定的抗菌作用。

主用于鸡球虫病的治疗,对家兔、羔羊、犊牛球虫病也有治疗效果。

本品对雏鸡毒性较低,但药物浓度过高(0.1%以上)饲喂5 d以上,可能会引起出血现象,所以连续喂用不超过10 d。由于排泄缓慢,肉鸡上市前应停药10 d。

【用法与用量】 混饮,每1 L水,鸡3~5 g。休药期10 d。

混饲,每1 000 kg饲料,鸡500 g。休药期10 d。

地克珠利(杀球灵、二氯三嗪苯乙腈)

地克珠利为微黄色至灰棕色粉末,不溶于水,性质较稳定。

【作用与应用】 本品是新型广谱、高效、低毒的抗球虫药,有效用药浓度低,对鸡和鸭球虫病防治效果明显。优于莫能菌素、氨丙啉、尼卡巴嗪、氯羟吡啶等。其活性峰期可能在子孢子和第一代裂殖体早期。

【注意事项】 本品药效期短,必须连续用药以防球虫病再次暴发。由于用药浓度极低,药料必须充分拌匀。

【用法与用量】 地克珠利预混剂(有0.2%和0.5%两种预混剂):混饲,每1 000 kg饲料,禽1 g(按原料药计)。

地克珠利溶液(含地克珠利0.5%),混饮,每1 L水,鸡0.5~1 mg(按原料药计)。

甲基三嗪酮(妥曲珠利、百球清)

本品呈无色或浅黄色澄明黏稠液体。

【作用与应用】 本品对家禽的多种球虫有杀灭作用,活性峰期是球虫裂殖生殖和配子生殖阶段。主要用于防治鸡球虫病,且不影响雏鸡生长以及免疫力的产生。

【注意事项】 药液污染用药人员眼或皮肤时,应及时冲洗;药液稀释后,超过48 h不宜饮用;药液稀释时应防止析出结晶,降低药效。鸡休药期8 d。

【用法与用量】 混饮,每1 L水,鸡25 mg,连用2 d。

2)抗球虫药的合理应用

合理应用抗球虫药,对于保证其防治效果避免产生不良反应十分重要。涉及抗球虫药合理应用的问题较多,主要有如下几个方面:

①防止球虫产生耐药性 合理应用抗球虫药物,以预防为主,能获得较为明显的控制球虫病效果。如抗球虫药物长期低剂量使用,可以诱发球虫产生耐药性,甚至会对结构相似或作用机理相同的同类药物产生交叉耐药性,以致使抗球虫药物的有效性降低或完全无效。实践证明,有计划地在短期内轮换或穿梭使用作用机理不同,抗球虫活性峰

期不同的抗球虫药,能维持药物的抗球虫活性和防止球虫产生耐药性。

②抗球虫药物的选择应用 每一种抗球虫药物均有其抗虫谱,球虫处在不同发育阶段对药物的敏感性亦有很大差异。如氨丙啉对鸡主要致病的盲肠球虫(柔嫩艾美耳球虫)和小肠球虫中的巨型艾美耳球虫作用最强,而对其他的球虫作用较弱,且作用的活性峰期在感染第 3 d 的第一代裂殖体。因此,应根据球虫的种类及其发育阶段,合理地选择用药,以便更好地发挥药物的抗球虫效果。

③注意药物可抑制机体对球虫产生免疫力 一般认为,球虫的第二代裂殖体具有刺激机体产生免疫力的作用。因而,抗球虫活性峰期在第一代裂殖体之前的药物如丁氧喹啉、氯羟吡啶、莫能菌素等抑制机体对球虫产生免疫力,所以,这些药物适宜用作商品肉鸡球虫病的预防,不宜用于蛋鸡和种鸡。

④注意药物对产蛋的影响和防止药物残留 抗球虫的药物使用时间一般较长,有些药物如磺胺类、聚醚类、氯苯呱、尼卡巴嗪、乙氧酰胺苯甲酯等,因能降低蛋壳质量和产蛋量,或在肉、蛋中出现药物残留,以致危害人体健康。因此,对上述药物应禁用于产蛋鸡、肉鸡、肉兔,并在屠宰前应有数天休药期。

⑤加强饲养管理 畜禽舍潮湿、拥挤、卫生条件恶劣以及病鸡、兔或带虫鸡、兔的粪便污染饲料、饮水、饲饮用具等,均可诱发球虫病。所以,在使用抗球虫药期间,应加强饲养管理,减少球虫病的传播,以提高抗球虫药物的防治效果。

3.2.2 抗梨形虫药(抗焦虫药)

焦虫曾命名为血孢子虫,现在改名为梨形虫,防治本类疾病除应用抗焦虫药外,杀灭中间宿主蜱是一个重要环节。常用的抗梨形虫药有三氮脒、双脒苯脲、间脒苯脲和硫酸喹啉脲等。古老的抗梨形虫药黄色素和台盼蓝,现已少用,逐渐为其他药物取代。家畜梨形虫病是一种寄生在红细胞内,由蜱传播的原虫病,多以发热、黄疸和贫血为临床主要症状。

贝尼尔(三氮脒、血虫净)

贝尼尔为黄色或橙黄色结晶性粉末,遇光、热变成橙红色。在水中溶解,味微苦。

【作用与应用】

①三氮脒具有杀伤家畜血液中寄生性原虫的作用,是治疗梨形虫病和锥虫病的高效药,但预防作用差。对马媾疫锥虫疗效较好,严重病例可配合对症治疗。三氮脒与同类药物相比,具有用途广,使用简便等优点,为目前治疗梨形虫病较为理想的药。对水牛伊氏锥虫病疗效不稳定。

②治疗各种巴贝斯焦虫病、泰勒梨形虫病。对巴贝斯焦虫病和牛瑟氏泰勒梨形虫病有高效。对牛环形泰勒梨形虫病和边缘无浆体感染也有效。轻症病例用药 1~2 次即可。对泰勒梨形虫病需用药 1~2 个疗程,每 3~4 d 为一个疗程。

③剂量不足时锥虫和梨形虫都可对三氮脒产生耐药性。

【不良反应】

①骆驼对三氮脒敏感,安全范围小,故不宜应用。

②水牛比黄牛敏感。治疗剂量时即可出现轻微反应,连续应用会出现毒性反应,故

以一次用药为好。

③一般动物治疗量无毒性反应。大剂量时会出现先兴奋继而沉郁、疝痛、频频排尿、肌震颤、流汗、流涎、呼吸困难;牛会出现臌胀、卧地不起、体温下降甚至死亡。轻度反应数小时会自行恢复,较重反应时需用阿托品和输液等对症治疗。

④肌注局部可出现疼痛、肿胀,经数天至数周可恢复。马较牛、羊为重。

【用法与用量】 肌内注射,一次量,每1 kg体重,马3~4 mg;牛、羊3~5 mg;犬3.5 mg。

双脒苯脲

本品为双脒唑啉苯基脲,常用其二盐酸盐和二丙酸盐,均为无色粉末。易溶于水。为兼有预防和治疗作用的新型抗梨形虫药。对巴贝斯虫病和泰勒虫病均有治疗作用,而且还具有较好的预防作用。本品的疗效和安全范围均优于三氮脒和间脒苯脲。毒性较其他抗梨形虫药小,但应用治疗量时,仍约有半数动物出现类似抗胆碱酯酶作用的不良反应,小剂量阿托品能缓解症状。对注射局部组织有一定刺激性;本品不能静脉注射,因动物反应强烈,甚至引起死亡。马属动物较敏感,忌用高剂量。本品在食用组织中残留期较长,休药期为28 d。配制10%无菌水溶液,皮下、肌内注射,一次量,每1 kg体重,马2.2~5 mg;牛1~2 mg(锥虫病3 mg);犬6 mg。

间脒苯脲

间脒苯脲为新型抗梨形虫药,其疗效和安全范围优于三氮脒,而逊于双脒苯脲。与其他新型抗梨形虫药一样,能根治马弩巴贝斯虫病,但对马巴贝斯虫病无效。具有一定刺激性,可引起注射局部肿胀,毒性较低。若应用2倍治疗量,会使马血清谷草转氨酶、山梨醇脱氢酶和血清脲氮明显升高。皮下、肌内注射,一次量,每1 kg体重,马、牛5~10 mg。

硫酸喹啉脲(抗焦虫素、阿卡普林)

硫酸喹啉脲为传统应用的抗梨形虫药。对巴贝斯属虫所引起的各种(巴贝斯虫)病均有效,早期应用一次显效。对牛早期的泰勒虫病也有一些效果。对无形体效果较差。毒性较大,家畜用药后出现不良反应,常持续30~40 min后消失。为减轻不良反应,可将总剂量分成2或3份,间隔几小时应用,也可在用药前注射小剂量阿托品或肾上腺素。皮下注射,一次量,每1 kg体重,马0.6~1 mg;牛1 mg;猪、羊2 mg;犬0.25 mg。

3.2.3 抗锥虫药

危害我国家畜的主要锥虫病是马、牛、骆驼伊氏锥虫病(病原为伊氏锥虫)和马媾疫(病原为马媾疫锥虫)。为防治本类疾病除应用抗锥虫药外,杀灭蠓及其他吸血蚊等中间宿主是一个重要环节。应用本类药物治疗锥虫病时应注意:①剂量要充足,用量不足不仅不能消灭全部锥虫,而且未被杀死的虫体会逐渐产生耐药性;②防止过早使役,以免引起锥虫病复发;③治疗伊氏锥虫病可同时配合应用两种以上药物,或者一年内或两年内轮换使用药物为好,以避免产生耐药虫株。

萘磺苯酰脲(苏拉明、那加诺、那加宁、拜耳205)

其钠盐为白色或淡红色粉末,易溶于水,水溶液呈中性,不稳定,宜临用时配制。

【作用与应用】 本品对马、牛和骆驼的伊氏锥虫和马媾疫锥虫均有效。静注后9～14 h 血中虫体消失,24 h 病畜体温下降,血红蛋白尿消失,食欲逐渐恢复。可与血浆蛋白结合,在体内停留时间长达1.5～2个月,不仅有治疗作用,且可用于预防,预防期马1.5～2个月,骆驼4个月。用药量不足虫体可产生耐药性。如遇慢性或复发病例,必要时可与新肿凡纳明交替使用。

【毒性】 本品安全范围较小,马、驴较敏感,牛次之,骆驼耐受性较大。马使用本品后往往出现荨麻疹,眼睑、唇、生殖器、乳房等处水肿,肛门周围糜烂,蹄叶炎,一时性体温升高,脉搏增数和食欲减退等副作用。黄牛反应很轻,水牛更轻,骆驼一般不见这些反应。为减轻以上副作用,可并用氯化钙、咖啡因等药;体弱者将一次量分为两次注射,间隔24 h。用药期间应充分休息,加强饲管,适当牵遛。

【用法与用量】 静脉、皮下或肌内注射,一次量,每1 kg 体重,马10～15 mg;牛15～20 mg;骆驼8.5～17 mg。

喹嘧胺(安锥赛)

喹嘧胺有甲基硫酸喹嘧胺和氯化喹嘧胺两种,均为淡黄色结晶性粉末,无臭,味苦。前者易溶于水,几乎不溶于有机溶剂,后者难溶于水。

【作用与应用】 本品对伊氏锥虫、马媾疫锥虫等均有杀灭作用,而对布氏锥虫等效果差,可用于马媾疫,马、牛、骆驼的伊氏锥虫病。其作用主要是抑制虫体代谢,影响虫体细胞分裂。当剂量不足时,锥虫可产生耐药性。

【注意事项】 马属动物较敏感,对注射家畜体重的估重要尽量接近实际体重,以利于掌握用药量,避免引起中毒。本品有刺激性,能引起注射部位肿胀、酸痛、硬结,3～7 d 后消散。

【用法与用量】 肌内、皮下注射,一次量,每1 kg 体重,马、牛、骆驼4～5 mg。

3.2.4 其他抗原虫药

1)抗弓形体药

弓形体虫又叫弓浆虫,对各种家畜(包括猪、牛、绵羊、山羊、犬和猫等)、实验动物(包括小白鼠、天竺鼠和家兔等)以及人类,都能感染弓浆虫病,是一种人、畜共患的寄生虫病。目前常用的治疗药物有:磺胺嘧啶、磺胺甲氧嘧啶、磺胺6-甲氧嘧啶(制菌磺)、胺苯砜、甲氧苄胺嘧啶和敌菌净等(见磺胺类药),这些药物均有较好的疗效,但要在发病初期使用;如使用较晚,则虽可使临床症状消失,但不能抑制虫体进入组织形成包囊,从而使病畜成为带虫者。

2)抗禽组织原虫与血液原虫药

对我国禽类生产危害较大的组织原虫病主要有球虫病(前已讲述)和组织滴虫病。前者寄生在肠上皮细胞,后者寄生于禽类的盲肠和肝脏。常用的抗滴虫药有地美硝唑,而禽类常见的血液原虫病有鸡住白细胞虫病,常用的药物有磺胺喹噁啉、磺胺间甲氧嘧啶、甲氧苄啶等(见磺胺类药)。

地美硝唑(二甲硝咪唑)

地美硝唑遇光色泽变深,遇热升华。为新型抗组织滴虫药,具有极强的抗组织滴虫

作用,可用于防治禽组织滴虫病和鸽毛滴虫病。连续用药鸡不得超过 10 d;产蛋期禁用;休药期,猪 3 d,鸡 3 d。

地美硝唑预混剂:混饲,每 1 000 kg 饲料,猪 1 000 ~ 2 500 g;鸡 400 ~ 2 500 g。

3.3 杀虫药

具有杀灭体外寄生虫作用的药物叫杀虫药。由螨、蜱、虱、蚤、蝇蛆、蚊等节肢动物引起的畜禽外寄生虫病,能直接危害动物机体,夺取营养,损坏皮毛,妨碍增重,传播疾病,不仅给畜牧业造成极大损失,而且传播许多人兽共患病,严重地危害人体健康。因此,选用高效、安全、经济、方便的杀虫药具有重要的意义。

一般说来,所有杀虫药对动物都有一定的毒性,甚至在规定剂量内,也会出现程度不同的不良反应。因此,在使用杀虫药时,除严格掌握剂量与使用方法外,还需密切注意用药后的动物反应,一旦遇有中毒,应立即采取解救措施。

溴氰菊酯(敌杀死、倍特)

本品属于接触性杀虫剂,对动物体外寄生虫,如虱、螨等有很强的驱杀作用,具有作用广谱、高效、残效期长、低残留等优点。对蚊、蝇,牛、羊各种虱、牛皮蝇、羊痒螨、禽虱均有良好杀灭作用,一次用药能维持药效近 1 个月。对有机磷、有机氯耐药的虫体,用之仍有高效。本品对鱼剧毒,蜜蜂、家蚕亦敏感。溴氰菊酯乳油(含溴氰菊酯 5%),药浴或喷淋,每 1 000 L 水加 100 ~ 300 mL。

双甲脒溶液(特敌克)

双甲脒溶液为双甲脒加乳化剂与稳定剂配制成的微黄色澄明液体。

【作用与应用】 属高效广谱低毒的杀虫药,对牛、羊、猪、兔的体外寄生虫,如疥螨、痒螨、蜱、虱等各阶段虫体均有极强的杀灭效果,产生作用较慢,用药后 24 h 能使虫体解体,一次用药可维持药效 6 ~ 8 周。

双甲脒乳油(含双甲脒 12.5%),药浴或喷淋时每 1 L 药液加水 250 ~ 333 L。

氯苯脒(杀虫脒)

氯苯脒是一种高效、低毒、内吸、残效长的甲脒类杀虫剂。用于防治家畜的各种螨病,并有较强的杀螨卵作用。擦洗、喷淋或药浴,配成 0.1% ~ 0.2% 溶液。

升化硫

本品与动物皮肤组织接触后,生成硫化氢(H_2S)和五硫磺酸($H_2S_5O_6$),有杀虫、杀螨和抗菌作用。主要用于治疗疥螨及痒螨病,可制成 10% 硫磺软膏局部涂擦,或配成石灰硫磺液药浴。

环丙氨嗪

本品为白色结晶性粉末,无臭,难溶于水,可溶于有机溶剂,遇光稳定。

【药理】 本品为昆虫生长调节剂,可抑制双翅目幼虫的蜕皮,特别是幼虫第一期蜕皮,使蝇蛆繁殖受阻,而至蝇死亡。体外试验表明,以 1% 环丙氨嗪药液处理蝇卵后,虽不影响孵化,但蝇蛆均在蜕皮前死亡。给鸡内服,即使在粪便中含药量极低也可彻底杀灭蝇蛆。一般在用药后 6 ~ 24 h 发挥药效,可持续 1 ~ 3 周。

【用途】 主要用于控制动物厩舍内蝇蛆的繁殖生长,杀灭粪池内蝇蛆,以保证环境卫生。

环丙氨嗪不污染环境,在土壤中可被降解。做肥料时的环丙氨嗪对农作物生长无不良影响,还可降低粪便的液化,减少氨气的产生,降低畜禽舍内的臭味与氨的含量,净化舍内空气,减少呼吸道疾病的发生。

【用法用量】 环丙氨嗪预混剂:混饲,每 1 000 kg 饲料鸡 5 g(按有效成分剂),连用 4 ~ 6 周。

环丙氨嗪可溶性粉:浇泼,每 20 m^2 以 20 g 溶于 15 L 水中,浇洒于蝇蛆繁殖处。

复习思考题

1. 为什么许多农民给猪驱虫多选用敌百虫? 如果发生中毒,怎样解救?

2. 试述广谱抗蠕虫的药物,比较它们在抗虫谱、作用和应用上的特点?

3. 调查本地区抗蠕虫药物的应用情况,如虫体已有耐药性应该怎么办?

4. 贝尼尔可用于哪些寄生虫病的防治? 它有哪些不良反应?

第4章
作用于消化系统的药物

本章导读: 本章主要讲述了消化系统药物的分类, 各类药物的作用机理及各种药物的临床应用。要求了解各类药物的概念、代表药物的作用和应用, 为临床合理使用打下坚实的基础, 重点掌握泻药与止泻药的合理使用。

畜禽消化系统的疾病是常见病、多发病。由于畜禽种类不同, 消化系统的解剖结构和生理机能各有特点, 因而发病类型和发病率也有差异, 如马属动物易患疝痛性疾病和胃肠炎、反刍动物易患前胃疾病、猪易患胃肠炎、幼畜易患消化不良等, 同时由于饲养管理不当、使役不当、气候变化或其他系统疾病及传染病等, 都会影响消化系统的功能, 从而引起一系列的消化系统疾病。因此, 作用于消化系统的药物是一类常用药物。

消化系统疾病的治疗首先应消除病因、改善饲养管理、增强机体调节机能, 然后着重进行对症治疗或局部与整体结合的疗法。

作用于消化系统的药物很多, 这些药物主要通过调节胃肠道的运动和消化腺的分泌机能, 维持胃肠道内环境和微生态平衡, 从而改善和恢复消化系统机能。根据其药理作用和临床应用, 可分为健胃药、助消化药、制酵药与消沫药、瘤胃兴奋药、泻药和止泻药等。

4.1 健胃药

凡能促进消化液的分泌、提高胃肠机能活动、增进食欲、帮助消化的药物, 称为健胃药。健胃药种类很多, 其中大多数为植物性药物。根据其性质和药理作用特点可分为苦味健胃药、芳香性健胃药和盐类健胃药3类。

4.1.1 苦味健胃药

苦味健胃药多来源于植物, 如龙胆、大黄、马钱子等, 主要利用它们强烈的苦味, 内服时刺激舌面味觉感受器, 可反射地兴奋食物中枢、加强唾液和胃液的分泌, 从而提高食欲, 促进消化。

一般苦味健胃药在临床主要用于大动物的食欲不振和消化不良。中小家畜多厌恶苦味, 比较少用。

苦味健胃药应用注意事项:①应用时最好使用酊剂、散剂或舔剂并经口投服,使其与口腔味觉感受器充分接触以便发挥作用,不可直接投入胃中,否则影响药效。②宜在家畜饲喂前给药。③使用量不宜过大,尤其马钱子酊因含有士的宁,务必控制用量,连续用药不可超过一周,以防中毒;孕畜禁用。④不宜长期反复多次使用,否则因产生适应性而影响药效。常与其他健胃药合用或使用几天后更换其他类健胃药。

龙胆

【作用与应用】 利用龙胆的苦味,刺激舌的味觉感受器,可反射地引起唾液、胃液分泌增加,促进消化。常与其他健胃药配合应用。临床主要用于治疗动物的食欲不振、消化不良或某些热性病的恢复期等。

【用法与用量】 龙胆酊:由龙胆末100 g,40%酒精1 000 mL浸制而成,为棕褐色澄明液体。内服量马、牛50～100 mL;猪3～8 mL;羊5～15 mL;犬1～3 mL。

复方龙胆酊(苦味酊):由龙胆末100 g、橙皮末40 g、豆蔻末10 g,加70%酒精1 000 mL浸制而得,为深棕褐色澄明液体。内服量马、牛20～100 mL;猪、羊4～16 mL;犬1～4 mL。

4.1.2 芳香性健胃药

本类药物的特点含有挥发油、辛辣素、苦味质等成分,具有挥发性的香味。可刺激嗅觉和味觉感受器及消化道黏膜,反射性的引起消化液分泌增加,胃肠蠕动增强,同时还有轻微的制止发酵作用。因而在临床上常用作健胃驱风药,治疗慢性消化不良、胃肠轻度气胀和积食等。

陈皮(橙皮)酊

陈皮(橙皮)酊为芸香科植物柑橘果皮的醇制剂,为橙黄色澄明液体。含挥发油、川皮酮、橙皮苷、维生素B_1和肌醇等。内服后能刺激消化道黏膜,加强胃肠分泌与蠕动,产生健胃驱风等作用。临床用于消化不良、积食气胀等。陈皮酊系由陈皮末100 g,加70%酒精1 000 mL浸制而成。内服量马、牛30～100 mL;猪、羊、犬10～20 mL。

桂皮酊

桂皮酊为樟科植物肉桂的干燥树皮的醇制剂,为红棕色澄明液体,其主要有效成分为桂皮醛,此外,尚含鞣质、黏液质、树脂等。对消化道有缓和的刺激作用,能增强消化机能,排除消化道内气体,缓解胃肠痉挛性疼痛,对末梢血管也有扩张作用,故有健胃、驱风、缓解胃肠机能、扩张血管等作用。临床用于消化不良、胃肠臌气、产后虚弱等。孕畜慎用。桂皮酊系由桂皮末200 g加70%酒精1 000 mL浸制而成。内服量马、牛30～100 mL;猪、羊、犬10～20 mL。

姜酊

姜酊为姜科植物姜的干燥粉末醇制剂,为淡黄色澄明液体,具姜的香气,味辣。其主要有效成分为姜辣素和姜酮。内服后,能明显刺激消化道黏膜,促进消化液分泌,增进食欲,并能抑制胃肠道异常发酵。姜对中枢神经系统有兴奋作用,能兴奋延髓的呼吸中枢和血管运动中枢。故姜具有健胃、驱风、制酵、改善血循、升高血压的作用。临床用于机

体虚弱、消化不良、胃肠弛缓及臌气等。姜酊系由姜流浸膏 200 mL 加 90% 酒精 1 000 mL 浸制而成。内服量马、牛 40 ~ 80 mL;猪、羊 15 ~ 30 mL;犬 2 ~ 5 mL。用时加 5 ~ 10 倍水稀释,以减少对黏膜的刺激。

大蒜酊

大蒜酊是由去皮洁净大蒜瓣 400 g,捣碎后加 70% 酒精 1 000 mL 浸泡,1 ~ 2 周后滤过而成,为淡黄液体。其有效成分为大蒜素,具有广谱抗菌作用,紫皮蒜较白皮蒜的抗菌作用强。大蒜素在 1:50 000 ~ 250 000 的浓度时就能抑制多种革兰氏阳性及阴性细菌。其中对大肠杆菌、痢疾杆菌的作用较明显,对霍乱弧菌、结核菌、真菌、蛲虫及阴道滴虫也有作用。临床可用于治疗慢性胃肠卡他、细菌性痢疾、瘤胃臌气、前胃弛缓、胃扩张及幼畜白痢、副伤寒等。大蒜酊的内服量马、牛 60 ~ 80 mL;猪、羊 10 ~ 20 mL,用前加 4 倍水稀释。

4.1.3　盐类健胃药

动物胃肠道中的消化液存在着酸与碱的动态平衡,当饲养管理不当或其他原因引起酸性升高时(胃酸分泌增多),酸与碱的动态平衡将发生改变,可导致消化不良。盐类健胃药主要通过盐类药物在胃肠道中的渗透压作用,轻微地刺激胃肠道黏膜,反射性引起消化液分泌,增进食欲,以恢复正常的消化机能。

盐类健胃药主要指中性盐氯化钠、复方制剂人工盐、弱碱性盐碳酸氢钠等。

氯化钠(食盐)

【性状】　本品为无色、透明结晶或白色结晶性粉末,味咸,易溶于水(1:3),水溶液呈中性反应。宜密闭保存。

【作用与应用】

①健胃作用:内服小剂量氯化钠,利用其咸味刺激口腔味觉感受器,在胃内能轻度刺激胃黏膜感受器,反射性的引起消化液分泌增加,增进食欲,帮助消化,故有健胃作用;同时,氯化钠还参与胃液盐酸的形成。当动物食欲不振、消化不良时,可将氯化钠混入饲料或饮水中给予。在正常饲养管理条件下,饲料中也应添加适量氯化钠,以提高动物的食欲和防止某些消化系统疾病。

②外用:用 1% ~3% 氯化钠溶液洗涤创伤,有轻度刺激、促进肉芽生长和防腐作用。5% ~10% 用于洗涤化脓创。

③其他:0.9% 氯化钠注射液,能补充体液;还可作为多种药物的溶媒,用于洗眼、冲洗子宫等。

碳酸氢钠(小苏打)

【性状】　本品为白色结晶性粉末,无臭,味略咸,易溶于水,水溶液呈弱碱性反应。其溶液放置稍久,或加热,或振摇,遇酸及酸性物质能放出二氧化碳,产生碳酸钠,碱性增强。应密闭保存于干燥阴凉处。

【作用】

①中和胃酸:内服适量的碳酸氢钠后,能迅速中和胃酸,作用时间很短,为 15 ~ 20 min。大量使用时,由于胃内容物 pH 值升高,刺激幽门部分泌促胃泌素,使胃液分泌

增多,导致继发性胃酸过多,所以碳酸氢钠不是一种理想的制酸药。此外,碳酸氢钠还能溶解黏液,调节胃肠机能活动而改善消化。

②吸收作用:碳酸氢钠内服后,亦可从小肠吸收。静注 3% ~5% 碳酸氢钠溶液,可增加血液碱储,降低血液中氢离子浓度,故临床上用来治疗代谢性酸中毒。

【应用】

①健胃:用于胃酸过多所引起的消化不良或胃肠卡他等。内服,一次量,马 15 ~60 g;牛 30 ~100 g;猪、犬 2 ~5 g;羊 5 ~10 g,饲前给药。

②缓解酸中毒:3% ~5% 碳酸氢钠注射液的静注。

③碱化尿液:常与链霉素、磺胺药、水杨酸类药物配合使用。

④外用:可用 2% ~3% 碳酸氢钠溶液冲洗阴道、子宫,能溶解黏液,中和酸性物质,有利于炎症的治愈。

人工盐(人工矿泉盐)

【性状】 本品由干燥硫酸钠 44 份、碳酸氢钠 36 份、氯化钠 18 份、硫酸钾 2 份组成。为白色粉末,易溶于水,水溶液呈弱碱性反应,易潮解。应密封于干燥处保存。

【作用与应用】 人工盐具有多种盐类的综合作用。内服小剂量,可刺激消化腺增加分泌,溶解卡他性黏液,中和胃酸,增强胃肠蠕动,帮助消化和吸收,故有健胃作用。小剂量还有利胆作用,可用于胆道炎、肝炎的辅助治疗。临床用于治疗胃酸过多、慢性消化不良和胃肠弛缓等。内服较大剂量有缓泻作用,常与制酵药配合应用于便秘初期。此外,人工盐还具有轻微祛痰作用。

本品忌与酸性药物配合使用。内服作泻剂应用时宜大量饮水。

【药物相互作用】 与酸性药物同服可发生中和反应,使药效降低。

【用法与用量】 健胃:内服,一次量,马 50 ~100 g;牛 50 ~150 g;猪、羊 10 ~30 g;兔 1 ~2 g。缓泻:内服,一次量,马、牛 200 ~400 g;羊、猪 50 ~100 g;兔 4 ~6 g。

4.2 助消化药

凡能促进胃肠消化过程,补充消化液或其所含某些成分不足的药物均称为助消化药。助消化药一般是消化液中的主要成分,如稀盐酸、胃蛋白酶、胰酶等。在胃肠疾病或其他原因引起消化液分泌不足时,可选用助消化药以补充消化液成分的不足而发挥代替治疗法的作用,临床上常与健胃药配合应用,以增强疗效。

4.2.1 常用助消化药

稀盐酸

【性状】 本品为无色澄清的液体,含盐酸约 10%,呈强酸性反应,应置于玻璃塞瓶内,密封保存。

【作用与应用】 盐酸是胃液的主要成分之一,其作用是多方面的,可激活胃蛋白酶原变成胃蛋白酶,并以酸性环境使胃蛋白酶发挥其消化蛋白质的作用;稀盐酸还能抑菌制酵,并使幽门括约肌松弛,促进胃内食糜到达十二指肠。临床主要用于胃酸不足或缺

乏引起的消化不良、胃内异常发酵、马属动物急性胃扩张、碱中毒等。

【注意事项】

①本品忌与碱类、盐类健胃药、有机酸、洋地黄及其制剂配合应用。

②用前加50倍水稀释成0.2%的溶液。

③用药浓度和用量不可过大,否则因食糜酸度过高,反射性地引起幽门括约肌痉挛,影响胃的排空,而产生腹痛。

【用法与用量】 10%稀盐酸的内服量马10~20 mL;牛15~20 mL;猪1~2 mL;羊2~5 mL;犬0.1~0.5 mL。

胃蛋白酶

【来源与性状】 本品是从猪、牛、羊等家畜胃黏膜提取的一种蛋白分解酶。为白色或微黄色粉末,味微酸,有吸湿性,能溶于水,水溶液呈酸性反应。应密封于干燥处保存。

【作用与应用】 内服后在酸性环境中,能分解蛋白质为蛋白胨。临床主要用于胃液分泌不足引起的消化不良,为了充分发挥胃蛋白酶的作用,在用药时应灌服稀盐酸。

【注意事项】

①忌与碱性药物配伍。在70 ℃以上的温度可迅速失效,遇鞣酸、金属盐则产生沉淀,有效期一年。

②用前先将稀盐酸加水50倍稀释,再加入胃蛋白酶片,于饲喂前灌服。

【用法与用量】 内服,一次量,马、牛4 000~8 000 IU;驹、犊1 600~4 000 IU;猪、羊800~1 600 IU;犬80~800 IU。

干酵母(食母生)

【来源与性状】 本品为麦酒酵母菌或葡萄汁酵母菌的干燥菌体,从啤酒的发酵液中滤取干燥物粉碎即得。为淡黄白色或淡黄棕色的片剂、颗粒或粉末,易潮解。应密封于干燥处保存。

【作用与应用】 每克酵母约含维生素B_1 0.1~0.2 mg、维生素B_2 0.04~0.06 mg、烟酸0.03~0.06 mg。此外尚含有维生素B_6、维生素B_{12}、叶酸、肌醇、转化酶、麦芽糖酶等,这些维生素都是体内酶系统的重要组成部分,参与体内糖、脂肪、蛋白质的代谢过程和生物氧化过程,因而能促进机体各系统、器官的机能活动。临床常用于动物的食欲不振、消化不良和B族维生素缺乏症等。

【药物相互作用】 本品含大量对氨苯甲酸,与磺胺类药合用时可使其抗菌性减弱。

【制剂】 干酵母片,其规格为:①0.2 g,②0.3 g,③0.5 g。

【用法与用量】 内服,一次量,马、牛30~100 g;羊、猪3~20 g。

4.2.2 健胃药与助消化药的合理使用

健胃药与助消化药对消化机能障碍的病症只能起到一定的辅助性治疗作用。为了增强健胃药的作用,一般多根据不同的家畜和病情,选用复方制剂或将数种不同的健胃药合并应用。

①马属动物的消化不良,如果出现口干、口臭、色红、苔黄厚、粪干等症状时,宜选用苦味健胃药配合稀盐酸等助消化药;如果口湿润、色青白、苔白、粪稀薄等症状时,宜选用

人工盐配合大蒜酊等。

②猪的消化不良,一般选用芳香性健胃药及大黄苏打片或其他适口性较好的健胃药。吮乳幼畜或犬的消化不良,常选用助消化药如胃蛋白酶、乳酶生、胰酶等。当草食动物爱摄草不吃料时,可选用胃蛋白酶配合稀盐酸治疗。

③一般家畜的消化不良,兼有胃肠弛缓、机体虚弱等,应选用芳香性健胃药,并配合小剂量的马钱子酊。

④当胃肠内容物有异常发酵时,宜选用芳香性健胃药,并配合鱼石脂、大蒜酊等制酵药。

4.3 瘤胃兴奋药

瘤胃兴奋药是指能加强瘤胃收缩、促进瘤胃蠕动、兴奋反刍,从而减轻或消除瘤胃积食和气胀的药物。

反刍家畜的瘤胃容积很大,食物停留的时间较长,以利进行机械性和生物性消化。当饲料品质不良或突变、饲养管理失宜、长途运输或某些疾病的过程中都可能出现瘤胃蠕动减弱,反刍减少或停止,而导致瘤胃弛缓、瘤胃积食、瘤胃臌胀等,此时,除了消除病因,加强饲养管理外,必须配合应用瘤胃兴奋药。

氨甲酰甲胆碱

【性状】 本品为白色结晶或结晶性粉末,稍有氨味,极易溶于水,易溶于酒精,不溶于氯仿和乙醚。

【作用与应用】 本品为抗胆碱酯酶类药,可逆性抑制胆碱酯酶,对胃肠和膀胱平滑肌的作用强,能增强胃肠平滑肌的活动,促进蠕动和分泌,加强瘤胃反刍。此外,对骨骼肌的运动终板 N2-受体有直接作用,促进运动神经末梢释放乙酰胆碱,从而加强骨骼肌的收缩。

临床主要用于胃肠弛缓、轻度便秘、子宫收缩无力、子宫蓄脓、胎衣不下、重症肌无力和尿潴留等。

【注意事项】

①肠道完全阻塞、创伤性网胃炎及孕畜禁用。

②发生中毒时,可用阿托品解救。

【用法与用量】 皮下注射,一次量,每 1 kg 体重,马、牛 0.05~0.1 mg;犬、猫 0.25~0.5 mg。

浓氯化钠注射液

本品为 10% 氯化钠的灭菌水溶液,又称浓盐水。无色透明,专供静脉注射用。

【作用与应用】 静注浓氯化钠注射液后,血液内钠和氯离子一时增多,产生下列作用。

①刺激血管壁化学感受器,反射地兴奋迷走神经,使胃肠蠕动增强,消化液分泌增多。尤其在胃肠机能活动减弱时,这种作用更加显著。

②提高血液渗透压,使组织中的水分进入血液,增加血量,改善血液循环,增强器官

机能活动,促进消化机能。

临床常用于前胃弛缓、瘤胃积食、胃扩张、马骡的便秘。本品的作用缓和,疗效良好,一般在有药后 2~4 h 作用最强,副作用小,临床上比较多用。

【注意事项】

①静脉注射时不能稀释,速度宜慢,不可漏至血管外。

②心力衰竭和肾功能不全患畜慎用。

【制剂】 浓氯化钠注射液,其规格为:①50 mL∶5 g,②250 mL∶25 g。

【用法与用量】 10%氯化钠注射液的静注量,马、牛 200~300 mL。一般使用 1 次,必要时第二天再用一次。静注速度宜慢,不可漏出血管外。心脏衰弱的病畜慎用。

酒石酸锑钾(吐酒石)

【性状】 本品为无色透明结晶或白色结晶性粉末,味甜,溶于水,不溶于酒精。应密封保存。

【作用与应用】 内服后在胃内水解而释放出锑离子、刺激真胃和十二指肠黏膜,反射地兴奋瘤胃运动、促进反刍,但药效迟缓,用药后需经 1 h 左右才能出现瘤胃蠕动增强和反刍兴奋等现象。临床主要用作兴奋瘤胃,治疗前胃弛缓。

当瘤胃运动完全停止时,药液不能到达真胃或十二指肠,不能产生药效。如用量过大,对真胃和十二指肠黏膜刺激过强,则反射地抑制瘤胃运动而加重病情。本药禁用于胃肠炎的患畜。

现因其毒性较大,较少在临床上使用。

【用法与用量】 内服,一次量,牛 4~6 g;羊 1~3 g,用时加水稀释成3%~5%溶液。

瘤胃兴奋药除上述外,尚有苦味健胃药马钱子酊(番木鳖酊)和拟胆碱药毛果芸香碱、新斯的明,这些药物对胃肠平滑肌有较强的兴奋作用,可视病情选用。

4.4 制酵药与消沫药

4.4.1 制酵药

凡能制止胃肠内容物发酵的药物均可称为制酵药。

当反刍动物采食了大量容易发酵或腐败变质的饲料后,因细菌的作用而产生大量气体,当这些气体不能及时通过肠道或嗳气排出体外,则很易导致胃肠道臌胀,严重时可引起呼吸困难、窒息甚至胃肠破裂。此时应根据臌气的程度应用制酵药或放气后再用制酵药,以制止气体继续产生。马属动物的肠臌气,虽与饲料有关,但主要是由于肠道阻塞或肠肌麻痹等原因引起,治疗方法是排除阻塞、恢复蠕动为主,结合使用制酵药和驱风药。

目前,兽医临床常用的制酵药为鱼石脂,此外还有甲醛溶液、大蒜酊等。

鱼石脂(依克度)

【来源与性状】 本品为干馏沥青的产物,为棕黑色浓稠的油状液,有特臭,含硫量为14%以上。在热水中溶解,水溶液呈弱酸性反应。易溶于酒精,常加入酊剂中使用。其代用品为硫桐脂。

【作用与应用】

①内服有温和的刺激作用,促进胃肠蠕动,并有防腐制酵的作用。临床用于治疗瘤胃臌气、前胃弛缓、急性胃扩张、肠臌气等,效果良好。

②外用对局部有缓和的刺激作用,能消炎消肿,并促进肉芽组织生长。

【注意事项】

①临用时先加 2 倍量乙醇溶解,再用水稀释成 3% ~5% 的溶液灌服。

②禁与酸性药物如稀盐酸、乳酸等混合使用。

【用法与用量】 内服,一次量,马、牛 10 ~30 g;猪、羊 1 ~5 g。先用倍量酒精溶解,再加水稀释成 2% ~5% 的溶液灌服。

4.4.2 消沫药

凡能降低泡沫的局部表面张力,使泡沫迅速破裂、气体逸散的药物称为消沫药。主要用于治疗瘤胃内积聚大量泡沫所引起的泡沫性臌胀病。

牛、羊泡沫性臌胀的产生,主要是由于采食了过多的含有皂苷的豆科植物,皂苷能降低瘤胃内液体的表面张力,产生大量黏稠性小气泡,这些小气泡夹杂在瘤胃内容物中,不能汇集成大泡上升到瘤胃背囊,不能通过嗳气排出,便形成了"泡沫性臌胀",此种臌胀用一般制酵药或放气均无效,必须选用消沫药。

消沫药之所以能迅速破坏由皂苷产生的泡沫,是因为消沫药疏水性强,不与起泡液互溶,而停留在"气/液"界面,即泡沫膜上;又由于消沫药的表面张力低于起泡液的表面张力,从而将接触泡沫膜的局部表面张力降低,液膜产生不均匀收缩,引起气泡破裂,使相邻的小气泡逐渐融合成较大气泡,消沫药又迅速进行了下一次消沫过程,如此反复进行,使许多小气泡逐渐融合成大气泡逸出。常用的水消沫药有二甲硅油、松节油、各种植物油(如豆油、花生油、菜籽油、麻油、棉籽油等)。

二甲基硅油(聚甲基硅)

【性状】 本品为二甲基硅氧烷的聚合物,乃无色澄明的油状液体;有薄荷气味;不溶于水和酒精。应密封保存。

【作用与应用】 内服后能降低瘤胃内泡沫性臌胀气泡的表面张力,使泡沫破裂。用药后 5 min 产生作用,15 ~30 min 作用最强。主要用于治疗瘤胃泡沫性臌气,疗效可靠。

【用法与用量】 二甲基硅油:内服,一次量,牛 3 ~5 g;羊 1 ~2 g。用时配成 2% ~3% 的酒精或 2% ~5% 的煤油溶液,用胃导管灌服。灌服前后应灌少量温水,以减少局部刺激。

消胀片:每片含二甲基硅油 25 g 及氢氧化铝 40 g,内服量牛 80 ~100 片,羊 20 ~30 片;每片含二甲基硅油 50 g 及氢氧化铝 80 g,内服量牛 40 ~50 片,羊 10 ~15 片。

松节油

【来源与性状】 本品是松树科植物渗出的油脂经蒸馏而得的一种挥发油。为无色或淡黄色液体,有特殊芳香味,难溶于水,能溶于醇,易燃。本品能溶解橡胶,不可用胶塞作瓶盖。应密封保存。

【作用与应用】

①消沫作用:作用机理同二甲基硅油。主要用于治疗反刍动物的泡沫性膨胀。

②驱风、制酵作用:内服后能刺激胃肠黏膜,促进消化液分泌,增强瘤胃蠕动,并可抑制内容物腐败。可用于治疗胃肠弛缓及气胀。但禁用于急性胃肠炎、胃炎和屠宰、泌乳家畜。

③外用:涂擦于局部,作皮肤刺激剂。

【用法与用量】 内服,一次量,马15~40 mL;牛20~60 mL;猪、羊3~10 mL。用时加5~10倍植物油稀释灌服。

4.5　泻药

泻药是一类直接刺激肠壁、兴奋肠蠕动、润滑肠腔、软化粪便、加速粪便排出的药物。临床上主要用于治疗肠便秘,排除胃肠内发酵腐败产物和毒物以及与驱虫药合用以驱除消化道线虫等。

根据泻药的作用方式和特点,常将泻药分为容积性泻药、刺激性泻药、润滑性泻药和神经性泻药。

4.5.1　容积性泻药

容积性泻药是指能扩张肠管容积,对肠壁产生机械性刺激而致泻下的药物。这类药物多数是盐类,所以又称盐类泻药。

盐类泻药易溶于水,其溶液中的离子不易被肠黏膜所吸收。因此,在肠内可形成高渗盐溶液,使肠管内保持大量水分,便于软化硬固的粪块,增加肠内容积,对肠壁产生机械性刺激,反射性地引起肠蠕动增强而致泻下。

硫酸钠(芒硝)

【性状】 本品为无色结晶,味苦而咸,易溶于水(1∶5)经风化失去结晶水时,称无水硫酸钠或干燥硫酸钠,又叫元明粉,有吸湿性,应密封干燥处保存。用量为结晶硫酸钠的一半。

【作用与应用】

①健胃作用:内服小量的硫酸钠,能轻度刺激消化道黏膜,促进胃的蠕动、增加分泌,故有一定的健胃作用。临床常与其他健胃药合用治疗消化不良、食欲减退等。

②泻下作用:内服大量时,在肠内解离出硫酸根离子和钠离子,不易被肠黏膜吸收,而保有大量水分,可稀释和软化粪块,促进排粪。内服后,单胃动物约经3~8 h出现泻下作用,反刍动物要经约18 h方能排粪。临床主要用于大肠便秘。对小肠阻塞一般不用,因为小肠容积小,容纳不了硫酸钠所保持的大量水分,所以易继发急性胃扩张。

③牛瓣胃阻塞时,可用25%~30%硫酸钠溶液250~300 mL直接注入瓣胃,有时可获良好效果。

【注意事项】

①治疗大肠便秘时,加水稀释成4%～6%浓度为宜。

②不适用于小肠便秘的治疗,因易继发胃扩张。

③肠炎患者不宜用本品。

【用法与用量】 结晶硫酸钠的内服量,健胃:马、牛15～50 g;猪、羊3～10 g;犬0.2～0.5 g。导泻:马200～500 g;牛400～800 g;猪25～50 g;羊40～100 g;犬10～25 g。用时加水稀释成4%～6%浓度为宜。

硫酸镁(泻盐、硫苦)

【性状】 本品为无色细小的针状结晶,味苦而咸,易溶于水,易风化。应密闭保存。

【作用与应用】

①硫酸镁的健胃、泻下作用同硫酸钠,比硫酸钠临床较少应用,这可能与镁离子较钠离子易吸收而造成某些副作用有关。

②镇痉作用:静注20%～25%硫酸镁注射液,有抑制中枢神经和松弛骨骼肌的作用。此外,内服本品可松弛胆道括约肌和平滑肌,有利胆作用,临床用于治疗胆管痉挛和黄疸等。

③外用:20%～25%硫酸镁溶液外敷,可吸取组织中的水分,故有消肿、消炎、排毒、止痛等作用,外科常用于治疗慢性炎症肿胀等。

【不良反应】 导泻时如服用浓度较高的溶液,可从组织中吸取大量水分而脱水。

【注意事项】

①在某些情况下(如机体脱水或肠炎等),镁离子吸收增多会产生毒副作用。

②中毒时可静脉注射氯化钙进行解救。

③其他参见硫酸钠。

4.5.2 刺激性泻药

对肠壁产生化学性刺激而引起泻下的药物,称为刺激性泻药。本类药物的特点是内服后在胃内一般无变化,不发生作用,到达肠内后分解出有效成分,对肠黏膜产生化学性刺激,反射地引起泻下。

大黄

【性状】 本品为蓼科植物大黄的干燥根茎,味苦,是我国特产药材之一。其有效成分为苦味质、鞣酸苷和大黄素等。

【作用与应用】

①健胃作用:内服小剂量的大黄,由于苦味质的作用,而呈现苦味健胃作用。

②收敛作用:内服中等剂量的大黄,鞣酸苷在肠内分解产生大黄鞣酸,呈现收敛止泻作用。

③泻下作用:内服大剂量,在碱性肠液中,分解出大黄素和大黄酚,刺激肠黏膜,使肠蠕动增强,引起泻下。大黄的作用部位主要在大肠,所以泻下作用比较缓慢,一般要在用药后6～12 h才能呈现药效。其缺点因含有鞣酸,致泻后往往继发便秘,故临床很少将大黄单独作为泻药,常与硫酸钠配合应用,可出现良好的致泻效果。

④抗菌作用:大黄素、大黄酚有较强的抗菌作用,能抑制金色葡萄球菌、大肠杆菌、痢疾杆菌、链球菌等。

【用法与用量】 大黄末:内服(健胃)量,马 10 ~ 25 g;牛 20 ~ 40 g;猪 1 ~ 5 g;羊 2 ~ 4 g。配合硫酸钠内服(泻下)量,马 60 ~ 100 g;牛 100 ~ 150 g;猪 2 ~ 5 g;驹、犊 10 ~ 30 g。

大黄酊:由大黄末 100 g 加 60% 酒精 1 000 mL 浸制而成。内服(健胃)量,马、牛40 ~ 80 mL;猪、羊 5 ~ 10 mL。

复方大黄酊:由大黄末 100 g、肉豆蔻 20 g、橙皮 20 g、甘油 100 mL 加 70% 酒精 1 000 mL 浸制而成。内服(健胃)量,马、牛 40 ~ 80 mL;猪、羊 5 ~ 10 mL。

大黄苏打片:每片含大黄和小苏打各 0.15 g。内服(健胃)量,猪 5 ~ 10 g;犬 1 ~ 3 g;羔羊 0.5 ~ 2 g。

蓖麻油

蓖麻油是大戟科植物蓖麻子中经加热压榨制取的脂肪油。为淡黄色澄明的黏稠液体;不溶于水,易溶于醇。

【作用与应用】 本品本身无刺激性,有润滑性。内服到十二指肠后,一部分经胰脂肪酶分解为蓖麻油酸和甘油。蓖麻油酸在小肠内很快变成蓖麻油酸钠,刺激小肠黏膜,促进小肠蠕动而致泻。未被分解的蓖麻油和甘油对肠道起润滑作用,有助于排泄。本品主要用于小肠便秘,小家畜比较多用。中、小家畜内服后,经 3 ~ 8 h 发生泻下。对大家畜特别是牛致泻效果不确实。

【注意事项】

①本品禁用于孕畜、患肠炎家畜。

②由于多数驱虫药尤其是脂溶性驱虫药能溶于油,所以使用驱虫药后,不能用蓖麻油等泻药,以免促进吸收而中毒。

③由于蓖麻油内服后易黏附于肠黏膜表面,影响消化,故不可长期使用。

【用法与用量】 内服,一次量,马 250 ~ 400 mL;牛 300 ~ 600 mL;驹、犊 30 ~ 80 mL;羊、猪 50 ~ 150 mL;犬 10 ~ 30 mL;猫 4 ~ 10 mL;兔 5 ~ 10 mL。

4.5.3 润滑性泻药

润滑性泻药是指能润滑肠壁,软化粪便,使粪便易于排出的药物。多数为无刺激的植物油(如豆油、菜籽油、花生油等)和矿物油(如液体石蜡及动物油和猪油等)。这些油类如果大量内服,其中大部分或全部以原形通过肠管,对肠壁及粪便起润滑作用,有利于排粪。润滑性泻药不仅对肠管没有刺激性,而且还有保护作用。所以,孕畜及患有肠炎的家畜都可应用。

液体石蜡(石蜡油)

【性状】 本品是石油提炼过程中的一种副产品,为无色透明的油状液,无臭无味,中性反应,不溶于水和乙醇,能与多数油随意混合。

【作用与应用】 本品内服后,在消化道内不发生变化,也不被吸收,以原形通过肠道,润滑肠腔,保护肠黏膜,阻碍肠内水分的吸收而软化粪便,作用缓和,应用安全。适用于治疗各种便秘如小肠阻塞、大肠便秘、有肠炎的病畜及孕畜的便秘和瘤胃积食等。

【用法与用量】　内服，一次量，马、牛 500～1 500 mL；猪 50～100 mL；羊 100～300 mL；鸡 5～10 mL。

植物油

各种食用的植物油，如菜油、棉子油、花生油、芝麻油、豆油等。大量灌服这些油类后，只有小部分在肠内分解，大部分以原形通过肠管、润滑肠道、软化粪便、促进排粪。适用于瘤胃积食、小肠阻塞、大肠便秘等。

内服，一次量，马、牛 500～1 000 mL；猪 50～100 mL；羊 100～300 mL；鸡 5～10 mL。

4.5.4　神经性泻药

神经性泻药如拟胆碱药毛果芸香碱、氨甲酰甲胆碱、新斯的明等，有较强的促进胃肠蠕动、增加腺体分泌、导致泻下的作用，而且作用迅速，但副作用很大，一般不做泻药应用。

4.5.5　使用泻药的注意事项

①对于诊断未明的动物肠道阻塞不可随意使用泻药，使用泻药时防止泻下过度而导致失水、衰竭或继发肠炎等，且用药次数不宜过多；

②治疗便秘时，必须根据病因而采取综合措施或选用不同的泻药；

③对于极度衰竭呈现脱水状态、机械性肠梗阻以及妊娠末期的动物应禁止使用泻药；

④高脂溶性药物或毒物引起中毒时，不应使用油类泻药，以防止加速毒物的吸收而加重病情。

4.6　止泻药

凡能制止腹泻的药物均称为止泻药。腹泻能迅速地将肠道有害物质排出，故腹泻本身对机体有一定的保护意义。因此，在腹泻的初期不宜用止泻药。但是，长期或剧烈的腹泻，不仅妨碍营养成分的吸收，还会导致脱水、电解质紊乱和酸中毒等，此时止泻是必须的。

止泻药可分为保护性止泻药、吸附性止泻药、抑制胃肠平滑肌活动的止泻药和抗菌性止泻药。

4.6.1　保护性止泻药（收敛性止泻药）

凡能保护肠黏膜减少刺激而止泻的药物称为保护性止泻药，常用的有鞣酸、碱式碳酸铋等。

鞣酸（鞣质、单宁酸）

【性状】　本品为淡黄色粉末，味涩，易溶于水和乙醇。应遮光密闭保存。

【作用】　鞣酸是一种蛋白沉淀剂，能与黏膜蛋白质、黏液、渗出液等组织蛋白结合生

成鞣酸蛋白保护膜,被覆于黏膜表面,保护胃肠黏膜免受刺激,减少疼痛,并使局部毛细血管收缩,渗出物减少,因此有局部消炎、止血、镇痛和止泻作用。

内服后部分在胃内与胃内蛋白质结合,形成鞣酸蛋白,到达小肠后再分解出鞣酸,呈现收敛止泻作用。在胃内未被结合的鞣酸,到肠内碱性环境中,迅速被分解而失效,故鞣酸的收敛作用不能到达肠道后部。

【应用】

①外用:以新配制的5%~10%水溶液敷布或喷洒小面积的烧伤,5%~15%水溶液,可作局部毛细血管出血的止血剂,5%~20%软膏或撒布剂(单用或与硼酸、磺仿、滑石粉、水杨酸等配伍),用于糜烂性湿疹、溃疡和褥疮等。

②内服:单用鞣酸作止泻药不多,有时可与其他止泻药并用,治疗腹泻,可用于胃肠出血时的止血和胃炎、小肠上部炎症的消炎,也可作生物碱及重金属盐中毒的解毒剂。

【用法与用量】 内服,一次量,马、牛5~30 g;猪、羊2~5 g。

鞣酸蛋白

【性状】 本品为淡黄色粉末,由鞣酸和蛋白相互作用制成,含鞣酸50%,不溶于水和乙醇。

【作用与应用】 内服后,在胃内不发生变化和不发生作用。到达肠内,在碱性肠液中,其蛋白部分受到胰蛋白酶等作用而被消化,逐渐放出鞣酸而发挥收敛和保护作用,并能到达肠管后部,因此,在肠道有炎症时,选用鞣酸蛋白较为合适。临床用于治疗急性肠炎、非细菌性腹泻等。

【用法与用量】 内服,一次量,马、牛10~20 g;猪、羊2~5 g;犬0.2~2 g。

碱式碳酸铋

【性状】 本品为白色或黄白色粉末,无臭无味,不溶于水和醇。应遮光、密封保存。

【作用与应用】 内服后一般不被吸收,大部分被覆于肠黏膜表面,呈机械性保护作用。在胃内酸性环境中游离出的小部分铋离子,到达肠内后,与肠内硫化氢结合,形成不溶性硫化铋,减少了硫化氢对肠壁的刺激,使肠蠕动减弱而达到止泻的目的。另外,铋离子还有抑菌作用,可用于胃肠炎、腹泻等。

【用法与用量】 内服,一次量,马、牛15~30 g;驹、犊、猪、羊2~4 g;犬0.3~2 g。

碱式硝酸铋

本品的作用、应用、剂量均与碱式碳酸铋相同,但本品在肠内易被细菌还原生成亚硝酸盐,用量大时会引起中毒,应注意。内服剂量同碱式碳酸铋。

【注意】

①对病原菌引起的腹泻,应先用抗菌药控制其感染后再用本品。

②碱式硝酸铋在肠内溶解后,可形成亚硝酸盐,量大时能引起吸收中毒。

4.6.2 吸附性止泻药

凡能吸附胃肠内的炎性产物、毒素、气体以减少对肠黏膜的刺激而达到止泻的药物称为吸附性止泻药。吸附性止泻药的吸附作用属物理性质,吸附是可逆的,因此,当吸附毒物时,必须用盐类泻药促使其迅速排出。常用的吸附性止泻药有药用炭、白陶土等。

药用炭（活性炭）

【性状】 本品为黑色微细粉末,无臭无味,不溶于水,有吸湿性。应密封并于干燥处保存。

【作用与应用】 药用炭的粉末细小,表面积很大,1 g 药用炭具有 $500 \sim 800 \ m^2$ 的表面积,所以吸附作用很强,能吸附大量的气体、化学物质和细菌毒素等,并能覆盖于黏膜表面,保护肠黏膜免受刺激,使肠蠕动减慢达到止泻的作用。临床常用于治疗胃肠炎、腹泻、胃肠内容物发酵或误食毒物(必须及时排出)。外用制成撒布剂,用于溃疡、创伤、湿疹等,有干燥、抑菌、止血、消炎作用。

【用法与用量】 内服,一次量,马、牛为 $100 \sim 200$ g;猪、羊 $5 \sim 50$ g。加水作成混悬液灌服。

4.6.3 抑制胃肠平滑肌活动的止泻药

凡能松弛胃肠平滑肌、缓解肠痉挛、减少消化液分泌、制止腹泻的药物,均称为抑制胃肠平滑肌活动的止泻药。本类药物对机体的影响是多方面的,临床使用时应慎重。临床常用的此类药物有阿托品、复方樟脑酊、盐酸地芬诺酯和颠茄酊等。

颠茄酊

本品是植物颠茄的一种酒精制剂,其有效成分为莨菪碱,为 M-胆碱受体阻断药,其外周作用与阿托品相似。能抑制乙酰胆碱的 M-样作用,致使胃肠平滑肌松弛,分泌减少,而呈现止泻作用。临床主要用于缓解胃肠平滑肌痉挛和止泻。内服,一次量,马 $10 \sim 30$ g;牛 $20 \sim 40$ g;猪 $1 \sim 3$ g;羊 $2 \sim 5$ g。

盐酸地芬诺酯（苯乙哌啶、止泻宁）

【性状】 本品为白色或几乎白色的粉末或结晶性粉末,无臭。本品在氯仿中易溶,在甲醇中溶解,在乙醇或丙酮中略溶,在水或乙醚中几乎不溶。

【作用与应用】 本品为阿片类似物,属非特异性的抗腹泻药。内服后易被胃肠道吸收,能增加肠张力,抑制或减弱胃肠蠕动,收敛而减少胃肠道的分泌,从而迅速控制腹泻。

本品为控制急性腹泻的有效药物,主要用于犬、猫的急性或慢性功能性腹泻的对症治疗。与抗菌药物合用治疗细菌性腹泻。

【注意事项】

①不宜用于细菌毒素引起的腹泻,否则因毒素在肠中停留时间过长反而会加重腹泻。

②用于猫时可能会引起咖啡样兴奋,犬则表现镇静。

【用法与用量】 内服,一次量,犬 2.5 mg,3 次/d。

4.6.4 抗菌性止泻药

家畜不少腹泻是因微生物感染而引起。因此,临床上往往首先考虑使用抗菌药物进行对因治疗而止泻,常可收到良好的效果。许多抗菌药物如抗生素中的四环素类、氯霉

素类、氨基糖苷类;磺胺类药中的磺胺脒、酞酰磺胺噻唑;中草药中的黄连素以及喹诺酮类等,均有较强的抗菌止泻作用。

复习思考题

1. 健胃药与助消化药有何不同? 如何合理应用?
2. 泻药分为哪几类? 如何合理应用?
3. 止泻药分为哪几类? 如何合理应用?

第5章
作用于呼吸系统的药物

本章导读：本章主要讲述了呼吸系统药物的分类，各类药物的作用机理及各种药物的临床应用。要求了解各类药物的概念、代表药物的作用和应用，为临床合理使用打下坚实的基础，掌握祛痰药、镇咳药、平喘药的合理使用。

呼吸系统疾病的常见症状是咳嗽、积痰、气喘，三者之间关系密切。积痰引起咳嗽，同时痰液又会阻塞细支气管，而出现喘息。细支气管痉挛，会引起气喘，痉挛后管道狭窄又会引起痰积，积痰又会引起咳嗽，故呼吸道发生疾病时，往往是痰、咳、喘同时出现，故用药时应考虑祛痰药、镇咳药、平喘药联合。

呼吸系统疾病的病因包括物理化学因素的刺激、过敏反应、病毒、细菌（支原体、真菌）和蠕虫感染等，对动物来说，更多的是微生物引起的炎症性疾病，所以，一般首先应该进行对因治疗。在对因治疗的同时，也应及时使用祛痰药、镇咳药和平喘药，以缓解症状，防止病情发展，促进病畜的康复。

5.1　祛痰药

凡能增加支气管腺的分泌，稀释痰液，使积痰容易排出的药物，称为祛痰药。祛痰药还有间接的镇咳作用。

氯化铵（氯化铔）

【作用与应用】　本品内服后由于刺激胃黏膜，经迷走神经分支传入中枢，反射地兴奋支配气管、支气管内腺体的迷走神经传出纤维，促使腺体分泌增加，使痰液稀释，稠度降低，易于咳出。吸收后有小量从支气管黏膜排出，在支气管腔内形成高渗，由于渗透压作用使一定水分到达管腔，也有助痰液变稀，并覆盖在发炎的支气管黏膜表面，使黏膜少受刺激，减轻咳嗽。此外，氯化铵还有间接的利尿作用。临床主要用于呼吸道炎症初期痰黏稠而不易咳出时。有的药物如乌洛托品必须在酸性尿液中分解成甲醛和氨，才能发挥尿道防腐作用，故应与本品配合应用。

【用法与用量】　内服，一次量，马 8~15 g；牛 10~25 g；羊、猪 1~5 g；犬 0.2~1 g。

【注意事项】

①单胃动物服用后有恶心、偶出现呕吐。

②肝、肾功能异常,酸中毒,胃炎患畜应慎用或禁用。

③忌与重金属、碱性药物、磺胺药配伍。应用注意:对严重肝、肾功能不良患畜禁用,以防引起血氯过高性酸中毒和血氨增高。

碘化钾

【作用与应用】 本品内服刺激胃黏膜,反射性地增加支气管腺体分泌,使痰液稀释。同时吸收后一部分碘离子从呼吸道排出,刺激呼吸道黏膜,促进腺体分泌,从而有稀释黏稠痰液的作用。由于刺激性较强,故只适用于慢性支气管炎痰少而稠的患畜。

【药物相互作用】

①与甘汞混合后能生成金属汞或碘化汞,此时毒性增强。

②碘化钾溶液与生物碱可生成沉淀。

【注意事项】

①碘化钾在酸性溶液中能析出游离碘。

②肝、肾功能低下患畜慎用。

③不适用急性支气管炎症。

④长期服用易发生碘中毒现象(皮疹、脱毛、黏膜卡他、消瘦和食欲不振等),应暂停用药 5~6 d。

【制剂】 碘化钾片,其规格为:①10 mg,②200 mg。

【用法与用量】 内服,马、牛 2~10 g;羊、猪 1~3 g;犬 0.2~1 g。静脉注射量:马、牛 0.01 g/kg;羊,配成 5%~10% 注射液。

乙酰半胱氨酸(易咳净、痰易净)

【作用与应用】 本品为黏液溶解性祛痰药。分子中的巯基(—SH)能使痰液中的糖蛋白的二硫键(—S—S)断裂,使糖蛋白分解,从而降低痰的黏滞性,使痰液易于咳出,对脓性或非脓性痰液均有效。适用于急性和慢性支气管炎、支气管扩张、喘息、肺炎、肺气肿等。由于对呼吸道黏膜有一定的刺激作用,偶尔可引起呼吸道痉挛。如与有扩张支气管作用的异丙肾上腺素配合应用,不仅能防止痉挛,而且还能提高疗效。

乙酰半胱氨酸在兽医临床主要用作呼吸系统和眼的黏液溶解药,也用于小动物(犬、猫)扑热息痛中毒的治疗。

【用法与用量】 喷雾:10%~20% 溶液喷至咽喉部、上呼吸道。中等动物一般用量 2~5 mL,2~3 次/d。气管滴入:5% 溶液,自气管插管或直接滴入气管内,用量:马、牛 3~5 mL,2~4 次/d。

【注意事项】

①本品可减低青霉素、头孢菌素、四环素等药效,不宜混合或并用,必要时间隔 4 h 交替使用。

②本品不宜与一些金属如铁、铜及橡胶、氧化剂接触,喷雾容器要用玻璃或塑料制品。

③应用本品要新鲜配制,剩余溶液需保存在冰霜内,48 h 内用完。

④支气管哮喘患畜慎用或禁用。

⑤小动物于喷雾后宜运动,以促进痰液咳出,或叩击动物的两侧胸腔,以诱导咳嗽,将痰排出。

溴苄环己铵(必消痰)

【作用与应用】 本品能裂解痰液中酸性黏多糖纤维,使痰液中唾液酸(酸性黏多糖成分之一)含量下降。因此,痰液稠度下降,易于咳出,缓解症状。能增加四环素类抗生素在支气管中的分布浓度,合并用药时可提高疗效。适用于急、慢性支气管炎、支气管肺炎,黏痰咳出困难等。一般病例用药4~6 d,重病和慢性病例应持续用药。

【用法与用量】 内服,一次量,马2 mg/kg;犬6~15 mg。3 次/d。

5.2 镇咳药

咳嗽是呼吸系统的一种防御性反射,轻度咳嗽有利于痰液和异物的排出,清洁呼吸道,咳嗽自然缓解,无须应用镇咳药。但剧烈而频繁的咳嗽,则会给患畜带来痛苦和不利影响,甚至产生并发症。此时则应该使用镇咳药,以缓解咳嗽,对于有痰的咳嗽,应与祛痰药同时使用。

枸橼酸喷托维林(咳必清、维静宁)

【作用与应用】 本品对咳嗽中枢有选择性抑制作用。吸收后部分药物经呼吸道排出,对支气管内的感受器及传入神经末梢有微弱的局部麻醉作用,故兼有末梢性镇咳作用。大剂量可松弛支气管平滑肌,减轻呼吸道阻力。镇咳效力是可待因的1/3,无成瘾性。常用于治疗急性呼吸道炎症引起的干咳,与祛痰药配合用于伴有剧咳的呼吸道炎症。对多痰性咳嗽,不宜单用;心功能不全并伴有肺淤血的患畜忌用;大剂量易产生腹胀和便秘。

【用法与用量】 内服,一次量,马、牛0.5~1 g;羊、猪0.05~0.1 g。3 次/d。

可待因(甲基吗啡)

【作用与应用】 本品属强效中枢性镇咳药,久用有耐受性及成瘾性。能直接抑制咳嗽中枢发挥较强的镇咳作用,其强度约为吗啡1/4;抑制呼吸等副作用比吗啡弱;镇痛作用强度约为吗啡的1/7,但比一般解热镇痛药强。多用于中、小家畜,对胸膜炎等干咳、痛咳较为适用。

【用法与用量】 内服,一次量,马、牛0.2~2 g;羊、猪15~60 mg;犬15~30 mg。

复方樟脑酊

【作用与应用】 本品由樟脑0.3%、阿片酊0.5%、苯甲酸0.5%、八角茴香油0.3%、酒精适量组成。主要是通过阿片酊中含有吗啡而产生镇咳、镇痛及止泻等作用。吗啡的镇咳作用主要抑制咳嗽中枢。此外,八角茴香油、樟脑等也有轻微的祛痰、镇咳作用,常用于咳嗽、腹痛和腹泻等的对症治疗。

【用法与用量】 内服,一次量,马、牛20~50 mL;羊、猪5~10 mL。

复方甘草合剂

【作用与应用】 本品由甘草流浸膏12%、酒石酸锑钾0.024%、亚硝酸乙酯醑3%、

复方樟脑酊12%、甘油12%、蒸馏水适量制成。甘草具有镇咳、祛痰、解毒等作用。近来发现甘草次酸的衍生物有中枢性镇咳作用。内服甘草时能覆盖于发炎的咽部黏膜表面,使黏膜少受刺激,从而减轻咽炎引起的咳嗽。复方樟脑酊有镇咳、镇痛等作用;酒石酸锑钾有祛痰作用;亚硝酸乙酯醑有扩张血管,促进循环作用,有利于消散黏膜炎肿;甘油有润滑祛痰作用,因此复方甘草合剂具有镇咳、祛痰、镇痛作用;适用于痰多的频咳等。

【用法与用量】 内服,一次量,马、牛50～100 mL;猪、羊10～30 mL。3次/d。

5.3 平喘药

平喘药是一类能缓解支气管平滑肌痉挛和扩张支气管的药物。平喘药的作用原理是激活平滑肌细胞膜上的腺苷酸环化酶,使组织内环磷酸腺苷(cAMP)水平提高,产生支气管扩张作用,同时也抑制肥大细胞释放组织胺等化学物质,从而缓解支气管痉挛。

平喘药主要包括肾上腺素类药物、茶碱类扩张支气管药、喘息预防药色甘酸钠,以及具有消炎作用的皮质激素类药物,有些抗组织胺药物由于能缓解过敏性支气管痉挛,也有减轻喘息的作用。新型平喘药色甘酸钠为防治过敏性喘息等疾病开拓了一个新的领域。

麻黄碱(麻黄素)

【作用与应用】 本品直接兴奋肾上腺素 α、β 受体,并有促进去甲肾上腺释放的间接作用,作用缓慢而持久。由于在体内不被儿茶酚氧位甲基转移酶或单胺氧化酶代谢失活,故维持时间较长。除扩张支气管外,还有兴奋心脏、收缩血管、升高血压等作用。其作用均比肾上腺缓和但持久。另外,本品有明显的中枢兴奋作用。连续应用易产生快速耐受性,使作用减弱。临床常用于急性或慢性支气管炎,以减弱支气管痉挛和咳嗽;解救吗啡、巴比妥类麻醉药中毒;消除黏膜充血。用其0.5%～1%溶液滴鼻,可用于鼻黏膜充血与鼻阻塞。

【用法与用量】 片剂:每片25 mg。内服,一次量,马、牛0.05～0.5 g;羊0.02～0.1 g;猪0.02～0.05 g;猫0.002～0.005 g。注射液:每支1 mL:30 mg、50 mg。皮下注射用量:马、牛0.05～0.5 g;羊、猪0.02～0.05 g;犬0.01～0.03 g。

盐酸异丙肾上腺素(喘息定、治喘灵)

【作用与应用】 本品为肾上腺素类受体兴奋剂。①作用于 β₂ 受体,使支气管平滑肌松弛。其缓解支气管痉挛的作用约为肾上腺素的10倍,但作用时间较短暂。由于不能收缩支气管黏膜的血管,因而消除黏膜水肿的效果不如肾上腺素。临床上用于治疗支气管喘息。②兴奋 β₁ 受体,增加心率,增强心肌收缩力,增加心脏的传导系统的传导速度,缩短窦房结的不应期。扩张外周血管,减轻心负荷,以纠正低排血量和血管严重收缩的休克状态。临床上用于治疗心源性或感染性休克、完全性房室传导阻滞、心搏骤停。

本品在缓解喘息的同时,往往出现明显的心血管不良反应,如心动过速、心律不齐等。

【用法与用量】 片剂:每片10 mg。内服(或舌下给药)量,马、牛0.05～0.1 g;羊、猪0.02～0.03 g。气雾剂:每瓶20 mL:0.1 g。气喘发作时使用喷雾吸收。

氨茶碱

【作用与应用】 本品是黄嘌呤类对支气管平滑肌松弛作用最强的一种,可直接作用于支气管平滑肌,使支气管扩张,肺活量增加,解除痉挛,达到平喘的目的。此外对血管、胃肠、胆道及子宫平滑肌也有松弛作用,还能扩张冠状动脉,增加心肌供血,加强心脏收缩力。已知氨茶碱扩张支气管的作用与抑制磷酸二酯酶的活性有关。磷酸二酯酶可使环磷酸腺苷(cAMP)水解为 5′-磷酸腺苷而失活。支气管平滑肌松弛程度与其中所含的环磷酸腺苷的浓度有关。氨茶碱抑制磷酸二酯酶,可提高环磷酸腺苷的浓度,从而使支气管平滑肌的紧张度得以降低而变松弛。儿茶酚胺类药物则是通过激活腺苷酸环化酶的活性而增加环磷酸腺苷的生成。因此,氨茶碱在与儿茶酸胺类药物配合应用治疗喘息时具有显著的协同作用。临床上应用的复方制剂,就是按照此道理配制的。

本品扩张支气管作用持久,临床适用于马、牛肺气肿和犬等动物因心力衰竭所引起的肺充血(心性喘息)的平喘,也可用于预防或缓解麻醉过程中意外发生支气管痉挛,也可辅助皮质激素治疗小动物的支气管哮喘。

【药物相互作用】

①与克林霉素、红霉素、四环素、林可霉素合用时,可降低本品在肝脏中的清除率,使血药浓度升高,甚至出现毒性反应。

②与其他茶碱类药物合用时,不良反应增多。

③酸性药物可加快其排泄。

④与儿茶酚胺类及其他拟肾上腺素类药合用,能增加心律失常的发生率。

【用法与用量】 注射液:每支 5 mL:1.2 g;2 mL:0.5 g。静脉或肌肉注射用量:马、牛 1~2 g;羊、猪 0.25~0.5 g;犬 0.05~0.1 g。片剂:每片 0.1 g、0.2 g。内服,一次量,马、牛 1~2 g;羊、猪 0.2~0.4 g。

【注意事项】

①本品碱性较强,局部刺激性较大,内服可引起恶心、呕吐等反应,不宜皮下注射,应深部肌注或静注。

②静脉注射时,禁与维生素 C、氯丙嗪、去甲肾上腺素、四环素类抗生素、促肾上腺皮质激素等配伍,并掌握浓度、速度和剂量。

③肝功能低下,心衰患畜宜慎用。

【制剂】 氨茶碱片,其规格为:①0.05 g,②0.1 g,③0.2 g。

氨茶碱注射液,其规格为:①2 mL:0.25 g,②2 mL:0.5 g,③5 mL:1.25 g。

5.4 祛痰、镇咳与平喘药的合理选用

①呼吸道炎症初期,痰液黏稠不易咳出时,以祛痰为主;若炎症感染较重,应选用抗菌药物控制。

②若多痰引起的咳嗽,以消炎祛痰为主;长时间干咳,并伴有疼痛,宜选用中枢性镇咳药,可联用抗菌药物。一般情况下的有痰咳嗽,选用祛痰药和镇咳药配伍使用,如复方干草合剂、复方咳必清等。

③因细支气管积痰引起的气喘,宜选用祛痰药;因支气管痉挛引起,只需平喘即可。

复习思考题

1. 祛痰、镇咳、平喘药为何经常配伍应用。
2. 氨茶碱为什么具有平喘作用？

第6章
作用于血液循环
系统的药物

本章导读：作用于血液循环系统的药物包括强心苷、止血药与抗凝血药、抗贫血药与血容量扩充药。强心苷用于心功能不全的治疗，止血药用于出血病例，抗凝血药用于血凝活性增高病例及体内、外血液抗凝，抗贫血药用于贫血的治疗，血容量扩充药用于失血、低血容量性休克等的治疗。

6.1 强心苷

强心苷是兽医临床常用的治疗心功能不全的药物。

心功能不全(心力衰竭)是指心肌收缩力减弱或衰竭，心脏排血量减少，静脉回流受阻而引起全身血液循环障碍的临床综合症。此病以伴有静脉充血为特征，故名充血性心力衰竭，临床表现以呼吸困难、水肿及紫绀为主的综合症状。

家畜心力衰竭多见于中毒、过劳、贫血、维生素 B_1 缺乏、心肌炎及心瓣膜疾病等原因引起的心肌损害。临床治疗除消除原发病外，主要使用强心苷，改善心功能，增强心肌收缩力。各类强心苷对心脏作用基本相同，但在作用上有强弱、快慢以及持续长短的不同。一般按其作用快慢分为两类。

①慢作用类：包括洋地黄、洋地黄毒苷、地高辛等，作用出现慢，维持时间长，体内代谢缓慢，蓄积性大，适用于慢性心功能不全。

②快作用类：包括毒毛花苷、毛花丙苷等。作用出现快，维持时间短，体内代谢快，蓄积性小，适用于急性心功能不全或慢性心功能不全的急性发作。

洋地黄毒苷

本品为玄参科植物紫花洋地黄的干叶或叶粉的提纯制剂。

【性状】 白色或黄白色微结晶粉末，无臭、味极苦。不溶于水，溶于乙醇、氯仿，微溶于乙醚。

【作用】 洋地黄毒苷对心脏具有高度选择作用，治疗剂量能明显加强衰竭心脏的收缩力(即正性肌力作用)，减慢心率和房室传导速率(抑制传导)。药物能使衰竭的心脏

功能得到改善,同时增加肾脏血流量,产生利尿作用,减缓慢性心功能不全引起症状(如呼吸困难、浮肿、瘀血)。

洋地黄毒苷能增强心肌收缩力的机理是由于它能增加心肌内的 Ca^{2+} 浓度所致。洋地黄毒苷作用的主要受体是位于心肌细胞膜上的 Na^+,K^+—ATP 酶(俗称 Na^+,K^+ 泵),当强心苷与 Na^+,K^+—ATP 酶结合后,诱导该酶结构发生变化,抑制其活性,使细胞内外 Na^+ 和 K^+ 转运受阻,结果导致细胞内 Na^+ 浓度升高,K + 浓度减少。细胞内 Na^+ 浓度升高,降低细胞膜两侧 Na + 跨膜浓度,导致细胞外 Na^+ 与细胞内 Ca^{2+} 交换减少,致使细胞内 Ca^{2+} 浓度增加,心肌收缩力加强。

洋地黄毒苷在增加心肌心缩力的同时,能延长心舒期,缩短心缩期,使心脏有充分休息时间。还能消除因心功能不全引起的代偿性心率过快,并使扩张的心脏体积减少,张力降低,降低心肌耗氧量,提高心肌工作效率。

【应用】 主用于治疗马、牛、犬等充血性心力衰竭,心房纤维性颤动或室上性心动过速等。

【药物相互作用】

①与抗心律失常药、钙盐注射剂、拟肾上腺素类药等合用时,可因作用相加导致心律失常。

②与两性霉素 B、糖皮质激素或失钾利尿药等合用时,可引起低血钾而致洋地黄中毒。

③服用苯妥因钠、巴比妥钠、保泰松可使血中洋地黄毒苷浓度减低,合用时应注意调整剂量。

【注意事项】

①洋地黄安全范围窄,体内排泄慢,易发生蓄积中毒,用药前应详细询问病史,用药后注意观察动物表现,一旦出现中毒反应,立即停药。

②用药期间不宜使用拟肾上腺素类药、钙剂,以免增强其毒性。

③心内膜炎,急性心肌炎,创伤性心包炎等禁用洋地黄。

④除非发生充血性心力衰竭,处于休克、贫血、尿毒症等情况下动物也不应使用此类药物。

⑤若在过去 2 周内用过其他强心苷,不得按常规给药,使用剂量应减少,以免中毒。

【不良反应】

洋地黄常见中毒反应为:

①胃肠道反应:常表现为食欲不振、呕吐、腹泻。

②神经系统反应:表现为视觉障碍,精神抑郁,共济失调,倦怠,肌无力。

③心脏反应:表现为心律失常,早搏、阵发性心动过速,心室颤动。

【解救】

①钾盐:强心苷中毒时,心肌细胞缺钾,适当补充钾可预防和减轻强心苷的毒性。

②阿托品:适用于中毒时的传导阻滞或窦性心动过缓。

③依地酸二钠:能螯合 Ca^{2+},减轻洋地黄毒苷的毒性作用。

【制剂】 洋地黄毒苷注射液,其规格为:①1 mL:0.2 mg,②5 mL:0.5 g,③5 mL:1 mg。

【用法与用量】 洋地黄毒苷经单胃动物内服后在小肠迅速吸收,而反刍动物内服因瘤胃微生物破坏,往往不能获得预期效果。

强心苷的传统用法常分为两步,即首先在短期内(24～48 h)应用足量的强心苷,使血中迅速达到预期治疗浓度,称为洋地黄化,所用剂量称为全效量;然后每天继续用较小剂量维持疗效,称为维持量。

全效量给药方法有两种:

①缓给法:将全效量分为8次内服,每8 h一次。首次剂量应占全效量1/3,第二次占1/6,以后各次均占1/12。本法适用于病情不太严重的患畜。

②速给法:首次内服全效量的1/2,每6 h一次,第二次为1/4,以后各次均为1/8。本法适用于严重病畜。速给法也可选用强心苷注射液,首次缓慢静注全效量的1/2,以后每2 h静注一次,剂量为全剂量的1/10～1/8,待药起效后,改用维持量。

洋地黄毒苷片:0.1 mg。内服,每1 kg体重,全效量,马0.03～0.06 mg,犬0.11 mg,2次/d,连用24～48 h。维持剂量,马0.01 mg,犬0.011 mg,1次/d。

洋地黄毒苷注射液:5 mL:1 mg;10 mL:2 mg。

地高辛

【性状】 本品为白色结晶或结晶性粉末,无臭、味苦。在稀醇中微溶,在氯仿中极微溶解,在水或乙醚中不溶。

【作用】 同洋地黄毒苷。

地高辛内服给药吸收较迅速但不完全,血红蛋白结合率较低,约为25%。一部分在肝脏代谢,主经肾脏排泄。另有部分经胆汁排泄。肾功能障碍时,用药量需相应调整。半衰期变化较大,一般在24～40 h。反刍动物内服本品易被瘤胃微生物破坏,吸收不规则。

【应用】 适用于治疗各种原因所致的慢性心功能不全,阵发性室上性心动过速,心房颤动和扑动等。

【注意事项】

①新霉素、对氨基水杨酸会减少地高辛的吸收。

②红霉素能使地高辛血中浓度提高。

③用药期间禁用钙注射剂。

④近期用过其他洋地黄类强心药患畜慎用。

⑤不宜与酸、碱类配伍。

⑥其余参见洋地黄毒苷。

【用法与用量】 地高辛片:0.25 mg。内服,每1 kg体重,洋地黄化剂量,马0.06～0.08 mg,每8 h一次,连续5～6次;犬0.02 mg,每12 h一次,连用3次。维持剂量,马0.01～0.02 mg,犬0.01 mg。

地高辛注射液:2 mL:0.5 mg。静注,每1 kg体重,首次量,马0.014 mg,犬0.01 mg。维持量,马0.007 mg,犬0.005 mg,每12 h一次。

毒毛花苷K

本品为夹竹桃科植物绿毒毛旋花的干燥成熟种子中得到的各种苷的混合物。

【性状】 本品为白色或微黄色粉末,遇光易变质,在水或乙醇(90%)中溶解,在氯仿中极微溶解,在乙醚或苯中几乎不溶。

【作用】 同洋地黄毒苷。

内服吸收很少,不宜内服给药。静脉注射作用快,3~10 min 即显效,0.5~2 h 作用达高峰。作用持续时间 10~12 h。以原形经肾排泄。维持时间短,蓄积性小。

【应用】 主用于充血性心力衰竭。

【药物相互作用】【不良反应】 同洋地黄毒苷

【注意事项】

①近 1~2 周内用过强心苷患畜不宜应用,以免中毒。

②不宜与碱性溶液类配伍。

③其余参见洋地黄毒苷。

【制剂】 毒毛花苷 K 注射液,其规格为:①1 mL∶0.25 mg,②5 mL∶0.5 g,③2 mL∶0.5 mg。

【用法与用量】 毒毛花苷 K 注射液:1 mL∶0.25 mg;2 mL∶0.5 mg。静脉注射,一次量,马、牛 1.25~3.75 mg,犬 0.25~0.5 mg,临用前用 5% 葡萄糖注射液稀释 10~20 倍后缓慢注射。

去乙酰毛花苷

【性状】 本品为白色结晶性粉末,无臭、味苦,有吸湿性。在乙醇中极微溶解,在水和氯仿中几乎不溶。

【作用】 同洋地黄毒苷。本品具有快速强心作用,静脉注射后 8~10 min 呈现作用,1~2 h 作用达高峰,作用持续 2~3 d。主要由肾脏排泄。

【应用】 适用于急性心功能不全的病例,对房颤及室上性心动过速作用较明显。

【注意事项】

①禁用于急性心肌炎,创伤性心包炎及肾功能不全病例。

②本品主要用于静脉注射,若注射困难,亦可肌内注射。

③其他注意事项参见洋地黄毒苷。

【用法与用量】 去乙酰毛花苷注射液:2 mL∶0.4 mg。静脉注射,一次量,马、牛 1.6~3.2 mg,临用前用 5% 葡萄糖注射液稀释 20 倍后缓慢注射,4~6 h 后酌情再注射半量。

6.2 止血药与抗凝血药

血液中存在凝血和抗凝血两种对立统一机制,并因此保证了血液流动性。此过程极为复杂。其中凝血过程大致分为 3 个主要步骤:第一步为凝血酶原激活物的形成;第二步为凝血原激活物催化凝血酶原转变为凝血酶;第三步为凝血酶催化纤维蛋白原转变为纤维蛋白,形成血凝块。

正常情况下,循环流动的血液不会在血管中凝固,其主要原因是由于血液中存在着抗凝血物质和纤维蛋白溶解系统,能使血液中形成的少量纤维蛋白发生溶解。

止血药和抗凝血药通过影响血液凝固和溶解过程中的不同环节而发生止血和抗凝

血作用。

6.2.1 止血药

1)局部止血药

吸收性明胶海绵

【性状】 本品为白色或微黄色、质轻、软而多孔的海绵状物,能吸收本身重量30倍的水,在水中不溶。

【作用】 明胶海绵含无数小孔,敷于出血部位,血液流入小孔,血小板被破坏,释放凝血因子,促进血液凝固。同时具有机械压迫止血作用,在止血部位经4~6周可完全液化,被组织吸收。

【应用】 用于创口小出血和渗出性出血。如外伤、手术时的止血、毛细血管渗血,鼻出血等。

【注意事项】

①本品系灭菌制品,使用过程应无菌操作。

②包装拆开后不宜再消毒,以免延长吸收时间。

【用法】 根据出血处的形状切成所需大小,贴于出血处,再用纱布按压。

【规格】 6 cm×6 cm×1 cm,8 cm×6 cm×0.5 cm。

2)全身止血药

肾上腺素色腙(安络血、安特诺新)

【性状】 本品为橘红色结晶或结晶性粉末,无臭、无味。

【作用】 能增强毛细血管对损伤的抵抗力,促进毛细血管断端回缩,降低毛细血管通适性,减少血液外渗。

【应用】 适用于毛细血管损伤或通透性增加所致的出血,如鼻出血、内脏出血、紫癜、产后出血、手术后出血等。

【注意事项】 禁与催产素、青霉素G、氯丙嗪混合注射,抗组胺药能抑制本品作用,联合应用时应间隔48 h,对大出血或动脉出血基本无效。

【用法与用量】 肾上腺素色腙注射液:1 mL:5 mg;2 mL:10 mg。肌内注射:一次量,马、牛25~100 mg,羊、猪10~20 mg。

维生素 K_3

【性状】 本品为白色结晶性粉末,无臭或微有特臭,有吸湿性,遇光易分解,易溶于水,微溶于乙醇。

【作用】 维生素 K_3 为肝脏合成凝血酶原因子 Ⅱ 的必需物,还参与了凝血因子 Ⅶ,Ⅸ,Ⅹ 的合成,如果缺乏维生素 K_3,将导致此上述凝血因子合成障碍,引起出血。

【应用】

①畜禽因维生素 K 缺乏所致的出血症。

②预防幼雏维生素 K 缺乏,可在8周龄前按每 kg 饲料拌 0.4 mg 维生素 K 混饲。

③防治因长期内服广谱抗菌药引起的继发性维生素 K 缺乏所致的出血症。

④胃肠炎、肝炎等引起的吸收障碍导致的维生素 K 的缺乏症。

⑤牛、猪摄食霉烂变质草木樨,以及水杨酸钠中毒所致的低凝血酶原血症,杀鼠药"敌鼠钠"中毒的解救。

【注意事项】

①维生素 K_3 损害肝脏,肝功能不良病畜应改用维生素 K_1。

②临产母畜大剂量应用,可使新生幼畜出现溶性、黄疸或胆红素血症。

【用法与用量】 维生素 K_3 注射液:1 mL:4 mg,10 mL:40 mg。肌内注射,一次量,马、牛 100 ~ 300 mg,猪、羊 30 ~ 50 mg,犬 10 ~ 30 mg,2 ~ 3 次/d。

酚磺乙胺(止血敏)

【性状】 本品为白色结晶或结晶性粉末,无臭、味苦,有吸湿性,遇光易变质,易溶于水。

【作用】 能促进血小板的生成,增强血小板聚集及黏附力,促进凝血活性物质释放,缩短凝血时间,还能增强毛细血管抵抗力,降低其通透性,防止血液外渗。本品作用迅速,肌注后 1 h 作用最强,一般可维持 4 ~ 6 h。

【应用】 适用于手术前预防出血及术后止血,如内脏出血、鼻出血等,预防手术前出血,应在术前 15 ~ 30 min 给药。

【制剂】 酚磺乙胺注射液,其规格为:①2 mL:0.25 g,②10 mL:1.25 g。

【用法与用量】 酚磺乙胺注射液:2 mL:0.25 g;10 mL:1.25 g。肌内、静脉注射,一次量,马、牛 0.25(或 1.25) ~ 2.5 g,猪、羊 0.25 ~ 0.5 g。

氨甲环酸

【性状】 本品为白色结晶性粉末,无臭、味微苦,易溶于水。

【作用】 氨甲环酸能抑制纤维蛋白溶解酶原的激活因子,使纤维蛋白溶解酶原不能被激活转变为具有活性的纤维蛋白溶解酶,从而抑制纤维蛋白的溶解而促进伤口血液凝固,产生止血作用。本品对创伤性止血效果显著,止血作用较强。

【应用】 主用于纤维蛋白溶解系统活性升高引起的出血,如产科出血、内脏手术后出血,也用于手术前预防出血。

【注意事项】

①肾功能不全及外科手术后有血尿的患畜慎用。

②用药后可能发生恶心、呕吐、食欲减退、嗜睡等,停药后即可消失。

【用法与用量】 氨甲环酸注射液:2 mL:0.1 g;2 mL:0.2 g;5 mL:0.25 g;5 mL:0.5 g。静脉注射,一次量,马、牛 2 ~ 5 g,羊、猪 0.25 ~ 0.75 g。临用前,每 0.25 ~ 0.5 g 加于 20% 葡萄糖液 20 mL 中,缓慢静注。

硫酸鱼精蛋白

【性状】 本品自鱼类精子提取,白色或类白色粉末,水中略溶,乙醇或乙醚中不溶。

【作用】 抗肝素药。含丰富精氨酸,可与肝素结合形成复合物,使其失去抗血凝能力。1 mg 的硫酸鱼精蛋白可拮抗约 100 单位的肝素,但实际用量与肝素给药后间隔时间长短有关。如注射肝素 30 min 后,则所需鱼精蛋白量可减少 1/2。

【应用】 主用于肝素过量而引起的出血。

【注意事项】

①宜缓慢静脉,高浓度快速注射可发生低血压,心搏缓慢,呼吸困难等症。

②静脉过量可发生纤维蛋白溶解后,进而致出血,应注意控制用量。

③连用不宜超过 3 d。

【用法与用量】 硫酸鱼精蛋白注射液:5 mL:50 mg;10 mL:100 mg。静脉注射,用量应与所用肝素相等(1 mg 鱼精蛋白可中和 100 单位肝素)。

6-氨基己酸

【性状】 本品为白色或黄白色结晶性粉末,无臭、味苦,能溶于水。

【作用】 6-氨基己酸为抗纤维蛋白溶解药,能抑制纤维蛋白溶酶原的激活因子,阻碍纤维蛋白溶酶原转变为纤维蛋白溶解酶,从而抑制纤维蛋白的溶解,达到止血目的。

【应用】 适用于纤维蛋白溶解酶活性增高所致的出血,如外科手术后出血、产后出血、肺及消化道出血。

【用法与用量】 6-氨基己酸注射液:10 mL:1 g;10 mL:2 g。静脉注射,首次量,牛、马 20～40 g,加于 500 mL 生理盐水或 5% 葡萄糖液中,猪、羊 4～6 g,加于 100 mL 生理盐水或 5% 葡萄糖液中。维持量,牛、马,每小时 3～6 g,猪、羊 1 g。

6.2.2 抗凝血药

抗凝血药是指能延缓或阻止血液凝固的药物,这些药物通过影响凝血过程中的不同环节而发挥作用,常用于输血、血样保存,实验室血样检查,及有血栓形成倾向的疾病。常用的药物包括肝素钠、柠檬酸钠等。

肝素(肝素钠)

【性状】 本品系自牛、猪肠黏膜中提取的多糖类物质,为白色或类白色粉末,有吸湿性,易溶于水。

【作用】 肝素在体内外均有抗凝血作用。静脉注射后抗凝作用立即产生,可使凝血时间延长。其抗凝作用是通过激活血浆中的抗凝血酶Ⅲ(AT-Ⅲ)实现的。AT-Ⅲ是一种球蛋白,可与凝血因子Ⅱa,Ⅸa,Ⅹa,Ⅺa,Ⅻa 等结合成复合物并抑制这些因子,肝素与AT-Ⅲ结合后,可显著加速 AT-Ⅲ的抑制作用,此外,肝素还可减少血小板的黏附性和聚集性。

肝素内服无效,须注射给药,多用于静注、静滴。

【应用】

①马和小动物弥散性血管内凝血的治疗。

②各种急性血栓性疾病,如手术后血栓的形成,血栓性静脉炎等。

③输血及血液检查时体外血液样品的抗凝。

④各种原因引起的血管内凝血。

【注意事项】

①肝素刺激性强,肌内注射可致局部肿胀,应酌量加 2% 盐酸普鲁卡因溶液。

②用量过多可致自发性出血,表现为全身黏膜出血,伤口出血。发生严重出血时可静脉注射硫酸鱼精蛋白进行急救。1 mg 鱼精蛋白在体内可中和 100 单位肝素。

③禁用于出血性素质和伴有血液凝固延缓的各种疾病,慎用于肾功能不全动物、孕畜、产后、流产、外伤及手术后动物。

④肝素化的血液不能用作同类凝集,补体和红细胞脆性试验。

⑤与碳酸氢钠、乳酸钠并用,可促进其抗凝作用。

【用法与用量】 肝素钠注射液:2 mL:1 000 IU;2 mL:5 000 IU;2 mL:12 500 IU。肌内、静脉注射,每 1 kg 体重,马、牛、羊、猪 100~130 IU,犬 150~250 IU,猫 250~375 IU。

体外抗凝,每 500 mL 血液中用肝素钠 100 IU。

实验室血样,每 1 mL 血样加肝素钠 10 IU。

柠檬酸钠(枸橼酸钠)

【性状】 本品为无色或白色结晶性粉末,无臭,味咸、凉,在湿空气中微有潮解性,在热空气中有风化性,易溶于水,不溶于乙醇。

【作用】 枸橼酸钠含枸橼酸根离子,能与血浆中钙离子形成难解离的可溶性络合物,使血中钙离子减少,从而阻滞钙离子参与血液凝固过程而发挥抗凝血作用。

【应用】 用于体外抗凝血。

【制剂】 枸橼酸钠注射液,其规格为:10 mL:0.4 g。

【注意事项】 大量输血时,应注射钙剂,以预防低钙血症。

【用法与用量】 输血用枸橼酸钠注射液:10 mL:0.25 g。体外抗凝,每 100 mL 血液加入 10 mL。

6.3 抗贫血药

抗贫血药是指能增强机体造血机能,补充造血必需物质,改善贫血状态的药物。

单位容积循环血液中红细胞数和血红蛋白量低于正常时,称为贫血。

贫血按病因分为失血性贫血、营养不良性贫血(缺铁性贫血)、溶血性贫血、再生障碍性贫血,在治疗上,失血性贫血以补充血容量为主,溶血性贫血以除去病因为主,再生障碍性贫血治疗较困难。兽医临床应用最多的是治疗营养不良性贫血药。本节只介绍此类药物。

6.3.1 铁制剂

硫酸亚铁

【性状】 本品为淡蓝绿色柱状结晶或颗料,无臭,味咸、涩,在干燥空气中即风化,在湿空气中迅速氧化变质,表现生成黄棕色的碱式硫酸铁,在水中易溶,乙醇中不溶。

【作用】

①药效学 铁为机体必需元素,是构成血红蛋白的必需物质,血红蛋白铁占全身含铁量的 60%,铁也是肌红蛋白和某些组织酶的重要组成原料,铁吸收到骨髓后,进入骨髓幼红细胞,在线粒体内与原卟啉结合形成血红素,后者再与珠蛋白结合成为血红蛋白,进而发育为成熟的红细胞。缺铁时,血红素生成减少,但红细胞增殖能力成熟过程不受影响,因此红细胞数量并不减少,但每个红细胞中血红蛋白量减少。

②药动学 铁以 Fe^{2+} 形式在十二指肠和空肠上段吸收。吸收进入肠黏膜后,一部分 Fe^{2+} 被氧化成 Fe^{3+} 与去铁蛋白结合成铁蛋白而储存;另一部分吸收入血,被氧化成 Fe^{3+} 与血浆中转铁蛋白合成血浆铁,转送至肝、脾、骨髓等组织中储存,骨髓中的铁可供用于合成血红蛋白,铁的排泄主要通过肠黏膜脱落排出体外,少量经尿、胆汁、汗、乳汁排泄。

【应用】 用于缺铁性贫血,如慢性失血、营养不良、孕畜及哺乳仔猪等的缺铁性贫血。

【注意事项】

①稀盐酸可促进 Fe^{3+} 转变为 Fe^{2+},有助于铁剂吸收,对胃酸分泌不足的患畜尤为适用。

②维生素 C 能防止 Fe^{2+} 氧化有利于其吸收。

③钙、磷酸盐、鞣酸及抗酸药物可使铁沉淀,妨碍其吸收。

④铁与四环素类可形成络合物,互相妨碍吸收。

⑤对胃肠黏膜有刺激性,大量内服可引起肠坏死、出血,严重时可致休克,宜饲后投药。

⑥铁与肠道内硫化氢结合减少硫化氢对肠蠕动的刺激作用可致便秘,并排黑粪。

⑦禁用于消化道溃疡,肠炎等患畜。

【用法与用量】 内服,一次量,马、牛 2 ~ 10 g,羊、猪 0.5 ~ 3 g,犬 0.05 ~ 0.5 g,猫 0.05 ~ 0.1 g,临用前,配成 0.2% ~ 1% 溶液。

枸橼酸铁铵

【性状】 棕红色透明的菲薄鳞片或棕褐色颗粒,或棕黄色粉末,无臭,味咸,有吸湿性,遇光易变质,易溶于水,不溶于乙醇。

【作用】 同硫酸亚铁,由于是三价铁,必须还原成亚铁盐才能被吸收,不如硫酸亚铁易于吸收,但无刺激性。

【应用】 适用于轻度缺铁性贫血的治疗。

【注意事项】 参见硫酸亚铁。

【用法与用量】 枸橼酸铁铵溶液:10%。内服,一次量,马、牛 5 ~ 10 g,猪 1 ~ 2 g。

富马酸亚铁

【性状】 本品为橙红色至红棕色粉末,无臭,在水或乙醇中几乎不溶。

【作用】 同硫酸亚铁,特点是含铁量高,吸收好,很难被氧化成三价铁,内服后血清中铁浓度迅速上升,并能保持稳定。

【应用】 用于缺铁性贫血。

【注意事项】

①消化道溃疡、肠炎等患畜忌用。

②其他与硫酸亚铁基本相同,但不良反应较少。

【用法与用量】 富马酸亚铁片:0.2 g,富马酸亚铁胶囊:0.2 g。内服,一次量,马、牛 2 ~ 5 g,羊、猪 0.5 ~ 1 g。

右旋糖酐铁

【性状】 本品为棕褐色或棕黑色结晶性粉末,在热水中略溶,在乙醇中不溶。

【作用】 同硫酸亚铁,但右旋糖酐铁能制成注射剂供肌内注射。肌注后,首先通过淋巴系统缓慢吸收。注射 3 d 内吸收约 60%,1~3 周吸收 90%,其余可能在数月内缓慢吸收。

【应用】 适用于重症缺铁性贫血或不宜内服铁剂的缺铁性贫血,临床常用于仔猪缺铁性贫血。

【注意事项】

①严重肝、肾功能减退患畜忌用。

②局部刺激性强,宜深部肌注。

③易过量而致中毒,应严格控制剂量。

④需冷藏,久置可发生沉淀。

【制剂】 右旋糖酐铁注射液,其规格为:以 Fe 计算,①2 mL:0.1 g,②2 mL:0.2 g,③10 mL:0.5 g,④10 mL:1 g,⑤50 mL:2.5 g,⑥50 mL:5 g。

【用法与用量】 右旋糖酐铁片:25 mg(Fe)。内服,一次量,仔猪 100~200 mg。

右旋糖酐铁注射液:2 mL:0.1 g(Fe);2 mL:0.2 g(Fe);10 mL:0.5 g(Fe);10 mL:1 g(Fe);50 mL:2.5 g(Fe);50 mL:5 g(Fe)。肌内注射,一次量,仔猪 100~200 mg。

6.3.2 其他抗贫血药

叶酸

【性状】 本品为黄色或橙黄色结晶性粉末,无臭、无味,在水、乙醇中不溶,在氢氧化钠或碳酸钠的稀溶液中易溶。

【作用】 叶酸在动物体内以四氢叶酸的形式参与物质代谢,通过对一碳基团的传递参与嘌呤、嘧啶的合成及氨基酸代谢。当叶酸缺乏时,核苷酸合成受阻,最为明显的是胸腺嘧啶核苷酸。此时,红细胞受到影响最为明显,动物表现巨幼红细胞性贫血。此外,叶酸缺乏还可引起禽脊椎麻痹,羽毛脱落,繁殖力降低,胚胎死亡率高,特别明显的是胚胎胫骨短粗和嘴呈交错状。猪还出现皮炎、脱毛及消化、呼吸、泌尿器官黏膜受损等症状。

【应用】 主要用于叶酸缺乏而引起的畜禽贫血。

【注意事项】 长期饲喂广谱抗生素或磺胺类药物时,因其抑制合成叶酸的细菌生长,可能导致叶酸缺乏。

【制剂】 叶酸片,其规格为:5 mg。

【用法与用量】 叶酸片:5 mg,内服,一次量,犬、猫 2.5~5 mg,各种畜禽,每 1 kg 体重,0.2~0.4 mg。

维生素 B_{12}(氰钴胺)

【性状】 本品为深红色结晶性粉末,无臭、无味,吸湿性强。略溶于水、乙醇。

【作用】 维生素 B_{12} 参与机体多种代谢过程,为细胞发育成熟和维持有鞘神经纤维功能完整性所必需。维生素 B_{12} 缺乏时,蛋氨酸合成受阻,影响胸腺嘧啶脱氧核苷酸及 DNA 的合成,使红细胞发育成熟受阻,维生素 B_{12} 缺乏还可干扰神经髓鞘脂类合成,引起有鞘神经纤维功能障碍,而出现神经损害症状。

草食动物胃肠中微生物可合成维生素 B_{12},一般较少发生维生素 B_{12} 缺乏。猪缺乏时,生长发育障碍,饲料转化率降低,出现巨幼细胞性贫血,被毛粗乱,皮炎及后肢运动失调,母猪受胎率下降。家禽维生素 B_{12} 缺乏时,发生肌胃黏膜炎症,雏鸡生长不良,种蛋孵化率下降,胚胎死亡率升高,羽毛生长不良。磺胺类和抗生素可抑制肠道微生物合成维生素 B_{12},猪、禽通常需要补充。

【应用】 主用于治疗由于维生素 B_{12} 缺乏导致的贫血、幼畜生长迟缓,也用于神经炎、神经萎缩、再生障碍性贫血、肝炎等的辅助治疗。

【制剂】 维生素 B_{12} 注射液,其规格为:①1 mL:0.05 mg,②1 mL:0.1 mg,③1 mL:0.25 mg,④1 mL:0.5 mg,休药期:0 d。

【用法与用量】 维生素 B_{12} 注射液:1 mL:0.05 mg;1 mL:0.1 mg;1 mL:0.25 mg;1 mL:0.5 mg;1 mL:1 mg。肌内注射,一次量,马、牛 1~2 mg,羊、猪 0.3~0.4 mg,犬、猫 0.05~0.1 mg,禽 0.002~0.004 mg,每天或隔天一次。

6.4 血容量扩充药

动物机体血液或血浆大量丢失,造成血容量降低,可导致休克。迅速补足和扩充血容量是抗休克的基本疗法,最理想的血容量扩充剂是全血、血浆等血液制品,血容量扩充药可作为全血、血浆代用品,用于大失血、烧伤、剧烈吐泻等引起的血容量急剧减少。

右旋糖酐 40

【性状】 本品为白色粉末,无臭、无味,在热水中易溶,在乙醇中不溶。

【作用】 能提高血浆胶体渗透压,吸收血管外的水分而扩充血容量,维持血压。还能使已经聚集的红细胞和血小板解聚,降低血液黏稠度,改善微循环,防止休克后期的弥散性血管内凝血。还能抑制凝血因子Ⅱ的激活,降低凝血因子Ⅰ和Ⅷ的活性,抵抗血小板,可防止血栓形成。本品还具渗透性利尿作用。

本品因分子量小,在体内停留时间短,经肾脏排泄较快,半衰期仅 3 h 左右。

【应用】 主用于扩充维持血容量,治疗因失血、创伤、烧伤及中毒等引起的休克。

【注意事项】

①与维生素 B_{12} 混合可发生变化,与氨基苷类抗生素合用可增加其毒性。

②静脉注射宜缓慢,用量过大可致出血。

③充血性心力衰竭、出血性疾病患畜禁用,肝肾疾病患畜慎用。

④偶见过敏反应(发热、荨麻疹等),立即停用,必要时注射抗过敏药或肾上腺素。

⑤失血量如超过 35% 应用本品可继发严重贫血,须进行输血。

【用法与用量】 右旋糖酐 40 葡萄糖注射液,500 mL:30 g 右旋糖酐 40 与 25 g 葡萄糖,静脉注射,一次量马、牛 500~1 000 mL,羊、猪 250~500 mL。

右旋糖酐 40 氯化钠注射液:500 mL:30 g 右旋糖酐 40 与 4.5 g 氯化钠。用法同右旋糖酐 40 葡萄糖注射液。

右旋糖酐 70

【性状】 本品为白色粉末,无臭、无味,在热水中易溶,乙醇中不溶。

【作用】 基本作用同右旋糖酐 40,但其扩充血容量作用和抗血栓作用较右旋糖酐

40 高,几无改善微循环和渗透性利尿作用。静脉滴注后,排泄较慢,1 h 排出 32%,在24 h 内约50%从肾排出。

【应用】 主用于防治低血容量休克,如手术、出血、烧伤性休克,也可用于预防术后血栓形成和血栓性静脉炎。

【注意事项】 同右旋糖酐40,由于抗血栓作用强更易引起出血。

【用法与用量】 右旋糖酐70 葡萄糖注射液,500 mL:30 g 右旋糖酐70 与 25 g 葡萄糖,静脉注射,一次量,马、牛 500~1 000 mL, 羊、猪 250~500 mL。

右旋糖酐70 氯化钠注射液,500 mL:30 g 右旋糖酐70 与 4.5 g 氯化钠,用法同右旋糖酐70 葡萄糖注射液。

复习思考题

1.举例说明强心苷分为哪几类? 有何作用特点?

2.简述洋地黄的中毒与解救。

3.维生素 K_3 在临床上有何用途?

第7章
作用于泌尿生殖系统的药物

> **本章导读**:本章主要介绍利尿药、脱水药,性激素与促性腺激素药及其作用原理。通过学习,重点掌握利尿药与脱水药的临床选用,性激素与促性腺素在畜牧业生产中的应用。

7.1 利尿药

利尿药是作用于肾脏,促进电解质和水的排出,增加尿量,消除水肿的药物。水肿的病因虽然不同,主要都是由于水钠潴留,表现为细胞间液的明显增加,而钠潴留是细胞间液增加的主要因素。利尿药能促进钠从尿中排出,因而可减轻或消除水肿。临床上一般用于减轻或消除体内过多的细胞外液形成的水肿或腹水,也用于促进体内毒物的排出及尿道上部结石的排出。

7.1.1 利尿药的作用机理

利尿药是通过影响尿的生成而发挥利尿作用的。

尿的生成过程包括肾小球滤过、肾小管和集合管的重吸收及肾小管的再分泌3个环节。利尿药可作用于肾脏的不同部位,但以影响重吸收功能而产生的利尿作用最强。

1)增加肾小球滤过作用

在正常情况下,肾小球滤过膜通透性变化不大,主要是受肾流量及滤过压的影响,有的药物虽然可增加肾血流量及肾小球有效滤过压,提高滤过率,但在滤过率增加的同时,肾小管重吸收率也随之增强,故利尿作用多不明显。只有个别药物如氨茶碱可部分地通过增强心肌收缩力、加大肾血流量、增加肾小球的滤过而产生较弱的利尿作用。主要用于心功能降低,肾循环障碍且肾小球滤率低下时的利尿。

2)抑制肾小管与集合管的重吸收

在近曲小管内,原尿中的 Na^+ 约60% ~65%被主动重吸收、水和 Cl^- 随 Na^+ 被动重

吸收。但抑制近曲小管对 Na^+ 和水重吸收的利尿药,由于在髓袢中原尿增加的同时产生代偿性重吸收,其利尿作用受阻。目前尚无理想的作用于近曲小管的利尿药。

髓袢中髓袢降支的功能与利尿作用关系不大,升支与利尿作用的关系非常密切。升支粗段髓质部重吸收原尿中 Na^+ 20% ~ 25%,皮质部约为 10%。当原尿流经髓袢升支粗段时,Cl^- 呈主动重吸收,而 Na^+ 随 Cl^- 被动重吸收,对水的通透性则极低,造成髓袢所处的髓质间液形成高渗,而大量的水存留在小管内形成低渗,亦即生成游离水。当这部分液体流经远曲小管,特别是集合管时,在抗利尿素的作用下,小管对水的通透性增加,加之集合管处于髓质组织间液高渗区,尿中的水分受管内外渗透压差的影响便由管内向管外扩散,使尿液浓缩,即游离水的重吸收过程。

高效能利尿药速尿及利尿酸都作用于髓袢升支粗段,抑制 Cl^-、Na^+ 的重吸收,干扰肾的稀释与浓缩机制,产生强大的利尿作用。而中效能利尿药噻嗪类只作用于髓袢升支粗段皮质部,对髓质部无影响,故利尿作用弱于前者。

3)影响肾小管与集合管的分泌

近曲小管、远曲小管和集合管皆可分泌 H^+,进行 H^+—Na^+ 交换。远曲小管和集合管还可分泌 K^+ 进行 K^+—Na^+ 交换。前者需要在细胞内碳酸酐酶的催化下进行。

碳酸酐酶抑制药乙酰唑胺可使近曲小管 H^+ 的分泌减少,致使 H^+—Na^+ 交换不全产生较弱的利尿作用。

有机汞利尿药可抑制巯基酶的活性,如汞撒利。

醛固酮能调节远曲小管和集合管的 K^+—Na^+ 交换,产生排钾保钠的作用。凡能阻断醛固酮的调节功能或直接破坏 K^+—Na^+ 交换机制,就会产生排钠留钾的作用。低效能利尿药安体舒通及安苯喋啶具有此种作用,故称为留钾利尿药。

从尿量来看,除作用于近曲小管的利尿药外,利尿药效能的高低与它所作用的部位对 Na^+ 的重吸收能力成正相关。如速尿作用于髓袢升支粗段的髓质与皮质部,该处重吸收 Na^+ 的能力达原尿 Na^+ 量的 30% ~ 35%,故为高效。远曲小管重吸收 Na^+ 的能力在 5% ~ 10% 以下,所以作用于此部位的利尿药是低效的。而噻嗪类利尿药介乎于二者之间,故为中效。

利尿药的应用,常可造成低钠、低钾血症,故大量应用此类药物时应注意补钾。另外在利尿的同时必须注意病因治疗,否则不能收到满意的结果。

7.1.2 常见的利尿药

具有利尿作用的药物很多,如强心甙、嘌呤类药物及钾盐等均有一定的利尿作用。临床上常用的有以几种:

1)强效利尿药

呋塞米(速尿、利尿磺胺、腹安酸、呋喃苯氨酸)

呋塞米系磺胺类衍生物。为白色或类白色结晶性粉末,无臭、几乎无味,不溶于水,略溶于酒精。

【作用】 具有强大而迅速的利尿作用,口服后 20 ~ 30 min 显效,1 - 2 h 达高峰,持续 6 ~ 8 h。静注 5 min 内即可见效;1 h 达高峰,持续约 5 h。本品能抑制髓袢升支对 Cl^-

的主动重吸收,间接抑制对 Na^+ 的被动重吸收,使管腔内 Cl^-,Na^+,K^+ 浓度增加,从而排出大量等渗的尿液。此外,本品尚能降低肾血管阻力,增加肾皮质部血量,促进肾小球的滤过。因而有强大的利尿作用。

【应用】

①消除各种原因引起的水肿 包括心源性、肾性及肝性水肿、乳房水肿、喉部水肿。并可促进尿道上部结石的排出,特别适用于其他利尿药无效的水肿。

②防治肾功能不全 对于急性肾功能衰竭的少尿期,静注大量速尿,能降低肾血管阻力,增加肾血流量,改善肾脏缺血,并显示强大的利尿作用。

③急性肺水肿 静注速尿是治疗急性肺水肿的首选药。在显示利尿作用前可缓解肺水肿症状,这与本药能扩张静脉有关。

④其他 与甘露醇合用以降低颅内压或加速毒物排出。

【药物相互作用】

①与氨基糖苷类抗生素同时应用可增加后者的肾毒性、耳毒性。

②呋塞米可抑制筒箭毒碱的肌肉松弛作用,但能增强琥珀胆碱的作用。

③皮质激素类药物可降低其利尿效果,并增加电解质紊乱尤其是低血钾症发生机会,从而可能增加洋地黄的毒性。

④由于本品能与阿司匹林竞争肾的排泄部位,延长其作用,因此在同时使用阿司匹林时需调整用药剂量。

⑤与其他利尿药同时应用,可增强其利尿作用

【不良反应】 由于强大的利尿作用,可出现低血容量,低血钾、低血钠和低血氯,有时还可降低血钙的含量。大量静注可引起听力下降。为避免听力下降,忌与氨基糖甙类抗生素合用。为防止低血钾症,可采取间歇疗法,即用药 $1 \sim 2$ d,停药 $2 \sim 4$ d,并补充钾盐或与留钾利尿药氨苯喋啶合用。

【用法与用量】 呋塞米片:20,50 mg,内服,一次量,马、牛、羊、猪 2 mg/kg 体重;犬、猫 $2.5 \sim 5$ mg/kg 体重;2 次/d, 连服 $3 \sim 5$ d,停药 $2 \sim 4$ d 后可再用。

呋塞米注射液:2 mL∶20 mg;10 mL∶100 mg。肌注或静注,一次量,马、牛、羊、猪 $0.5 \sim 1$ mg/kg 体重;犬、猫 $1 \sim 5$ mg/kg 体重。每日或隔日 1 次。

利尿酸

利尿酸作用与速尿相似,但更易引起水电解质紊乱,耳毒和肾毒等不良反应,故较速尿为少用,对于磺胺过敏者,可选用本品。

2)中效利尿药

主要为噻嗪类利尿药,主要包括氢氯噻嗪、苄氧噻嗪、环戊氯噻嗪,以氢氯噻嗪为常用。

氢氯噻嗪(双氢克尿噻、双氢氯噻嗪)

氢氯噻嗪属噻嗪类化合物,其基本结构为骈噻嗪环和磺酰胺,代入不同基团后,可产生利尿作用与之相似的衍生物。主要区别是作用持续时间长短不同,如环戊氯噻嗪作用可持续 $24 \sim 30$ h,而双氢氯噻嗪则为 $12 \sim 18$ h。

【性状】 白色结晶性粉末,不溶于水,溶于碱性溶液、丙酮。应密封保存。

【作用】 噻嗪类主要作用在髓袢升支粗段的皮部,可抑制该部位肾小管对 Cl^-,Na^+ 的重吸收,产生利尿作用。排钠能力达原尿钠量的 10% ~ 15% 由于 Na^+ 的排出量增加,促进了远曲小管与集合管的 K^+—Na^+ 交换,使 K^+ 的排出量也随之增多。因此,长期或大量用药,易引起低血钾。可同时补给钾盐或与保钾利尿药合用。

噻嗪类对碳酸酐酶有轻微的抑制作用,使 H^+—Na^+ 交换减少,因此,尿中 HCO_3^- 排出略有增加,新合成的噻嗪类利尿药对该酶的抑制作用更差,而利尿作用却增强。

此外,噻嗪类还有轻度的降压作用。用药后由于钠水排出增加,造成细胞外液及血容量减少,心输出量降低,使血压下降。

【应用】 用于治疗各种原因引起的水肿,对心性水肿效果较好,是中、轻度心性水肿的首选药。可作为乳房浮肿和胸、腹部炎性肿胀及创伤性肿胀的辅助治疗药,也可用于某些急性中毒,加速毒物排出,如食盐中毒,溴化物中毒及巴比妥类中毒。

【药物相互作用】

①与皮质激素同时应用会增加低血钾症发生的机会。

②磺胺类药物可增强噻嗪类利尿药的作用。

【注意事项】 大量或长期用药,易引起低血钾,为防止低血钾性碱血症的产生,可配合使用氯化钾或保钾利尿药。噻嗪类利尿药不得与洋地黄合用,以防由于低血钾而增加洋地黄的毒性。

【用法与用量】 氢氯噻嗪片:25,250 mg,内服,一次量,牛、马 1 ~ 2 mg/kg 体重;猪、羊 2 ~ 3 mg/kg 体重;犬、猫 3 ~ 4 mg/kg 体重。

氢氯噻嗪注射液:1 mL:25 mg;5 mL:125 mg;10 mL:250 mg。肌注或静注,牛 100 ~ 250 mg;马 50 ~ 150 mg;猪、羊 50 ~ 75 mg;犬 10 ~ 25 mg。

3)弱效利尿药

此类药物的作用特点是抑制远端肾小管 K^+—Na^+ 交换,有排钠留钾的作用,故有重要的临床价值,但利尿作用较弱。

安体舒通(螺旋内酯)

安体舒通为淡黄色粉末,味稍苦,可溶于水和酒精中,其化学结构与醛固酮相似,是醛固酮的颉颃剂。

【作用】 本品的作用部位是在远曲小管和集合管靶细胞的胞浆醛固酮受体。能阻断醛固酮的促酶合成作用。醛固酮的生理作用是在远曲小管和集合管细胞间接促进 Na^+—K^+—ATP 酶的合成,通过此酶实现 Na^+—K^+ 交换,完成潴钠排钾的生理功能。安体舒通阻断了醛固酮的促酶合成作用。于是远曲小管和集合管 Na^+—K^+ 的交换受到抑制,呈现弱的排钠利尿和留钾作用,故称为保钾利尿药。在一般情况下,醛固酮的正常分泌量很少,故安体舒通的利尿作用较弱。但体内醛固酮升高时其利尿效果优于前两类利尿药。

【应用】 很少单独作利尿药,主要与强中效利尿药合用治疗严重水肿,以增强利尿作用。

【用法与用量】 螺内酯胶囊:20,100 mg,内服,各种家畜 0.5 ~ 1.5 mg/kg 体重,3次/d。

氨苯喋啶

【性状】　黄色结晶性粉末,无臭、无味,几乎不溶于水。

【作用与用途】　氨苯喋啶具有利尿而不失钾的特性。实验证明:氨苯喋啶能直接抑制 Na^+—K^+ 交换过程而与醛固酮无关,一般认为氨苯喋啶能直接抑制远曲小管 K^+ 的排泄和 Na^+ 重吸收。由于 Na^+ 的重吸收减少,排出增加,Cl^- 的排出也相应增加,同时带出水分,而 K^+ 的排出也不仅不增加,反而减少。氨苯喋啶的利尿作用较弱,为非首选利尿剂,常与双氢氯噻嗪等排钾利尿药合用或交替应用,不仅利尿排钠作用加强,而且减少后者排钾的不良反应。纠正失钾的副作用。适用于对双氢氯噻嗪或安体舒通无效的病例。

【用法与用量】　氨苯喋啶片:50 mg,内服一次量,每 1 kg 体重,马、牛、羊、猪0.5 ~ 3 mg。

7.2　脱水药

这类药物多是一类性质稳定的低分子物质,静注后可迅速提高血浆渗透压,从而引起组织脱水。药物从肾小球滤过后,很少被肾小管重吸收,使管腔内尿液的渗透压升高,使尿量增多,故称为渗透性利尿药。其特点是:内服不被胃肠吸收,在体内不被代谢或代谢缓慢;易被肾小管滤过,但不易被肾小管重吸收,多以原形经尿排出;没有明显的其他药理作用。同浓度的药物,分子量愈小,渗透压高,脱水能力愈强。根据这些特点,可大量给药,以提高血浆渗透压,使组织脱水,产生利尿作用。

脱水药主要用于消除脑水肿、肺水肿,降低眼内压及治疗急性肾功能不全等。

常用的脱水药有甘露醇、山梨醇,也可用有脱水作用的高渗葡萄糖注射液或尿素。但葡萄糖和尿素均能携带水分透过血屏障,进入脑脊液及脑组织中,使颅内压回升,出现"反跳"现象。

甘露醇

甘露醇为己六醇,分子量182。为白色结晶性粉末,无臭味甜,易溶于水,略溶于乙醇。等渗液为5.07%,临床多用其20%高渗液静滴。

【作用】

①脱水作用　以其高渗液静滴,通过提高血浆渗透压,使组织间液水分转入血浆,造成组织脱水。

②利尿作用　由于脱水作用致使循环血量增加,提高了肾小球滤过率。同时,甘露醇不易被重吸收,使尿量增加。此外,由于肾髓质的血流量显著增加,使髓质间液中钠和尿素易随血流移走,因此降低了髓质间液高渗区的渗透压,导致髓袢降支与集合管对水的重吸收减少,使尿量增加。

【应用】

①用于治疗脑瘤、颅脑外伤、脑部感染、脑组织缺氧、食盐中毒等引起的脑水肿,可降低颅内压,缓解神经症状,也可用于脊髓外伤性水肿及其他组织水肿。

②降低眼内压或消除肺水肿。

③预防急性肾功能衰竭。在溶血反应、严重创伤、出血、严重黄疸、毒物中毒时，可能出现急性肾功能衰竭。此时应用甘露醇，能维持足够的尿量，并能使肾小管内有害物质稀释，从而保护肾小管，免于坏死，可预防急性肾功能衰竭。另外还能减轻细胞肿胀，改善肾血流量，也有利于预防急性肾功能衰竭，并可用于休克抢救等。

【注意事项】

①本品静注后，可以增加血容量，升高血压，容易引起心力衰竭。所以，心功能不全或心性水肿的患畜不宜应用。

②不能与高渗盐水并用，因氯化钠可促使其迅速排泄。

③静注时宜缓慢，不能漏出血管外。

【用法与用量】 甘露醇注射液:100 mL: 20 g;250 mL: 50 g;500 mL: 100 g。应保存于20~30 ℃室温下，天冷时易析出结晶，但可用热水(80 ℃)加温振摇溶解后再用。静注，一次量，牛、马1 000~2 000 mL;猪、羊100~250 mL。2~3 次/d。

山梨醇

山梨醇为白色结晶性粉末，无臭，味略甜，易溶于水，分子量为182，等渗液为5.48%。常用25%高渗液静滴。山梨醇是甘露醇的同分异构体，其作用、用途和注意事项与甘露醇相似。

进入人体后，在肝脏有部分转化成为果糖而降低其高渗性，故作用较弱。但由于溶解度较大，可制成高浓度(25%)溶液，且价格便宜，不良反应较轻，临床上也常使用。

山梨醇注射液: 100 mL: 25 g; 250 mL: 62.5 g;500 mL: 125 g。用法及用量同甘露醇。

7.3　利尿药与脱水药的合理选用

中、轻度心性水肿除按常规用强心甙外，一般首选氢氯噻嗪。重度心性水肿除应用强心甙外，首选速尿。

心功能降低，肾循环障碍且肾小球滤过率低下时可用氨茶碱。

急性心功能衰竭时，一般首选大剂量速尿。急性肾炎所致的水肿，宜选用中草药及高渗葡萄糖，一般不用利尿药。对慢性肾炎所致的水肿，首选利尿中草药，也可选氢氯噻嗪并按常规补钾。

脑水肿时，首选甘露醇等脱水药次选速尿。

肺充血所致的肺水肿，可选用甘露醇。

食盐、巴比妥类、溴化物中毒时，一般配合输液，选用氢氯噻嗪或速尿。

7.4　性激素与促性腺激素

性激素是由动物性腺分泌的一些类固醇激素，包括雌激素、孕激素及雄激素。目前临床上应用的性激素制剂，多是人工合成品及其衍生物。

兽医临床及畜牧业生产应用此类药物的主要目的是:补充体内不足，防治产科疾病，诱导同期发情及提高畜禽繁殖性能等。

性激素的分泌，受下丘脑—腺垂体的调节。下丘脑分泌促性腺激素释放激素(Gn-

RH)。它可促进腺垂体分泌促卵泡素(FSH)和黄体生成素(LH),在 FSH,LH 的相互作用下,促进雌激素、孕激素及雄激素的分泌。当性激素增加到一定水平时又可通过负反馈作用,使释放激素和促性腺素的分泌减少。

性激素对腺垂体及下丘脑的分泌功能有反馈调节作用,包括正负反馈。这种作用取决于药物的剂量及性周期。

7.4.1 雌激素

雌激素又称动情激素,由卵巢的成熟卵泡上皮细胞所分泌。从卵巢卵泡液中提纯称为雌二醇。从孕畜尿中提出的为雌酮和雌三醇,均为雌二醇的代谢产物。以雌二醇为母体,人工合成了许多高效的雌激素,如炔雌醇、炔雌醚及戊酸雌二醇等。目前,常用人工合成的非甾体类有己烯雌酚和乙烷雌酚。这两种药虽为非甾体类药物,但其立体结构可视为断裂的甾体结构。

己烯雌酚(乙烯雌酚、乙底粉)

【性状】 人工合成的乙烯雌酚为无色或白色结晶性粉末,难溶于水易溶于醇及脂肪油。应密封避光保存。

【体内过程】 内服可由消化道吸收,易在肝内部分转化为雌酮及雌三醇。其活性大为减弱,最后与葡萄糖醛酸或硫酸结合经尿排出,也有一部分经胆汁排出。但牛、羊内服后有部分在瘤胃被破坏,所以吸收不完全,故常采用肌注给药。乙烯雌酚吸收后迅速由肾排出,在体内维持时间短。乙烯雌酚的油溶液或与脂肪酸化合成脂,肌注可延缓吸收,延长作用时间。故经常采用肌注给药。

【作用】

①对生殖器官的作用。促进生殖器发育,保持第二性征;使子宫内膜及肌肉增殖,为完成生殖机能提供必要的基础,能提高子宫肌对催产素的敏感性。加强输卵管和子宫肌的收缩。可使子宫口松弛,但对牛作用稍弱,因能引起子宫黏膜白细胞浸润,供血旺盛,腺体分泌增多故可提高对入侵微生物的抵抗力,同时还可增加阴道黏膜上皮细胞内的糖元。糖元分解时,可使阴道呈酸性反应,有利于乳酸菌生长繁殖,从而抑制其他微生物。对抗雄激素,抑制公畜促性腺素的分泌,使精子生成障碍,性兴奋降低。

②对母畜发情:对未成熟的母畜能促进其性器官的发育。对已成熟的母畜,除维持其性征外,还能兴奋性机能,引起发情。表现为子宫肌和子宫内膜增生,阴道上皮腺体血管增生,并分泌黏液等。注射雌激素后可引起母畜发情,牛最敏感。但剂量大由于反馈性抑制使促性腺激素分泌减少并抑制排卵。

③对乳腺的作用,可促进乳腺导管发育和泌乳,如与孕酮配合,效果更为显著。若给泌乳母畜大量注射,因能抑制催乳素的分泌,可导致泌乳停止。

④对代谢的影响:可增加肾小管对抗利尿激素的敏感性及促进肾小管对钠的重吸收,故有轻度的水、钠潴留作用;能加速骨骼钙盐的沉积和钙化;有蛋白同化作用,此作用对反刍动物更为明显,曾用于肥育牛、羊,因残留在牛羊肉中的雌激素对人有致癌作用,已禁用于催肥。

【应用】

①利用其收缩子宫的作用,可治疗动物子宫炎、子宫蓄脓、胎衣不下、死胎等或作冲洗子宫时的宫颈松弛药。

②作催情药,主要用于卵巢机能正常而发情不明显的家畜。

③用于治疗持久黄体。每天肌注 20 ~ 40 mg,连用 3 d。治疗慢性输卵管炎时,每隔 2 d 注射一次,共 2 ~ 3 次。

④母畜分娩时预先注射能增强催产素的效果。

【注意事项】

①家畜妊娠或肝、肾功能严重减退时忌用。

②用于催情时应尽量配合原有的发情周期。

【用法与用量】 乙烯雌酚片:0.25,0.5,1 mg,内服,一次量,马 10 ~ 20 mg;牛 15 ~ 205 mg;猪、羊 3 ~ 10 mg;犬 0.1 ~ 1 mg;猫 0.05 ~ 0.1 mg。

丙酸乙烯雌酚注射液:1 mL:1 mg;1 mL:3 mg;1 mL:5 mg。肌肉注射,一次量,马、牛 10 ~ 20 mg;猪 3 ~ 10 mg;羊 1 ~ 3 mg;犬 0.2 ~ 0.5 mg。

雌二醇(求偶二醇)

雌二醇为天然雌激素。为白色结晶性粉末,难溶于水,易溶于油。内服无效,必须肌注,临床用其灭菌油溶液。作用、应用、用量同乙烯雌酚,但作用较强。

7.4.2 孕激素

由黄体分泌,又名孕酮、黄体酮、黄体素、助孕酮。但由黄体分离出的天然孕酮含量很低,临床应用的孕酮为人工合成品及其衍生物。

【性状】 白色或类白色结晶性粉末,不溶于水,可溶于乙醇、乙醚或植物油,极易溶于三氯甲烷。应密封避光保存。

【体内过程】 黄体酮内服吸收后,在肝脏迅速被灭活。牛血浆半衰期为 22 ~ 36 min,所以口服疗效甚低,多用肌注给药。其代谢产物主要是雌二醇和妊娠烯酮醇,与葡萄糖醛酸结合后经肾排出。人工合成的甲地孕酮,炔诺酮等作用较强而持久,内服在肝脏破坏较慢。甲地孕酮的微晶混悬液肌注吸收缓慢可发挥长效作用。

【作用】

①对子宫的作用:在雌激素作用的基础上,黄体酮继续使子宫黏膜腺体生长与分枝,子宫内膜充血、增厚,由增长期转入分泌期,为受精卵着床及胚胎发育作好准备。并可抑制输卵管及子宫肌的收缩,降低子宫对催产素的敏感性,使子宫安静,所以有保胎作用。同时还可使子宫颈口闭合,分泌黏稠液体,阻止精子或病原体进入子宫。

②对卵巢的作用。孕激素可抑制发情及排卵。大剂量的黄体酮,可通过负反馈抑制腺垂体分泌 LH,也能反馈性地抑制下丘脑 GnRH 的释放。孕激素的这一作用与雌激素协同,用于母畜同期发情。如给母羊每日服用 58 mg 甲孕酮,连用 18 d,便可阻止发情排卵,停药后,10 d 内发情率达 100% 可达同期发情的目的,并不影响受精。

③对乳腺的作用:孕酮可促进乳腺腺泡发育,为泌乳作准备。

【应用】

①用于安胎,可用于预防或治疗因黄体分泌不足所引起的早期流产或习惯性流产。与维生素E同用效果更好。孕畜应用本品后,预产期可能推迟。

②用于治疗牛卵巢囊肿所引起的慕雄狂,可皮下埋植黄体酮以对抗发情。

用于母畜同期发情,以促进品种改良和便于人工受精,提高家畜繁殖率等。

【用法与用量】 黄体酮注射液:1 mL∶10 mg;1 mL∶50 mg。肌肉注射,一次量,马、牛50~100 mg;猪、羊15~25 mg;犬、猫2~5 mg;母鸡醒抱2~5 mg。休药期30 d。

7.4.3 雄激素与同化激素

雄激素主要由睾丸间质细胞合成和分泌,称之为睾丸素、睾酮或睾丸酮。此外,肾上腺皮质及卵巢和胎盘也分泌少量睾丸酮。天然雄激素中以睾丸酮的活性最强,不仅有雄激素的活性还有显著的蛋白质同化作用。现可人工合成睾酮及其衍生物,如临床应用的甲基睾丸酮、丙酸睾丸酮等。此外,还合成了一些睾丸酮的衍生物,但其雄激素活性大为减弱而同化作用明显增强。这些雄性激素称为同化激素,如苯丙酸诺龙、康力龙、去氢甲基睾丸素等。

丙酸睾丸酮

【性状】 白色结晶或类白色结晶性粉末,不溶于水,易溶于乙醇、乙醚,极易溶于三氯甲烷,在乙酸乙酯中溶解,在植物油中略溶。

【作用】 生殖系统:能促进雄性器管的发育和成熟,并维持其正常活动,激发和维持雄性的副性征促进性欲。精子形成需要在睾丸酮和促精子生成素的同时调节下才能完成。大剂量注射,可抑制垂体前叶分泌促性腺激素,对抗雌激素的作用。

【同化作用】 有明显的促进蛋白质合成的作用,并可使体内蛋白质分解减少,增加氮磷在体内潴留。促进肌肉发育和骨骼生长,体重增加。

其他:较大剂量可刺激骨骼造血机能,特别是红细胞生长加速。

【应用】 主要用于公畜睾丸发育不全和睾丸机能不足所致的性欲缺乏;去势牛、马役力早衰;骨折后愈合较慢;抑制母畜发情;再生障碍性或其他原因的贫血;母鸡抱窝时的醒巢等。本品只适用于肌注,效力持久。

【注意事项】 长期大量使用可引起雌性畜禽雄性化,损害肝脏发生黄疸;能引起水钠潴留可致水肿。

大剂量使用时,能抑制垂体促性腺激素的分泌而减少精子的合成,故应及时检查精液,一旦发现异常,立即停药。本品可自乳腺排出,泌乳母畜忌用。本品注射液如有结晶析出,可加温溶解后应用。

【用法与用量】 丙酸睾丸酮注射液:1 mL∶25 mg;1 mL∶50 mg。肌肉、皮下注射,一次量,家畜0.25~0.5 mg/kg体重;窝母鸡醒抱,肌注12.5 mg。

甲基睾丸酮

甲基睾丸酮的作用和应用与丙酸睾丸酮相同,只适用于猪和肉食动物内服使用,但内服吸收后仍有大部分为肝脏所破坏,故药效与作用时间均不如肌注丙酸睾丸酮。

苯丙酸诺龙（苯丙酸去甲睾酮）

【性状】　为人工合成的同化激素。白色或类白色结晶性粉末,几乎不溶于水,易溶于乙醇,略溶于植物油。

【作用与应用】　苯丙酸诺龙能促进蛋白质合成代谢,使肌肉发达,体重增加,促进生长,增加体内氮潴留。增加肾小管对 Na^+、Ca^{2+} 的重吸收,使体内的钙、钠增多。加速钙盐在骨中的沉积,促进骨骼的形成。还能直接刺激骨骼形成红细胞,促进肾脏分泌促细胞生成素,增加红细胞的生成。

临床主要用于热性病及各种消耗性疾病引起的体质衰弱,严重的营养不良、贫血和发育迟缓的辅助治疗;还可用于手术后、骨折及创伤,以促进创口愈合;在畜牧业生产中,用于促进畜禽生长,以提高乳、肉、蛋的产量。应当指出:本产品不是营养物质,用药时应加强营养和给予钙剂。

【用法与用量】　苯丙酸诺龙注射液:1 mL:10 mg;1 mL:25 mg。肌内或皮下注射,一次量,每 1 kg 体重,家畜 0.2~1.0 mg,每 2 周一次。休药期 28 d,弃奶期 7 d。

7.4.4　促性腺激素

促性腺激素分两类:一类是垂体前叶分泌的促卵泡素(FSH,又称精子生成素)和黄体生成素(LH,又名间质细胞刺激素)。这两种激素可用于促进母畜发情,排卵,提高同期发情率。FSH 对雄性可促使精子生成;LH 则促使分泌睾酮。另一类是非垂体促性腺激素,主要有绒毛膜促性腺激素及马促性腺激素等。促性腺激素主要用于同期发情、诱发排卵、提高受胎率以及治疗卵巢囊肿等疾病。

卵泡刺激素（促卵泡素、FSH）

本品从猪、羊垂体前叶中提取而得,属一种糖蛋白,为白色或黄白色的冻干块状物或粉末,易溶于水,应密封在冷暗处保存。

【作用与应用】　主要是能促进卵泡的生长和发育,与少量黄体生成素合用,可促使卵泡分泌雌激素,使母畜发情;与大剂量促黄体素使用能促进卵泡成熟和排卵。对公畜能促进精原细胞增生,在促黄体素的协同下,可促进精子的生成和成熟。主要用于卵巢发育不良,多卵泡症及持久黄体等疾病的治疗,还可用于提高同期发情效果以及提高公畜精子密度。

【用法与用量】　注射用垂体促卵泡素:100,150,200 IU。肌内注射,一次量,马、驴200~300 IU,每日或隔日一次,2~5 次为一疗程;乳牛 100~150 IU,隔 2 日一次,2~3 次为一疗程。临用前,以灭菌生理盐水 2~5 mL 稀释。用药前,必须检查卵巢变化,并依此修正剂量和用药次数。

黄体生成素（促黄体素、垂体促黄体素、LH）

本品从猪、羊垂体前叶中提取而得,属于一种糖蛋白。为白色或黄白色的冻干块状物或粉末,易溶于水。

【作用与应用】　本品在卵泡刺激素的作用基础上,可促进雌性成年动物卵泡成熟和排卵,形成黄体,分泌黄体酮,具有早期安胎作用,可作用于家畜间质细胞,促进睾丸酮的分泌,提高性欲,促进精子形成,增加精液量。

主要用于成熟卵泡排卵障碍,卵巢囊肿,早期习惯性流产,不孕及雌性动物性欲减退、精液量减少等。

【注意事项】 用于促进母马排卵时,先检查卵泡的大小,卵泡直径在 2.5 cm 以下时禁用;禁止与抗肾上腺素药,抗胆碱药、抗惊厥药、麻醉药和安定药等抑制 LH 释放和排卵的药物同用,反复或长期使用,可导致抗体产生,降低药效。

【用法与用量】 注射用垂体促黄体素:100,150,200 IU。肌内注射,一次量,马约 200 ~ 3 000 IU;牛 100 ~ 200 IU。临用前,用灭菌生理盐水 2 ~ 5 mL 稀释。治疗卵巢囊肿时,剂量应加倍。

绒毛膜促性腺激素(普罗兰、人绒膜激素、HCG)

【性状】 系由孕妇胎盘绒毛膜产生,从孕妇尿中提取。是一种分子量为 30 000 的糖蛋白,尿中的含量在孕后 60 d 左右达高峰,以后逐渐下降。此外,从刮宫废科中也可提得。为白色或灰白色粉末,易溶于水,溶液为无色或微黄色,应置避光容器内在阴凉处保存。有效期为一年。

【作用】 能使成熟的卵泡排卵。在母畜卵泡发育接近排卵时应用,大部分母畜在 24 ~ 48 h 内排卵。当排卵障碍时,可促进排卵受孕,提高受胎率,在卵泡未成熟时,则不能促进排卵。大剂量可延长黄体的存在时间,并能短时间刺激卵巢,使其分泌雌激素,引起发情。能促使公畜睾丸间质细胞分泌雄激素。

【应用】

①用于同期发情。促进排卵,提高受胎率,对排卵障碍母畜可促进排卵和受孕。

②治疗卵巢囊肿,给患卵巢囊肿的母牛静注 3 000 ~ 5 000 IU,治愈率达 63.3%。

③其他:也可用于治疗母畜不发情、机能性隐睾及幼畜发育不良。对性机能减退,习惯性流产也有辅助治疗效果;对分娩后不排乳的母畜可促进排乳;对公畜性欲不强,精液和精子量少等疾病也有一定疗效。

【注意事项】

①治疗习惯性流产应在怀孕后期每周注射 1 次。

②治疗性机能障碍、隐睾症应每周注射 2 次连用 4 ~ 6 周。

③提高母畜受胎率,应于配种当天注射。

④绒毛膜激素是一种异性蛋白,具有抗原性;若多次应用,可产生抗体,降低疗效。

【用法与用量】 注射用绒促性素:500,1 000,2 000,5 000 IU。肌内注射,一次量,马、牛 1 000 ~ 5 000 IU;猪 500 ~ 1 000 IU;羊 100 ~ 500 IU;犬 100 ~ 500 IU。一周 2 ~ 3 次。

马促性腺激素(孕马血促性素、孕马血清、PMSG)

本品是由孕马子宫内膜杯状细胞产生的一种糖蛋白,以 45 d 至 3 个月的孕马血清中含量最高,到 140 d 已极低,应用时如没有提纯的马促腺激素纯品也可用孕马血清或全血,包括促卵泡素和促黄激素两种成分,为白色或类白色的粉末,溶于水,水溶液不稳定。

【作用与应用】 具有卵泡刺激素和黄体生成素两种活性。能促进卵泡发育和成熟,引起发情,促进成熟卵泡排卵,引起超数排卵,对多胎动物可提高产仔率。对公畜可促进

雄性激素分泌,提高性欲。

主要用于不发情或发情不明显的母畜,促使发情、排卵、受孕。猪、羊使用本品,可增加产仔数。母猪断奶时皮下注射1 000 IU本品可缩短断奶到排卵的时间,增加产仔窝数和窝产仔数。对久不发情的母畜,可使其发情排卵受孕。对发情反常的多种卵巢疾病可使之出现正常发情排卵。

【注意事项】 配好的溶液应在数小时内用完,用于单胎动物时,同超数排卵,不要在本品诱发的发情期限配种,反复使用,可出现过敏反应,也可引起体内产生抗马促性腺激素的抗体,降低疗效,故不宜反复使用;直接用孕马血清时,供血马必须健康。

【用法与用量】 注射用血促性素:1 000,2 000 IU。皮下或肌内注射:一次量,催情,马、牛1 000～2 000 IU;猪200～800 IU;羊100～500 IU;犬25～200 IU;猫25～100 IU;兔、水貂30～50 IU。超排,母牛2 000～4 000 IU;母羊600～1 000 IU。临用前,用灭菌生理盐水2～5 mL稀释。

7.4.5 前列腺素

前列腺素(PG)为一类有生理活性的不饱和脂肪酸,广泛分布于机体各组织和体液中,本品从动物精液或猪、羊的羊水提取,现已能人工合成,并有多种类型的新衍生物。

前列腺的种类很多,其基本结构是一个环戊烷核心和两条脂肪酸侧链。根据五碳环构型的不同,可分为A,B,C,D,E,F,G,H,I 9种类型,但有实际意义的只有A,B,E,F 4型。字母的右下角以数字表示侧链上的双键数目,如E型带有一个双键表示为PGE,两个双键表示为PGE_2,依此类推。在PGF系列中还以希腊文α来表示羟基的构型,例如$PGF_1\alpha$、$PGF_2\alpha$等。PG具有广泛而复杂的生理功能和药理作用,但对各种平滑肌的作用是其主要作用。在兽医临床上主要利用其对生殖系统的作用。与生殖功能有关的是PGE_1,PGF_2,$PGF_1\alpha$,$PGF_2\alpha$以及氯前列醇、氟前列醇等。

地诺前列素(前列腺素$F_2\alpha$、$PGF_2\alpha$)

地诺前列素目前多为人工合成,为无色结晶,溶于水、乙醇。

【作用】 本品对生殖、循环、呼吸具有广泛作用。其中对生殖系统的作用表现为:能兴奋子宫平滑肌,特别是妊娠子宫;使黄体退化或溶解,促进发情,缩短排卵期,使母畜在预定时间发情、排卵;促进输卵管收缩,影响精子运行至受精部位及胚胎附植;作用丘脑—垂体前叶,促进黄体生成素(LH)的释放;影响精子的发生和移行。

【应用】

①用于催产或引产,猪、羊用$PGF_2\alpha$ 2～5 mg或PGE 2～4 mg。马引产可用$PGF_2\alpha$,每隔12 h于子宫内注入2～5 mg。

②因$PGF_2\alpha$及15-甲基$PGF_2\alpha$对多种动物黄体有较强的溶解作用,可用于治疗持久黄体不孕症。母牛子宫内注射或肌肉注射,一般可获得满意效果。用量:$PGF_2\alpha$或15-甲基$PGF_2\alpha$ 2～4 mg。

③促进发情和排卵,可用于母畜控制同期发情。用量:牛、马2～4 mg。用于母猪催情时,子宫内注射,每次1～2 mg,间隔6～13 d再注射1次。一般注射1～3 d,发情。

氯前列醇

本品为人工合成的$PGF_2\alpha$同系物。为淡黄色油状黏稠液体。常用其钠盐,溶于水和醇。

【作用与用途】 本品有强烈溶解黄体及收缩子宫的作用,对怀孕 10～150 d 的母牛给药后 2～3 d 流产,而非妊娠牛于用药后 2～5 d 发情。临床用于肉牛或乳牛的催产、引产及同期发情、子宫蓄脓等。此外,还可用来诱导母猪分娩。

【注意事项】 急性或亚急性心血管系统、消化系统、呼吸系统疾病的患畜禁用;宰前1d,无需休药期;育龄妇女和气喘病人在接触本品时应小心。

【用法与用量】 氯前列醇注射液:2 mL:0.322 g。牛肌内注射 2～4 mL,宫内注射 1～2 mL;猪肌内注射 1 mL。休药期,牛、猪 1 d。

7.5　子宫收缩药

子宫收缩药亦称子宫兴奋药,能选择性地兴奋子宫平滑肌,引起子宫收缩。常用的药物主要有缩宫素、麦角制剂、前列腺素和益母草等。拟胆碱药氨甲酰胆碱、新斯的明等对子宫平滑肌也有收缩作用,偶尔也用于排除胎衣、死胎和猪的催产,但因对机体作用广泛,故不列入子宫收缩药。

缩宫素(催产素)

【性状与来源】 白色结晶性粉末,能溶于水,水溶液呈酸性,是垂体后叶素的主要成分。垂体后叶素的另一种成分是抗利尿素。目前产科上多用人工合成的催产素。

【体内过程】 内服易被消化液破坏,故口服无效。肌注吸收良好,经 3～5 min 产生作用,但持续时间短仅 20～30 min。大部分在肝、肾破坏,少量经尿排出。

【作用】

①对子宫:缩宫素能直接兴奋子宫平滑肌,加强收缩。其作用强度取决于给药剂量和子宫的生理状态。对于非妊娠子宫,小剂量能加强子宫的节律性收缩;大剂量可引起子宫的强直性收缩。对妊娠子宫,在妊娠早期不敏感,妊娠后期,敏感性逐渐加强,临产时作用最强,产后对子宫的作用又逐渐降低。对子宫的作用特点是:对子宫体的收缩作用强。而对子宫颈的收缩作用小,有利于胎儿娩出。

②缩宫素能加强乳腺泡周围的肌上皮细胞收缩,促进排乳,同时促使乳腺大导管平滑肌松弛、扩张,有利于乳汁蓄积。

【应用】

①催产:对胎位正常、产道正常、子宫颈已开放,仅子宫收缩无力引起的难产,可用小剂量肌注催产。应用时应严格掌握剂量,以免引起子宫强直性收缩:造成胎儿窒息或子宫破裂。应用前注意对临产母畜的检查。

②产后子宫出血:用大剂量肌注使子宫强直收缩,可迅速止血。

③加速胎衣或死胎排出:促进子宫复原:用小剂量肌注可促进胎衣或死胎的排出;子宫脱下时,用本品分点注射于子宫,可促进复原。

④催乳:用于新分娩母畜的缺乳症。

【注意事项】

①用于催产时、胎位不正、产道狭窄、宫颈口未开放时禁用。

②严格掌握剂量,以免引起子宫强直收缩,造成胎儿窒息或子宫破裂。

【用法与用量】 垂体后叶注射液:1 mL∶10 IU;5 mL∶50IU。皮下或肌肉注射,一次量,牛、马 30 ~ 100 IU;羊、猪 10 ~ 50 IU;犬 2 ~ 10 IU;猫 2 ~ 5 IU。

缩宫素注射液:1 mL∶10 IU;5 mL∶50 IU。皮下或肌肉注射,一次量,牛、马 30 ~ 100 IU;羊、猪 10 ~ 50 IU;犬 2 ~ 10 IU。

麦角及其制剂

【来源与性状】 麦角是寄生于黑麦或其他禾本植物上的一种麦角菌的干燥菌核。现用人工培养法生产,麦角新碱已能人工合成。

麦角的有效成分是多种麦角生物碱,主要有麦角新碱、麦角胺和麦角毒。3 种成分的理化性质和作用有所不同,麦角新碱易溶于水,口服易吸收,作用迅速,对子宫作用显著。后两种成分难溶于水,吸收缓慢。对血管的作用显著,临床少用。临床常用的麦角制剂是麦角新碱。常用其马来酸盐,其马来酸盐为白色或类白色结晶性粉末,无臭,微有引湿性,略溶于水,微溶于乙醇。遇光易变质,须避光保存。

【作用】 兴奋子宫,麦角新碱对子宫平滑肌的选择性兴奋作用强而迅速,静注可立即生效。妊娠子宫比未孕子宫敏感,临产时及新产后最敏感。与缩宫素比较,麦角新碱对子宫的作用特点是:子宫兴奋作用强大而持久,一次用药可持续 3 ~ 6 h;剂量稍大易引起子宫平滑肌强直性收缩;对子宫体和子宫颈的兴奋作用无明显差别。因此,只适用于产后止血和促子宫复旧,禁用于产前催产或引产。

【应用】 主要用于产后子宫出血,子宫复原不全及胎衣不下的治疗。

【注意事项】 治疗产后子宫出血时,胎衣未排出前禁用。

【用法与用量】 马来酸麦角新碱注射液:1 mL∶0.5 mg;1 mL∶2 mg;肌注或静注,一次量,马、牛 5 ~ 15 mg;猪、羊 0.5 ~ 1.0 mg;犬 0.1 ~ 0.5 mg。

益母草流浸膏

益母草流浸膏为扇形科植物益母草的制剂,有效成分为益母草碱。

【作用与应用】 益母草碱能增强子宫的收缩力,增加收缩频率,并提高其张力,作用较麦角弱,副作用较少,临床上常用益母草流浸膏代替麦角流浸膏,副作用小。主要用于产后子宫出血,产后子宫复旧不全和胎衣不下。

子宫兴奋药的合理选用:

引产:猪、羊、马可选用 $PGF_2\alpha$。

难产:一般只选用缩宫素。

产后出血:应首选麦角新碱,次选缩宫素。

产后子宫复旧不全:应首选益母草流浸膏。

死胎:选用缩宫素为宜,也可应用小剂量的麦角新碱,新斯的明。

胎衣不下:可选用大剂量的缩宫素或小剂量的麦角新碱或拟胆碱药,大家畜需手术剥离。

子宫内膜炎:冲洗子宫及宫内投入抗菌消炎药后,配合使用麦角新碱或拟胆碱药或乙烯雌酚,能促进炎性产物的排出。

复习思考题

1. 利尿药与脱水药有何区别？
2. 比较垂体后叶素与麦角新碱的作用特点及应用时的注意事项。
3. 孕激素有何作用？在兽医临床和畜牧生产上有何用途？
4. 对家畜繁殖有影响的生殖激素有哪些？它们有什么用途？
5. 试述孕马血促性素的作用及其临床应用。

第8章
调节新陈代谢的药物

本章导读：调节新陈代谢的药物包括水、电解质及酸碱平衡调节药，维生素，钙、磷及微量元素。水、电解质及酸碱平衡调节药主要用于补充体液、电解质及纠正酸碱平衡紊乱；维生素、钙、磷及微量元素用于维生素，钙、磷及微量元素缺乏症，还可作为饲料添加剂用于促进畜禽生长；肾上腺皮质激素除了调节水盐代谢，对糖、蛋白质、脂肪代谢都有不同程度的影响。临床上主要用于抗炎、抗过敏、抗休克等，以及一些严重的感染性疾病。

8.1 水、电解质及酸碱平衡调节药

动物体重的 2/3 由水组成，这些水分和溶于水中的物质(电解质及非电解质)称为体液。体液量因畜种、年龄、性别、体重不同而不同。体液总量中，细胞内液占 2/3，细胞外液占 1/3(由血浆和组织液组成)。细胞内、外液的化学成分明显不同，细胞外液的阳离子主要是 Na^+，阴离子主要为 HCO_3^-，Cl^-，而细胞内液阳离子主要是 K^+，阴离子主要是为 PO_3^{3-}。

细胞正常代谢需要相对稳定的内环境，这主要是指体液容量和分布、各种电解质的浓度及彼此间比例和体液酸碱度的相对稳定性，此即体液平衡。在许多疾病发生发展过程中都不同程度地影响水、电解质代谢，导致平衡紊乱，其中较常见的是脱水、水肿和钠、钾代谢紊乱，此时，必须适时补液，使水、电解质及酸碱平衡恢复正常。

补液时，应遵循"缺什么、补什么，缺多少、补多少"的原则进行，补液方法包括口服、静脉注射、腹腔注射，临床应根据实际情况而灵活运用。

氯化钠

【性状】 本品为无色、透明的立方形结晶或白色结晶性粉末，无臭、味咸，在水中易溶，在乙醇中几乎不溶。

【作用】

①调节细胞外液渗透压和容量：细胞外液中，Na^+ 占阳离子含量的 90% 左右，而细胞外液阴离子总量随阳离子总量而升降，细胞外液 90% 的晶体渗透压主要由氯化钠维持，具有调节细胞内外水分平衡的作用。0.9% 的氯化钠溶液与哺乳动物体液渗透压相等，

160

故名生理盐水。

②参与酸碱平衡调节:钠还以碳酸氢钠形式构成血浆中缓冲系统,调节体液的酸碱平衡。

③维持细胞、神经肌肉兴奋性:缺乏时,动物全身虚弱,表情淡漠,肌肉痉挛,循环障碍,重则昏迷直至死亡。

【应用】 用于调节水、电解质平衡,脱水的治疗,在大量出血而无法输血时,可输入本品维持血容量。

【注意事项】

①脑、肾、心脏功能不全及血浆蛋白过低患畜慎用,肺水肿病畜禁用。

②生理盐水所含氯离子比血浆氯离子浓度高,易发生酸中毒,如大量应用,可发生高氯性酸中毒。此时可改用碳酸氢钠—生理盐水或乳酸钠—生理盐水。

【用法与用量】 氯化钠注射液:10 mL:0.09 g;250 mL:2.25 g;500 mL:4.5 g;1 000 mL:9 g。静脉注射,一次量,马、牛1 000～3 000 mL;羊、猪250～500 mL;犬100～500 mL。

复方氯化钠注射液:500 mL:含氯化钠4.25 g、氯化钾0.15 g、氯化钙0.165 g;1 000 mL:含氯化钠8.5 g、氯化钾0.3 g、氯化钙0.33 g。静脉注射,一次量,马、牛1 000～3 000 mL;羊、猪250～500 mL;犬100～500 mL。

葡萄糖

【性状】 本品为无色结晶或白色结晶性或颗粒性粉末,无臭、味甜,在水中易溶,在乙醇中微溶。

【作用】 葡萄糖是机体能量主要来源,在体内经生物氧化生成水与二氧化碳同时产生能量供机体利用,或以糖原形式储存,对肝脏具有保护作用。5%等渗葡萄糖注射液有补充体液作用,高渗葡萄糖还可以提高血液渗透压,使组织脱水,并具短暂渗透利尿作用。

【应用】

①机体大量失水时,会出现呕吐、腹泻、失血、大出汗等,此时可静滴5%～10%葡萄糖注射液,同时静滴适量生理盐水,以补充体液及钠的损失。

②供给能量:用于食欲减退或废绝的重病患畜,可补充机体能量。

③脱水:25%～50%高渗葡萄糖,输入机体后能提高血浆渗透压,使组织脱水,消除水肿,但作用时间短、强度弱,并可引起颅内压回升。

④强心利尿:葡萄糖可供给心肌能量,改善心肌营养,增强心脏功能。静注高渗葡萄糖可增加体液容量,并产生渗透利尿作用。

⑤解毒:葡萄糖进入体内合成肝糖元,可增强肝脏解毒功能,可用于牛酮血症、农药、药物、细菌毒素等中毒病的辅助治疗。

【用法与用量】 葡萄糖注射液:20 mL:5 g;20 mL:10 g;250 mL:12.5 g;250 mL:25 g;500 mL:25 g;500 mL:50 g;1 000 mL:50 g;1 000 mL:100 g。静脉注射,一次量,马、牛50～250 g;羊、猪10～50 g;犬5～25 g。

葡萄糖氯化钠注射液:500 mL:含葡萄糖250 g与氯化钠4.5 g;1 000 mL:含葡萄糖500 g与氯化钠9 g。静脉注射,一次量,马、牛1 000～3 000 mL;羊、猪250～500 mL;犬100～500 mL。

氯化钾

【性状】 本品为无色长棱形,立方形结晶或白色结晶性粉末,无臭、味咸涩,在水中易溶,乙醇或乙醚中不溶。

【作用】 钾为细胞内液主要阳离子,是维持细胞内液渗透压重要成分。钾通过与细胞外的氯离子交换参与酸碱平衡的调节。钾离子也是维持神经肌肉兴奋性所必需物质。缺钾可导致神经肌肉间传导障碍,心肌自律性增高。

【应用】 主用于钾摄入不足或排钾过量所致的低血钾症,还用于强心苷中毒引起的阵发性心动过速。

【药物相互作用】

①糖皮质激素可促进尿钾排泄,与钾盐合用时会降低疗效。

②抗胆碱药能增强内服氯化钾的胃肠刺激作用。

【注意事项】

①静滴过量可出现疲乏、肌张力减低、反射消失、周围循环衰竭、心率减慢甚至心脏停搏。

②肾功能障碍、尿少、尿闭、脱水、循环衰竭、血钾过高时忌用。

③脱水病例一般先给不含钾液体,待排尿后再补钾。

④静滴时,速度宜慢,浓度宜低(一般不超过0.3%),否则会引起局部疼痛,且可致心脏骤停。

⑤内服对胃肠道有较强刺激性,宜稀释后于饲后灌服。

【用法与用量】 氯化钾注射液:10 mL:1 g。静脉注射,一次量,马、牛2~5 g;羊、猪0.5~1 g。临用前必须以5%葡萄糖注射液稀释成0.3%以下的溶液。

碳酸氢钠

【性状】 本品为白色结晶性粉末,无臭、味咸。在潮湿空气中缓慢分解,水溶液放置稍久,或振摇,或加热,碱性即增强。在水中溶解,在乙醇中不溶。

【作用】 内服本品可迅速中和胃酸,减轻疼痛,但作用持续时间短。内服或静脉注射碳酸氢钠能增加机体碱储备,纠正代谢性酸中毒,碱化尿液。

【应用】

①用于严重酸中毒,内服可治疗胃肠卡他。

②碱化尿液,防止磺胺类药物对肾脏的损害,提高庆大霉素对泌尿道感染的疗效。

【药物相互作用】

①与糖皮质激素合用,易发生高钠血症和水肿。

②与排钾利尿药合用,可增加发生低氯性碱中毒的危险。

③本品可使尿液碱化,可使弱有机碱药物排泄减慢,而使弱有机酸药物排泄加速。

④可减少内服铁剂的吸收,两药服用时间应尽量分开。

【注意事项】

①碳酸氢钠注射液不得与酸性药物、复方氯化钠、硫酸镁、氯丙嗪注射液等混合应用。

②静注时勿漏出血管外,以免对组织造成刺激。

③应控制好用量,量大导致碱中毒。

④心、肾功能不全及水肿、缺钾等病畜慎用。

【用法与用量】 碳酸氢钠片:0.3,0.5 g。内服,一次量,马15～60 g;牛30～100 g;羊5～10 g;猪2～5 g;犬0.5～2 g。

碳酸氢钠注射液:10 mL:0.5 g;250 mL:12.5 g;500 mL:25 g。静脉注射,一次量,马、牛15～30 g;羊、猪2～6 g;犬0.5～1.5 g。临用时以5%～10%葡萄糖注射液稀释成1.5%的等渗溶液使用。

乳酸钠

【性状】 本品为无色或几乎无色的澄明黏稠液体,能与水、乙醇或甘油任意混合。

【作用】 进入体内的乳酸钠,部分在肝脏内代谢,转化为碳酸氢根离子,然后再与钠离子结合成碳酸氢钠,可纠正酸中毒。但作用不如碳酸氢钠迅速和稳定。

【应用】 主要用于代谢性酸中毒,特别是高血钾症等引起的心律失常,伴有酸血症患畜。

【注意事项】

①伴肝功能障碍、休克、缺氧、心功能不全的酸中毒,应用碳酸氢钠而不应用本品,否则引起代谢性碱中毒。

②不宜用生理盐水或其他含氯化钠的溶液稀释本品,以免成为高渗液,可用5%～10%葡萄糖注射液稀释本品。

③过量易致碱中毒。

【用法与用量】 乳酸钠注射液:20 mL:2.24 g;50 mL:5.60 g;100 mL:11.20 g。静脉注射,一次量,马、牛200～400 mL;羊、猪40～60 mL。临用时稀释5倍。

8.2 维生素

维生素是动物维持正常代谢和生理机能所必需的一类低分子有机化合物。动物对维生素需要量甚微,每日仅以毫克或微克计算。虽然维生素即非组织构成部分,也非机体能量来源,但在动物体内作用极大,控制机体新陈代谢。多数维生素是动物酶系统的辅酶成分,一旦缺乏,会影响辅酶合成,导致代谢紊乱,动物出现各种病症,严重时甚至引起动物死亡。

维生素主要从饲料中获得,有些维生素能在体内合成。在粗放饲养条件下,因饲喂大量青绿饲料,一般都不会引起维生素缺乏。随着畜禽生产水平的大幅度提高,饲养方式的工厂化、集约化,动物对维生素的需要量增加。另外,由于动物远离自然条件,仅仅依靠饲料中的天然来源远远不能满足机体需要,必须补充维生素。随着制药业和养殖业的快速发展,饲用维生素得到了广泛的应用。研究表明,除了传统的营养作用以外,在动物饲料中添加某些高剂量的维生素有增进动物免疫应答能力,提高抗毒、抗肿瘤、抗应激能力以及提高畜产品质量等作用。但过量的维生素对机体不仅无益,还有可能造成不同程度的危害及不必要的浪费。因此在生产实践中必须合理使用维生素。

8.2.1 脂溶性维生素

脂溶性维生素包括维生素 A,D,E,K 4 种,本类维生素易溶于大多数有机溶剂而不溶于水。

维生素 A

维生素 A 在动物肝脏内含量高,鱼肝油富含维生素 A。植物中的胡萝卜、黄玉米、南瓜及幼嫩、多叶青绿饲料中,含 β-类胡萝卜素,动物采食后可转变成维生素 A 被吸收。

【性状】 本品为淡黄色油溶液,或结晶与油的混合物。空气中易氧化,遇光易变质。与氯仿、乙醚能任意混合,在乙醇中微溶,在水中不溶。

【作用】

①维生素 A 具有维持正常视觉的功能,是合成视紫红质的原料,动物缺乏就不能合成足够的视紫红质,导致夜盲症。

②维生素 A 具有保护上皮组织(皮肤和黏膜)的健全与完整,促进皮肤、黏膜的发育、再生,促进黏多糖合成的功能。缺乏时,引起上皮组织干燥、增生与角化,导致干眼病,呼吸道黏膜抵抗力降低,母畜流产或死胎,公畜精子形成障碍。

③促进幼畜生长、发育,骨、齿的成长,缺乏时,幼畜生长不良。

④促进类固醇的合成,缺乏时,胆固醇和糖皮质激素的合成减少。

【应用】

①主用于防治干眼病、夜盲症、角膜软化症、皮肤粗糙等维生素 A 缺乏症。

②用于增强机体对感染的抵抗力,同时也可用于体质虚弱的畜禽、妊娠和泌乳母猪。

③局部应用能促进创伤、溃疡愈合,可局部用于烧伤、皮肤黏膜炎症的治疗,有促进愈合的作用。

【药物相互作用】

①氢氧化铝可使小肠上段胆酸减少,影响维生素 A 吸收。矿物油、新霉素能干扰维生素 A 吸收。

②与维生素 E 合用时,可促进维生素 A 吸收,但服用大量维生素 E 时可耗尽维生素 A 在体内的储存。

③大剂量的维生素 A 可以对抗糖皮质激素的抗炎作用。

【注意事项】 维生素 A 摄入过量可引起中毒,鸡表现精神沉郁,采食量下降,以至完全拒食。猪被毛粗糙,对触觉特别敏感,易骨折,腹部和腿部淤点性出血,粪尿带血,不时发抖,最终死亡。兔能引起流产。母畜于妊娠早期应用维生素 A 过量可引起胚胎死亡,后期则导致胎儿畸形。猫表现以局部或全身性骨质疏松为主症的骨质疾患。中毒时,一般停药 1~2 周,中毒症状可逐渐缓解和消失。

【用法与用量】 维生素 AD 油,1 g:含维生素 A 5 000 IU、维生素 D 500 IU。内服,一次量,马、牛 20~60 mL;羊、猪 10~15 mL;犬 5~10 mL;禽 1~2 mL。

鱼肝油,1 mL:含维生素 A 1 500 IU、维生素 D 150 IU。内服,一次量,马、牛 20~60 mL;羊、猪 10~30 mL;犬 5~10 mL;鸡 1~2 mL。也常以鱼肝油或其 10% 软膏局部用于创伤、烧伤、脓疡等以促进愈合。

浓鱼肝油,1 g:含维生素 A 5 万~6.5 万 IU、维生素 D 1 万~1.3 万 IU。内服,一次量,每 100 kg 体重,家畜 0.4~0.6 mL。

维生素 AD 注射液,0.5 mL:维生素 A 2.5 万 IU、维生素 D 0.25 万 IU ,5 mL:维生素 A 25 万 IU、维生素 D 2.5 万 IU。肌内注射,一次量,马、牛 5~10 mL;驹、犊、羊、猪 2~4 mL;仔猪、羔羊 0.5~1 mL。60 天内即将屠宰的食品动物禁用。

维生素 D

维生素 D 主要有 D_2 和 D_3 两种。

【性状】 维生素 D_2 和 D_3 均为无色针状结晶或白色结晶性粉末,无臭、无味,遇光或空气均易变质。维生素 D 在乙醇、丙醇、三氯甲烷或乙醚中易溶或极易溶解,在植物油中略溶,在水中不溶。

【作用】 维生素 D 的生理功能是维持机体内钙、磷的正常代谢。特别是促进小肠对钙、磷的吸收;调节肾脏对钙、磷的排泄;控制骨骼中钙与磷的储存和血液中钙、磷的浓度等,从而促进骨骼的正常钙化。

当体内维生素 D 缺乏时,肠道对钙、磷的吸收减少,血钙、磷的浓度下降,因此钙、磷不能在骨组织上沉积,甚至骨盐可再溶解,成骨作用发生障碍,软骨不能骨化,使幼年动物发生佝偻病;成年动物特别是怀孕或泌乳母畜,不仅成骨作用受阻、而且还动员骨钙转入血液,引起骨软症;成年动物还易发生骨质疏松症,易骨折,关节变形;母鸡的产蛋率降低,而且蛋壳易碎;乳牛的产乳量大减。

【用途】

①用于防治维生素 D 缺乏所致的疾病,如佝偻病、骨软症等。犊、猪、犬和禽较易发生佝偻病,骨软症在马、牛较多发生。此时,连续数周给予大剂量的维生素 D 制剂,通常为日需量(500~1 000 IU/100 kg 体重)的 10~15 倍。维生素 D_2 和维生素 D_3 抗佝偻病的效能,依动物种类而异,对多数哺乳动物,如犊、猪、犬和大鼠,两者效能大致相等,但对禽类而言,维生素 D_3 的效能要比维生素 D_2 大 50~100 倍。因此,在防治禽类维生素 D 缺乏时,宜选择维生素 D_3。

②维生素 D 也可用于骨折患畜,以促进骨的愈合。

③妊娠和泌乳母畜,还有幼畜对钙、磷的需要量大,需要补充维生素 D,以促进饲料中钙、磷的吸收。

【药物相互作用】

①长期大量服用液状石蜡、新霉素可减少维生素 D 的吸收。

②苯巴比妥等肝药酶诱导剂能加速维生素 D 的代谢。

③与噻嗪类利尿剂同时使用,可致高钙血症。

【注意事项】

①长期应用大剂量的维生素 D,可使骨脱钙变脆,并易于变形和发生骨折,同时导致血液中钙和磷酸盐的含量过高。因维生素 D 代谢缓慢,中毒常呈慢性过程,表现食欲不振和腹泻,猪还出现肌震颤和运动失调。常因肾小管过度钙化产生尿毒症而导致动物死亡。

②应用维生素 D 同时应给动物补充钙剂。

【用法与用量】 维生素 AD 油、鱼肝油、浓鱼肝油和维生素 AD 注射液可参见维生素 A。

维生素 D_2 胶性钙注射液,以维生素 D_2 计:1 mL:5 000 IU;20 mL:10 万 IU。肌内、皮下注射,一次量,马、牛 5~20 mL;羊、猪 2~4 mL;犬 0.5~1 mL。

维生素 D_3 注射液:0.5 mL:3.75 mg(15 万 IU);1 mL:7.5 mg(30 万 IU);1 mL:15 mg(60 万 IU)。肌内注射,一次量,每 1 kg 体重,家畜 1 500~3 000 IU。

【休药期】 维生素 D_3 注射液,28 d,弃奶期 7 d。

维生素 E

【性状】 本品为微黄色或黄色透明的黏稠液体,几乎无臭,遇光色渐变深。本品在无水乙醇、丙酮、乙醚或石油醚中易溶,在水中不溶。本品不易被酸、碱或热所破坏,遇氧迅速被氧化。

【作用】 维生素 E 的主要作用是调节机体的氧化过程。此作用与维生素 E 在体内对维生素 A、C 和不饱和脂肪酸等的保护性抗氧化作用有关。这种功能保护构成生物膜的类脂质的不饱和脂肪酸免受氧化,以及维持细胞膜的完整性上起着重要作用。不饱和脂肪酸的过氧化物能损害细胞的类脂质,引起细胞破裂,同时还能使细胞内溶酶体破裂,释放出水解酶等,进一步损害细胞和组织。

维生素 E 与动物的繁殖机能密切相关,具有促进性腺发育,促进受孕和防止流产等作用。

最近的研究表明,维生素 E 对垂体—中脑系统具有调节作用,促进产生激素刺激甲状腺素和肾上腺素的分泌;高剂量维生素 E 能促进免疫球蛋白的生成,提高对疾病的抵抗力,增强抗应激作用等。

动物缺乏维生素 E,会使多种机能发生障碍,主要表现为:

①繁殖机能紊乱,精子数量减少,睾丸退化,不孕,流产,甚至丧失生殖能力。种蛋孵化率低,死胚增多。

②犊牛、羔羊、猪、兔、禽引起肌肉萎缩及营养不良症或白肌病,血管平滑肌和心肌受损,引起心力衰竭。缺硒能促使症状加重。

③血管和神经受损,雏鸡可发生脑软化和患渗出性素质病。

④肝脏机能障碍,维生素 E 与硒同时缺乏时,则引起动物急性肝坏死,如果只缺乏其中之一,则为较轻的慢性病变。

⑤脂肪组织软化,酸败,出现黄膘猪。

维生素 E 在饲料中分布广泛,青饲料和谷类胚芽中富含维生素 E,但在自然干燥和储存过程中损失很大(约 90%),人工快速干燥或青贮损失较少,主要的蛋白质饲料一般均缺乏维生素 E。

【用途】

①主要用于防治畜禽的各种因维生素 E 缺乏所致的不孕症、白肌病和雏鸡渗出性素质等。

②用于防治因缺乏维生素 E 导致的犊、羔、驹和猪的营养性肌肉萎缩,猪肝脏坏死和黄疸病,雏鸡的脑质软化。

③维生素 E 也常与维生素 A、D 和维生素 B 配合,用于畜禽的生长不良、营养不足等

综合性缺乏症。

【药物相互作用】

①维生素 E 和硒对动物具有协同作用。

②大剂量维生素 E 可延迟缺铁性贫血患畜铁的治疗效应。

③与维生素 A 同服时,可防止维生素 A 氧化,增强维生素 A 的作用。

④液状石蜡、新霉素能减少本品的吸收。

【注意事项】

①动物对维生素 E 的需要量取决于日粮成分,尤其是日粮中硒和不饱和脂肪酸水平以及其他抗氧化剂的存在与否。饲料中不饱和脂肪酸含量愈高,动物对维生素 E 的需要量愈大。

②饲料中的矿物质、糖的含量变化,其他维生素(如胆碱)的缺乏等,均可加重维生素 E 缺乏症。

【用法与用量】 维生素 E 片:50,100 mg。维生素 E 胶丸:5,50,100 mg。内服,一次量,驹、犊 0.5~1.5 g;羔羊、仔猪 0.1~1.5 g;犬 0.03~0.1 g;禽 5~10 mg。

维生素 E 注射液:1 mL:50 mg;10 mL:500 mg。皮下、肌内注射,一次量,驹、犊 0.5~1.5 g;羔羊、仔猪 0.1~0.5 g;犬 0.01~0.1 g。

亚硒酸钠维生素 E 注射液:(含 0.1% 亚硒酸钠、5% 维生素 E):1,5,10 mL。肌内注射,一次量,驹、犊 5~8 mL;羔羊、仔猪 1~2 mL。休药期,猪、牛、羊 28 d。

亚硒酸钠维生素 E 预混剂:含 0.04% 亚硒酸钠、0.5% 维生素 E。混饲,每 1 000 kg 饲料,畜禽 500~1 000 g。休药期,猪、牛、羊 28 d。

8.2.2　水溶性维生素

维生素 B_1

【性状】 本品为白色结晶或结晶性粉末,有微弱的特臭、味苦。干燥品在空气中迅速吸收约 4% 的水分。本品在水中易溶,在乙醇中微溶,在乙醚中不溶。人工合成的常为其盐酸盐,在酸性溶液中稳定,但在中性或碱性溶液中容易被氧化。

【作用】 在畜禽体内,维生素 B_1 参与碳水化合物的代谢过程,促进体内糖代谢的正常进行,对维持神经组织和心肌的正常功能起重要作用。维生素 B_1 与正常的消化过程密切相关,维持肠胃的正常蠕动和胃液分泌以及消化道脂肪的吸收和发酵的正常功能。

维生素 B_1 内服只有小部分在小肠吸收,大部分都随粪便排出,肌内注射吸收快而安全。

由于维生素 B_1 在饲料中含量充足,在正常情况下家畜较少发生维生素 B_1 缺乏症。但家禽、犊和羔羊、毛皮兽常因饲料中缺少维生素 B_1 或饲喂富含硫胺酶的饲料而易发生缺乏症。鸡缺乏维生素 B_1 主要呈现多发性神经炎,主要病征表现为腿屈坐地,头向后仰,呈观星状;成年鸡发病一般比较缓慢,鸡冠常呈蓝色。猪缺乏维生素 B_1 呈现消化机能紊乱(厌食、呕吐、腹泻),生长发育受阻,严重时出现痉挛,甚至突然死亡。犊牛缺乏维生素 B_1 主要表现为共济失调、痉挛、体况衰弱;有时发生厌食、腹泻等。幼驹缺乏维生素 B_1 则出现共济失调、阵发性痉挛、伏卧不起,但食欲一般不受影响。

【应用】

①主要用于防治维生素 B_1 缺乏症,如多发性神经炎等。

②可用于重剧劳役所引起的疲劳或衰弱,尤其是伴有食欲不振、胃肠弛缓等症状时,用以改善代谢机能而促使康复。

③当动物发热,甲状腺机能亢进,大量输入葡萄糖液时,应适当补充维生素 B_1。

④本品还用作牛酮血症、神经炎、心肌炎等的辅助治疗。

⑤维生素 B_1 常与其他 B 族维生素或维生素 C 合并应用。

【药物相互作用】

①维生素 B_1 在碱性溶液中易分解,与碱性药物如碳酸氢钠、枸橼酸钠等配伍时,易引起变质。

②吡啶硫胺素、氨丙啉可拮抗维生素 B_1 的作用。

③本品可增强神经肌肉阻断剂的作用。

【注意事项】

①吡啶硫胺素、氨丙啉是维生素 B_1 的拮抗物,饲料中含有这些物质时可引起维生素 B_1 缺乏。

②蕨类植物中含有硫胺素拮抗物,反刍动物食后发生中毒,其症状类似维生素 B_1 缺乏症。

③本品对氨苄青霉素、邻氯青霉素、头孢菌素 Ⅰ 和 Ⅱ、氯霉素、多黏菌素和制霉菌素等,均具不同程度的灭活作用,故不宜混合注射。

④生鱼肉、某些海鲜产品内含大量硫胺素酶,能破坏维生素 B_1 活性,故不可生喂。

⑤牛、羊饲喂高蛋白精饲料后,可增加或活化瘤胃的硫胺素酶,导致维生素 B_1 缺乏症。

⑥快速静脉注射可出现轻度血管扩张,血压微降,抑制神经节传递,在神经肌接头处呈现轻度箭毒样作用,产生支气管收缩和轻度抑制胆碱酯酶作用。

⑦维生素 B_1 易被热、碱破坏,在弱酸溶液中十分稳定。加工、储存时应予注意。

⑧维生素 B_1 的需要量与饲料中可溶性碳水化合物含量有关,可溶性碳水化合物含量愈高,维生素 B_1 需要量增加。

【用法与用量】 维生素 B_1 片:10,50 mg。内服,一次量,马、牛 100～500 mg;羊、猪 25～50 mg;犬 10～50 mg;猫 5～30 mg。休药期,0 d。

维生素 B_1 注射液:1 mL:10 mg;1 mL:25 mg;10 mL:250 mg。皮下、肌内注射,一次量,马、牛 100～200 mg;羊、猪 25～50 mg;犬 10～25 mg;猫 5～15 mg。休药期,0 d。

静脉注射,一次量,每 1 kg 体重 ,治疗马蕨中毒,0.25～1.25 mg,治疗反刍动物脑皮质坏死 5～10 mg。

维生素 B_2

【性状】 本品为橙黄色结晶性粉末,微臭、味微苦。溶液易变质,在碱性溶液中或遇光变质更速。在水、乙醇、氯仿或乙醚中几乎不溶,在稀氢氧化钠溶液中溶解。

【作用】 维生素 B_2 是许多氧化还原酶的重要组成部分,参与能量和蛋白质代谢。此外,维生素 B_2 还是动物正常生长发育的必需因子。

畜禽中以猪、鸡最易呈现维生素 B_2 缺乏。其症状轻则表现为生长受阻,生产力下降,严重者,猪发生皮炎,形成痂皮及脓肿、眼结膜、角膜炎;母畜缺乏时则出现早产,胚胎死亡及胎儿畸形;雏鸡的典型症状为足跟关节肿胀,趾向内弯曲成拳状,急性缺乏症能使腿部完全麻痹、瘫痪;种鸡缺乏时,种蛋孵化率及雏鸡成活率均降低。

本品内服或注射后均易吸收,并分布于各组织,但体内很少储存,过量的维生素 B_2 随尿排出。

【应用】 主要用于维生素 B_2 缺乏症,如口炎、皮炎、角膜炎等。常与维生素 B_1 合并应用。

【药物相互作用】 本品能使氨苄西林、多黏霉素、链霉素、红霉素和四环素等的抗菌活性下降。

【注意事项】

①本品对氨苄青霉素、邻氯青霉素、头孢菌素 Ⅰ 和 Ⅱ、氯霉素、多黏菌素、四环素、金霉素、去甲金霉素、土霉素、红霉素、链霉素、卡那霉素、林可霉素等均具不同程度的灭活作用,对制霉菌素可使其完全丧失抗真菌活力,故不宜与这些抗生素混合注射。

②动物对维生素 B_2 的需要量与日粮组成和环境温度有关,日粮营养浓度高,则需要量增加,环境温度低亦应给较多的维生素 B_2。

③种禽和妊娠动物需要量较高。

④内服后尿呈黄绿色。

【用法与用量】 维生素 B_2 片:5,10 mg。内服,一次量,马、牛 100~150 mg;羊、猪 20~30 mg;犬 10~20 mg;猫 5~10 mg。休药期,0 d。

维生素 B_2 注射液:2 mL:10 mg;5 mL:25 mg;10 mL:50 mg。皮下、肌内注射,用量同内服。休药期,0 d。

维生素 B_6

【性状】 本品为白色或类白色的结晶或结晶性粉末,无臭、味酸苦,遇光渐变质。在水中易溶,在乙醇中微溶,在氯仿或乙醚中不溶。

【作用】 维生素 B_6 是吡哆醇、吡多醛、吡哆胺的总称,三者在动物体内可相互转化,具有相同的生物学作用。维生素 B_6 在动物体内与 ATP 经酶作用转变为具有生理活性的磷酸吡哆醛和磷酸吡哆胺,它们是氨基酸中间代谢中许多重要酶类的辅酶,参与的生理过程极为广泛,如参与氨基酸的脱羧作用、氨基转移作用、色氨酸代谢、含硫氨基酸代谢和不饱和脂肪酸代谢等。此外,吡哆醛还是糖原代谢中磷酸化酶的辅助因子。

缺乏维生素 B_6 时,幼龄动物生长缓慢或停止。猪、犬、猴等动物出现严重的红细胞、血红蛋白过少性贫血,生长不良。猪体内谷氨酸代谢紊乱引起谷氨酸在脑中积蓄、刺激大脑皮层,可引起猪的癫痫性发作。鸡缺乏维生素 B_6 时,有神经症状,腿软弱,皮炎,脱毛,毛囊出血,死亡率升高,产蛋率、种蛋孵化率下降。近有研究表明,缺乏维生素 B_6 时,动物免疫抗体滴度低,补充后即升高。

【应用】

①主要用于皮炎和周围神经炎等。

②临床上在治疗家畜的维生素 B_1、维生素 B_2 和烟酸或烟酰胺等缺乏症时,常同时并用维生素 B_6 以提高疗效。

③本品亦用于治疗氰乙酰肼、异烟肼、青霉胺、环丝氨酸等药物中毒引起的胃肠道反

应和痉挛等兴奋症状,可能是上述药物中毒时,维生素 B_6 经尿排出量增加,体内缺乏,即使谷氨酸脱羧酶的辅酶减少,导致谷氨酸脱羧形成 γ-氨基丁酸(中枢神经系统内的抑制递质)的过程受阻,使产生神经兴奋症状。

【药物相互作用】 与维生素 B_{12} 合用,可促进维生素 B_{12} 的吸收。

【用法与用量】 维生素 B_6 片:10 mg。内服,一次量,马、牛 3～5 g;羊、猪 0.5～1 g;犬 0.02～0.08 g。休药期,0 d。

维生素 B_6 注射液:1 mL:25 mg;1 mL:50 mg;2 mL:100 mg;10 mL:500 mg。皮下、肌内或静脉注射,用量同内服。休药期,0 d。

维生素 C

【性状】 本品为白色结晶或结晶性粉末,无臭,味酸。久置色渐变微黄,水溶液显酸性反应。在水中易溶,在乙醇中略溶,在氯仿或乙醚中不溶。

【作用】

①参与体内的氧化还原反应,促进细胞间质的合成,抑制透明质酸酶和纤维素溶解酶,从而保持细胞间质的完整,增加毛细血管的致密度,降低其通透性及脆性。缺乏维生素 C 时可引起坏血病,主要表现为毛细血管脆性增加,易出血,骨质脆弱,贫血和抵抗力下降。

②解毒作用,本品具强还原性,在体内可使氧化型谷胱甘肽转变为还原型谷胱甘肽,后者的巯基能与重金属离子和某些毒物相结合,保护酶系的活性巯基免遭毒物破坏,而且还能通过自身的氧化作用保护红细胞膜的巯基。可用于铅、汞、砷、苯等慢性中毒,磺胺类药物和巴比妥类药物等中毒,还可增强动物机体对细菌毒素的解毒能力。

③增强机体抗病能力,大量维生素 C 可促进抗体生成,增强白细胞吞噬功能,增强肝脏解毒能力,改善心肌和血管代谢机能,还有抗炎、抗过敏作用。因此,维生素 C 可用作急、慢性感染和感染性休克的辅助治疗药。

【应用】

①临床上除用于防治维生素 C 缺乏症外,亦常于家畜高热、心源性和感染性休克、中毒、药疹、贫血等时作辅助治疗。

②作为早期断奶幼畜人工乳中的添加物。

③各种应激情况下,如高温、生理紧张、运输、饲料改变、疾病等不仅动物合成维生素 C 能力降低,同时对维生素 C 的需要量也增加。

④在临床上为了加速创口愈合或解毒也常用维生素 C。

⑤鱼虾饵料中一般需添加。大多数鱼虾合成维生素 C 能力很低,易产生缺乏症,特别是高温条件下,添加维生素 C 能降低死亡率。

【药物相互作用】

①与水杨酸类和巴比妥合用能增加维生素 C 的排泄。

②与维生素 K_3、维生素 B_2、碱性药物和铁离子等的溶液配伍,可影响药效,不宜配伍。

③可破坏饲料中的维生素 B_{12};与饲料中的铜、锌离子发生络合,阻断其吸收。

【注意事项】

①注射液中若含碳酸氢钠,易与微量钙生成碳酸钙沉淀,本品亦不能与钙剂混合

注射。

②本品在碱性溶液中易氧化失效,故不可与氨茶碱等碱性较强的注射液混合注射。

③对氨苄西林、邻氨西林、头孢菌素Ⅰ、头孢菌素Ⅱ、四环素、金霉素、土霉素、强力霉素、红霉素、竹桃霉素、新霉素、卡那霉素、链霉素、氯霉素、林可霉素和多黏菌素等,均具不同程度的灭活作用,因此,维生素 C 不宜与这些抗生素混合注射。

④本品在瘤胃内可被破坏,故反刍动物不宜内服。

【用法与用量】 维生素 C 片:100 mg。内服,一次量,马 1 ~ 3 g;猪 0.2 ~ 0.5 g;犬 0.1 ~ 0.5 g。休药期,0 d。

维生素 C 注射液:2 mL:0.1 g;2 mL:0.25 g;5 mL:0.5 g;20 mL:2.5 g。肌内、静脉注射,一次量;马 1 ~ 3 g;牛 2 ~ 4 g;羊、猪 0.2 ~ 0.5 g;犬 0.02 ~ 0.1 g。休药期,0 d。

8.3 钙、磷与微量元素

8.3.1 钙、磷制剂

钙和磷是构成骨组织的主要元素。体内99%的钙和80%以上的磷存在于骨髓和牙齿中,并不断地与血液和体液中的钙、磷进行代谢,维持动态平衡。

钙和磷的主要吸收部位为十二指肠,反刍动物的瘤胃也能吸收少量的磷。钙、磷的吸收受以下因素的影响:①在酸性环境中,钙的溶解度最大,有利于吸收,所以钙在小肠前部吸收良好,其他部位肠内的碱性环境,使钙转变为难溶性的磷酸盐和碳酸盐。因此,钙的吸收减少。②饲料中钙与磷比例是影响钙吸收的重要因素,一般认为,畜禽饲料中的钙、磷比例以(1~2):1为宜,产蛋鸡较高,为(5~7):1。③日粮中过多的草酸、植酸和脂肪酸等,因与钙形成不溶性钙盐而减少钙的吸收,过多的铁、铅、锰、铝等可与磷酸根结合成不溶解的磷酸盐而减少磷的吸收。④维生素 D 是钙、磷代谢,包括钙的吸收和储存的必需因素,主要是调节钙、磷代谢的激素有甲状旁腺素和降钙素。

钙、磷过多,对畜禽发育不利。钙过多,会阻碍磷、锌、锰、铁、碘等元素的吸收,与脂肪酸结合成钙皂排出,降低脂肪的吸收率,磷过多会降低镁的利用率。动物体内的钙通过粪便和尿排泄,粪钙可占到排泄总钙的80%,尿钙仅占20%左右。

钙的作用:①促进骨骼和牙齿钙化。当钙、磷供应不足时,幼畜发生佝偻病,成年家畜出现骨软症。②维持神经肌肉组织的正常兴奋性。血钙低于正常时,可导致神经肌肉兴奋性升高,甚至出现强直性痉挛,血钙过高时,神经肌肉兴奋性降低。③促进血凝。钙是重要的凝血因子,为正常的凝血过程所必需。④对抗镁离子作用。当血中镁离子浓度增高时,出现中枢抑制和横纹肌松弛作用,此时,静脉注射钙剂即能迅速对抗镁离子的作用。⑤钙能降低毛细血管的通透性和增加致密度,从而减少渗出。所以钙剂可用于抗过敏和消炎。

磷的作用:①磷和钙同样是骨骼和牙齿的主要成分,单纯缺磷也能引起佝偻病和骨软症;②磷是磷脂的组成成分,参与维持细胞膜的正常结构和功能;③磷是三磷酸腺苷、二磷酸腺苷和磷酸肌酸的组成成分,参与机体的能量代谢;④磷是核糖核酸和脱氧核糖核酸的组成成分,参与蛋白质的合成,对畜禽繁殖具有重要作用;⑤磷是体液中磷酸盐缓

冲液的构成成分,对体内酸碱平衡的调节起重要作用。

氯化钙

【性状】 本品为白色、坚硬的碎块或颗粒,无臭、味微苦,极易潮解。在水中极易溶解,在乙醇中易溶。

【应用】 钙补充药。

①主要用于低血钙症,如心脏衰弱、肠绞痛等。

②用于慢性钙缺乏症,如家畜维生素 D 缺乏性骨软症或佝偻病及乳牛产后瘫痪等。

③用于毛细血管渗透性增高导致的各种过敏性疾病,如荨麻疹、血管神经性水肿、瘙痒性皮肤病等。

④用于硫酸镁中毒的解毒剂。

【药物相互作用】

①用洋地黄治疗患畜时,静注钙剂易引起心律失常。

②与噻嗪类利尿药合用可引起高钙血症。

③注射钙剂可对抗非去极化型神经肌肉阻断剂(如三碘季铵酚)的作用,但可增强和延长箭毒的效果。

④内服钙剂可减少四环素类、氟喹诺酮类从胃肠道吸收。

⑤与大量的维生素 D 类同用可促进钙的吸收,但可诱导高钙血症。

【注意事项】

①静脉注射必须缓慢,以免血钙浓度骤升,导致心率失常,甚至心搏骤停。

②在应用强心苷、肾上腺素期间或停药 7 d 内,禁忌注射钙剂。

③氯化钙溶液刺激性强,不宜肌内或皮下注射,5% 的氯化钙注射液不可直接静注,应在注射前以等量的葡萄糖稀释。

④静脉注射时严防漏出血管,以免引起局部肿胀或坏死。若不慎外漏,可迅速将漏出的药液吸出,再局部注入25% 硫酸钠 10～25 mL,以形成无刺激性的硫酸钙。严重时应作切开处理。

【用法与用量】 氯化钙注射液:10 mL:0.3 g;10 mL:0.5 g;20 mL:0.6 g;20 mL:1 g。
静脉注射,一次量,马、牛 5～15 g;羊、猪 1～5 g;犬 0.1～1 g。

氯化钙葡萄糖注射液,20 mL:氯化钙1 g 与葡萄糖5 g,50 mL:氯化钙2.5 g 与葡萄糖12.5 g, 100 mL:氯化钙5 g 与葡萄糖25 g。静脉注射,一次量,马、牛 100～300 mL;羊、猪 20～100 mL;犬 5～10 mL。

葡萄糖酸钙

【性状】 本品为白色颗粒性粉末,无臭、无味。在沸水中易溶,在水中缓慢溶解,在无水乙醇、氯仿或乙醚中不溶。

【应用】 与氯化钙相同。对组织的刺激性较小,注射时比氯化钙安全,常与镇静剂合用,其余同氯化钙。

【注意事项】

①葡萄糖酸钙注射液应为无色澄明液体,如析出沉淀,微温后能溶者可供注射用,不溶者不可应用。

②缓慢静脉注射,亦应注意对心脏的影响,忌与强心苷并用。

【用法与用量】 葡萄糖酸钙注射液:20 mL:1 g;50 mL:5 g;100 mL:10 g;500 mL:50 g。静脉注射,一次量,马、牛 20～60 g;羊、猪 5～15 g;犬 0.5～2 g。

硼葡萄糖酸钙注射液,以钙计:100 mL:1.5 g;100 mL:2.3 g;250 mL:3.8 g;250 mL:5.7 g;500 mL:7.6 g;500 mL:11.4 g。静脉注射,一次量,每 100 kg 体重,牛 1 g。

碳酸钙

【性状】 本品为无色极细微的结晶性粉末,无臭、无味。在水中几乎不溶,在乙醇中不溶,在含铵盐或二氧化碳的水中微溶,遇稀醋酸、稀盐酸或稀硝酸即发生泡沸并溶解。

【应用】

①主要用于内服作钙补充剂,补充饲料中钙离子不足,或防治骨软症、佝偻病、产后瘫痪及家禽软壳蛋、薄壳蛋等缺钙性疾病。可根据饲料中所含钙量和钙磷比例在饲料中添加本品。

②妊娠动物、泌乳动物、产蛋家禽和成长期幼畜需要钙量增高,在饲料中也可添加本品。

【用法与用量】 内服,一次量,马、牛 30～120 g;羊、猪 3～10 g;犬 0.5～2 g。一日 2～3次。

乳酸钙

【性状】 本品为白色的颗粒或粉末,几乎无臭,微有风化性。在热水中易溶,在水中溶解,在乙醇、氯仿或乙醚中几乎不溶。

【应用】 主要用作内服钙补充剂,用于防治缺钙性疾病。

【用法与用量】 内服,一次量,马、牛 10～30 g;羊、猪 0.5～2 g;犬 0.2～0.5 g。

磷酸氢钙

【性状】 本品为白色粉末,无臭、无味。在水或乙醇中不溶,在稀盐酸或稀硝酸中易溶。

【应用】 主要用作内服钙、磷补充剂,用于防治钙、磷缺乏性疾病。

【用法与用量】 内服,一次量,马、牛 12 g;羊、猪 2 g;犬、猫 0.6 g。

8.3.2　微量元素

微量元素是指在动物体内的极微量的一类矿物质元素,仅占体重的 0.05%,但它们却是动物生命活动所必需的元素。它们是酶、激素和某些维生素的组成成分,对酶的活化、物质代谢和激素的正常分泌均有重要影响。日粮中微量元素不足时,动物可产生缺乏综合症。添加一定的微量元素,就能改善动物的代谢,预防和消除缺乏症,从而提高畜禽的生产性能。然而微量元素过多时,也可引起动物中毒。

畜禽必需的微量元素主要来自植物性饲料,而植物中微量元素的含量又受土壤和水中微量元素含量的影响。因此,畜禽微量元素缺乏症和过多症常具地区性。现代畜牧生产中,动物常常因饲料中微量元素不足而导致缺乏症。畜禽对微量元素需要的量与许多因素有关,例如畜禽的生理状态和生产力的水平,它们对周围环境的适应程度,饲料中营养物质、常量元素、微量元素和维生素的含量及比例等。

畜禽需要的微量元素主要有硒、钴、铜、锌、锰、铁、碘等。这些微量元素,动物除从饲料摄取外,尚可由饲料添加剂补给。下面仅介绍几种用作微量元素补充剂的化合物。

亚硒酸钠

【性状】 本品为白色结晶性粉末,无臭,在空气中稳定。在水中易溶,在乙醇中不溶。

【作用】 硒是谷胱甘肽过氧化物酶的组成成分,此酶可分解细胞内过氧化物,防止对细胞膜的氧化破坏反应,保护生物膜免遭损害。硒能加强维生素 E 的抗氧化作用,二者对此生理功能有协同作用,在饲料中添加维生素 E 可以减轻缺硒症状,或推迟死亡时间,但不能从根本上消除病因。硒与蛋白结合形成硒蛋白,是肌肉组织的重要组成成分。此外,硒还可以与汞、铅、镉、银、铊等重金属生成不溶性硒化物,降低这些重金属对机体的毒性。缺硒时,动物体内细胞抗过氧化物毒性能力降低,细胞被过氧化物破坏,出现水肿,出血,渗出性素质,肝细胞坏死,脾脏纤维性萎缩,骨骼肌及心肌变性。表现为白肌病,生理机能紊乱,生长受阻,猪和兔还表现为肝坏死,雏鸡为渗出性素质病。

硒毒性较强,用量不宜过大,否则会发生中毒。急性中毒表现为食欲丧失、腹痛、黏膜发绀等。慢性中毒表现为生长阻滞、脱毛、脱蹄等,家禽表现产蛋率和孵化率降低。羊皮下注射的中毒量为 0.8 mg/kg,致死量为 1.6 mg/kg,有些羔羊一次注射 5 mg 就可致死。牛、猪肌内注射致死量为 1.2 mg/kg。鸡饲料中硒含量超过 5 mg/kg,会使蛋的孵化率降低,胚胎异常;饲料中含硒量奶牛 5 mg/kg,肉牛 8.5 mg/kg,猪 5 ~ 8 mg/kg,羊 10 ~ 20 mg/kg 均可引起中毒。

【应用】 亚硒酸钠主要用于防治犊牛、羔羊、驹、仔猪的白肌病和雏鸡渗出性素质。在补硒的同时,添加维生素 E,则防治效果更好。

【药物相互作用】

①硒与维生素 E 在动物体内防止氧化损伤方面具有协同作用。

②硫、砷能影响动物对硒的吸收和代谢。

③硒和铜在动物体内存在相互拮抗效应,可能使饲喂低硒日粮的动物诱发硒缺乏症。

【注意事项】

①肌内或皮下注射亚硒酸钠有明显的局部刺激性,动物表现不安,注射部位肿胀、脱毛。马臀部肌内注射后,往往引起注射侧后肢跛行,但一般能自行恢复。

②亚硒酸钠的治疗量和中毒量很接近,确定剂量时应谨慎。急性中毒可用二巯基丙醇解毒,慢性中毒时,除改用无硒饲料外,犊牛和猪可以在饲料中添加 50 ~ 100 mg/kg 对氨基苯胂酸,促进硒由胆汁排出。

③补硒的猪在屠宰前至少停药 60 d。

【用法与用量】 亚硒酸钠注射液:1 mL:1 mg;1 mL:2 mg;5 mL:5 mg;5 mL:10 mg。肌内注射,一次量,马、牛 30 ~ 50 mg;驹、犊 5 ~ 8 mg;羔羊、仔猪 1 ~ 2 mg。

亚硒酸钠维生素 E 注射液(含 0.1% 亚硒酸钠、5% 维生素 E):1,5,10 mL。肌内注射,一次量,驹、犊 5 ~ 8 mL;羔羊、仔猪 1 ~ 2 mL。休药期,牛、羊、猪 28 d。

亚硒酸钠维生 E 预混剂:含 0.04% 亚硒酸钠、0.5% 维生素 E。混饲,每 1 000 kg 饲料,畜禽 500 ~ 1 000 g。休药期,牛、羊、猪 28 d。

氯化钴

【性状】 本品为红或深红色单斜系结晶,稍有风化性。在水或乙醇中极易溶解,水溶液呈红色,醇溶液为蓝色。

【作用】 钴是反刍动物必需的微量元素。反刍动物瘤胃微生物必需利用外界摄入的钴,才能合成动物生长所必需的维生素 B_{12},其他动物大肠中的微生物合成维生素 B_{12} 也需要钴。钴具有兴奋骨髓制造红细胞的功能。钴参加核糖核酸的生物合成和氨基酸的代谢。反刍动物缺钴时,引起慢性消耗性疾病,表现食欲不振、生长不良、贫血、营养不良等。反刍动物饲粮钴低于 0.08 mg/kg 时,可出现缺钴症。

【应用】 主要用于防治反刍动物的钴缺乏症。

【注意事项】

①本品只能内服,注射无效,因为注射给药,钴不能为瘤胃微生物所利用。

②钴摄入过量可导致红细胞增多症。

【用法与用量】 氯化钴片:20,40 mg。氯化钴溶液:1 000 mL:30 mg。

内服,一次量,治疗,牛 0.5 g;犊 0.2 g;羊 0.1 g;羔羊 0.05 g。

预防,牛 0.025 g;犊 0.01 g;羊 0.005 g;羔羊 0.002 5 g。

硫酸铜

【性状】 本品为深蓝色结晶或蓝色结晶性颗粒或粉末,无臭,有风化性。在水中易溶,在沸水中极易溶解,在乙醇中微溶。

【作用】

①铜能促进骨髓生成红细胞,也是机体利用铁合成血红蛋白所必需的物质。日粮中铜缺乏时,影响机体正常的造血机能,引起贫血。

②铜为多种氧化酶的组分,如细胞色素氧化酶、酪氨酸酶等,它们与生物氧化关系密切。细胞色素氧化酶能催化磷脂的合成,使脑和脊髓的神经细胞形成髓鞘,缺铜时磷脂和髓鞘的形成受阻,羔羊发生运动失调,行走时左右摇摆。酪氨酸酶可使酪氨酸氧化生成黑色素,缺铜时,黑色素生成受阻,羊的黑色被毛褪色成为灰白色。另外,在角蛋白合成中,酪氨酸酶将巯基氧化成双硫键,促进羊毛的生长和保持一定的弯曲度。缺铜时羊毛变直,羊毛的生长受阻。

③维持骨的生长和发育。缺铜时,马、猪、兔和雏鸡骨的发育不良,软骨基质不能骨化,长骨的皮质变薄,易骨折,关节肿大。

有些地区的土壤缺铜或饲料含铜不足,均可引起动物铜缺乏症,其症状为贫血、骨生长不良、新生幼畜运动失调(摆腰症)、生长迟缓,发育不良、被毛脱色或生长异常,胃肠机能紊乱、心力衰竭等。但在各种家畜之间,上述症状的表现有较大的差异。

【应用】 用于防治铜缺乏症。

【注意事项】 应用过程中应注意用法和用量,防止中毒。绵羊和犊牛对铜较敏感,灌服或摄取大量铜能引起急性或慢性中毒,其主要症状为溶血性贫血、血红蛋白尿、黄疸和肝损害,严重时可因缺氧和休克而死。对铜中毒的绵羊,每日给予钼酸铵 50～100 mg,硫酸钠 0.1～1 g 内服,连用 3 周,可减少小肠对铜的吸收,加速血液和肝中铜的排泄。

【用法与用量】　内服,一日量,牛2 g;犊1 g。内服,每1 kg体重,羊20 mg。混饲,每1 000 kg饲料,猪800 g;禽20 g。

硫酸锌

【性状】　本品为无色透明的棱柱状或细针状结晶或颗粒状的结晶性粉末,无臭、味涩,有风化性。在水中极易溶解,在甘油中易溶,在乙醇中不溶。

【作用】　锌参与动物体内蛋白质、核糖核酸和脱氧核糖核酸的合成和代谢。缺锌时,核糖核酸聚合酶的活性降低,核糖核酸的合成减少,从而影响蛋白质的合成。锌还是碳酸酐酶、碱性磷酸酶和许多脱氢酶的组成成分,又是多种金属的活化剂,因而能影响各种代谢机能。

锌缺乏时,动物体内胱氨酸、赖氨酸等代谢紊乱,谷胱苷肽、核糖核酸和脱氧核糖核酸合成减少,血浆和骨的碱性磷酸酶的活性降低。从而影响细胞分裂,动物生长、发育缓慢,伤口、溃疡和骨折不易愈合,精子的生成和活动力降低,乳牛的乳房和四肢皲裂,猪上皮细胞过度角化而变厚,绵羊的毛和角异常,家禽发生皮炎,羽毛少,蛋壳形成困难等。

【应用】　用于防治锌缺乏症。

【注意事项】　锌对畜禽毒性较小,但摄入过多时可影响蛋白质代谢和钙的吸收,并可导致铜缺乏。猪可发生骨关节周围出血、步态僵直、生长受阻。绵羊和牛发生食欲减退和异食癖。大鼠发生贫血、生长抑制等。

【用法与用量】　内服,一日量,牛0.05~0.1 g;驹0.2~0.5 g;羊、猪0.2~0.5 g;禽0.05~0.1 g。

硫酸锰

【性状】　本品为浅红色结晶性粉末。在水中易溶,在乙醇或甲醇中不溶。

【作用】　锰是动物体内碱性磷酸酶、羧化酶、精氨酸酶、异柠檬酸脱氢酶、磷酸葡萄糖变位酶等的激动剂,参与糖、脂肪和氨基酸的代谢。因此,锰缺乏直接影响动物的正常发育、繁殖和成骨作用。缺锰时,影响骨的形成和代谢,幼畜主要表现为骨骼变形,腿短而弯曲,运动失调,跛行和关节肿大;雏禽发生骨短粗病,腿骨变形,膝关节肿大。成年家畜缺锰时,母畜发情受阻,不易受孕;公畜性欲下降,精子形成困难。家禽对锰的需要量比家畜高,如供应不足,母鸡产蛋率下降,蛋壳变薄,蛋的孵化畜亦降低。

【应用】　用于防治锰缺乏症。

【注意事项】　畜禽很少发生锰中毒,但日粮中锰含量超过2 000 mg/kg时,可影响钙的吸收和钙、磷在体内的停留。

【用法与用量】　混饲,每1 000 kg饲料,禽100~200 g。

8.4　皮质激素类药物

肾上腺皮质激素为肾上腺皮质所分泌的一类激素的总称。根据其生理功能不同,可分为3类:①盐皮质激素:以醛固酮为代表,由肾上腺皮质的球状带细胞分泌。主要作用于水盐代谢,对维持机体的电解质平衡和体液容量起着重要的作用。②糖皮质激素:以可的松和氢化可的松为代表,由肾上腺皮质的束状带细胞分泌。对糖、脂肪、蛋白质代谢起调节作用,并能提高机体对各种不良刺激的抵抗力。药理剂量的糖皮质激素,具有明显的抗炎、抗毒素、抗休克和免疫抑制等作用,被广泛应用于兽医临床。③氮皮质激素:由肾上腺皮质的网状带细胞分泌,包括雄激素和雌激素。氮皮质激素的分泌量少,生理作用弱,也无药理学意义。本节着重介绍糖皮质激素。

8.4.1 药动学

皮质激素在胃肠道都容易被吸收,尤其是单胃动物,作用快,但持续时间短,所以临床上必须保证每天给药 3 ~ 4 次。血中药物峰浓度一般在 24 h 内出现。肌内或皮下注射后,可在 1 h 内达到峰浓度。糖皮质激素在关节内的吸收缓慢,仅起局部作用,对全身治疗无意义。

吸收入血的糖皮质激素仅 10% ~ 15% 呈游离态,其余大部分与血浆蛋白结合。结合蛋白包括特异性的皮质激素运载蛋白(一种 α 球蛋白,75% 可与之结合)和非特异性的白蛋白(10% ~ 15% 可与之结合)两种。当游离态药物被靶细胞或在肝脏代谢消除后,结合态的药物就被释放出来,以维持正常的血药浓度。

合成的糖皮质激素,可在肝内被代谢成葡萄糖醛酸或硫酸的结合物,代谢物或原形药物从尿液和胆汁中排泄。从血浆中消除的半衰期因药而异,如泼尼松为 1 h,倍他米松和地塞米松为 5 h,取决于生物转化的速度。根据它们的生物半衰期,糖皮质激素又有短效糖皮质素(< 12 h)、中效糖皮质素(12 ~ 36 h)和长效糖皮质素(> 36 h)。短效有氢化可的松、可的松、泼尼松、泼尼松龙、甲基氢化泼尼松;中效有去炎松;长效有地塞米松、氟地塞米松和倍他米松。

8.4.2 药理作用

糖皮质激素具有十分广泛的药理作用。概括起来,有以下几方面:

1)抗炎

糖皮质激素在药理剂量时,对感染性和非感染性炎症以及炎症的不同阶段都有强大的抗炎作用。能减轻炎症早期的毛细血管扩张、血浆渗出水肿和细胞浸润,因而能显著缓解炎症部位的红、肿、热、痛等症状。也能抑制炎症后期的毛细血管新生和纤维母细胞增殖因而延缓肉芽组织生成,防止粘连或瘢痕形成。

糖皮质激素抗炎作用的明显特点,是作用十分广泛,对各种炎性刺激(如辐射、机械性、药物、免疫及感染)和炎症反应的各个阶段(从红肿到瘢痕形成)均有作用,只要其浓度高于正常的生理浓度,就出现抗炎作用。

抗炎作用,在很大程度上是以抑制白细胞的功能为基础。在炎症发生和发展的各个阶段,大多有淋巴因子和其他可溶性致炎介质参与,如前列腺素、白三烯、肿瘤坏死因子、白介素-2、血小板激活因子、巨噬细胞迁移抑制因子等。糖皮质激素就是通过抑制这些介质而发挥抗炎作用的。

2)抗免疫

糖皮质激素是临床上常用的免疫抑制剂之一。它能治疗或控制许多过敏性疾病的临床症状,也能抑制由于过敏反应产生的病理变化,如过敏性充血、水肿、荨麻疹、皮疹、

平滑肌痉挛及细胞损害等。糖皮质激素的抗免疫作用,一般认为也是其对免疫反应过程多个环节抑制的结果,如图8.1所示。

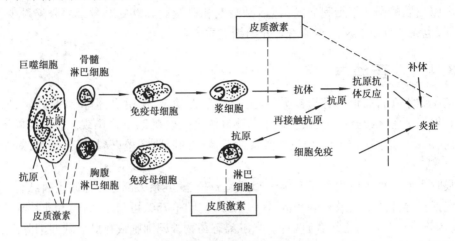

图8.1　糖皮质激素抑制免疫过程的作用环节

小剂量的糖皮质激素能抑制巨噬细胞对细菌和真菌等抗原的吞噬和处理。阻碍淋巴母细胞的生长,加速小淋巴细胞的解体,从而抑制迟发性过敏反应和异体排斥反应。大剂量的糖皮质激素能抑制浆细胞合成抗体,干扰体液免疫。

3)抗毒素

经证明,糖皮质激素对动物因革兰氏阴性菌(如大肠杆菌、痢疾杆菌、脑膜炎球菌)的内毒素所致的有害作用能提供一定的保护,如对抗内毒素对机体的损害、减轻细胞损伤、缓解毒血症状、降高热、改善病情等,糖皮质激素对细菌外毒素所引起的损害无保护作用。

4)抗休克

糖皮质激素对各种休克,如过敏性休克、中毒性休克、低血容量休克等都有一定的疗效,可增强机体对休克的抵抗力。其机制与抗炎、抗毒素及免疫抑制的综合因素有关,其中糖皮质激素对溶酶体膜的稳定作用是它抗休克的重要药理基础。此外,大剂量的糖皮质激素能降低外周血管阻力,改善微循环阻滞,增加回心血量,对休克也可起到良好的治疗作用。

5)影响代谢

(1)**糖代谢**

糖皮质激素能增强肝糖原异生作用,降低外周对葡萄糖的利用,使肝糖原、肌糖原含量增高,血糖升高。

(2)**蛋白质代谢**

增加蛋白质分解、抑制蛋白合成,增加尿氮排出,导致负氮平衡。长期大量使用可导致肌肉萎缩、伤口愈合不良、幼畜生长缓慢等。

(3)**脂肪代谢**

糖皮质激素也能促进脂肪分解,并抑制其合成。长期使用则导致脂肪重新分配,即四肢脂肪向面部和躯干积聚,出现向心性肥胖。大量糖皮质激素还增加钠的重吸收和钾、钙、磷的排出,长期使用可致水、钠潴留而引起水肿,骨质疏松。

8.4.3　应用

由于糖皮质激素的作用非常广泛,所以它的应用也是多方面的。主要有以下几个方面:

1)母畜的代谢病

糖皮质激素对牛的酮血病有显著疗效。可使血糖很快升高到正常,酮体慢慢下降,食欲在 24 h 内改善,产奶量回升。氢化可的松 0.5 g,醋酸泼尼松 0.3~0.5 g,地塞米松 10~30 mg,均可使 80% 病牛康复。

妊娠毒血症,以羊为常见,其他家畜亦有发生,在病理上与牛酮血症相似,肌注常量氢化泼尼松即可奏效。

2)感染性疾病

一般的感染性疾病不得使用糖皮质激素,但当感染对动物的生命或未来生产力可能带来严重危害的疾病时,用糖皮质激素控制过度的炎症反应很必要,但要与足量有效的抗菌药物合用。感染发展为毒血症时,用糖皮质激素治疗更为重要,因为它对内毒素中毒的动物能提供保护作用。对各种败血症、中毒性肺炎、中毒性菌痢、腹膜炎、产后急性子宫炎等,应用糖皮质激素可增强抗菌药物的治疗效果,加速患畜康复。对于其他细菌性疾病,如牛的支气管肺炎、乳腺炎、马的淋巴管炎,糖皮质激素也有较好的效果。对于细菌感染,都应与大剂量有效抗菌药一起使用。

3)关节炎疾患

用糖皮质激素治疗马、牛、猪、犬的关节炎,能暂时改善症状。治疗期间如果炎症不能痊愈,停药后常会复发。马每 4~5 d 关节内注射氢化可的松约 100 mg,可控制症状。用氢化泼尼松治疗全身性关节炎,开始时大动物每天肌注 100~150 mg,小动物按每千克体重肌注 5.5~11 mg,随后逐渐减至维持量,以能控制症状为准。近年来经证明,糖皮质素对关节的作用可因剂量不同而变化,小剂量保护软骨,大剂量则损伤软骨并抑制成骨细胞活性,引起所谓的"激素性关节炎"。因此,用糖皮质激素治疗关节炎,应使用小剂量。

4)皮肤疾病

糖皮质激素对于皮肤的非特异性或变态反应性疾病,有较好的疗效。用药后痛痒在 24 h 内停止,炎症反应消退。对于荨麻疹、急性蹄叶炎、湿疹、脂溢性皮炎和其他化脓性炎症,局部或全身给药,都能使病情明显好转。对伴有急性水肿和血管通透性增加的疾病,疗效尤为显著。

5)眼、耳科疾病

对眼科疾病,糖皮质激素可防止炎症对组织的破坏,抑制液体渗出,防止粘连和疤痕形成,避免角膜混浊。治疗时,房前结构的表层炎症,如眼睑疾病、结膜炎、角膜炎、虹膜睫状体炎,一般可行局部用药。对于深部炎症,如脉络膜炎、视网膜炎、视神经炎,作全身

给药或结膜下注射才有效。

对于外耳炎症,可用糖皮质素配合化疗药物应用,但应随时清除或溶解炎性分泌物。对于比较严重的外耳炎,如犬的自发性浆液性外耳炎,则需用糖皮质激素作全身性给药(强的松龙,每日0.5~1.0 mg)

6)引产

地塞米松已被用于母畜的同步分娩。在怀孕后期的适当时候(牛一般在怀孕第286 d后)给予地塞米松,牛、羊、猪一般在48 h内分娩。牛常用剂量是10~20 mg,若用30~40 mg,引产率可达85%。地塞米松对马没有引产效果。糖皮质激素的引产作用,可能是使雌激素分泌增加,黄体酮浓度下降所致。

7)休克

糖皮质激素对于各种休克都有较好的疗效,对于败血性休克,可用糖皮质激素的速效、水溶性制剂,如地塞米松磷酸钠(静注4~8 mg/kg)、强的松龙琥珀酸钠或磷酸钠(静注30 mg/kg)或甲基强的松龙琥珀酸钠(静注30 mg/kg)。

8)预防手术后遗症

糖皮质激素可用于剖宫产、瘤胃切开、肠吻合等外科手术后,以防脏器与腹膜粘连,减少创口斑痕化,但同时它又会影响创口愈合。这要权衡利弊,审慎用药。

8.4.4 不良反应与注意事项

1)不良反应

糖皮质激素停药和长期应用均可产生不良反应,急性肾上腺功能不全,是糖皮质激素长期使用后突然停药的结果。动物表现为发热,软弱无力,精神沉郁,食欲不振,血糖和血压下降等。糖皮质激素长期用药后,应在数月内逐渐减量。下丘脑—垂体—肾上腺轴的功能完全恢复,一般需要9个月。此期内患畜需要"应激"状态下的糖皮质激素作补偿,狗比猫对此更敏感。用短效制剂做替代疗法能显著降低副作用的发生。

多尿和饮欲亢进是糖皮质激素过量(无论内源性还是外源性)的经典症状。此症状出现与许多因素有关,如血容量增加所致的肾小球滤过率增加,肾小管对钙的排泄增加,抗利尿素受到抑制,远端肾小球管的通透性增加等。

糖皮质激素的保钠排钾作用,常致动物出现水肿和低血钾症。加速蛋白质异化和钙、磷排泄的作用,则致动物出现肌肉萎缩无力、骨质疏松等,幼年动物出现生长抑制。

此外,糖皮质激素能使血中三碘甲腺原氨酸(T3)、甲状腺素(T4)和促甲状腺激素浓度降低。糖皮质激素还引发应激性白细胞血象,增加血中碱性磷酸酶的活性以及一些矿物质元素、尿素氮和胆固醇的浓度。

糖皮质激素长期使用易致细菌入侵或原有局部感染扩散,有时还引起二重感染。

2)注意事项

一般而言,糖皮质激素的抗炎剂量是体内生理浓度的10倍,免疫抑制的剂量应为抗炎剂量的2倍,而抗休克的剂量又是免疫抑制剂量的5~10倍。兽医临床上的炎症,多见于感染性疾病。糖皮质激素只有抗炎作用而无抗菌作用,对感染性炎症只是治标而不能治本。所以,使用糖皮质激素时,应先弄清炎症的性质,如属感染性疾病,应同时使用足量、有效的抗菌药物。此时,杀菌药又优于抑菌药。糖皮质激素禁用于病毒性感染和缺乏有效抗菌药物治疗的细菌感染。对于非感染性疾病,应严格掌握适应症。特别对于重症病例,应采用高剂量静注或肌注方法给药。一旦症状改善并基本控制,应立即开始逐渐减量、停药。

糖皮质激素对机体全身各个系统均有影响。可能使某些疾病恶化,故糖皮质激素禁用于原因不明的传染病、糖尿病、角膜溃疡、骨软化及骨质疏松症,不得用于骨折治疗期、妊娠期、疫苗接种期、结核菌素或鼻疽菌素诊断期,对肾功能衰竭、胰腺炎、胃肠道溃疡和癫痫等应慎用。

8.4.5 主要药物

氢化可的松

【理化性质】 本品为天然的糖皮质激素。白色或几乎白色的结晶性粉末,无臭,初无味、随后在持续的苦味。遇光渐变质。在乙醇或丙酮中略溶,在氯仿中微溶,在乙醚中几乎不溶,在水中不溶。

【作用与应用】 多用作静注,以治疗严重的中毒性感染或其他危险病症。肌注吸收很少,作用较弱,因其极难溶解于体液。局部应用有较好疗效,故常用于乳腺炎、眼科炎症、皮肤过敏性炎症、关节炎和腱鞘炎等。作用时间不足 12 h。

【药物相互作用】

①苯巴比妥、苯妥英钠、利福平等肝药酶诱导剂可促进本类药物的代谢,使药效降低。

②本类药物可使水杨酸盐的消除加快、疗效降低,合用时还易引起消化道溃疡。

③本品可使内服抗凝血药的疗效降低,两者合用时应适当增加抗凝血药的剂量。

④噻嗪类利尿药或两性霉素 B 均能促进钾排泄,与本品合用时应注意补钾。

【用法与用量】 氢化可的松注射液:2 mL:10 mg;5 mL:25 mg;20 mL:100 mg。静脉注射,一次量,马、牛 0.2～0.5 g;羊、猪 0.02～0.08 g。休药期,0 d。

关节腔内注入,马、牛 0.05～0.1 g,1 次/d。

醋酸泼尼松(强的松、去氢可的松)

本品为人工合成品。

【理化性质】 本品为白色或几乎白色的结晶性粉末,无臭、味苦。不溶于水,微溶于乙醇,易溶于氯仿。

【作用与应用】 本品进入体内后代谢转化为氢化泼尼松而起作用。其抗炎作用和糖元异生作用比天然的氢化可的松强 4～5 倍。由于用量小,其水、钠潴留的副作用亦显著减轻。其抗炎作用常被用于某些皮肤炎症和眼科炎症,但实践证明,此种局部应用并不比天然激素优越。肌注可治疗牛酮血症。给药后作用时间为 12～36 h。

【药物相互作用】 参见氢化可的松。

【用法与用量】 醋酸泼尼松片:5 mg。内服,一次量,马、牛 100～300 mg;猪、羊10～20 mg;每 1 kg 体重,犬、猫 0.5～2 mg。休药期,0 d。

醋酸泼尼松眼膏,0.5%,为淡黄色软膏。眼部外用,一日2~3次。

地塞米松(氟美松)

本品为人工合成品。

【理化性质】 本品的磷酸钠盐为白色或微黄色粉末。无臭、味微苦,有吸湿性。在水或甲醇中溶解,在丙酮或乙醚中几乎不溶。

【作用与应用】 氟美松的作用比氢化可的松强25倍,抗炎作用甚至强30倍,而水、钠潴留的副作用较弱。给药后,作用在数分钟出现,维持48~72 h。本品可增加钙从粪中排出,故可引起负钙平衡。应用同其他糖皮质素。本品还对牛的同步分娩有较好的效果。

【药物相互作用】 参见氢化可的松。

【最高残留限量】 残留标示物:地塞米松。

牛、猪、马:肌肉0.75 μg/kg;肝脏2.0 μg/kg;肾脏0.75 μg/kg;牛奶0.3 μg/L。

【用法与用量】 地塞米松磷酸钠注射液:1 mL:1 mg;1 mL:2 mg;1 mL:5 mg。肌内、静脉注射,一日量,马2.5~5 mg;牛5~20 mg;羊、猪4~12 mg;犬、猫0.125~1 mg。关节囊内注射,马、牛2~10 mg。休药期,牛、羊、猪21 d,弃奶期72 h。

醋酸地塞米松片:0.75 mg。内服,一次量,马、牛5~20 mg;犬、猫0.5~2 mg。休药期,马、牛0 d。

倍他米松

人工合成品,为地塞米松的同分异构体。抗炎作用及糖元异生作用强于地塞米松,水钠潴留作用稍弱于地塞米松。应用与地塞米松相同,也可用于母畜的同步分娩。

【最高残留限量】 残留标示物:倍他米松。

牛、猪:肌肉0.75 μg/kg;肝脏2.0 μg/kg;肾脏0.75 μg/kg;牛奶0.3 μg/L。

【用法与用量】 倍他米松片:0.5 mg。内服,一次量,犬、猫0.25~1 mg。

醋酸泼尼松龙(氢化泼尼松、强的松龙)

本品为人工合成品。几乎不溶于水,微溶于乙醇或氯仿。作用与泼尼松基本相似,特点是可静注、肌注、乳管内注入和关节腔内注射等。给药后作用时间为2~36 h。内服的功效不如泼尼松确切。

醋酸氢化泼尼松注射液:静脉注射或静脉滴注、肌内注射,一次量,马、牛50~150 mg;猪、羊10~20 mg。严重病例可酌情增加剂量。

关节腔内注入,马牛20~80 mg/d。

曲安西龙(去炎松、氟羟氢化泼尼松)

本品为人工合成品,抗炎作用为氢化可的松的5倍,水钠潴留作用极弱。其他全身作用与同类药物相同。

去炎松片:内服,一次量,犬0.125~1 mg;猫0.125~0.25 mg。2次/d,连服7 d。

醋酸去炎松混悬液:肌肉或皮下注射,一次量,马12~20 mg;牛2.5~10 mg;每1 kg体重,犬、猫0.1~0.2 mg。

关节腔内或滑膜腔内注射,一次量,马、牛6~18 mg;犬、猫1~3 mg。必要时3~4 d后再注射一次。

醋酸氟轻松(肤轻松)

人工合成品,为外用糖皮质激素中疗效最显著、副作用最小的品种。显效迅速,止痒效果好,很低浓度(0.025%)即有明显疗效。

醋酸氟轻松乳膏:10 g:2.5 mg;20 g:5 mg。外用,涂患处。

复习思考题

1. 维生素分为哪几类,如何合理应用?

2. 当幼畜出现佝偻病时,你用什么药物进行治疗,为什么? 在使用过程中应注意什么?

3. 药理剂量的糖皮质激素有哪些作用? 如何合理的使用它们才可避免产生不良反应?

第9章
作用于中枢神经系统的药物

本章导读:本章对兽医临床上常用的中枢兴奋药及中枢抑制药进行了较为详细的阐述,内容包括中枢兴奋药、全身麻醉药、镇静保定药、解热镇痛及抗风湿药等。通过学习,要求掌握全身麻醉药、中枢兴奋药及解热镇痛药的重要临床实用意义及临床应用,正确理解解热镇痛药及抗风湿药的概念及其共性与差异,能区别镇静药、安定药与抗惊厥药的作用与用途等,能正确进行各种动物手术前的保定、全身麻醉及术中、术后镇痛等。

中枢神经系统包括大脑、脑干和脊髓。由数百亿个神经细胞和神经胶质细胞组成。神经细胞(神经元)之间通过突触实现相互联系,并由神经元及其突触形成许多具有不同特定功能神经中枢,如听觉中枢、视觉中枢、躯体运动中枢等。神经胶质细胞是神经元的辅助组成部分,它常包绕在血管壁和神经细胞体及其突起,是构成血脑屏障的重要组成部分。此屏障可选择性地允许血液中的某些药物透过而进入脑组织。中枢神经系统是动物最重要的调节系统,它全面地调节着动物机体各组织器官的机能活动过程,使其适应体内外环境的变化,以维持动物生命活动的正常进行。

动物体神经系统活动的主要方式是反射,完成反射活动的结构基础是反射弧。反射弧由感受器、传入神经、神经中枢、传出神经及效应器等5部分组成,而神经中枢则是整个反射弧的中心环节,它决定着反射弧的性质、复杂程度和范围等。中枢神经系统的功能活动经常受到动物体内外环境因素的影响而变化,其基本活动形式是兴奋和抑制。在正常情况下,动物体神经系统的兴奋和抑制过程能保持相互协调。若动物神经系统的功能活动处于过度兴奋状态,则会使动物表现不安、狂躁,甚至惊厥;过度抑制则会使动物表现镇静、嗜睡,高度抑制则可使动物出现昏迷,或呼吸、循环中枢衰竭而死亡。作用于中枢神经系统的药物往往就是影响中枢神经系统的兴奋和抑制这两个基本过程而发挥其对动物机体的调节作用的。因此,作用于中枢神经系统的药物可相应地分为中枢兴奋药和中枢抑制药两大类。凡是能提高中枢神经系统机能的药物就称为中枢兴奋药,主要包括大脑兴奋药,如咖啡因;脑干兴奋药,如尼可刹米、戊四氮;脊髓兴奋药,如士的宁等。

凡是能降低中枢神经系统机能的药物称为中枢抑制药,主要包括全身麻醉药,如水合氯醛、氯胺酮等;镇痛药,如吗啡、盐酸哌替啶、芬太尼;解热镇痛药,如氨基比林等;镇静安定与抗惊厥药,如氯丙嗪等。

9.1 中枢兴奋药

中枢兴奋药是指能使中枢神经系统的功能活动增强的药物。其作用程度、作用范围与使用的药物剂量及中枢神经系统的机能状态有关。当动物处于深度麻醉或使用过量中枢抑制药如苯巴比妥、水合氯醛,或在烈日下使役或密舱中运输产生日射病或热射病时,动物中枢神经系统的功能处于抑制状态,呼吸衰竭,心血管活动机能减弱,宜给予中枢兴奋药。在使用中枢兴奋药时,随着用药剂量的增加或反复用药,不仅使药物作用的强度增加,而且作用范围也随之扩大,甚至可能引起动物中毒死亡。如大脑兴奋药咖啡因用量过大时,其兴奋作用可扩布到延髓乃至脊髓,产生过度兴奋乃至惊厥,继而转化为中枢抑制,并且这种抑制不能再用中枢兴奋药拮抗,此时可危及动物生命。中枢兴奋药可按其主要作用部位的不同而分为3类:①大脑兴奋药,主要作用于大脑皮层,使动物精神焕发、行为表现活泼。代表药物为咖啡因。②脑干兴奋药,该类药物主要能使脑干特别是延脑的呼吸中枢、心血管运动中枢兴奋,从而表现为强大的呼吸兴奋作用和中等程度的强心作用。代表药物有尼可刹米、戊四氮、回苏灵、多普兰等。③脊髓兴奋药,该类药物能提高脊髓反射的兴奋性,使骨骼肌紧张度提高,收缩力增强。代表药物有士的宁等。

多数中枢兴奋药的治疗量与中毒量较为接近,作用时间较短,常需反复给药。因此,中枢兴奋药大多都属于毒药、剧药,在使用时应严格控制剂量和给药间隔时间,以免发生中毒。

9.1.1 大脑兴奋药

咖啡因

【来源与性状】 本品为人工合成药,为轻质、柔韧,有光泽的针状结晶。无臭,味苦,有风化性。略溶于水(1:50)和乙醇。咖啡因与苯甲酸钠(即安息香酸钠)形成可溶性苯甲酸钠咖啡因,此复盐在兽医临床上简称安那咖。

【作用与用途】 咖啡因的药理作用可通过生物化学机制给予阐明。研究发现咖啡因与一些激素、递质都能对腺苷酸环化酶(AC)、环磷酸腺苷(cAMP)、磷酸二酯酶(PDE)系统产生重要影响。cAMP在机体一些组织细胞内参与多种生化过程,cAMP浓度的高低取决于AC和PDE酶的活性高低。AC的活性是受儿茶酚胺(肾上腺素、去甲肾上腺素、多巴胺等)促进和激活。咖啡因则能抑制PDE活性,使cAMP的破坏减少,从而协同体内儿茶酚胺增强和延长了cAMP的作用。

①用作中枢兴奋药 本品的中枢兴奋作用最强,皮层特别敏感,是乙醚和其他麻醉药的直接对抗剂。因而用于重症衰竭、中枢抑制药用药过量引起的中毒、过度劳役引起的精神沉郁、血管运动中枢和呼吸中枢衰竭,剧烈腹痛(主要作为保护体力),牛产后麻痹

和肌红蛋白血尿症。

②用作强心药 本品除中枢作用外,在较大剂量下还可兴奋延髓呼吸中枢和血管运动中枢,对心肌、血管、支气管有直接作用,能增强心肌收缩力,增强心率、心输出量及松弛血管、支气管平滑肌。因而可用于高热、中暑、中毒等引起的急性心力衰竭。

本品还能抑制肾小管对钠离子的重吸收,增加肾血流量,具有利尿功效;还能使平滑肌松弛,有明显的解痉作用,对支气管平滑肌和胃肠道平滑肌的解痉作用尤好。本品也能直接作用于骨骼肌,使骨骼肌的收缩力加强、工作效率提高、疲劳得以缓解。

临床上的常用制剂为安那咖。用于拮抗中枢抑制药中毒、解救麻醉药过量、重病、过度劳役、溺水等所致的呼吸抑制和昏迷,也可用于治疗各种疾病(包括日射病、热射病及中毒)引起的急性心力衰竭。咖啡因与溴化物合用,可调整或恢复大脑皮层抑制与兴奋过程的平衡,这有助于调节胃肠蠕动和消除疼痛,因此,兽医临床上常用安溴注射液治疗马属动物的肠痉挛或肠弛缓等。

【药物相互作用】

①与氨茶碱同用可增加其毒性。

②与麻黄碱、肾上腺素有相互增强作用,不宜同时注射。

③与阿司匹林配伍可增加胃酸分泌,加剧消化道刺激反应。

④与氟喹诺酮类合用时,可使咖啡因代谢减少,从而使咖啡因的血药浓度提高。

【用法与用量】 苯甲酸钠咖啡因(安那咖)注射液,规格:5 mL:无水咖啡因 0.24 g 与苯甲酸钠 0.26 g;5 mL:无水咖啡因 0.48 g 与苯甲酸钠 0.52 g;10 mL:无水咖啡因 0.48 g 与苯甲酸钠 0.52 g;10 mL:无水咖啡因 0.96 g 与苯甲酸钠 1.04 g。皮下、静脉或肌内注射,一次量,马、牛 2~5 g;猪、羊 0.5~2 g;犬 0.1~0.3 g。休药期:牛、羊、猪 28 d,弃奶期 7 d。重症者可隔 4~6 h 重复给药一次。

安那咖粉剂,内服,一次量,马、牛 2~8 g;猪、羊 1~2 g;犬 0.2~0.5 g。

【注意事项】

①本品内服或注射均易吸收,在体内破坏快,安全范围大,不至于发生蓄积作用。因此按常规量使用比较安全;作为强心药使用时,是比肾上腺素更为安全的强心剂。

②本品剂量过大时可引起中毒。中毒症状为呼吸和心跳急速、体温升高、流涎、呕吐、腹痛、尿频,甚至惊厥。出现中毒时可选用溴化物、水合氯醛等进行急救处理,但禁用麻黄碱及肾上腺素等强心剂,以免增强对心脏的毒性。

③安那咖注射液为碱性药液,禁与酸性药物配伍,以免发生沉淀。

9.1.2 脑干(延髓)兴奋药

尼可刹米(可拉明、二乙烟酰胺)

【来源与性状】 本品为人工合成的吡啶衍生物,为无色或淡黄色澄清油状液体,有轻微的特臭。置冷处即成结晶。味微苦,有引湿性,能与水、乙醇、三氯甲烷、或乙醚任意混合。溶液颜色变黄后,不可使用。

【作用与用途】 本品为呼吸中枢兴奋药,能直接兴奋延髓呼吸中枢,表现为迅速、较强的呼吸兴奋作用,对处于抑制状态的呼吸中枢作用更为明显。使呼吸加深、加快,增加每分钟通气量。但这种呼吸兴奋作用只能持续 15～20 min。本品也可通过刺激颈动脉体和主动脉体化学感受器，反射性地兴奋呼吸中枢，并能提高呼吸中枢对二氧化碳的敏感性。对大脑皮层、延髓血管运动中枢及脊髓也有较弱的兴奋作用。本品对血压，表现为先短时降低而后再升压的作用。与回苏灵等呼吸中枢兴奋药相比，尼可刹米的作用温和而持久，安全范围较宽，但剂量过大时也可引起阵发性惊厥。

在兽医临床上，本品主要用于加速麻醉动物的苏醒和中枢抑制药，如吗啡、水合氯醛、乙醚等引起的呼吸抑制，对其他动物中毒和重病引起的呼吸抑制也可选用本品。本品解救新生仔猪窒息，效果也较好。本品对吗啡中毒的解救效力比戊四氮强，对巴比妥类药物中毒的解救不及戊四氮及印防己毒。本品还具有抗糙皮病作用，对动物的黑舌病也有良好的治疗效果。

【用法与用量】 尼可刹米注射液，规格：1.5 mL:0.375 g；2 mL:0.5 g。皮下、肌内或静脉注射，一次量，马、牛 2.5～5 g；猪、羊 0.25～1 g；犬 0.125～0.5 g；猫 7.8 mg～31.2 mg/kg 体重。必要时可间隔 2 h 重复给药 1 次。用量过大而引起惊厥时，可用短效巴比妥类药物如硫喷妥钠控制。

【注意事项】

①本品须密闭保存。

②剂量过大时，可兴奋大脑皮层和脊髓而导致惊厥。兴奋过后，动物又表现为较强的 抑制作用，所以在使用时应严格控制剂量。

戊四氮（戊四唑、五甲烯四氮唑、可拉佐、卡地阿佐）

【来源与性状】 本品为人工合成的有机化合物，白色结晶性粉末，无臭，味微辛苦，易溶于水和乙醇，在乙醚或三氯甲烷中溶解。

【作用与用途】 本品直接作用于延髓的呼吸中枢，表现为迅速而较强的呼吸兴奋作用，使呼吸增强。对血管运动中枢有一定的兴奋作用，此作用在血管张力低下时表现较为明显，能使血压上升，循环改善。当动物处于深度抑制时，静注本品能迅速使呼吸增强、血压升高。

在兽医临床上可作为急救药物使用，主要用于中枢抑制药物如巴比妥类、水合氯醛、乙醚及吗啡等中毒引起的呼吸抑制的解救。对其他药物中毒和重病引起的呼吸抑制和急性循环衰竭也可选用本品。本品解救新生仔猪窒息，效果也较好。

由于本品作用维持时间短，故对危重病畜可每隔 15 min 用药 1 次，直至呼吸好转。本品安全范围较小，过量应用（特别是静脉注射）易引起惊厥。因此，本品的作用特点为快、短、强，安全范围较小。但由于毒性较大而现已少用。

【用法与用量】 戊四氮注射液，规格：2 mL:0.2 g；5 mL:0.5 g。皮下、肌内或静脉注射，一次量，马、牛 0.5～1.5 g；猪、羊 0.05～0.3 g；犬 0.02～0.1 g。对急救病例可间隔 15～30 min 重复用药，直至呼吸好转。

【注意事项】

①本品应密封、在阴凉干燥处保存。

②本品剂量过大时会强烈兴奋中枢神经系统，产生惊厥，继而出现呼吸麻痹，所以应严格控制剂量。

③静脉注射时，宜缓慢。

回苏灵(盐酸二甲氟林)

【来源与性状】 本品为人工合成品。其盐酸盐为白色结晶性粉末,味苦,能溶于水和乙醇。回苏灵注射液为无色澄明溶液。

【作用与用途】 本品对延髓呼吸中枢有强烈的兴奋作用,可增大肺泡通气量。其作用快、强,但维持时间短。可用于各种因素引起的呼吸中枢抑制、麻醉药引起的中枢性抑制;对各种传染病和中毒性疾病所致的呼吸衰竭有效。药效比尼可刹米强而快,毒性较尼可刹米略大。

【用法与用量】 回苏灵注射液,规格:2 mL(8 mg)/支。肌内或静脉注射,一次量,马、牛 40~80 mg;猪、羊 8~16 mg;犬、猫 1~4 mg。静脉注射时,须用 5% 葡萄糖注射液稀释后缓慢注入或滴注。

【注意事项】

①本品应置阴凉处避光保存。

②用量过大时易引起动物惊厥,此时应停药。发生中毒时,可选用巴比妥类药物解救。

③孕畜禁用。

樟脑

【来源与性状】 本品是由樟脑树中提取制得的具有挥发性的固体物质,也可人工合成。为白色半透明的结晶性粉末或晶块,易挥发,易燃烧。难溶于水,易溶于乙醇或脂肪油中。

【作用与用途】 本品能反射性地兴奋呼吸中枢和血管运动中枢,吸收后也可直接兴奋延髓呼吸中枢,使呼吸加深加快,心肌收缩力加强,心输出量增加。

本品内服可刺激胃肠黏膜,使胃肠蠕动加强和腺体分泌增加,而呈现驱风、止酵作用。

本品还可反射性地增加呼吸道腺体分泌,有止咳化痰作用。

外用可作为刺激药,能加速炎性渗出物的消散,促进慢性炎症的好转与恢复。

兽医临床上作为强心药和呼吸中枢兴奋药,用于治疗各种原因引起的中枢抑制,对伴有循环障碍的急性热性病,其强心功能和呼吸兴奋作用尤好。

内服可作为健胃剂,用于消化不良、胃肠积气等。

外用可治疗挫伤、肌肉风湿症、蜂窝组织炎、腱炎、腱鞘炎等。

【用法与用量】 樟脑粉,内服,一次量,马、牛 4~12 g;猪、羊 ~14 g;犬 0.5~2 g。

樟脑注射液(20% 樟脑灭菌溶液),规格:5 mL(1 g)、10 mL(2 g)/支。皮下、肌内注射,一次量,马、牛 2~4 g;猪、羊 0.5~1 g;犬 0.2~0.4 g。

樟脑磺酸钠注射液又名康复那心,为樟脑经硫酸磺化后用碳酸氢钠中和而成的 10% 水溶液。本品对中枢神经系统特别是延髓呼吸中枢、血管运动中枢有兴奋作用,对心脏也有兴奋作用。可用于感染性疾病、药物中毒等引起的呼吸抑制,也可用于急性心衰。规格:1 mL:0.1 g;5 mL:0.5 g;10 mL:1 g。皮下、肌内或静脉注射,一次量,马、牛 1~2 g;猪、羊 0.2~1 g;犬 0.05~0.1 g。本品吸收快,可用作急救药。

氧化樟脑(维他康复),其注射液又名强尔心注射液,对中枢的兴奋作用和强心作用与樟脑磺酸钠相同,但效果更好,尤其在动物机体缺氧时使用更为适宜。皮下、肌内或静脉注射,一次量,马、牛0.05~0.1 g;猪、羊0.025~0.05 g。

【注意事项】

①本品应密封、在阴凉干燥处保存。

②樟脑很少引起中毒,但剂量过大时(为治疗量的10倍时)可产生较严重的中毒症状——癫痫样惊厥。急救可采用对症治疗,发生惊厥可用水合氯醛、硫酸镁注射液和10%葡萄糖液解救。

③高原缺氧、极度衰弱,特别是幼年患畜,禁用。羔羊对本品极为敏感,应慎用。动物患各种传染病的后期,表现为虚脱和衰竭的,忌用。即将屠宰的家畜,不宜使用,以免影响肉品质量。由于樟脑可使乳腺退化,抑制乳汁分泌,泌乳动物禁用。

④针剂如有结晶析出,可加温使其溶解后再用。

贝美格(美解眠)

【来源与性状】 本品为白色结晶粉末或片状结晶,无臭,味苦,可溶于水和乙醇。

【作用与用途】 本品的中枢兴奋作用类似于戊四氮,作用快而短暂,毒性也较低。是巴比妥类药物的特效拮抗剂,也可用于其他中枢性抑制剂,如水合氯醛中毒的解救。

【用法与用量】 美解眠注射液,规格:10 mL(50 mg)/支。静脉注射,每1 kg体重,一次量,犬、猫15~20 mg。宜用5%葡萄糖溶液稀释后行静脉滴注。

【注意事项】 剂量过大或静注速度过快可引起肌腱反射亢进、抽搐、惊厥。中毒时可使用巴比妥类药物进行解救。

多普兰(多沙普仑、吗乙苯吡酮、吗啉吡咯酮)

【来源与性状】 本品为人工合成的白色或无色结晶,无味,性质稳定,可溶于水。

【作用与用途】 本品为人工合成的新型呼吸兴奋剂。作用比尼可刹米强,而用途及不良反应均与尼可刹米相似。兽医临床上主要用于马、犬、猫麻醉中或麻醉后,以兴奋呼吸活动及加速苏醒,恢复反射;也可用于难产或剖腹产的新生犬、猫及猪,以刺激呼吸。

本品是巴比妥类和吸入性麻醉药所引起的呼吸抑制的专用特效兴奋剂。

【用法与用量】 多普兰注射液,规格:1 mL(20 mg)/支、20 mL(400 mg)/支。静注或静滴(麻醉后兴奋呼吸),每1 kg体重,一次量,马0.5~1.0 mg,可隔5 min重复给药1次;驹(用于复苏)0.02~0.05 mg/min;牛、猪5~10 mg;犬1~5 mg;猫5~10 mg。新生畜皮下或静脉注射,一次量,犊牛40~100 mg;羔羊5~10 mg;幼犬1~2 mg。

【注意事项】 剂量过大时,可引起动物反射亢进、心动过速或惊厥。

盐酸山梗菜碱(盐酸洛贝林)

【来源与性状】 本品为白色或微黄色结晶性粉末,无臭,味苦,略溶于水,微溶于乙醇。

【作用与用途】 本品能选择性地刺激动物颈动脉体化学感受器,反射性地引起呼吸中枢兴奋。适用于新生仔畜窒息,一氧化碳中毒引起的窒息,麻醉药及其他中枢抑制药如吗啡、巴比妥类等中毒及严重疾病引起的呼吸衰竭。

【用法与用量】 盐酸洛贝林注射液,规格:1 mL(3 mg)/支、1 mL(10 mg)/支。皮下注射,一次量,马、牛100~150 mg;猪、羊6~20 mg;犬1~10 mg。静脉注射,一次量,马、

牛 50 ~ 100 mg。

【注意事项】 剂量过大可致心动过速,甚至惊厥。

印防己毒(苦味毒)

【来源与性状】 本品为无色有光泽的晶性粉末,无臭,味极苦,微溶于水,可溶于乙醇。

【作用与用途】 本品可兴奋延髓呼吸中枢和血管运动中枢,大剂量也可兴奋大脑和脊髓。适用于解救巴比妥类药物中毒所导致的呼吸抑制。

【用法与用量】 印防己毒注射液,规格:1 mL(1 mg)/支、3 mL(3 mg)/支。肌内或静脉注射,一次量,马、牛 60 mg;犬 1 ~ 3 mg。

【注意事项】

①剂量过大可引起动物发生惊厥,此时可静注短效巴比妥类药物如硫喷妥钠等对抗。

②忌用于吗啡中毒,否则易引起惊厥。

9.1.3 脊髓兴奋药

硝酸士的宁(马钱子碱、番木鳖碱)

【来源与性状】 本品是由马钱子科植物马钱种子中提取的一种生物碱,临床上常用其盐酸盐和硝酸盐。硝酸士的宁为无色针状结晶或白色结晶性粉末,无臭,味极苦,在沸水中易溶,在水中略溶,在乙醇或三氯甲烷中微溶,在乙醚中几乎不溶。

【作用与用途】 本品对脊髓有高度选择性兴奋作用,使脊髓反射兴奋性提高,从而使动物的运动反射加速、增强,骨骼肌的紧张度增加,使骨骼肌的无力状态得到改善。

本品还能兴奋呼吸中枢和血管运动中枢,并能提高大脑皮层皮质感觉区的敏感性,使动物的视觉、听觉、嗅觉和触觉机能的敏感性得以改善并变得敏锐。

兽医临床上可作为脊髓兴奋剂,治疗神经肌肉不全麻痹和肌无力。如常用于治疗直肠、膀胱括约肌的不全麻痹;因挫伤引起的臀部、尾部及四肢的不全麻痹,以及颜面神经麻痹;猪、牛产后麻痹等;也可用于治疗公畜性功能减退和非损伤性阴茎下垂等。

马钱子酊内服作为健胃剂,用于治疗慢性消化不良、胃肠弛缓等。

【用法与用量】 盐酸士的宁注射液,规格:1 mL(1 mg)/支、2 mL(2 mg)/支、10 mL(20 mg)/支。皮下注射,一次量,马、牛 14 ~ 15 mg;猪、羊 2 ~ 4 mg;犬 0.3 ~ 0.8 mg。

硝酸士的宁注射液,规格:1 mL:2 mg;10 mL:20 mg。皮下注射,一次量,马、牛 15 ~ 30 mg;猪、羊 2 ~ 4 mg;犬 0.5 ~ 0.8 mg。

马钱子酊(番木鳖酊),为马钱子流浸膏 83.4 mg 加 45% 乙醇至 1 000 mL 制得的液体制剂,呈棕色,味极苦,含士的宁 0.12% 左右。为苦味健胃药。内服,一次量,马、牛 10 ~ 30 mL;猪、羊 1 ~ 2.5 mL;犬 0.1 ~ 0.5 mL。

【注意事项】

①士的宁对脊髓有强烈的兴奋作用,剂量过大时,动物会发生强直性痉挛、角弓反张、呼吸和心跳加速等症状,甚至引起喉头痉挛和呼吸中枢麻痹,使动物窒息死亡。因此,用药时应严格控制剂量。内服剂量也不宜过大,以免造成吸收过多而发生中毒。

②吗啡中毒时,因脊髓处于兴奋状态,故禁用于吗啡中毒的解救。

③本品一般不用于麻醉药和催眠药中毒的解救。

④静脉注射戊巴比妥钠,对控制士的宁、可卡因中毒所产生的惊厥症状有效。

⑤肝肾功能不全、癫痫、破伤风等患畜忌用本品。

硝酸一叶秋碱

【来源与性状】 本品为白色或微带粉红色的粉末,无臭,味苦,易溶于水,略溶于乙醇。

【作用与用途】 本品兴奋脊髓的作用与士的宁相似,但毒性较士的宁低。还有轻度的抑制胆碱酯酶的作用。可用于治疗神经性肌肉麻痹、面神经麻痹及外伤性截瘫。

【用法与用量】 硝酸一叶秋碱注射液,规格:1 mL(4 mg)、2 mL(8 mg)/支。肌内或穴位注射,一次量(试用量),各种家畜 0.2 ~ 0.3 mg/kg 体重

【注意事项】 过量中毒时可引起惊厥,此时可静脉注射巴比妥类药物对抗。

9.2　全身麻醉药与镇静保定药

9.2.1　全身麻醉药

1)全身麻醉药的概念

全身麻醉药简称全麻药,是一种能可逆地抑制中枢神经系统,暂时引起意识、感觉、运动及反射消失、骨骼肌松弛,但仍保持延髓生命中枢(呼吸中枢和血管运动中枢)功能的药物。

2)全身麻醉药的分类

按理化性质和用药方法的不同,可分为吸入性麻醉药和非吸入性麻醉药两大类。吸入性麻醉药包括挥发性液体(乙醚、氟烷、甲氧氟烷、恩氟烷等)和气体(N_2O、环丙烷等);非吸入性麻醉药主要有水合氯醛、氯胺酮、硫喷妥钠等。

吸入性麻醉药多为气体或低沸点的挥发性液体,通过呼吸道吸入体内后产生麻醉作用。其优点是易于调节和控制麻醉深度,但需要一定的仪器设备,且在麻醉过程中要有专人监视,因而使用不方便,在基层难于实施,并且该药的兴奋期长,在麻醉过程中动物会产生强烈的兴奋现象,因此国内兽医临床较少使用。国内兽医临床一般仅对中、小动物实施开放式吸入性麻醉。

非吸入性麻醉药的性质比较稳定,不具挥发性,主要通过静脉注射、肌肉注射、口服或直肠给药进行麻醉。静注麻醉的效果常因动物种类、品种、个体不同而产生差异。因此,在进行动物麻醉时,应针对动物的具体情况科学正确地选取适宜的麻醉药的种类、剂量及给药方法。临床上主要应用二甲苯胺噻唑(静松灵)类麻醉剂、巴比妥类、水合氯醛、氯胺酮等。并且临床上常将几种麻醉药及镇静、镇痛药合用,以提高麻醉效果,减少麻醉药的用量,减轻副作用。

3)麻醉的分期

全麻药依其剂量从低到高,中枢神经系统各个部位可依次出现不同程度的抑制。首

先抑制大脑皮层,其次是皮层下中枢(间脑、中脑),再次脊髓,最后才抑制生命中枢——延髓。由于这种顺序,使麻醉药对动物的麻醉表现为一个由浅入深的连续过程。因此,临床上为了掌握麻醉深度,得到满意的麻醉效果,防止给动物进行全身麻醉时发生事故,常根据动物在麻醉过程中的表现,而人为地将麻醉过程分为镇痛期、兴奋期、外科麻醉期及延髓麻痹期或恢复期等4个不同的时期。其中,镇痛期和兴奋期又合称为诱导期。

第一期:镇痛期(随意运动期)　施用麻醉药后,动物痛觉逐渐消失,而后是触觉和听觉消失,肌力无变化,脉搏加快,呼吸快而不规则,各种反射都存在。此期又称随意运动期。

第二期:兴奋期(不随意运动期)　动物的意识与感觉逐渐消失,皮层下中枢失去大脑皮层的抑制与调节,动物表现出不随意运动性兴奋,鸣叫和挣扎较强烈。吸入性麻醉药所引起的这种表现最为明显,而静脉注射的快效麻醉药如硫喷妥钠则在此期不出现这种特有的不良反应。在此期中,动物表现出呼吸不规则,血压上升,瞳孔扩大,肌张力显著增加,各种反射仍然存在,常称此期为不随意运动期。

第三期:外科麻醉期　该期又分为浅麻醉期和深麻醉期。兽医外科手术大多在浅麻醉期进行。处于浅麻醉期的动物的中枢神经自上而下逐渐受到抑制,但延髓功能仍然存在。动物的痛觉、意识完全消失,反射停止,肌肉松弛,呼吸缓慢、浅而有规则,脉搏正常,瞳孔逐渐缩小,动物安静。切开皮肤时几乎不出现反射动作。舌肌松弛,骨骼肌张力降低,皮肤、吞咽、咳嗽及足反射均消失,但角膜反射仍然存在。动物进入深麻醉期时,呼吸和脉搏变慢,瞳孔极度缩小,骨骼肌极度松弛,出现舌脱。如果继续加深麻醉,则动物表现出不规则的腹式呼吸。血压开始下降,瞳孔开始放大,各种反射机能将消失。兽医临床麻醉均不应达到这一阶段。

第四期:延髓麻醉期或恢复期　动物瞳孔扩大,呼吸困难,心跳微弱而逐渐停止,最后麻痹死亡,这种现象称为延髓麻痹期。临床麻醉时应严防达到此期。如果动物逐渐苏醒而恢复,称恢复期或苏醒期。动物在麻醉后的苏醒过程中,中枢神经系统的功能的恢复顺序与麻醉过程正好相反,因此,动物在苏醒时,虽然觉醒,但站立不稳,易跌倒,此时应加以防护。

事实上,除乙醚的麻醉分期比较典型外,其他麻醉药多不典型。临床上常常联合几种全麻药或加用辅助药物进行复合麻醉,因此更难出现上述典型的分期。

4)麻醉方式

在兽医临床实践中,每种麻醉药都有不同程度的缺点或不足。因此,为了增强麻醉效果,降低麻醉药的毒性或副作用,扩大麻醉药的使用范围,常采用以下复合麻醉的方式:

(1)麻醉前给药

在动物麻醉前给予某种药物,以减少全麻药的用量及毒副作用,扩大安全范围或延长麻醉时间,增加麻醉效果,这种方法称为麻醉前给药。

硫酸阿托品和盐酸氯丙嗪等为常用的麻醉前用药。阿托品可抑制动物唾液腺和支气管腺的分泌,防止窒息和这些分泌物对手术的干扰,扩张支气管,预防气管插管时产生喉痉挛;同时,阿托品还可降低胃肠道的蠕动和腺体的分泌,减少麻醉药的副作用,也有利于手术的顺利进行。氯丙嗪具有中枢抑制、镇吐和增强麻醉的作用,与全麻药合用时,可减少全麻药的用量、增强全麻药的镇痛效果和麻醉效果,防止呕吐,改善肌肉的松弛度。

(2)诱导麻醉

为了克服乙醚等麻醉药诱导期过长的缺点,采用起效迅速的硫喷妥钠静脉注射,迅速通过诱导期,在短时间内进入麻醉期,然后再用乙醚维持麻醉深度的方法。

(3)基础麻醉

即先用一种静注麻醉药,如硫喷妥钠、水合氯醛等,造成浅麻醉以作基础,使麻醉的第二期缩短,使动物迅速而平稳地进入到外科麻醉的浅麻醉初期,再用吸入麻醉药以维持麻醉深度的这种麻醉方法。

(4)混合麻醉

将两种或两种以上的麻醉药混合在一起进行的麻醉称为混合麻醉。混合麻醉能使药物相互取长补短,增加麻醉强度,减低毒性,最终达到较为安全可靠的麻醉效果,扩大应用范围的目的。例如,水合氯醛—硫酸镁注射液、水合氯醛—酒精注射液。

(5)配合麻醉

以某种全麻药为主,配合其他局部麻药进行的麻醉称为配合麻醉。如使用全麻药(水合氯醛)使动物达到浅麻醉,同时在手术局部使用局部麻醉药(普鲁卡因)以减少前者的用量,降低其毒性,增加麻醉效果。这种方式的麻醉安全范围大,用途广,对各种动物都比较安全、适宜,是兽医临床上颇为常用的一种麻醉方式。

(6)合用肌肉松弛药

全麻药合用琥珀胆碱、箭毒碱等肌肉松弛药,可在浅麻状态下获得满意的肌肉松弛效果,以便于手术操作。

5)进行全身麻醉时的注意事项

全身麻醉能引起动物生理机能的严重变化,稍有不慎即可对动物造成严重损害,甚至导致其死亡。因此,为了保证全身麻醉的安全进行,应注意以下事项:

(1)麻醉前的检查

麻醉前要仔细检查动物体况。对过于衰竭、消瘦或有严重心血管疾病或呼吸系统疾病、肝脏疾病的患畜及怀孕母畜,不宜进行全身麻醉。

(2)注意麻醉过程中的观察

在整个麻醉过程中,要经常观察动物的呼吸和瞳孔变化情况,检查脉搏和心率,以免麻醉过深。如果在麻醉过程中,发现瞳孔突然扩大、呼吸困难、黏膜发绀、脉搏微弱、心律紊乱时,应立即停止麻醉并进行对症处理,如打开口腔、牵出舌头、进行人工呼吸或注射中枢兴奋药解救。

(3)准确选用适宜的麻醉药

要根据动物种类和手术需要选择适宜的全麻药和麻醉方式。一般地说,猪和马属动物对全麻药较能耐受,但巴比妥类药物易引起马产生明显的兴奋过程。反刍动物在麻醉前应停饲12 h以上,且不宜单独使用水合氯醛做全身麻醉,多以水合氯醛造成浅麻,在配

合使用普鲁卡因进行麻醉。

6）吸入性麻醉药

应用于兽医临床的吸入性麻醉药主要有乙醚、氟烷、甲氧氟烷及环丙烷等。

麻醉乙醚（麻醉醚）

【来源与性状】 本品为人工合成的一种无色、澄明、挥发性强的液体。极易燃烧，具有甜而有刺激性的特殊气味。比重 0.714，沸点 34.6 ℃，其蒸气比空气重 2.6 倍。乙醚与空气混合（乙醚浓度超过 1.85%）时易发生爆炸。遇光、空气易形成乙醛及过氧化合物，对呼吸道有刺激性，有毒。可溶于水（1∶12）、油和油类溶剂。须密封于容器中保存。

【作用与用途】 本品作用于中枢神经系统，使动物暂时失去意识和痛觉，肌肉松弛，以便于外科手术的进行。乙醚为全麻药中最安全的吸入性麻醉药，能有效地抑制中枢神经系统，而对动物机体其他系统无不良影响。乙醚麻醉过程缓慢，一般经 3～10 min 产生麻醉。刺激性大，呼吸道分泌物多，但肌肉松弛效果好。主要用作中小动物的全身麻醉药。对其缺点可通过复合麻醉的办法加以解决。

乙醚皮下注射所产生的刺激作用可反射性地兴奋呼吸、强心、升高血压，可作为反射性兴奋药，兽医临床上可用于虚脱。

【药物相互作用】 用于吸入麻醉时，并用肾上腺素或去甲肾上腺素可发生心律失常。

【用法与用量】 麻醉乙醚，规格：每瓶 100,150,250 mL。吸入麻醉乙醚可采用乙醚加热吹入法，即使用连接盛有乙醚的广口瓶，胶管的一端连接打气球，另一端连接针头，在进行麻醉时，将针头刺入动物气管内以注入乙醚。用量可根据手术需要及麻醉方式而定。乙醚加热产生气体时，使用温度不可太高。本法可应用于马、幼猪、犊牛、犬、猫等动物。

犬麻醉前皮下注射盐酸吗啡 5～10 mg/kg 体重、硫酸阿托品 0.1 mg/kg 体重，然后用麻醉口罩吸入乙醚，直至出现麻醉指征为止。猫、兔可置于麻醉箱中，吸入乙醚蒸气，或用麻醉口罩吸入。

【注意事项】

①本品沸点低，加热产生蒸气时应严格控制其温度。

②过期产品和开瓶后放置于室温下超过 24 h 或在冰箱内保存 3 d 后的乙醚会产生有刺激性的过氧化合物，禁用。

③储存及使用时应避开明火，以免发生燃烧或爆炸。

④本品与筒箭毒碱合用能增强对周围神经的阻滞作用，患呼吸感染或梗阻、消化道梗阻的动物，忌用。

氟烷（三氟溴氯乙烷）

【来源与性状】 本品是由人工合成的一种多卤代乙烷，为无色液体，外观澄清，易挥发，带甜味，比重 1.871，沸点 50.2 ℃，难燃、难爆，遇光不稳定，对呼吸道无刺激性，在水中的溶解度为 0.345%。

【作用与用途】 本品对中枢神经系统有抑制作用，为一强效的吸入麻醉剂。麻醉作用比氯仿、乙醚稍强，镇痛作用比氯仿弱。麻醉诱导时间短，不易引起腺体分泌。对呼吸系统无刺激性,但麻醉加深时可抑制循环和呼吸。通常用作外科手术时的吸入麻醉剂。在大动物可用作巴比妥类诱导麻醉的维持麻醉药,多采用半闭合式或闭合式麻醉机给药。猪、羊应用氟烷也有满意的效果。本品可与所有的全麻药和麻醉前给药的药物合用,氧化亚氮最常与氟烷合用,这样可以减少氟烷对心肺系统的不良作用。

【用法与用量】 氟烷,规格:每瓶 20,150,250 mL(用麝香草酚作稳定剂)。可用作大小动物的麻醉药。大动物常用量:0.05～0.19 mL/kg 体重,可维持麻醉 1 h。为了避免药物浪费和便于控制浓度,一般采用闭合式或半闭合式麻醉装置给药。马用 0.045～0.18 mL/kg 体重氟烷,可维持麻醉 1 h;牛在用硫喷妥钠做诱导麻醉后,按每 100 kg 体重用氟烷 25～30 mL 作维持麻醉,可维持麻醉 1 h;山羊注射硫酸阿托品 0.8～2.4 mg 后,再迅速静注戊巴比妥钠 13～17 mg/kg 体重,最后用氟烷维持麻醉,可维持麻醉 1 h。

【注意事项】

①本品使用浓度过高会导致动物窒息,开始时应以低浓度(2%～4%)给予。

②用于犬、猫麻醉时,有时难以控制麻醉深度,所以有必要与氧化亚氮合用。鹦鹉使用本品时,在 15～30 s 便可达到麻醉期,所以在麻醉中必须小心谨慎,严防达麻醉第四期。

③本品不宜与肾上腺素或去甲肾上腺素合用,以免产生心律不齐或心房纤维性颤动。

④本品能增加动物对氯丙嗪等的敏感性,两药合用时需谨慎。使用本品后出现的低血压可用升压药(甲氧胺)矫正。

甲氧氟烷

【来源与性状】 本品为人工合成的无色液体,挥发性较低,有水果气味,沸点 105 ℃,比重 1.426 2。性质稳定,不燃烧,不爆炸。

【作用与用途】 本品为强效吸入麻醉剂,镇痛及肌肉松弛作用均较氟烷强,作用时间也比较长。诱导和苏醒较氟烷慢,比乙醚快。对呼吸道刺激性小。可用作大动物的维持麻醉药和小动物、实验动物及笼鸟的麻醉药。

【用法与用量】 每瓶 20,150 mL。吸入量依手术需要而定。诱导麻醉用 3% 的浓度,维持麻醉用 0.5% 的浓度。通入氧气促其挥发。

氧化亚氮(笑气)

【来源与性状】 本品为人工合成的无色气体,味微甜,可助燃,为空气重的 1.5 倍,室温下稳定。28 ℃时,在 5 065 kPa(50 个大气压)压力下液化,储存于钢瓶中供用。1 体积本品可溶于 1.5 体积的水中,可溶于乙醇。

【作用与用途】 动物吸入纯净的本品能迅速引起麻醉状态和窒息,因此,必须与氧混合后使用。诱导时间短。若不补充维持剂量,可迅速苏醒。本品可用于马、反刍动物及犬、猫的维持麻醉。

【用法与用量】 本品须用耐高压钢瓶盛装。用于小动物麻醉:75% 氧化亚氮加 25% 氧气混合,通过面罩给予 2～3 min,然后再加入氟烷,使其在氧化亚氮和氧气混合气体中达 3% 的浓度,直至出现下颌松弛等麻醉指征为止。

7）非吸入性麻醉药

（1）巴比妥类

巴比妥类为巴比妥酸的衍生物。巴比妥类药物主要能抑制脑干网状结构上行激活系统。根据施用剂量的不同可产生镇静、抗惊厥、催眠和麻醉作用。临床上常根据其作用时间的长短而将其分为长时（苯巴比妥钠）、中时（异戊巴比妥钠）、短时（戊巴比妥钠）和超短时（硫喷妥钠）等几类。

兽医临床上常把巴比妥类药物作为基础麻醉药和全身麻醉药使用，有时也作为镇静和催眠药以及中枢兴奋药（如士的宁）中毒的解救药。

硫喷妥钠（戊硫巴比妥钠）

【来源与性状】 为人工合成品。呈淡黄色粉末，有类似蒜的臭气，味苦，易潮解。易溶于水，能溶于乙醇。水溶液呈中强碱性（pH 值接触空气 10.5）。接触空气或在水溶液中极不稳定。本品粉针剂吸潮后易分解变质而增强毒性，因此，其粉针剂多密封于填充氮气的玻璃容器中，并加碳酸氢钠作缓冲剂。过期制品或粉末不易溶解时，不宜使用。其粉针应现配现用。

【作用与用途】 本品属于超短效巴比妥类麻醉药。静注给药后，对高级中枢大脑皮层产生较快的抑制作用，从而产生迅速麻醉作用（静脉注射后 1 min 内动物即麻醉），但维持时间短暂（大动物 10~20 min，实验动物 0.5~1 h）。因此，本品可作为马的基础麻醉药，也可用作猪、牛、羊及犬、猫的短时外科手术时的麻醉药或基础麻醉药；本品还有较好的抗惊厥作用，而用作抗脑炎、破伤风及中枢兴奋药中毒引起的兴奋症状。本品作用时间短，可采用小剂量重复给药以延长所需的麻醉时间。

【用法与用量】 硫喷妥钠粉针剂，规格：0.5 g/支、1.0 g/支。临用前用灭菌注射用水或生理盐水配制成 2.5%~10% 的溶液使用。

全身麻醉：①静脉注射（每 1 kg 体重计），马 7.5~11 mg（麻醉 10~15 min）；牛 15~20 mg（麻醉 5~15 min）；猪 10~15 mg（麻醉 10~15 min）；犬 20~25 mg（麻醉 10~20 min）；猫 9~11 mg。②腹腔注射（每 1 kg 体重计），猪 20 mg（麻醉 10~20 min）；猫 60 mg。

基础麻醉：静脉注射（每 1 kg 体重计），马、羊 10~15 mg；牛 7~10 mg。在半分钟内迅速静注，待动物失去意识卧倒后再缓慢补充小剂量以维持麻醉深度，或配合局部麻醉药、全身麻醉药以维持麻醉。

野生动物的麻醉：静注（每 1 kg 体重计），黑猩猩 33 mg，用于短时间外科手术（30~45 min），此剂量可达浅麻期；兔 50 mg（麻醉时间 5~10 min）。

【注意事项】

①硫喷妥钠仅作静脉注射或腹腔注射用，皮下或肌肉注射均有强烈的刺激作用，会引起组织腐蚀。

②本品与维生素 K_3 注射液混合后会立即变成黄棕色，数分钟内发生沉淀。本品与葡萄糖、右旋糖苷、碳酸氢钠、硫酸镁、氯化钙、苯巴比妥钠、乙酰丙嗪、西地兰或红霉素等混合后会发生沉淀。

③本品的主要毒性作用是抑制呼吸中枢，并能抑制心脏，降低血压。因此，患有哮

喘、严重贫血、心脏疾病、低血压及肝脏疾病的动物忌用。

④本品具有巴比妥类的"葡萄糖反应"。

戊巴比妥钠

【来源与性状】 本品为人工合成品。为白色结晶颗粒或晶粉,无臭,味微苦,有吸湿性。易溶于水,水溶液呈碱性,遇热易分解,水溶液沉淀后加氢氧化钠能重新溶解。

【作用与用途】 本品作用于中枢神经系统,产生镇静、催眠和麻醉作用。其作用时间较硫喷妥钠长,可作为中小动物(包括猪、羊等)的全身麻醉药以及各种家畜的基础麻醉药,是犬、猫最常用的全麻药。本品也是有效的抗惊厥药,特别适用于士的宁或其他毒物所引起的惊厥。抗惊厥时,宜静注,所用剂量要显著高于麻醉剂量。

【药物相互作用】

①用戊巴比妥麻醉的猫,给予氨基苷类抗生素能引起神经肌肉的阻滞。

②DDT 等农药或其他巴比妥类药物可诱导肝微粒体药物代谢酶,从而能降低这些药物的麻醉维持时间。

【用法与用量】 戊巴比妥钠粉针,规格:0.1 g/支、0.5 g/支。临用前用灭菌注射用水配成 3% ~6% 的溶液,供静注或腹腔注射。

全身麻醉:静注(每 1 kg 体重),马 15 ~20 mg(麻醉时间达 45 min)。对马一般采用复合麻醉,即先按 60 mg/kg 体重的量静注水合氯醛作基础麻醉,然后按 8 ~12 mg/kg 体重的量静注本品,麻醉时间可达 30 ~50 min,约经 1.5 h 苏醒。牛 5 ~20 mg,维持麻醉 30 min,约经 1.5 h 苏醒;羊 30 mg,维持 30 ~40 min,约经 2.5 h 苏醒;猪(静注或腹腔注射)10 ~25 mg,可维持麻醉 30 ~60 min;犬 25 ~30 mg,维持麻醉时间达 30 ~60 min,约经 4 h 苏醒;猫 25 mg;熊类 13.5 mg,此剂量为麻醉剂量的 50% ~75%,其余量可在其后添加,直至达到适当麻醉程度为止。

镇静:马,静脉注射(每 1 kg 体重),10 ~15 mg;犬,内服(每 1 kg 体重),20 ~25 mg。

保定及麻醉:静注(每 1 kg 体重),黑猩猩 30 mg。

【注意事项】

①本品一般不单独用作马和成年牛的麻醉,因可能引起严重的鼓胀并发症。

②临床上应用本品时,静注给药必须控制注射速度。可先快速注射全量的 1/2,然后根据动物的麻醉状态缓慢补充余下剂量。与氯丙嗪配合作强化麻醉时,戊巴比妥钠的量可减少 1/2 ~2/3。

③犬经本品或巴比妥类药物麻醉后,在苏醒时注射葡萄糖,则会有近 1/4 的犬会重新进入麻醉状态,这种现象称为巴比妥类药物的"葡萄糖反应"。因此,当有动物使用巴比妥类药物进行麻醉而在手术后发生休克时,注射葡萄糖就会引起动物死亡。戊巴比妥钠的"葡萄糖反应"具有种属差异,豚鼠、雏鸡、兔、鸽以及田鼠等高度敏感,犬中度敏感。

(2)分离麻醉药

分离麻醉药是指用药以后能使动物意识模糊、痛觉消失,对环境刺激无反应,骨骼肌张力增加,从而呈现"木僵样麻醉"的药物。兽医临床上常用的分离麻醉药是氯胺酮。

氯胺酮(开他敏)

【来源与性状】 本品系用化学方法合成的苯环己哌啶的衍生物。为白色晶性粉末,

微有特臭。易溶于水,水溶液呈酸性,pH 值 3.5 ~ 5.5。

【作用与用途】 本品为短效静注麻醉药。其与传统的全身麻醉药相比,其既可抑制丘脑新皮层系统,又能兴奋大脑边缘叶,引起动物感觉与意识分离。因此,动物应用本品后,意识模糊而不完全消失,无痛觉反应,麻醉后骨骼肌张力增加,呈现“木僵样麻醉”。这种意识与感觉相对分离的麻醉现象即是所谓的分离麻醉。与其他全麻药不同的是,在麻醉期间,动物睁眼凝视或眼球转动,咳嗽与吞咽反射仍然存在。因此,不能以反射反应和肌肉松弛来判定麻醉深度。

本品随使用剂量从小到大可依次产生镇静、催眠和麻醉作用。临床上可作为马、牛、猪、羊及多种野生动物的化学保定药、基础麻醉和麻醉药。与其他药物配合应用,可用于多种动物的麻醉。对妊娠后期的母羊进行麻醉不会出现因用药而发生流产现象。多以静注方式给药,作用发生快,维持时间短。如马按 1 mg/kg 体重静注,约 1 min 即可麻醉,药效维持 10 min,约经 30 min 恢复正常状态。肌肉注射后 3 ~ 5 min 产生作用,可维持 30 min;牛按 8 mg/kg 体重静注,药效维持 30 min;猪按 20 mg/kg 体重肌注,药效维持 10 ~ 20 min。故本品可用于不需要肌肉松弛的小手术和诊疗处置等。因为本品可以肌肉注射,所以它是野生动物良好的镇静性保定药,便于对野生动物进行疾病诊疗、X 光检查及采血等。

【用法与用量】 盐酸氯胺酮注射液,规格:2 mL:0.1 g,10 mL:0.1 g;20 mL:0.2 g。

麻醉:静注,每 1 kg 体重,一次量,马、牛 2 ~ 3 mg;羊、猪 2 ~ 4 mg,用灭菌注射用水配成 1% ~ 5% 的溶液缓慢静注,作用消失可重复应用。肌内注射,每 1 kg 体重,一次量,羊、猪 10 ~ 15 mg;犬 10 ~ 20 mg;猫 20 ~ 30 mg;灵长动物 5 ~ 10 mg;熊 8 ~ 10 mg;鹿 10 mg;水貂 6 ~ 14 mg。休药期 28 d,弃奶期 7 d。

复方氯胺酮注射液,本品为盐酸氯胺酮、盐酸赛拉嗪与盐酸苯乙哌酯的灭菌水溶液。含上述 3 种成分分别为 15% ,15% 和 0.005% 。用于家畜和野生动物的基础麻醉、全身麻醉和化学保定。肌内注射,一次量,以本品计,每 1 kg 体重,猪 0.1 mL;犬 0.033 ~ 0.067 mL;猫 0.017 ~ 0.02 mL;马鹿 0.015 ~ 0.025 mL。

【注意事项】

①本品对鸽使用 400 mg/kg 时也不会产生麻醉作用。本品对犬的中枢神经系统有较强的兴奋作用,单用时必须谨慎。

②本品能使骨骼肌发生强直性收缩,不得单独用于腹部或矫正外科手术的麻醉,应与其他有肌肉松弛作用的药物作复合麻醉。

③作大手术时,应采取复合麻醉法。肝肾功能障碍的病畜禁用。

④应用本品可出现动脉压升高,手术中和手术后应采取止血措施,对成年猫作去势手术时应特别注意。

（3）**其他非吸入性麻醉药**

主要有水合氯醛、氯醛糖及乌拉坦等。

水合氯醛

【来源与性状】 本品系用乙醛经氯化后生成三氯乙醛,再与水结合而成。为无色透明结晶,有刺激性特臭,味微苦,在空气中逐渐挥发,易潮解。极易溶于水,易溶于乙醇。

其水溶液呈中性反应,久置空气中或遇热、碱和日光可缓慢分解产生三氯醋酸和盐酸,因而酸度增高。配制注射剂时不可煮沸灭菌。

【作用与用途】 随着剂量的增加,本品可产生镇静、催眠作用,剂量加大可产生抗惊厥和麻醉作用。本品是一种良好的镇静催眠药。施用适当剂量的本品后,可减少动物的随意或不随意的挣扎及活动,使动物快速进入麻醉状态。作为麻醉药具有吸收快、兴奋期短、麻醉期长(麻醉时间可维持1~3 h)、无蓄积作用和价廉等优点。但本品单用镇痛效果不佳,麻醉力弱,麻醉剂量接近中毒剂量(安全范围小),剂量稍大可抑制呼吸中枢而造成动物窒息死亡。因此,常用作大家畜外科手术的复合麻醉用药。

本品作为麻醉药对马属动物、犬和猪的效果稍好。对反刍动物如牛羊的麻醉效果极差,且危险性较大,因此,一般不用作反刍动物的全身麻醉药。在兽医临床上,本品常与酒精、硫酸镁、氯丙嗪、杜冷丁等混合使用,或用本品造成浅麻醉,再配合应用局部麻醉药(普鲁卡因)。单独使用本品时,麻醉作用可维持1 h左右。由于其对大脑皮层运动区的抑制发生较快,作用较强,而对感觉区的抑制发生较慢,作用较弱,因而动物在使用本品后,在感觉消失之前可出现四肢无力、站立不稳、很快卧倒,应加以防护,以防动物发生跌伤。

本品常被用作动物的镇静药和催眠药,使马、牛等镇静,以便于诊断、治疗处理和保定;可用于马、牛疝痛,以避免疼痛时倒地翻滚;也可用于牛酮血病所致的神经兴奋、狂躁不安;还常作为抗惊厥药用于破伤风、脑炎、膀胱痉挛、子宫脱出及士的宁所致的惊厥。

【药物相互作用】

①本品可诱导肝微粒体酶活性,促进双香豆素等药的代谢,使其作用降低或抗凝血时间缩短。

②乙醇及其他中枢神经抑制药、硫酸镁、单胺氧化酶抑制剂可增强本品的中枢抑制作用。

③与氯丙嗪合用可使体温明显下降。

【用法与用量】 水合氯醛注射液:①镇静,内服,一次量,马、牛10~25 g;猪、羊2~4 g;犬0.3~1 g。②催眠,内服,一次量,马30~60 g;牛15~30 g;猪5~10 g;鹿(每1 kg体重)55 mg。灌肠,一次量,马30~50 g;牛20~30 g;猪、羊5~10 g。③催眠与浅麻醉,缓慢静注,每1 kg体重,一次量,马、牛0.08~0.12 g;山羊0.13~0.18 g;猪0.15~0.18 g;骆驼0.1 g;鸡15~35 mg。④抗惊厥,静注,每1 kg体重,一次量,马0.04 g,必要时间隔6~8 h重复给药1次。对狂躁型酮血病病牛,可按每1 kg体重,一次内服0.2 g。犊牛腹部手术麻醉,静注一次量(每1 kg体重) 125~250 mg。⑤猪的麻醉,胃管投服剂量(每1 kg体重)0.5 g。

水合氯醛硫酸镁注射液,本品含水合氯醛8%、硫酸镁5%、氯化钠0.9%的灭菌水溶液。规格:50 mL/瓶、100 mL/瓶、300 mL/瓶。具有麻醉、镇静和松弛骨骼肌的作用。用于麻醉、镇静和解痉。马静注,一次量,镇静100~200 mL,浅麻醉200~300 mL,深麻醉300~500 mL。注射速度必须缓慢,每1 min不得超过30 mL,直至达到所需要的麻醉程度为止。

水合氯醛乙醇注射液,本品含水合氯醛5%、乙醇12.5%。规格:50 mL/瓶、100 mL/瓶、250 mL/瓶、300 mL/瓶。有镇静、解痉作用,常用于缓解中枢神经兴奋性疾病

引起的症状和疝痛等。静脉注射,一次量,马、牛100~200 mL(解痉)、300~500 mL(麻醉)。

【注意事项】

①本品应避光、密封保存。

②静脉注射时,应配制成5%~10%的溶液。配制时应先消毒烧瓶和用具,将生理盐水煮沸15 min,待冷却至40~45 ℃时再加入本品,溶解后进行无菌过滤即成。

③本品遇热易分解,不宜高温灭菌。

④水合氯醛具有强烈的刺激性,静脉注射时不得漏出血管外,内服或灌肠时应配成1%~5%的水溶液并与粘浆剂等保护药合用。

⑤水合氯醛的麻醉作用在注射后10~15 min加深,所以可先快速地注射2/3的剂量,再根据呼吸、心跳等的变化决定继续注入的量,达到浅麻时应立即停药。本品能抑制体温调节中枢,与氯丙嗪合用可使正常体温下降3~5 ℃。因此,在冬季对动物进行麻醉时,应注意动物保温。

⑥反刍动物对水合氯醛较敏感,并且其支气管腺发达,在麻醉状态下分泌的黏液易阻塞气管和支气管,引起动物窒息或异物性肺炎,所以在麻醉前应注射硫酸阿托品以减少分泌。

⑦发生水合氯醛中毒时,可用安那咖、樟脑制剂或尼可刹米等中枢兴奋药解救,但禁用肾上腺素等强心药解救,因肾上腺素可导致心脏纤颤,加重水合氯醛对心脏的毒性。

乙醇(酒精)

【来源与性状】 本品为无色透明液体,易挥发,易燃烧,应在冷暗处避火保存,乙醇含量不得少于95%。无水乙醇的乙醇含量在99%以上,能与水、醚、甘油、氯仿及挥发性油类等任意混合。

【作用与用途】 其麻醉作用在本质上与其他全身麻醉药相似。因兴奋期长,安全范围小,故不适于单独使用。可与水合氯醛合用,作为马的基础麻醉药。反刍动物对乙醇耐受性较强,兴奋期较短,且不增加呼吸道腺体分泌,故常作为反刍动物的麻醉药,可达到浅麻,若再配合局部麻醉药,则能满足手术要求。麻醉可持续1.5~2 h。

乙醇具有营养作用,并可增强动物机体器官的机能活动,可用于虚弱病畜、传染病畜作营养强壮剂。乙醇还具有刺激作用,少量内服本品后,可反射性地促进胃液、胰液的分泌,因而具有健胃作用,同时还有制酵和镇痛作用,可用于治疗急性胃扩张、肠痉挛、肠鼓胀等。

【用法与用量】 浅麻:静脉注射,每1 kg体重,一次量,牛0.36~0.4 mL,用生理盐水或5%葡萄糖液稀释成30%~40%乙醇溶液注入。内服用作浅麻醉:一次量,牛400~600 mL;羊120~160 mL。稀释成40%左右的乙醇浓度灌服。体重200~400 kg的牛也可一次灌服白酒1~2 kg,600 kg以上的牛可一次灌服白酒2~3 kg。用于健胃止酵:一次量,马、牛30~100 mL;猪、羊15~30 mL。稀释成10%左右浓度灌服。

9.2.2 镇痛保定药

镇痛药是指能选择性地作用于中枢神经系统的疼痛中枢,以减轻或解除疼痛的药物。本类药物在动物保定和驯服动物上有重要应用价值。剧痛可引起动物生理机能紊乱,甚至诱发神经性休克。在疼痛时,动物意识清醒,其他感觉不受影响。此时,适当地应用镇痛药不仅能解除疼痛,而且还能防止神经性休克的发生。镇痛药和麻醉药合用也有利于施行外科手术。

各种伤害所产生的刺激使动物受伤的局部组织释放出致痛物质,如前列腺素、组胺、5-羟色胺、缓激肽、钾离子、钠离子等。这些物质作用于感觉神经末梢而引发的神经冲动,经传入神经沿脊髓上行,再经丘脑而传入大脑皮层的特定部位,使动物感觉到疼痛。根据疼痛发生的特性,可将疼痛分为锐痛(快痛)和钝痛(慢痛)两种类型。锐痛发生迅速,定位明确,例如手术时皮肤的切开;钝痛发生慢,定位不明确,例如感冒时的头痛。

临床上根据药物作用的性质不同而将镇痛药分为麻醉性镇痛药和非麻醉性镇痛药两类。麻醉性镇痛药是指经典镇痛药,如吗啡及其代用品,为阿片受体激动剂。这类药物对中枢神经系统有抑制作用,镇痛作用强大,但反复应用易于成瘾,故又称成瘾性(麻醉性)镇痛药,不宜长期应用。这类药物对锐痛和钝痛都有止痛效果。另一类麻醉性镇痛药是国外应用很多的二甲苯胺噻嗪和国内合成的二甲苯胺噻唑等。它们在药理上属中枢 α_2-肾上腺素受体激动剂。具有镇痛、镇静和中枢性肌肉松弛作用,在兽医临床上用作镇痛性化学保定药。本类药物能在不影响动物意识与感觉的情况下使动物驯服、嗜睡、肌肉松弛,从而达到药物保定的目的。非麻醉性镇痛药一般是指解热镇痛药,如水杨酸类、吡唑酮类药物等,这类药物一般对钝痛效果好,对锐痛效果差甚至无效。解热镇痛药详见有关章节。

吗啡

【来源与性状】 本品是从阿片(以前称鸦片)中提取的一种生物碱,常用制剂为盐酸吗啡。盐酸吗啡为白色、有丝光的针状结晶或结晶性粉末,无臭,味苦,可溶于水及乙醇,遇光易变质。

【作用与用途】 小剂量吗啡可抑制大脑皮层痛觉区,具有极强的镇痛作用,对各种疼痛(锐痛、钝痛)均有效。对持续性钝痛比间断性锐痛及内脏绞痛的效果更强。大剂量可引起动物兴奋,甚至惊厥。吗啡对中枢神经系统的作用很不规则,小剂量抑制,大剂量兴奋,甚至惊厥。对马、牛、猪、羊使用超过镇痛所需剂量时,通常会产生兴奋反应。对犬,在短时间兴奋过后即进入安静状态,并伴有镇痛作用,故可作犬的麻醉前给药和麻醉药。本品能抑制咳嗽中枢,有一定程度的镇咳作用。能兴奋延髓化学感受区而催吐,犬比猫更为明显。能减弱肠管蠕动,提高胃肠及其括约肌的紧张度,从而起止泻作用。本品的最大缺点是连续应用后可产生成瘾性,对呼吸中枢有抑制作用。

临床上,本品可作为镇痛药而用于外伤性剧痛、烧伤疼痛及肠炎腹痛等,也可用于犬的麻醉前给药。

【药物相互作用】

①吩噻嗪类药物、镇静催眠药等中枢抑制药可加强阿片类药物的中枢抑制作用。

②纳络酮、丙烯吗啡可特异性拮抗吗啡的作用。

【用法与用量】 盐酸吗啡注射液,规格:1 mL(10 mg)/支、10 mL(100 mg)/支。①镇痛,皮下注射,马、牛 0.1~0.15 g;猪、羊 0.03~0.06 g;犬 0.01~0.1 g。②麻醉前给药皮下或肌肉注射,每 1 kg 体重,一次量,犬 1~2 mg;狐 5 mg;兔 8 mg,黑猩猩 1~3 mg。

③麻醉,静脉注射,每 1 kg 体重,一次量,犬 8 mg,与乙醚配合应用。

【注意事项】

①本品具有成瘾性,应按照麻醉药品管理的有关规定进行购买、使用与管理。

②使用剂量过大会强烈抑制呼吸中枢,造成动物呼吸衰竭而死亡。吗啡的不良反应包括流涎、疝痛、鼓胀和出血性下痢等症状,也有的表现急性脑炎的神经症状。

③本品对牛羊及猫易引起强烈的兴奋现象,须慎用。

④胃扩张、肠阻塞、肠鼓胀时禁用本品。

⑤吗啡中毒造成呼吸抑制时,可用其拮抗剂(如纳络酮、丙烯吗啡等)解救。

盐酸哌替啶(杜冷丁)

【来源与性状】 哌替啶为人工合成的苯基哌啶的衍生物,其化学结构中含有与吗啡的基本结构相同的部分(r–苯基–N–甲基哌啶)。哌替啶的盐酸盐名叫杜冷丁,杜冷丁为白色晶性粉末,无臭,味微苦,能溶于水及乙醇。

【作用与用途】 本品作用于中枢神经系统,表现出良好的镇痛作用,其镇痛强度约为吗啡的1/10。但作用发生较快,维持时间较短。成瘾性及对呼吸的抑制也较吗啡弱。对大多数剧痛,如急性创伤、术后及内脏疾病所引起的疼痛均有效。本品还有阿托品样作用,对平滑肌的解痉作用约为阿托品的1/20～1/10。因此,在消化道发生痉挛疼痛时,本品可同时产生镇痛和解痉作用,以胃肠的冷痛和各种原因所致的疝痛使用本品效果较好。有轻度的镇静作用,并能增强其他中枢抑制药的作用。临床上主要用作各种创伤疼痛、术后疼痛和痉挛性疝痛的镇痛药。

【药物相互作用】 与阿托品合用,可解除平滑肌痉挛并增加止痛效果。其他参见盐酸吗啡。

【用法与用量】 盐酸哌替啶注射液,规格:1 mL(25 mg)/支、1 mL(50 mg)/支、2 mL(100 mg)/支。①镇痛:每 1 kg 体重,一次量,马,肌注,2.5～4 mg,静注,0.2～0.4 mg;肌注或皮下注射,牛、猪、羊 2～4 mg;犬、猫 5～10 mg。②实验动物麻醉前给药:肌注,每 1 kg 体重,一次量,仓鼠、豚鼠 2 mg;兔 25 mg。③非灵长类动物的镇痛与麻醉前给药:肌注,每 1 kg 体重,一次量,11 mg。

【注意事项】

①本品最好采用肌注给药,皮下注射可引起局部刺激及疼痛反应。药液接触口腔黏膜对动物(特别是猫)产生严重的刺激和流涎反应。

②静注给药宜缓慢,以免引起药物性休克和虚脱。

③本品对动物的呼吸有较强的抑制作用,也会使动物的血压下降,在临床应用中应严格控制用量。若发生过量中毒而出现呼吸抑制,除用纳络酮、丙烯吗啡等解救呼吸抑制外,还须配合应用巴比妥类药物缓解惊厥症状。

芬太尼

【来源与性状】 通常使用的制剂为枸橼酸芬太尼,为人工合成品。为白色晶性粉末,无臭,味苦,易溶于水(1:40),微溶于乙醇。

【作用与用途】 本品作用与吗啡相似,属强效麻醉性镇痛药,并具有一定的镇静作用。其镇痛效力为吗啡的 80 倍,约为哌替啶的 500 倍。特点为作用快,维持时间短。静注给药后 3～5 min 即出现镇痛作用,持续时间不超过 30 min。因此,可用于短时间的强力镇痛,如手术前后及手术中的镇痛;也可单独用于小手术的麻醉,或对有攻击性的犬进行保定,猫的镇静和镇痛药。

【用法与用量】 枸橼酸芬太尼注射液,规格:1 mL(0.1 mg)/支。镇静与镇痛:犬,每1 kg体重,一次量,肌注,0.01～0.15 mg;静注,0.004～0.008 mg;猫,皮下注射,0.01 mg。

镇痛新(戊唑星)

【来源与性状】 本品为人工合成的苯骈吗啡烷类衍生物。为白色或微黄色结晶,无臭,味微苦,性稳定。不溶于水,可溶于乙醇,易溶于氯仿。其乳酸盐可溶于水(1∶25)。

【作用与用途】 本品作用于中枢神经系统,产生较强的镇痛作用,镇痛效力约为吗啡的1/3,镇痛持续时间较吗啡短。对胃肠道平滑肌有较好的松弛作用。剂量过大会抑制呼吸。皮下或肌注后的镇痛持续时间为 3～4 h,静注的持续时间为 15～20 min。可应用于各种剧烈疼痛,如烧伤、创伤、术后疼痛,也可作为麻醉前给药。对于眼科手术的镇痛效果较好。

【用法与用量】 乳酸镇痛新注射液,规格:1 mL(15,30 mg)/支。静注或肌注,每1 kg体重,一次量,马 0.3～0.5 mg;犬 0.5～3.0 mg。

【注意事项】 中毒发生呼吸抑制时,可用纳络酮解救。

新保灵

【来源与性状】 本品系人工合成品。为白色或类白色晶性粉末,无臭,无味,易溶于稀盐酸,微溶于热水。应置于阴凉避光处保存。

【作用与用途】 本品为国内合成的强效镇痛药,主要用于动物的镇痛性保定,也可作为外科手术时的麻醉辅助用药。

【用法与用量】 保定 1 号(新保灵和盐酸氯丙嗪)、保定 2 号(新保灵和麻保静)注射液,用于保定,肌肉注射,每 1 kg 体重,一次量(按新保灵含量计算),牛科、鹿科、犬科、熊科动物,0.01～0.02 mg;马属动物 0.01 mg;猴科动物 0.001～0.002 mg。

【注意事项】 患有心肺疾病及体质差的病畜禁用。

盐酸埃托啡(盐酸乙烯啡)

【来源与性状】 本品为人工合成镇痛保定药。为白色晶性粉末,可溶于水。

【作用与用途】 本品为人工合成的高效强力镇痛药物。镇痛强度为吗啡的 500～800 倍,单独使用或与安定药合用作为安定镇痛剂,可广泛用于野生动物及家畜的化学保定。其作用可被丙烯吗啡或环丙羟丙吗啡(狄普诺芬)拮抗。

【用法与用量】 盐酸埃托啡粉针剂,规格:10 mg/瓶、20 mg/瓶。肌肉注射,每100 kg体重,一次量,马属动物 0.98 mg;熊科动物 1.1 mg;鹿科动物 2.2 mg;羚羊科动物 0.2 mg;黑猩猩 0.66～1.76 μg;小型灵长类动物 0.44～1.3 μg;大象 5～8 mg。

保定灵(Immobilon),为进口制剂,每 1 mL 含盐酸埃托啡 2.25 mg 和马来酸乙酰丙嗪 10 mg。肌肉或静脉注射,一次量,马、牛 1 mL/100 kg 体重;猪 0.375～0.625 mL/50 kg 体重。

盐酸二氢埃托啡(盐酸双氢埃托啡)

【来源与性状】 本品为人工合成镇痛保定药。为白色晶性粉末,微溶于水和乙醇。

【作用与用途】 本品为新型高效强力麻醉性镇痛药。其镇痛效力为吗啡的1.2万倍,但维持时间较吗啡短。可引起呼吸抑制,但其程度较吗啡轻。耐受性和依赖性较吗啡小。此外,本品还有镇静及制动作用。兽医临床上常用其复方制剂(如846合剂)作镇痛性化学保定剂。

【用法与用量】 速眠新注射液(846合剂):由盐酸二氢埃托啡4 mg、二甲苯胺噻唑60 mg、氟哌啶醇2.5 mg等组成的复方制剂。规格:1.5 mL/支、3 mL/支、5 mL/支。肌肉注射,每1 kg体重,一次量,马0.01~0.015 mL;牛0.005~0.015 mL;羊、犬、猴0.1~0.15 mL;猫、兔0.2~0.3 mL;熊0.02~0.05 mL;鼠0.5~1 mL。

【注意事项】 盐酸二氢埃托啡的呼吸抑制作用可被呼吸兴奋药(如可拉明或洛贝林等)部分对抗。过量中毒时,可用丙烯吗啡、纳络酮等解救。

二甲苯胺噻嗪(甲苯噻嗪、隆朋、麻保静)

【来源与性状】 本品为人工合成的白色结晶,易溶于水,溶于有机溶剂。

【作用与用途】 本品为α_2受体激动剂,具有中枢性肌肉松弛、镇静安定和镇痛作用,使兴奋难以控制的动物安定,便于诊断和外科手术。可作为镇静性保定药,用于马、牛、猪、绵羊、犬、猫、猴及其他野生动物。小剂量作镇静药,用于动物运输、称重、换药、对母畜实施子宫复位、食道阻塞及穿鼻等小手术。大剂量时可使动物卧倒睡眠,若结合浸润麻醉或传导麻醉可用于去角、锯茸、乳房手术、阉割术、剖腹产等较大手术。

本品具有毒性低、安全范围大、无蓄积作用。肌肉注射后10~15 min、静脉注射后3~5 min即可发生作用。本品与氯胺酮合用可缓解氯胺酮的肌肉紧张作用。家畜中牛对本品最敏感,其镇静镇痛剂量水平仅为马、犬、猫的1/10。

【用法与用量】 盐酸二甲苯胺噻嗪粉针,规格:0.5 g/瓶。注射液,规格:5 mL(500 mg)/瓶、10 mL(200 mg)/瓶。镇静性保定及小手术麻醉,肌注,每1 kg体重,一次量,牛0.05~0.3 mg;马1.5~3 mg;猪3~5 mg(配合局部麻醉可实施较大手术);犬、猫1~2 mg;禽类5~30 mg;鹿3~4 mg;羚羊2~3 mg;野牛0.6~1 mg;骆驼0.5 mg;狮、熊8~10 mg;豹7~8 mg;灵长类动物2~5 mg。

【注意事项】

①本品毒性较低,临床应用较为安全。

②各类动物静脉注射给药(静注剂量为肌注剂量的1/5~1/2)时,速度宜缓慢。

③本品对心脏传导系统有抑制作用,可在用药前注射硫酸阿托品(1 mg/100 kg体重)以对抗。牛使用较大剂量进行麻醉前,应停食12 h。妊娠后期的牛、马不宜使用本品。

④野生动物用药后不要立即惊扰,须待药物充分发挥出镇静作用(用药后约20 min)后再接近或实施医疗处置。本品可抑制反刍动物的瘤胃蠕动,引起羊的血管收缩,血压升高,腺体分泌增加等。可直接兴奋犬、猫的呕吐中枢,偶可引起呕吐。

⑤孕畜不宜使用本品,以防早产或流产。

⑥衰弱的动物,有心、肝、肾病及伴有呼吸抑制的动物,应用本品时应慎重。

⑦使用本品发生中毒时,可注射肾上腺素或尼可刹米等呼吸兴奋剂对症治疗,并可使用拮抗药(盐酸苯恶唑等)解救。

盐酸二甲苯胺噻唑(盐酸赛拉唑、静松灵)

【来源与性状】 本品为我国20世纪80年代自行合成的镇静保定新药。为白色晶性粉末,味微苦,易溶于水,水溶液遇冷即析出结晶,可加热溶解后使用。

【作用与用途】 本品与二甲苯胺噻嗪的药理作用相似,具有镇静、安定、镇痛、催眠和中枢性肌肉松弛作用。其作用强度随剂量增加而加强。静脉注射后约1 min、肌注后约10~20 min显效,动物精神沉郁、活动减少或嗜睡、头颈下垂、两眼半闭、阴茎脱出、站立不稳以至卧倒。此时,动物全身肌肉松弛、皮肤痛觉迟钝或消失,约经30 min后作用逐渐减弱,1 h后可完全恢复。牛对本品敏感,用药后出现睡眠状态。猪、兔和野生动物敏感性较差。本品的作用特点是,在用药过程中动物无兴奋表现;对反刍动物除可引起流涎外,较少出现本类药物常见的其他副作用(如瘤胃蠕动抑制等)。临床上可作为马、牛、犬、猫、鹿等的镇静、镇痛药,局麻和全麻的复合麻醉药以及镇痛性化学保定药等。

【用法与用量】 盐酸二甲苯胺噻唑注射液(静松灵注射液),规格:2 mL(0.2 g)/瓶、10 mL(0.2 g)/瓶、10 mL(0.5 g)/瓶。静脉注射,每1 kg体重,一次量,马、骡0.3~0.8 mg。

肌肉注射,每1 kg体重,一次量,马0.5~1.2 mg;驴1~3 mg;黄牛、牦牛0.2~0.6 mg;水牛0.4~1 mg;羊、梅花鹿1~3 mg;犬1.5~2 mg。

保定宁注射液,每100 mL含盐酸二甲苯胺噻唑5 g、依地酸10 g。肌肉注射,每1 kg体重,一次量,马、骡0.8~1.2 mg。静脉注射剂量减半。

【注意事项】

①本品较安全,无明显的副作用。副作用除可表现为唾液分泌增加和出汗外,还可见到多数动物出现心动间歇和呼吸减慢,血压稍降低,但可逐渐恢复。

②野生动物对本品不如家畜敏感。猪对本品不敏感,其剂量为反刍动物的20倍,故一般不用于猪。患有严重心肺疾病的动物及怀孕后期的动物应慎用。

③发生本品中毒时,可进行人工呼吸,注射肾上腺素或尼可刹米等呼吸兴奋剂以对症治疗,并可用盐酸苯恶唑等拮抗药解救。

附:镇痛性化学保定药的拮抗剂
丙烯吗啡(丙烯去甲吗啡)

【来源与性状】 本品为人工合成药物。丙烯吗啡氢溴酸盐为白色或类白色晶性粉末,无臭,可溶于水,略溶于乙醇。其盐酸盐为白色或近白色晶性粉末,无臭,易溶于水,略溶于乙醇。

【作用与用途】 本品能迅速有效地对抗吗啡及半合成的吗啡类镇痛药的镇痛、呼吸抑制、催吐、消化道痉挛等作用。它本身也有与吗啡类似的镇痛作用,且无成瘾性,但不良反应严重,因此,不用作镇痛药。主要用于解救吗啡、杜冷丁等中毒引起的严重呼吸抑制。

【用法与用量】 丙烯吗啡注射液,规格:1 mL(5 mg、10 mg)。皮下、肌肉或静脉注射1 mg丙烯吗啡可拮抗10 mg吗啡或20 mg杜冷丁;10 mg丙烯吗啡可拮抗1 mg埃托啡。

【注意事项】 本品不能对抗镇痛新的呼吸抑制作用;对巴比妥类和麻醉药引起的呼吸抑制不仅无效,反而能加深其抑制;动物体内无吗啡类药物存在时,应用本品可产生呼

吸抑制作用。

纳络酮(丙烯吗啡酮)

【来源与性状】 本品为人工合成药物。白色结晶,可溶于水和乙醇。

【作用与用途】 本品为吗啡受体拮抗剂。可解除吗啡类镇痛药引起的呼吸抑制等中毒症状,作用较丙烯吗啡强 10~30 倍;也能对抗镇痛新所引起的呼吸抑制。本品不产生吗啡样呼吸抑制作用。因此,本品是吗啡类药物的有效解毒剂。

【用法与用量】 纳络酮注射液,规格:1 mL(0.4 mg)。肌肉或静脉注射,每 1 kg 体重,一次量,犬 0.04 mg。可每隔 2~3 min 重复用药 1 次,以达到预期效果为止。

野生大动物,静脉注射 1 mg 纳络酮可对抗 1 mg 埃托啡或 10 mg 芬太尼的作用。

盐酸苯恶唑

本品为白色颗粒状结晶,无臭,味苦,易溶于水。为 α_2-肾上腺素受体阻断药,用作盐酸二甲苯胺噻嗪和盐酸二甲苯胺噻唑的拮抗剂。市售特制苏醒灵 3 号即以此药为主要组成成分。多配制成 0.5% 的注射液做静脉注射或肌肉注射,拮抗剂量为盐酸二甲苯胺噻嗪和盐酸二甲苯胺噻唑的 1/50~1/10,牛羊一般每 1 kg 体重用 0.05~0.1 mg。

9.3　镇静催眠、安定与抗惊厥药

9.3.1　镇静催眠药

镇静药、安定药与抗惊厥药都属于中枢神经系统抑制药。随着使用剂量的不同,镇静药也能产生安定作用及抗惊厥作用。全身麻醉药在低剂量时也可产生镇静、安定与催眠作用。

镇静药是对中枢神经系统产生轻度抑制作用,从而使兴奋不安的患畜安静下来,而动物的感觉、意识及运动机能不受影响的一类药物。动物用药后表现为安静,对疼痛、发痒等各种刺激的反应减弱,惊恐不安的动物变得安驯。临床上应用镇静药的主要目的是使兴奋不安或有攻击性的动物处于安静状态,以便于治疗或进行生产操作。较大剂量的镇静药可以促进催眠,故镇静药也常称为镇静催眠药。多数镇静催眠药剂量增大时,还可呈现抗惊厥和麻醉作用。但溴化物仅有镇静作用,剂量增大,动物也不会出现麻醉现象。

安定药是指能在不影响动物意识清醒的情况下,使精神异常兴奋的动物转为安定,使凶猛的动物驯服而易于接近的一类药物。其主要能影响动物的情绪与精神,能减轻忧虑或惊恐。安定药也能减弱动物的攻击性,降低动物对外界因素的反应,使动物表现淡漠、安静、驯服,可用于马的调教,也可用作麻醉前给药。它与一般镇静催眠药的区别在于它使动物镇静而不影响其注意力;剂量加大也可催眠,但易被唤醒;大剂量也不产生麻醉。代表药物是氯丙嗪。

抗惊厥药是指能对抗或制止中枢神经系统过度兴奋引起的骨骼肌非自主性强烈收缩(痉挛、惊厥)的一类药物。主要用于全身强直性痉挛或间歇性痉挛的对症治疗,如癫痫样发作,破伤风、士的宁和农药中毒等。全身麻醉药和较高剂量的镇静药也可产生抗惊厥作用。某些抗惊厥药在小剂量时就能产生明显的抗惊厥作用,如硫酸镁注射液等。

1)巴比妥类

巴比妥(巴比特鲁、佛罗拿)

【来源与性状】 本品为人工合成品。为白色结晶或白色结晶性粉末,无臭,味微苦,难溶于水,可溶于醚及乙醇,其钠盐可溶于水。

【作用与用途】 本品属长效巴比妥类药物,能抑制中枢神经系统。小剂量可产生镇静作用,大剂量产生催眠、安定及抗惊厥作用。巴比妥在动物意识消失之前没有明显的镇痛作用,但与解热镇痛药合用则镇痛作用显著增强。因此,在兽医临床上多与氨基比林、安替比林类解热镇痛药配合应用,以加强其镇痛作用。

【用法与用量】 巴比妥片剂,规格:0.1 g/片、0.3 g/片。内服,一次量,猪 0.3 ~ 1 g;犬 0.15 ~ 0.5 g;猫 0.1 ~ 0.3 g。

巴比妥钠注射液,规格:5 mL(0.5 g)。肌肉注射,一次量,猪 0.3 ~ 0.5 g;犬 0.05 ~ 0.1 g。

苯巴比妥(鲁米那)

【来源与性状】 本品为人工合成品。为白色结晶或晶性粉末,无臭,味微苦,微溶于水,易溶于乙醇。其钠盐为白色晶性颗粒或粉末,有吸湿性,易溶于水,可溶于乙醇。

【作用与用途】 本品属长效巴比妥类药物。具有抑制中枢神经系统的作用,随着剂量的增加可产生镇静、催眠、抗惊厥及麻醉等效果。此外,还有抗癫痫作用,对癫痫大发作有特效。因本品脂溶性低,不易透过血脑屏障,故产生作用较慢,且在动物体内破坏和排泄缓慢,故作用持续时间长,属长效巴比妥类镇静剂。临床上用于治疗癫痫,减轻脑炎、破伤风等疾病的兴奋症状和解救中枢兴奋药(如士的宁)中毒;也可用于实验动物的麻醉,麻醉时间可达 4 ~ 6 h。

【用法与用量】 苯巴比妥片剂,规格:10 mg/片、15 mg/片、30 mg/片、100 mg/片。用于癫痫,内服,每 1 kg 体重,一次量,犬、猫 1.5 ~ 5 mg,2 次/d。

注射用巴比妥钠粉针剂,规格:0.1 g/瓶、0.5 g/瓶。临用前用注射用水或生理盐水溶解。

①用于镇静及抗惊厥 肌肉或静脉注射,一次量,马、牛 10 ~ 15 mg/kg;羊、猪 0.25 ~ 1 g;犬、猫 6 ~ 12 mg/kg。

②用于治疗癫痫 肌肉或静脉注射,一次量,犬、猫 6 mg/kg,隔 6 ~ 12 h 1 次。

③实验动物麻醉 静脉或腹腔注射,每 1 kg 体重,一次量,犬、猫 80 ~ 100 mg(配成 3.5% 的溶液);腹腔注射,家兔 150 ~ 200 mg(配成3.5% 的溶液);肌肉注射,鸽 300 mg(配成 5% 的溶液)。

【注意事项】

①用量过大发生呼吸抑制时,可用安那咖、戊四氮、尼可刹米等中枢兴奋药解救。

②肾功能障碍的患畜慎用。

③苯巴比妥钠药液呈碱性,禁与酸性药物配伍应用,以免发生沉淀。

异戊巴比妥钠

【来源与性状】 本品为人工合成品,系戊巴比妥钠的异构体,为白色结晶性粉末,无

臭,味微苦,易溶于水。

【作用与用途】 由于本品作用时间较持久,动物在苏醒时有极强的兴奋反应,因此,本品在兽医临床上主要用作小动物的催眠剂和镇静药,而一般不用作哺乳动物的麻醉药,但可作基础麻醉药应用于兽医临床。本品可用于淡水鱼类和咸水鱼类的麻药。

【用法与用量】 异戊巴比妥钠片,规格:0.1 g/片。镇静,内服,每1 kg体重,一次量,猪、犬5~10 mg。

注射用异戊巴比妥钠,规格:0.1 g/支、0.25 g/支。临用时用灭菌注射用水配成3%~6%的溶液。①静脉注射,每1 kg体重,一次量,猪、犬、猫、兔2.5~10 mg。②全身麻醉,腹腔注射,每1 kg体重,一次量,鱼40~54 mg,用1%~2%的溶液,麻醉时间可达4~18 h。

【注意事项】

①本品麻醉剂量对呼吸系统和心血管系统有较强的抑制作用,一般不单独用作哺乳动物的全身麻醉药。

②本品能使动物发生巴比妥类药物的"葡萄糖反应"。

2)溴化物类

本类药物包括溴化钠、溴化钾、溴化铵及溴化钙。临床上常用的制剂是溴化钠、溴化钾及溴化钙。

溴化钠

【来源与性状】 本品为人工合成的白色晶性粉末,无臭,味苦,有吸湿性,易溶于水,微溶于乙醇。

【作用与用途】 溴化钠在动物体内离解出的溴离子,能抑制中枢神经系统的运动中枢和感觉中枢,而呈现镇静和抗惊厥作用,从而使兴奋不安的患畜安静下来,但不表现催眠作用。其他能在动物体内离解出溴离子的药物如溴化钾、溴化铵及溴化钙,作用相似。溴化物内服易吸收,排泄缓慢。溴化物可用于缓解脑炎引起的兴奋症状、猪和家禽的食盐中毒等。与咖啡因合用可同时加强大脑皮层的兴奋与抑制过程,恢复兴奋与抑制的平衡,从而有助于调节内脏功能,能在一定程度上抑制胃肠平滑肌蠕动,缓解胃肠痉挛,以减轻腹痛。因此,临床上马、骡的疝痛病可选用安溴注射液(溴化钠和安那咖)作辅助治疗。

【用法与用量】 溴化钠粉剂,内服,一次量,马10~50 g;牛15~60 g;猪、羊5~10 g;犬0.5~2 g;家禽0.1~0.5 g。稀释为3%以下溶液服用。

溴化钠注射液,规格:10 mL(1.0 g)/支。静注,一次量,马、牛5~10 g。

安溴注射液(安那咖与溴化钠的灭菌水溶液),规格:50 mL/瓶、100 mL/瓶。含安钠咖2.5%、溴化钠10%。用于治疗马、骡疝痛,静脉注射,一次量,50~100 mL。

【注意事项】

①本品有刺激性,不宜空腹服用。服用前须用水稀释成3%左右的浓度。

②溴化物在动物体内排泄慢,长期服用可引起蓄积中毒。中毒症状为嗜睡、乏力和皮疹等。出现中毒时,应立即停药,并内服食盐水、利尿药或静脉注射生理盐水,以促进溴离子的排出。

③应用溴化物镇静时,不要同时应用氯化钠,以免溴离子大量排泄而失效。水肿病畜不宜使用溴化物。

④静注给药时(特别是溴化钙),严禁漏出血管外。

9.3.2 安定药

1)吩噻嗪类

本类药物的结构中含有吩噻嗪核。兽医临床上常用的有氯丙嗪、乙酰丙嗪和羟哌氯丙嗪。它们主要作用于动物的中枢神经系统,从而阻断多巴胺受体,并可能抑制多巴胺释放,从而产生镇静与安定作用。

氯丙嗪(盐酸氯丙嗪、冬眠灵、氯普马嗪)

【来源与性状】 兽医临床上常用盐酸氯丙嗪。本品为人工合成的白色或乳白色结晶性粉末,味极苦,有微臭,有吸湿性,易溶于水,水溶液呈酸性反应。遇光易分解而变为紫蓝色。

【作用与用途】 本品内服、注射均易吸收。单胃动物内服后 3 h,肌注后 1.5 h 血药浓度达到高峰。

本品是吩噻嗪类安定药的典型代表。对中枢神经、植物神经和内分泌系统有多方面的作用。能抑制大脑边缘系统,产生强大的中枢性安定作用,可使狂躁、倔强的动物变得安静、驯服;能抑制皮层下中枢而出现强化麻醉和骨骼肌松弛作用;能抑制丘脑下部体温调节中枢,降低基础代谢,表现出明显的降低体温作用;能抑制呕吐中枢和延髓的催吐化学感受区,表现出良好的中枢性止吐作用(猫例外)。本品还能阻断交感神经 α 受体,使血管舒张、血压下降。阻断神经末梢释放乙酰胆碱,从而缓解乙酰胆碱蓄积所引起的呼吸道、消化道平滑肌痉挛,减少支气管腺和唾液的分泌。能抑制促性腺素的释放,使排卵延迟;抑制下丘脑释放催乳素抑制因子,使催乳素分泌增加,乳房增大,泌乳增加。

根据上述作用基础,氯丙嗪在兽医临床上的用途十分广泛。可用于治疗破伤风、脑炎、中枢兴奋药中毒引起的狂躁和惊厥;用作麻醉前给药及强化麻醉剂,用以增强麻醉效果,与水合氯醛配合用于马和猪的全身麻醉,与硫喷妥钠配合用于犬猫的全身麻醉,可减少 1/3 ~ 1/2 的麻醉药用量,并使支气管腺分泌减少,骨骼肌松弛;也可作为晕动病患畜的镇吐药、动物在运输和其他外界刺激下的抗应激药、野生动物诊疗时的镇静和安定药,使精神不安或过敏的动物转入安定和嗜睡状态,使性情凶猛的动物变得较为驯服和易于接近。增加剂量还可作为抗惊厥药、大家畜食道梗塞及肠痉挛的辅助治疗药物。对于严重外伤、骨折、烧伤、中暑的动物等,使用本品可起到镇静、降温和抗休克作用。另外,本品还可用于辅助治疗母猪分娩后所常见的无乳症,也可作为狗的有效镇吐药。临床上可用于生下小猪后易兴奋而不愿领养小猪的母猪。还可用于人工冬眠等。

【药物相互作用】

①苯巴比妥可使氯丙嗪在尿中排泄量增加数倍,对前者的抗癫痫作用无增强作用。

②抗胆碱药可降低氯丙嗪的血药浓度,而氯丙嗪可加重抗胆碱药物的副作用。

③本品与肾上腺素联用,因氯丙嗪阻断 α 受体可发生严重低血压。

④与四环素类联用可加重肝损害。

⑤与其他中枢抑制药并用可加强抑制作用(包括呼吸抑制),联用时两药均应减量。

【不良反应】

①马用本品常兴奋不安,易发生意外,故不主张使用。

②过大剂量可使犬、猫等动物出现心律不齐,四肢与头部震颤,甚至四肢与躯干僵硬等不良反应。

【最高残留限量】

在动物可食用组织中不得检出。

【用法与用量】 片剂,规格:12.5 mg/片、25 mg/片、50 mg/片。内服,每1 kg 体重,一次量,犬、猫2~3 mg。鸡30~50 mg/只,1次/d。或以500 mg/kg 混饲,以预防应激反应。

盐酸氯丙嗪注射液,规格:2 mL:0.05 g;10 mL:0.25 g。肌内注射,每1 kg 体重,一次量,马、牛0.5~1 mg;猪、羊1~2 mg;犬、猫1~3 mg;虎4 mg;熊2.5 mg;单峰骆驼1.5~2.5 mg;野牛2.5 mg;恒河猴、豹2 mg。休药期28 d,弃奶期7 d。

复方氯丙嗪注射液,规格:2 mL/支。每支(2m)含盐酸氯丙嗪和盐酸异丙嗪各50 mg。用于镇静和抗过敏,肌内注射,每1 kg 体重,一次量,各种家畜0.5~1 mg。

【注意事项】

①本品应避光、密闭保存。

②盐酸氯丙嗪注射液遇光颜色变红后不可再用。

③本品与碳酸氢钠、巴比妥钠盐等碱性药物配伍可产生沉淀,遇氧化剂易变色。

④马属动物应用吩噻嗪类(包括氯丙嗪)会发生剧烈的运动失调和兴奋,应禁用。

⑤本品剂量过大所致的血压下降禁用肾上腺素解救,而应选用去甲肾上腺素。

⑥本品对士的宁、戊四氮、印防己毒所致惊厥发作无效。

⑦本品可增加有机磷化合物对动物的毒性,故不宜用于接触过有机磷类药物的动物。

⑧静脉注射时,应将药液稀释,且应缓慢注入,以免发生静脉血栓。对于体质衰弱的病畜、心脏病、低血容量休克、硬膜外麻醉后所致的交感神经阻断的家畜慎用。

乙酰丙嗪(乙酰普马嗪)

【来源与性状】 本品为人工合成的黄色、无臭的晶性粉末。熔点135~138 ℃。临床上常用马来酸乙酰丙嗪。该制剂也为黄色晶性粉末,无臭,味苦,可溶于水,略溶于乙醇。

【作用与用途】 本品属吩噻嗪类安定药。作用及用途与氯丙嗪基本相同,但有效剂量较小,毒性低,作用较氯丙嗪强。具有较显著的镇静、降温、降压、止咳、局麻、抗组织胺和抗痉挛作用,还能显著增强巴比妥类药物的药效。临床上主要用于犬、猫和马的麻醉前给药,使动物易于保定和诊疗处理。马来酸乙酰丙嗪对治疗马的疝痛症有效。

【用法与用量】 马来酸乙酰丙嗪注射液,规格:2 mL(20 mg)/支。皮下、肌肉、静脉注射,每1 kg 体重,一次量,马、牛0.05~0.1 mg;猪、羊、犬0.5~1 mg;猫1~2 mg。

【注意事项】 同盐酸氯丙嗪。

羟哌氯丙嗪(奋乃静)

【来源与性状】 本品系人工合成的白色晶性粉末,味苦,几乎无臭,不溶于水,水溶液对光敏感,遇光易变成棕色,可溶于乙醇。

【作用与用途】 本品属吩噻嗪类安定药。其作用与氯丙嗪基本相同。其特点是疗效好、毒性低、安定作用强。其安定作用是比氯丙嗪强4~10倍,毒性仅为氯丙嗪的1/3。其中枢性止吐作用也比氯丙嗪强。本品对中枢神经系统的抑制作用能增加多数麻醉药、镇静催眠药的作用,但对巴比妥类药物无增强作用。临床上仅用于犬猫的镇静和镇吐。

【用法与用量】 奋乃静片,规格:2 mg/片、4 mg/片。内服,每1 kg体重,一次量,犬、猫0.88 mg。

奋乃静注射液,规格:1 mL(5 mg)/支。静注或肌注,每1 kg体重,一次量,犬、猫0.25~0.5 mg。

2)丁酰苯类

氟哌啶醇(氟哌啶苯)

【来源与性状】 本品为人工合成的白色晶性粉末,无臭,无味,在水中几乎不溶,略溶于乙醇,可溶于氯仿。

【作用与用途】 本品为丁酰苯类安定药的代表。作用及用途与氯丙嗪相似。具有较强的抗狂躁作用及镇吐作用。与哌替啶合用可增强其镇痛作用。临床上可与镇痛药合用以产生安定镇静作用,以便于进行某些外科手术;也可用于治疗呕吐。

【用法与用量】 氟哌啶醇注射液,规格:1 mL(5 mg)/支。肌注,每1 kg体重,一次量,犬1~2 mg。静注,每1 kg体重,一次量,犬1 mg,用25%葡萄糖注射液稀释后缓慢注入。

【注意事项】
①孕畜及心功能不全患畜忌用。
②与麻醉药、镇静及催眠药合用时应减量使用。

哌氟苯丁酮(氟丁酰苯哌嗪、阿扎哌隆)

【来源与性状】 本品为人工合成的白色晶性粉末,无臭,可溶于水。

【作用与用途】 本品为丁酰苯类安定药。毒性低,作用时间短,尤其适用于有蹄类动物。可用于猪的镇静、安定(消除攻击性)及化学保定,作用可持续2~3 h。也是马的一种良好安定药,施用后10 min即见效,10~70 min达高峰,4 h后作用消失。

【用法与用量】 粉针剂,肌注,每1 kg体重,一次量,马0.4~0.8 mg。猪,每1 kg体重,一次量,镇静1 mg;安定2.5 mg;化学保定5~10 mg。

【注意事项】
①有可能引起动物血压降低,个别动物可因此而产生暂时兴奋现象。
②本品还有抑制体温调节中枢,引起体温下降(1 ℃)的作用,故用量不宜过大。

3)苯二氮卓类

安定(地西泮、苯甲二氮卓)

【来源与性状】 本品为人工合成的白色或类白色结晶性粉末,无臭,味微苦,在水中几乎不溶,在乙醇溶解,易溶于丙酮及氯仿。

【作用与用途】 本品能抑制大脑皮层、丘脑和边缘系统,具有镇静、安定、催眠、肌肉

松弛和抗惊厥作用,并能增强麻醉药的作用。本品能降低动物的攻击性,可用于保定或驯服动物。兽医临床上,常将本品用于各种动物的镇静、保定、控制癫痫发作及基础麻醉和术前给药,也可作为戊四氮、士的宁及氯胺酮中毒所致的惊厥发作的拮抗剂。

【药物相互作用】

①能增强吩噻嗪类的作用,但易发生呼吸循环意外,故不宜合用。

②与巴比妥类和其他中枢抑制药合用,有增加中枢抑制的危险。

③本品能增强其他中枢抑制药的作用,若同时应用应注意调整剂量。

④可增加筒箭毒碱的作用,但可减弱琥珀胆碱的肌肉松弛作用。

【不良反应】

①马在镇静剂量时,可引起肌肉震颤和共济失调。

②猫可产生行为改变(受刺激、抑郁等),并可能引起肝损害。

③犬可出现兴奋效应,不同个体可出现镇静或癫痫两种极端效应。还可表现为食欲增加。

【最高残留限量】 残留标示物:地西泮与其代谢产物之和。所有食品动物可食用组织不得检出。

【用法与用量】 安定片,规格:2.5 mg/片、5 mg/片。安定注射液,规格:2 mL(10 mg)/支,休药期28 d。

①控制癫痫发作 静注,每1 kg体重,一次量,马25～40 mg,需要时可每半小时重复用药1次。静注或肌注,每1 kg体重,一次量,牛、猪0.5～1.5 mg;犬5～10 mg。

②镇静、安定 每1 kg体重,一次量,牛、羊,肌注0.55～1.1 mg;犬,静注0.2～0.6 mg,内服0.25 mg,每8 h用药1次;猫,内服,一次量,1～2 mg,2次/d。

③复合麻醉 安定与盐酸二甲苯胺噻嗪或氯胺酮合用,可作为各种动物的复合麻醉用药。具体方法:先肌注安定0.25 mg/kg体重,15～20 min后静注盐酸二甲苯胺噻嗪1 mg/kg体重,然后再静注氯胺酮2 mg/kg体重。

④抗惊厥 内服,每1 kg体重,一次量,各种动物2.5 mg,2～3次/d。

⑤安定 内服,每1 kg体重,一次量,鹿、海狸、豪猪5.5 mg。

利眠宁(甲氨二氮卓,氯氮卓)

【来源与性状】 本品为人工合成的白色或类白色晶性粉末,味极苦,略有臭味,易溶于水,微溶于乙醇。

【作用与用途】 本品作用与安定相似,但作用强度较安定弱。能消除动物的惊恐症和攻击行为,使动物保持安静状态。高剂量时可抑制脊髓而表现出肌肉松弛作用。临床上主要用作野生动物的镇静和安定药。

【用法与用量】 利眠宁片,规格:5 mg/片、10 mg/片。粉针剂,规格:50 mg、100 mg/瓶。

镇静、安定,内服,每1 kg体重,一次量,欧洲山猫、猞猁6 mg;大洋洲野犬3～5 mg;几内亚狒狒13 mg;海狮7 mg。肌注,每1 kg体重,一次量,缅甸猕猴5 mg;非洲角马、牛羚4 mg;长颈羚5 mg。静注,每1 kg体重,一次量,黑尾鹿2.2 mg。

4）丙二醇甲酸酯类

安宁（甲丙氨酯、氨甲丙二酯、眠尔通）

【来源与性状】 本品为人工合成的白色晶性粉末，几乎无臭，味苦，微溶于水，易溶于醇、氯仿及丙酮。

【作用与用途】 本品能抑制中枢神经系统，表现出轻度的镇静、安定、肌肉松弛和抗惊厥作用。兽医临床上，主要用作猪、羊及小动物的镇静剂，也可作为破伤风、士的宁中毒的辅助解救药，以减轻或解除其肌肉紧张状态。本品不良反应少，临床应用较安全。

【用法与用量】 安宁片剂，规格：0.2 g/片。镇静，内服，一次量，猪、羊 0.3～0.5 g；犬 0.1～0.4 g。

安宁粉针剂，规格：0.1 g/支。抗惊厥，肌注，一次量，猪、羊 0.5～1 g。

9.3.3 抗惊厥药

硫酸镁

【来源与性状】 本品为人工合成的无色结晶，无臭，味咸苦，有风化性，易溶于水，微溶于乙醇。

【作用与用途】 本品内服不吸收，有泻下和利胆作用。肌注或静注后，可呈现镁离子的吸收作用：能抑制中枢神经系统，阻断神经肌肉接头处的神经冲动的传导，使骨骼肌松弛，呈现较强的抗惊厥作用；对胆管平滑肌也有一定的松弛作用；还能直接舒张血管平滑肌和抑制心肌，使血压快速而短暂下降。

临床上主要用于复合麻醉，以协同抑制中枢神经系统，降低麻醉药的用量，增加肌肉松弛度，利于外科手术。但本品静注产生麻醉的血药浓度与麻醉呼吸中枢的浓度差异不大，因此，临床上不能单独用作麻醉剂而常与水合氯醛配伍应用。与其他药物配合也可用于缓解破伤风、士的宁中毒等所引起的肌肉僵直及高热所引起的幼畜全身性痉挛、辅助治疗胆管痉挛膈肌痉挛、黄胆症，以及治疗牛、羊低血镁症。

【用法与用量】 硫酸镁注射液，规格：10 mL：1 g；10 mL：2.5 g。静脉、肌内注射，一次量，马、牛 10～25 g；猪、羊 2.5～7.5 g；犬、猫 1～2 g。

治疗牛、羊低血镁症，静注，每 1 kg 体重，一次量，0.2 g。

【注意事项】

①静注剂量过大或速度过快可引起动物血压剧降和呼吸中枢麻痹，导致动物立即死亡。因此，静注速度宜缓慢，也可用5%葡萄糖注射液稀释成1%的浓度静脉滴注。

②动物出现中毒迹象时，应立即停药，并静注氯化钙（5%溶液）进行解救。

9.4 解热镇痛及抗风湿药

9.4.1 概述

1）概念

解热镇痛药属于非麻醉性镇痛药类，是一类具有退热和减轻或消除慢性钝痛的药

物,其中,大多数药物兼有抗炎和抗风湿作用,故临床上常通称解热镇痛药或解热镇痛与抗风湿药。

2)动物发热的机理及本类药物的作用机理

动物下丘脑前部在细菌毒素等外源性致热源和白细胞释放的内源性致热源的作用下,大量合成和释放前列腺素 E。这种物质可作用于下丘脑后部的体温调节中枢而使动物体温升高。而本类药物可抑制下丘脑前部神经元对前列腺素 E 的合成和释放,使动物机体的产热和散热恢复到正常状态,而使体温归于正常。但本类药物只能使过高的体温降至正常水平,而不能使动物的正常体温降至正常以下,即本类药物不影响动物机体的基础代谢。

发热是动物机体的防御反应。适当程度的发热有助于动物战胜疾病,同时热型还可作为我们在临床诊断时的参考,因此,不要见热就用。但持续发热会对动物的各种生理机能造成影响,甚至发生惊厥、昏迷以至危及生命,这就应当选用适当的解热药,以缓解高热对动物机体的影响。

3)动物疼痛机理及本类药物的镇痛机理

致痛物质如组织胺、5-羟色胺、血管缓激肽、前列腺素等作用于动物外周游离的神经末梢,这些神经末梢产生的神经冲动通过传入神经纤维达到痛觉中枢,从而使动物机体感觉到疼痛。前列腺素还是炎症过程中的重要介质。解热镇痛药能抑制中枢性和外周性前列腺素的合成和释放,因而具有缓解炎症和疼痛的作用。解热镇痛药的镇痛作用特点是对神经痛、关节痛、肌肉痛、头痛等慢性钝痛具有良好的镇痛效果,且较长时间使用也不会产生耐受性和成瘾性,毒性较低,因而应用广泛。本品对内脏平滑肌痉挛性剧痛、创伤性疼痛无效。

4)本类药物的抗风湿作用机理

本类药物的抗风湿作用,一般认为是抑制动物体内抗体产生,干扰抗原与抗体的结合,抑制由抗原引起的组胺释放,非特异性地降低毛细血管的通透性等而产生作用。有些药物还能促进动物体内尿酸的排泄而产生抗痛风作用。

5)解热镇痛与抗风湿药的分类

本类药物常按其化学结构和主要作用而分为以下几类:①以解热作用为主的苯胺类药物,如非那西汀、扑热息痛等;②以镇痛作用为主的吡唑酮类药物,如氨基比林、安替比林及保泰松等;③以抗风湿作用为主的水杨酸类药物,如乙酰水杨酸、水杨酸钠等;④以消炎为主的吲哚类药物,如吲哚美新、炎痛静等。此外,尚有近年来在猪病临床上用于缓解发热、炎性疾患及肌肉疼痛等症状的非甾体解热镇痛消炎药——氟尼辛葡甲胺注射液(商品名为福乃达注射液)。

9.4.2　苯胺类

本类药物为苯胺的衍生物,包括乙酰苯胺、非那西汀(对乙酰氨基苯乙醚)和扑热息痛(对乙酰氨基酚)等。其中,乙酰苯胺、非那西汀由于毒性较大,兽医临床上已被扑热息痛所代替,因此不再使用,仅非那西汀用于氨非咖、APC 等复方制剂中。

扑热息痛（对乙酰氨基酚，醋氨酚）

【来源与性状】 本品为人工合成的白色结晶或结晶性粉末，无臭，味微苦。易溶于热水和乙醇。

【作用与用途】 本品具有解热镇痛作用，作用缓和、持久，作用强度类似于阿司匹林，但无抗炎和抗风湿作用。主要作中小动物的解热镇痛药。内服后的达峰时间为0.5~1 h。

【用法与用量】 对乙酰氨基酚片剂，规格:0.5 g/片、0.3 g/片。内服，一次量，马、牛10~20 g;羊1~4 g;猪1~2 g;犬0.1~1 g。

对乙酰氨基酚注射液，规格:1 mL(75 mg)/支、2 mL(250 mg)/支。肌注，一次量，马、牛5~10 g;羊0.5~2 g;猪0.5~1 g;犬0.1~0.5 g。

【注意事项】 猫对本品敏感，用药后可引起严重毒性反应，如结膜紫绀、脸部水肿、贫血、黄疸、排血红蛋白尿、肝坏死，甚至死亡。因此，猫禁用本品。

9.4.3 吡唑酮类

临床上常用的吡唑酮类解热镇痛药有氨基比林、安乃近、安替比林、保泰松等。本类药物具有强而快的解热镇痛作用，同时还兼有抗炎和抗风湿作用。

氨基比林（匹拉米洞）

【来源与性状】 本品为人工合成的白色或几乎白色的结晶性粉末，无臭，味微苦。易溶于水及乙醇，水溶液呈碱性，遇光易变质，极易被氧化而颜色变黄。

【作用与用途】 本品具有明显的解热镇痛及消炎作用，起效快，效果好。与巴比妥类药物合用，则镇痛效果增强。其镇痛作用较阿司匹林强而持久，消炎抗风湿作用不亚于水杨酸类。但长期应用可引起粒性白细胞缺乏症。单一药物片剂及注射液已淘汰，而多用其复方制剂。其复方制剂在临床上广泛应用于动物的发热、肌肉及关节疼痛、神经痛，对发热病畜和急性风湿性关节炎有良好疗效。

【药物相互作用】 按相同比例与巴比妥配成复方制剂，能增强镇痛效果，有利于缓解疼痛症状。

【用法与用量】 氨基比林注射液，规格:10 mL(0.2 g)/支、20 mL(0.2 g)/支。皮下或肌注，一次量，马、牛0.6~1.2 g;猪、羊0.05~0.2 g。

复方氨基比林注射液，为含氨基比林7.15%，巴比妥2.85%的灭菌水溶液。规格:5，10，20，50 mL。皮下或肌注，一次量，马、牛20~50 mL;猪、羊5~10 mL;兔1~2 mL。休药期28 d,弃奶期7 d。

安痛定注射液，为含氨基比林5%、安替比林2%、巴比妥0.9%的灭菌水溶液。为无色或带极微黄色的澄明溶液。规格:5 mL/支、10 mL/支、20 mL/支、50 mL/支。皮下或肌注，一次量，马、牛20~50 mL;猪、羊5~10 mL。

【注意事项】
①本品应密闭避光保存。
②在无水杨酸钠的情况下，可用本品作代用品治疗急性风湿性或类风湿性关节炎。

安乃近(诺瓦经)

【来源与性状】 本品为氨基比林亚硫酸盐(即氨基比林与亚硫酸钠结合的化合物)。为白色或淡黄色晶性粉末,无臭,味微苦。易溶于水,可溶于醇,水溶液久置能氧化而渐变黄色,不影响药效但刺激性增加。

【作用与用途】 本品的解热镇痛作用强而快,皮下或肌肉注射后10～20 min即出现药效,药效可持续2～3 h,静脉注射后数分钟即可显效。其解热作用是氨基比林的3倍,镇痛作用与氨基比林相同。本品也有抗炎和抗风湿作用。临床上常用作解热镇痛药,也可用作抗风湿药。本品对胃肠道平滑肌痉挛也有良好的解痉作用,可以缓解由此引起的腹痛,因此常被用于肠痉挛、肠鼓胀,制止腹痛,有不影响肠管正常蠕动的优点,长期使用本品可产生粒性白细胞缺乏症。

【最高残留限量】 残留标示物:4-氨甲基-安替比林,马、牛、猪:肌肉、脂肪、肝、肾200 µg/kg。

【用法与用量】 安乃近片剂,规格:0.25 g/片、0.5 g/片。内服,一次量,马、牛4～12 g;猪、羊2～5 g;犬0.5～1 g。休药期,牛、羊、猪28 d,弃奶期7 d。

安乃近注射液,规格:5 mL(1.5 g)/支、10 mL(3 g)/支、20 mL(6 g)/支。皮下或肌注,一次量,马、牛3～10 g;猪1～3 g;羊1～2 g;犬0.3～0.6 g。缓慢静注,一次量,马、牛3～6 g。

休药期,牛、羊、猪28 d,弃奶期7 d。

【注意事项】

①本品长期使用可产生粒性白细胞缺乏症和白细胞减少症。剂量过大或次数过多可能引起动物大量出血而致虚脱,应用时应注意补液。剂量过高可能引起惊厥。

②本品禁用于食品生产动物(包括泌乳奶牛)。

③因为本品能掩盖或干扰对已经存在于动物体内的禁用药品的检测达5 d之久,故比赛动物不得使用本品。

④本品与氯丙嗪合用能引起动物体温下降。本品还能抑制凝血酶原的形成,有增加出血的倾向。

安替比林

【来源与性状】 本品为人工合成的无色或白色结晶性粉末,无臭,味微苦,易溶于水和乙醇。

【作用与用途】 本品具有解热、镇痛和消炎作用,但疗效不及氨基比林。多次反复使用可产生高铁血红蛋白症等不良反应。单一药物在兽医临床上应用较少。

【药物相互作用】 有碳酸氢钠及水分存在时,可使其变质。

【用法与用量】 内服,一次量,马、牛10～30 g;猪、羊2～5 g;犬0.2～2 g。

安痛定注射液,见氨基比林。

保泰松(布他酮)

【来源与性状】 本品为人工合成的白色或微黄色晶性粉末,味微苦。难溶于水,可溶于醇、醚及氯仿,性质稳定。

【作用与用途】 本品具有较强的消炎及抗风湿作用。解热及镇痛作用较弱,且毒性较大。故不用作解热药。临床上可用于治疗风湿症、关节炎、腱鞘炎、黏液囊炎及睾丸炎等。在用于治疗风湿症时,须连续使用直至病情好转。本品还能促进尿酸的排泄,故也可用于治疗痛风症。

【用法与用量】 保泰松片,规格:0.1 g/片。内服,每1 kg体重,一次量,马4~8 mg;猪、羊33 mg;犬20 mg。2次/d,3 d后用量酌减。

【注意事项】

①本品对动物的毒性大,中毒症状为严重出血、胆汁淤滞及肾小管变性等。因此,禁用于有严重心脏病、肾病和肝损害的动物。

②静注时应避免漏出血管外,否则会引起严重的肿胀和坏死。

9.4.4 水杨酸类

本类药物主要包括水杨酸钠和乙酰水杨酸(阿司匹林),其生物活性部分为水杨酸根阴离子。本类药物具有较强的解热镇痛作用,并具有强大的抗风湿作用。

乙酰水杨酸(阿司匹林、醋柳酸)

【来源与性状】 本品属人工合成的水杨酸类化合物,为白色晶性粉末,无臭,味微酸。微溶于水,易溶于醇。水溶液呈酸性反应。在干燥空气中性质稳定,原粉在潮湿空气中可缓慢水解而生成醋酸和水杨酸,刺激性增强。本品内服对胃有较强的刺激性。

【作用与用途】 本品具有较强的解热、镇痛及消炎、抗风湿和促进尿酸排泄的作用。其作用机理主要与抑制前列腺素的合成有关。

本品作用与水杨酸相似,但较水杨酸强2~3倍,其疗效确实,严重不良反应较少。本品内服后在胃内不易被破坏,故对胃黏膜的刺激性比水杨酸钠小。其镇痛作用较弱,但较水杨酸钠强。抗风湿作用显著,用药后症状明显减轻。用较大剂量时,可抑制肾小管对尿酸的重吸收,使尿酸的排出增加。

临床上,本品常用于治疗多种原因引起的高热、感冒、风湿症、神经肌肉痛和痛风症。

【用法与用量】 阿司匹林片,规格:0.3 g/片、0.5 g/片。内服,每1 kg体重,一次量,马、牛20~100 mg,1~2次/d;猪、羊10 mg,3次/d;犬25 mg,2次/d;猫25 mg,1次/d。

复方阿司匹林片(APC片),每片含阿司匹林226.8 mg、非那西汀162 mg、咖啡因32.4 mg。内服,一次量,马、牛30~100片;猪、羊2~10片。

【注意事项】

①本品应密闭保存。

②本品对猫的毒性较大,中毒反应主要有严重胃出血、中毒性肝炎、骨髓红细胞生成抑制等。因此,本品不宜用于猫。对于患有胃炎、肠炎的犬,禁用本品。

③有出血性倾向的动物,忌用。

水杨酸钠(撒曹、柳酸钠)

【来源与性状】 本品为人工合成的白色或微显淡红色的细微鳞片,或白色粉末及球状颗粒,无臭或微带特臭,味咸甜。易溶于水及乙醇,水溶液呈弱酸性。在空气中易氧化

而逐渐变为黄色或红棕色。光线、温度及铁等金属离子可加速其氧化。

【作用与用途】 本品具有解热、镇痛、消炎和抗风湿作用。但其解热作用较弱,而抗风湿作用强。其镇痛作用不及阿司匹林,内服后对胃的刺激性比阿司匹林大。临床上一般不用作解热镇痛药,而主要用作抗风湿药,用于治疗风湿病,能使风湿热消退,关节疼痛及肿胀减轻。本品还能促进尿酸排出而用于治疗痛风。

【药物相互作用】

本品可使血液中凝血酶原的活性降低,故不可与抗凝血药合用。与碳酸氢钠同时内服可减少本品吸收,加速本品排泄。

【不良反应】

①内服时在胃酸作用下分解出水杨酸,对胃产生较强刺激作用。

②长期大剂量应用,可引起耳聋、肾炎等。

③能抑制凝血酶原合成而产生出血倾向。

【用法与用量】 水杨酸钠片,规格:0.3 g/片、0.5 g/片。内服,一次量,马 10～50 g;牛 15～75 g;猪、羊 2～5 g;犬 0.15～2 g;猫 0.1～0.3 g。

水杨酸钠注射液,规格:10 mL(1 g)/支、20 mL(2 g)/支、50 mL(5 g)/支。静注,一次量,马、牛 10～30 g;猪、羊 2～5 g;犬 0.1～0.5 g。休药期,牛 0 d,弃奶期 48 h。

复方水杨酸钠(撒曹古列兰)注射液,为含水杨酸钠 10%、氨基比林 1.43%、巴比妥 0.57%,乙醇(95%)10%、葡萄糖 10% 的灭菌水溶液。规格:20 mL/支、50 mL/支、100 mL/支。静注,一次量,马、牛 100～200 mL,猪、羊 20～50 mL。

撒乌安注射液,为含水杨酸钠 10%、乌洛托品 8%、安钠咖 1% 的灭菌水溶液。规格:50 mL/支。静注,一次量,马、牛 100～200 mL,猪、羊 20～50 mL。

【注意事项】

①本品应密闭、避光,在阴凉干燥处保存。

②内服本品对胃黏膜有刺激性,可能引起恶心和呕吐,可同时服用碳酸氢钠以减轻本品对胃的刺激。

③静注应缓慢,并不可漏出血管外。

④大量长期服用可损害听神经及肾脏功能而致耳聋、肾炎,可抑制肝脏凝血酶原的生成而引起内出血。胃溃疡及肾病患畜禁用本品。

9.4.5　芳基烷酸(苯丙酸)类

本类药物在化学结构上属于乙酰水杨酸的类似物。主要药物包括布洛芬、卡洛芬、萘洛芬、酮洛芬等。它们对胃肠道的刺激性较轻,不良反应低于保泰松等药物。

布洛芬(异丁苯丙酸)

【来源与性状】 本品系人工合成的白色晶性粉末,微有特异臭,几乎无味。难溶于水,易溶于乙醇、丙酮、氯仿等。

【作用与用途】 本品为苯丙酸类消炎镇痛药,具有解热、镇痛及消炎作用。其消炎作用比乙酰水杨酸强 15～30 倍,镇痛作用强 8～16 倍,解热作用强 20 倍,所以本品具有较强的消炎、止痛、退热和消肿等作用。内服对胃肠道的刺激性比乙酰水杨酸小。临床上可用于解除肌肉及软组织炎症的疼痛、跛行及类风湿性关节炎、骨关节炎、风湿性关节炎等,并对各种原因引起的发热具有镇痛和退热作用。

【用法与用量】 布洛芬片,规格:0.1 g/片、0.2 g/片。内服,每1 kg体重,一次量,马、牛2~4 mg;猪、羊4~6 mg。2次/d。

【注意事项】

①本品可导致胃肠不适、皮疹等,偶见有胃肠炎及胃肠道出血等不良反应。

②患有胃溃疡及十二指肠溃疡的动物不宜服用本品,否则会引起比较严重的出血反应。患有气喘病和妊娠动物应慎用。

9.4.6 吲哚乙酸类

吲哚乙酸类主要有消炎痛及其合成药物苄达明(炎痛净)等,其特点是消炎和镇痛作用均较强。

吲哚美辛(消炎痛)

【来源与性状】 本品为人工合成品。白色晶性粉末,无臭,不溶于水,易溶于乙醇。仅供内服。

【作用与用途】 本品内服后吸收迅速而完全,内服后的达峰时间约为1.5~2 h。具有强力抗炎作用,较强解热作用,其解热作用是氨基比林的10倍。具有较弱镇痛作用,只对炎性疼痛有明显镇痛作用。本品的消炎作用比氢化可的松强。与阿司匹林、保泰松、皮质激素合用,则疗效增强,并可减少皮质激素的用量,从而减轻皮质激素的副作用。常用于治疗风湿性关节炎、神经痛、腱炎、腱鞘炎、肌肉损伤、术后外伤等,特别是慢性关节炎。

【用法与用量】 消炎痛片或胶囊,规格:25 mg/片、粒。内服,每1 kg体重,一次量,马、牛1 mg;猪、羊2 mg。

【注意事项】 本品副作用多,不良反应主要表现为消化道症状。犬猫可见恶心、腹痛、下痢,有时形成溃疡,肝功受损等。

盐酸苄达明(炎痛净、炎痛静、消炎灵)

【来源与性状】 本品为人工合成化合物。为白色晶性粉末,味辛辣,极易溶于水,易溶于乙醇。

【作用与用途】 本品具有消炎、镇痛、解热作用。对炎性疼痛的镇痛作用比消炎痛强,抗炎作用与保泰松相似。临床上主要用于手术后、外伤、风湿性关节炎等炎性疼痛的消炎与镇痛,与抗生素合用可治疗牛支气管炎和乳腺炎。曾与四环素配合进行乳管内注入治疗乳腺炎能加速炎症消散。

【用法与用量】 炎痛净片,规格:25 mg/片。内服,每1 kg体重,一次量,马、牛1 mg;猪、羊2 mg。

炎痛净软膏(含炎痛净5%),外用于治疗局部炎症,如关节炎、挫伤、腱炎、腱鞘炎、黏液囊炎,手术后及外伤性炎症等。

【注意事项】

①本品的不良反应较消炎痛小,仅见轻度食欲不振、恶心及呕吐等。

②本品对湿疹性耳炎及齿龈炎无效。

9.4.7　邻氨基苯甲酸类

本类药物为邻氨基苯甲酸的衍生物,主要包括甲灭酸、氯灭酸、甲氯灭酸和氟灭酸等4种。其特点是消炎与镇痛作用强,解热作用不如吡唑酮类药物。

甲灭酸(扑湿痛)

【来源与性状】　本品为人工合成药。为白色或淡黄色晶性粉末,无臭,不溶于水,可溶于乙醇。

【作用与用途】　本品具有强大的镇痛和消炎作用,有较好的抗风湿作用。其镇痛作用比阿司匹林、氨基比林强,抗炎作用为阿司匹林的5倍、氨基比林的4倍,但不及氟灭酸。解热作用持续时间较长。不良反应较多,一般用药不超过1周。主要用于治疗风湿痛、神经痛及其他炎性疼痛,如马的急慢性炎症(跛行)。

【用法与用量】　甲灭酸片,规格:0.25 g/片。内服,每1 kg体重,一次量,马、牛2.2 mg,1次/d;猪5 mg,2次/d;犬1.1 mg,1次/d。首次倍量,用药不超过1周。

【注意事项】

①本品对胃肠道有刺激性,不良反应主要有嗜睡、恶心、晕眩及腹泻等。

②肾功能不全或溃疡患畜,慎用。

③本品可加剧哮喘症状,故禁用于哮喘患畜。

④孕畜忌用。

氯灭酸(氯芬那酸,抗风湿灵)

【来源与性状】　本品为人工合成化学药物。为白色晶性粉末,无臭,难溶于水。

【作用与用途】　本品为我国自行合成的邻氨基苯甲酸类消炎镇痛药,具有消肿、解热及镇痛作用。对关节肿胀有明显的消炎消肿作用,可恢复关节活动,使血沉恢复正常。不良反应较少,疗程可长达2~3个月。

【用法与用量】　氯灭酸片,规格:0.2 g/片。内服,一次量,马、牛1~4 g;猪、羊0.4~0.8 g;犬0.05~0.4 g。2~3次/d。

9.4.8　苯并噻嗪类

吡罗昔康(炎痛喜康)

【来源与性状】　本品为人工合成品。为类白色或微黄绿色晶性粉末,无臭,无味。几乎不溶于水,微溶于乙醇。在酸性溶液中溶解,在碱性中略溶。

【作用与用途】　本品为新型抗炎镇痛药,其作用稍强于吲哚美辛,是目前较好的长效抗风湿药。作用迅速而持久,无蓄积作用。不良反应小。可用于治疗风湿症、关节炎等。

【用法与用量】　吡罗昔康胶囊及片剂,规格:10 mg/粒(片)、20 mg/粒(片)。内服,每1 kg体重,一次量,犬0.3 mg,隔日1次。

【注意事项】　心、肝、肾疾病及消化道溃疡患畜慎用。

复习思考题

1. 名词解释：

全身麻醉药　分离麻醉药　镇静保定药　安定与抗惊厥药　麻醉前给药　基础麻醉　混合麻醉及配合麻醉

2. 什么是巴比妥类药物的"葡萄糖反应"？

3. 解热镇痛药的作用机理及分类、各类解热镇痛药的作用特点。

4. 兽医临床常用全身麻醉药、中枢兴奋药、镇静安定与抗惊厥药、解热镇痛及抗风湿药的代表药物有哪些？各种药物的作用特点？如何正确使用？

第10章
作用于外周神经系统的药物

本章导读：本章对兽医临床上常用的局部麻醉药、拟胆碱药、抗胆碱药、拟肾上腺素药及抗肾上腺素药的作用及临床应用进行了较为详细的阐述，内容包括局部麻醉药的概念及常用局部麻醉方法，临床常用局部麻醉药、拟胆碱药、抗胆碱药、拟肾上腺素药及抗肾上腺素药的作用及临床应用，解毒方法等。通过学习，要求掌握局部麻醉药的临床应用及临床常用局部麻醉方法，正确理解拟胆碱药及拟肾上腺素药的临床应用，熟练掌握其药理作用及应用。

10.1 概述

动物外周神经系统包括传出神经系统和传入神经系统，因此，作用于外周神经系统的药物可相应地分为作用于传出神经系统的药物和作用于传入神经系统的药物。

由神经中枢发出的传出神经分为运动神经和植物性神经。运动神经分布于骨骼肌而支配全身骨骼肌的运动；植物性神经分布于内脏、心血管、平滑肌及腺体而调节其机能活动，其又称为内脏神经，包括交感神经和副交感神经两大部分。传出神经对其所支配的器官（效应器）是通过神经末梢释放的化学物质——神经递质来传递神经冲动的，这些神经递质作用于动物细胞上的相应的受体而调节其功能活动。传出神经末梢所释放的神经递质有两类：一类是乙酰胆碱（Ach），另一类是去甲肾上腺素（NA 或 NE）和少量肾上腺素（Ad）。

传出神经纤维的分类：传出神经按其神经纤维末梢所释放的递质的不同可相应地分为胆碱能神经和肾上腺素能神经。胆碱能神经是以乙酰胆碱作为神经递质的传出神经，包括交感神经和副交感神经的节前纤维、副交感神经的节后纤维、少部分交感神经的节后纤维、所有运动神经；肾上腺素能神经是以去甲肾上腺素作为神经递质的传出神经纤维，大部分交感神经的节后纤维都属于肾上腺素能神经。大多数内脏器官都受胆碱能神经和肾上腺素能神经的双重支配。

传出神经的受体:传出神经的生理功能是通过神经纤维末梢所释放的神经递质与动物器官(效应器)上的特异受体结合而产生相应效应的。即神经递质必须与相应的受体结合,才能产生传递神经信息的作用。受体是存在于效应器细胞膜上的一种特殊蛋白质,其能专一性地与不同的神经递质(或激素,或类似于神经递质或激素的药物)发生结合并产生内在的生理效应。传出神经的受体可分为胆碱受体和肾上腺素受体两大类。胆碱受体是能选择性地与乙酰胆碱或类似于乙酰胆碱的药物相结合的受体,主要分布于副交感神经的节后纤维所支配的效应器、植物性神经的神经节、骨骼肌、交感神经的节后纤维所支配的汗腺等处的细胞膜上。胆碱受体又分为毒蕈碱型受体和烟碱型受体。其中,毒蕈碱型受体可与毒蕈碱结合,简称 M 型受体。M 型受体存在于所有副交感神经的节后纤维所支配的效应器、汗腺、骨骼肌内的血管上,乙酰胆碱能与之结合而产生 M 样作用。M 样作用主要表现为使心脏的活动受到抑制,支气管平滑肌、胃肠道平滑肌、逼尿肌及瞳孔括约肌收缩,消化腺、汗腺分泌增加,骨骼肌血管、皮肤黏膜血管舒张,冠状血管收缩等。阿托品可与 M 受体结合,但结合后不产生内在效应,故阿托品类药物可阻断乙酰胆碱的 M 样作用。烟碱型受体能与烟碱结合,又简称 N 型受体。其主要分布在神经肌肉接头的后膜和交感、副交感神经突触后膜上,乙酰胆碱与之结合后能产生 N 样作用。N 样作用主要表现为引起骨骼肌收缩和节后神经兴奋。肾上腺素受体是能选择性地与去甲肾上腺素、肾上腺素及其类似的药物结合的受体,主要分布于交感神经的节后纤维所支配的效应器细胞膜上。肾上腺素受体又分为 α 型肾上腺素受体和 β 型肾上腺素受体。其中,α 型肾上腺素受体简称 α 受体,其兴奋可引起皮肤黏膜、脑、肺、骨骼肌及冠状血管收缩,胃肠道括约肌、膀胱括约肌、眼辐射肌收缩,汗腺、唾液腺等分泌增加。β 型肾上腺素受体又简称 β 受体,其兴奋时可使心率加快,心肌收缩力加强,腹腔血管、骨骼肌血管、冠状血管扩张,支气管平滑肌、胃肠道平滑肌、逼尿肌舒张,睫状肌松弛,糖原分解增加。

传入神经系统主要是感觉神经,作用于感觉神经的药物主要包括局部麻醉药、皮肤黏膜保护药和刺激药 3 大类。

10.2 作用于传出神经纤维的药物

作用于传出神经纤维的药物可相应地分为拟胆碱药、抗胆碱药、拟肾上腺素药、抗肾上腺素药共 4 大类。拟胆碱药包括完全拟胆碱药(如氨甲酰胆碱)、节后拟胆碱药(如毛果芸香碱)及抗胆碱酯酶药(如新斯的明)。抗胆碱药包括节后抗胆碱药(如阿托品)和神经阻断药(如琥珀胆碱)。拟肾上腺素药主要包括去甲肾上腺素、肾上腺素及异丙肾上腺素。抗肾上腺素药主要包括 α 受体阻断药(如酚妥拉明)和 β 受体阻断药(如心得安)。

10.2.1 拟胆碱药

凡是能引起与乙酰胆碱的作用相似(即类似胆碱能神经兴奋效果)的药物称为拟胆碱药。拟胆碱药根据其作用机理的不同而分为胆碱受体激动药和抗胆碱酯酶药。胆碱受体激动药是能直接作用于效应器(如骨骼肌)细胞的胆碱受体,从而产生与乙酰胆碱相似的药理作用的药物,如氨甲酰胆碱、氨甲酰甲胆碱等。抗胆碱酯酶药是能抑制乙酰胆

碱酯酶的活性,阻碍乙酰胆碱被胆碱酯酶水解,从而造成效应器的神经末梢内乙酰胆碱蓄积进而表现出胆碱能神经兴奋效应的一类药物,如新斯的明,有机磷酸酯类杀虫剂也属此类药物。

氨甲酰胆碱

【来源与性状】 本品为人工合成品。为无色或淡黄色小棱柱形的结晶或结晶性粉末,无臭或微有脂肪胺臭,有吸湿性,易溶于水,略溶于乙醇。水溶液稳定,加热煮沸不被破坏。

【作用与用途】 本品具有直接兴奋 M 受体和 N 受体及促进胆碱能神经末梢释放乙酰胆碱的作用。用治疗剂量时,主要表现 M 样作用。M 受体兴奋时,表现为心传导抑制、心率减慢,心肌收缩力下降,支气管、胃肠道及膀胱平滑肌收缩,括约肌松弛;虹膜括约肌和睫状肌收缩,瞳孔缩小;汗腺、唾液腺、胃肠道及呼吸道内腺体分泌增加。N 受体兴奋时,主要表现为植物性神经兴奋,骨骼肌收缩力加强。

因氨甲酸酯在体内不易被胆碱酯酶水解破坏,故本品作用强而持久,对心血管系统作用较弱,对胃肠、膀胱、子宫等平滑肌有较强的兴奋作用,并可使唾液、胃液、肠液分泌增加。临床上主要用于治疗胃肠弛缓、瘤胃积食、便秘、前胃弛缓、膀胱积尿、分娩时及分娩后子宫弛缓、胎衣不下、子宫蓄脓等症。

【用法与用量】 氯化氨甲酰胆碱(氨甲酰胆碱盐酸盐)注射液,规格:1 mL(0.25 mg)/支,5 mL(1.25 mg)/支。皮下注射,一次量,马、牛 1~2 mg;猪、羊 0.25~0.5 mg;犬 0.025~0.1 mg。治疗前胃弛缓,皮下注射,一次量,牛 0.4~0.6 mg;羊 0.2~0.3 mg。

【注意事项】

①本品作用强烈、选择性低,使用时应注意严格控制剂量,并注意动物监护。禁用于老龄、瘦弱、妊娠动物及有心肺疾病、机械性肠梗阻的患畜。

②在治疗便秘及牛前胃弛缓、积食时,在使用本品前,应先给动物灌服油类或盐类泻药以软化粪便及胃内容物。

③本品不得肌注或静注。中毒时,可用阿托品解救。

④马用本品后可出现汗腺大量分泌,慎用。

毛果芸香碱(匹罗卡品)

【来源与性状】 本品是从毛果属植物巴西毛果芸香和小叶毛果芸香的叶中提取的一种生物碱,现已能人工化学合成。其硝酸盐为无色结晶或白色有光泽的晶性粉末,无臭,味苦,遇光易变质,易溶于水,水溶液稳定。

【作用与用途】 本品能直接作用于 M 型胆碱受体,呈现 M 样作用,大剂量时能呈现 N 样作用。其作用特点是对唾液腺、支气管腺、胃肠道腺体及泪腺等多种腺体的分泌有强烈的兴奋作用,同时能对胃肠道平滑肌也有强烈的选择性兴奋作用,能促进胃肠道平滑肌收缩,增加平滑肌张力及蠕动,而对心血管系统及其他器官的影响相对较小。本品还能作用于眼虹膜内环状肌的 M 胆碱受体,使环状肌向中心收缩而产生缩瞳作用,并使眼房水内流通畅,眼内压下降。

临床上主要用于治疗不全阻塞性肠便秘、前胃弛缓、瘤胃不全麻痹、猪食道梗塞等,也可作为缩瞳药用于治疗虹膜炎或青光眼。在眼科疾病中,常因机械性或化学因素引起结膜炎或角膜炎并蔓延附近的虹膜组织,因此为了防止虹膜与晶体粘连,可用扩瞳药(1%～2%的阿托品)和缩瞳药(1%～3%的毛果芸香碱)交替点眼,每日1次。

【用法与用量】　硝酸毛果芸香碱注射液(3%硝酸毛果芸香碱水溶液),规格:1 mL(30 mg)/支、5 mL(150 mg)/支。皮下注射,一次量,马、牛50～150 mg;羊10～50 mg;猪5～50 mg;犬3～20 mg。牛兴奋反刍用量40～60 mg/次。

滴眼剂,含量0.5%～2%。与扩瞳药交替进行,1次/d。

【注意事项】

①本品能促进多种腺体的大量分泌,可加重机体脱水。便秘后期使用本品前应大量给水补液,并适当给予强心剂,以防引起脱水和加重心衰。

②本品使用后会出现肠壁平滑肌强烈收缩,可致已患有炎症坏死的肠管破裂,因此,本品禁用于完全阻塞性肠便秘的患畜。

③本品对支气管平滑肌有较强烈的收缩作用,可致呼吸困难和肺水肿,用药后应保持患畜安静,并注意加强护理。

④本品过量中毒时,可用阿托品解救。

⑤年老、瘦弱、妊娠及心肺疾患动物禁用。

氯化氨甲酰甲胆碱(比赛可灵)

【来源与性状】　本品为人工合成。为白色结晶或结晶性粉末,微带氨臭味,易潮解,易溶于水,可溶于乙醇。

【作用与用途】　本品作用与氯化氨甲酰胆碱相似,但作用强度仅为其1/10,故安全性较大。本品N样作用微弱或没有,M样作用主要表现在肠管、膀胱和眼等方面,而对心血管方面的作用很小。阿托品可迅速阻止或消除此药的M样作用。临床上用途和使用注意事项均同于氯化氨甲酰胆碱。本品的主要优点是毒性低于氯化氨甲酰胆碱。

【用法与用量】　氯化氨甲酰甲胆碱注射液,规格:1 mL(2.5 mg)/支、5 mL(12.5 mg)/支、10 mL(25 mg)支。皮下注射,每1 kg体重,一次量,马、牛、羊、猪0.05～0.1 mg;犬、猫0.25～0.5 mg。

新斯的明(普洛色林)

【来源与性状】　本品为人工合成的酯类药。临床上常使用的是溴化新斯的明和甲基硫酸新斯的明两种盐。两者均为白色晶性粉末,无臭,味苦。甲基硫酸新斯的明有吸湿性,极易溶于水,易溶于乙醇。

【作用与用途】　本品能可逆性地抑制胆碱酯酶,从而使神经末梢处乙酰胆碱的分解破坏减少而蓄积,呈现持久的内源性乙酰胆碱作用。

本品对各种腺体、心血管系统、支气管平滑肌、瞳孔虹膜括约肌的兴奋作用较弱,对胃肠、子宫、膀胱平滑肌的作用较强。本品除在神经肌肉接头抑制胆碱酯酶,增强乙酰胆碱作用外,还能直接与骨骼肌运动终板处的N_2受体结合,从而加强骨骼肌收缩。

临床上可用于马便秘、牛前胃弛缓,以促进瘤胃蠕动;也可用于治疗动物术后腹部气胀或尿潴留、重症肌无力、牛子宫复原不全以及大剂量氨基苷抗生素所致的呼吸衰竭等。

【用法与用量】　甲基硫酸新斯的明注射液,规格:1 mL(0.5 mg)/支、1 mL(1 mg)/支、5 mL(5 mg)/支、10 mL(10 mg)/支。肌内、皮下注射,一次量,马4～10 mg;牛4～20 mg;

猪、羊 2~5 mg;犬 0.25~1 mg。

【注意事项】

①本品应密封避光保存。

②腹膜炎、肠道或尿道机械性阻塞患畜及年老、瘦弱、妊娠后期的动物,患有心、肺疾病的动物禁用。

③癫痫、哮喘患畜,慎用。

④本品作用强烈,须严格掌握使用剂量。若用药过量发生本品中毒时,可肌注硫酸阿托品进行拮抗,也可静注硫酸镁以直接抑制骨骼肌兴奋。

10.2.2 抗胆碱药

抗胆碱药能与乙酰胆碱竞争细胞膜上的胆碱受体,但本品与胆碱酯酶结合后不会激动胆碱受体,而阻止乙酰胆碱或拟胆碱药与胆碱受体的结合,从而对抗乙酰胆碱的 M 样作用或 N 样作用产生抗胆碱作用。其药理作用与乙酰胆碱及拟胆碱药相反。根据药物对 M 受体和 N 受体的选择性的不同,可将抗胆碱药分为 M 受体阻断药和 N 受体阻断药两类。M 受体阻断药又称节后抗胆碱药或平滑肌解痉药,具有抗毒蕈碱作用,主要表现与毛果芸香碱相反的作用,临床常用药为阿托品。兽医临床上使用的 N 受体阻断药为 N_2 胆碱受体阻断药,即骨骼肌松弛药(简称肌松药)。它能作用于动物骨骼肌神经肌肉接头,阻碍神经冲动的传递,而使骨骼肌松弛。用于获取猎物、动物保定及配合浅麻醉的手术。常用药物有琥珀胆碱、筒箭毒碱、潘克罗宁等。

阿托品

【来源与性状】 本品是从颠茄(曼陀罗)或莨菪等茄科植物中提取的一种生物碱,也可人工合成。临床常用其硫酸盐。硫酸阿托品为白色晶性粉末,无臭,味极苦。有风化性,易溶于水及乙醇。遇光易变质。水溶液久置或遇碱性物质可分解。

【作用与用途】 本品与节后副交感神经末梢所支配的效应器上的 M 胆碱受体结合,而阻断受体与乙酰胆碱或其他拟胆碱药结合,从而阻断乙酰胆碱的 M 样作用,大剂量还能阻断神经节和神经肌肉接头的 N 胆碱受体。主要药理作用为松弛内脏平滑肌(但对子宫平滑肌无效);松弛虹膜括约肌从而扩大瞳孔、升高眼内压;抑制唾液腺、胃腺、肠腺及支气管腺等的分泌;解除迷走神经对心脏的抑制作用。大剂量阿托品还能扩张外周及内脏血管,改善微循环,并有明显的中枢兴奋作用,兴奋呼吸中枢及大脑皮质运动区和感觉区。本品全身分布,可进入中枢神经系统、胎盘及少量分布至奶中。在肝脏转化并由尿中排出,约为剂量的 30%~50% 以原形排出。

本品在临床上可用于:

①松弛内脏平滑肌,缓解痉挛:本品对胃肠道、支气管、输尿管、胆管、膀胱等平滑肌有解痉作用,可与氨茶碱、杜冷丁等药物配合应用以增强疗效。

②作为麻醉前给药:本品能抑制唾液腺、胃肠道腺体及支气管腺体等的分泌,可以防止麻醉时腺体分泌过多而引起呼吸道堵塞或吸入性肺炎。

③解救有机磷药物或其他拟胆碱药中毒:本品能有效地解除有机磷制剂中毒、毛果芸香碱中毒等,能迅速缓解 M 样中毒症状。解有机磷中毒时可配合碘解磷定等胆碱酯酶

复活剂使用。

④本品能松弛虹膜括约肌,从而扩大瞳孔。因此,可用于眼科以治疗虹膜睫状体炎、周期性眼炎等,以防止眼组织粘连。

⑤解除血管痉挛、扩张外周和内脏血管:在补充血容量前提下,本品可增加组织血流量,改善微循环。因而可用于失血性休克、传染病引起的中毒性休克等。

【药物相互作用】

①阿托品可增加噻嗪类利尿药、拟肾上腺素药物的作用。

②阿托品可加重双甲脒的某些毒性症状,引起肠蠕动的进一步抑制。

【用法与用量】 硫酸阿托品注射液,规格:1 mL(0.5 mg、5 mg)/支、2 mL(1 mg)/支。肌肉、皮下或静脉注射,麻醉前给药,每1 kg体重,一次量,马、牛、羊、猪、犬、猫 0.02 ~ 0.05 mg;解除有机磷中毒,马、牛、羊、猪 0.5 ~ 1 mg,犬、猫 0.1 ~ 0.15 mg,禽 0.1 ~ 0.2 mg。

硫酸阿托品滴眼剂,0.5% ~ 1%溶液。

【注意事项】

①本品宜密闭避光保存。

②用于治疗消化道疾病时,胃肠蠕动将显著减弱,消化液分泌也剧减甚至停止,而全部括约肌收缩,故易发生胃肠鼓胀甚至胃肠破裂。

③本品选择性差,作用范围广,使用大剂量或中毒剂量时会产生严重后果。本品的副作用主要有口干、吞咽困难、便秘、呕吐及尿潴留等。应注意多给水、注意导尿、穿刺放气以防发生肠臌胀。

④大剂量有明显的中枢兴奋作用,表现为兴奋不安、运动失调,最后又转为抑制、昏迷,最终发生呼吸麻痹而死亡。

氢溴酸东莨菪碱

【来源与性状】 本品为自莨菪植物中提取的一种生物碱,也能人工合成。为无色结晶,或白色结晶性粉末,无臭,味辛苦,微有风化性,易溶于水,可溶于乙醇。

【作用与用途】 本品作用与阿托品相似,但本品的散瞳、抑制腺体分泌及兴奋呼吸中枢的作用比阿托品强,而对胃肠道平滑支气管平滑肌及心脏的作用则较弱。对中枢神经系统有抑制作用,但因动物种类及使用剂量不同而异。如给犬施以小剂量,有镇静作用;大剂量则可产生兴奋,出现不安和运动失调。马则产生兴奋作用,但若配合氯丙嗪、静松灵等则可作为麻醉药。本品主要用作麻醉前给药,或配合氯丙嗪用作马、黄牛及犬的麻醉药。在动物下痢时使用本品,可减少肠壁细胞分泌,减少体液及电解质流失及过剧的蠕动而缓解下痢。

【药物相互作用】 参见硫酸阿托品。

【不良反应】

①马属动物常出现中枢兴奋。

②用药动物可引起胃肠蠕动减弱、腹胀、便秘、尿潴留、心动过速。

【用法与用量】 氢溴酸东莨菪碱注射液,规格:1 mL(0.3 mg、0.5 mg)/支。皮下注射,一次量,牛 1 ~ 3 mg;猪、羊 0.2 ~ 0.5 mg;犬 0.1 ~ 0.3 mg。休药期28日,弃奶期7日。

氢溴酸山莨菪碱

【来源与性状】 本品为自莨菪植物中提取的一种生物碱,也能人工合成。为白色晶性粉末,无臭,味苦。能溶于水及乙醇。

【作用与用途】 山莨菪碱有明显的外周抗胆碱作用,能解除平滑肌痉挛和对抗乙酰胆碱对心血管系统的抑制作用,作用与阿托品相似;也能解除血管痉挛,改善微循环。但其抑制唾液分泌的作用、散瞳作用、中枢作用比阿托品弱,故在较大剂量使用时也很少出现阿托品引起的动物兴奋作用。本品同样能对抗或缓解各种有机磷酸酯类药物引起的中毒症状。山莨菪碱静脉注射后排泄较快,在动物体内无蓄积作用。临床应用有疗效高和副作用小等优点。适用于严重感染所致的中毒性休克、有机磷酸酯类药物中毒、内脏平滑肌痉挛等。在动物下痢时使用本品,可减少肠壁细胞分泌,减少体液和电解质流失及过剧的蠕动而缓解下痢。

【用法与用量】 氢溴酸山莨菪碱注射液,规格:1 mL(10 mg、20 mg)/支。肌肉或静注量为硫酸阿托品的 5~10 倍。

654-2,是人工合成的山莨菪碱,制剂为盐酸山莨菪碱。药剂规格、用法及用量均同氢溴酸山莨菪碱。

【注意事项】 参考硫酸阿托品。

琥珀胆碱(司可林)

【来源与性状】 本品为人工合成的白色或近白色晶性粉末,无臭,味咸,有吸湿性,极易溶于水,微溶于乙醇。遇光、碱均易分解失效。

【作用与用途】 本品作用于神经肌肉接头,与运动终板上膜上的 N_2 受体结合,产生与乙酰胆碱相似但较为持久的去极化作用,使终板不能对乙酰胆碱起反应,肌肉张力下降,因而使骨骼肌松弛。本品作用快,消失快,维持时间短。

临床上可用作麻醉辅助药,可用作肌松性保定药而用于骨折修复、去势、腹腔手术或整齿手术以保定动物,也可用于作气管插管所需的短时肌松药。国内常选用本品保定野生动物以便于断角、锯茸等手术。

【药物相互作用】

①水合氯醛、氯丙嗪、普鲁卡因、氨基糖苷类抗生素能增强本品的肌松作用和毒性,不可并用。

②与新斯的明、有机磷化合物同时应用,可使作用和毒性增强。

③噻嗪类利尿药可增加琥珀胆碱的作用。

④琥珀胆碱在碱性溶液中可水解失效。

【用法与用量】 氯化琥珀胆碱粉针,规格:100 mg/支。临用时用注射用水溶解。氯化琥珀胆碱注射液,规格:1 mL(50 mg)/支、2 mL(100 mg)/支。

静注或肌注,每1 kg 体重,一次量,马0.1~0.15 mg;牛、羊0.016~0.02 mg;猪2 mg;犬0.22 mg;猫0.11 mg;猴1~2 mg;梅花鹿、马鹿0.08~0.12 mg;水鹿0.04~0.06 mg。

【注意事项】

①本品应密封避光保存。

②本品有部分拟胆碱作用,能使动物唾液腺、支气管腺分泌增加,用药前宜使用小剂

量的阿托品,以免发生窒息。

③牛慎用本品。反刍动物在使用本品前应停食 8 h 左右,以免胃内容物逆流而引起异物性肺炎。

④年老、体弱、妊娠动物,严重肝病、贫血、急性传染病等患畜的血浆中胆碱酯酶活性较低,使用本品易发生中毒,禁用。

⑤有机磷酸酯类、苯海拉明、异丙嗪、氯丙嗪等能抑制血浆胆碱酯酶的活性,而显著增加动物对本品的敏感性,应避免与本品同时应用。

⑥在用药过程中若发现动物出现呼吸抑制或停止时,应立即拉出舌头,用氨水刺激鼻腔,并配合注射尼可刹米,输氧,同时进行人工呼吸。心脏衰弱时立即注射安钠咖,严重者可应用肾上腺素。因新斯的明等对本品无对抗作用,反而能增强其毒性,故忌用新斯的明等拟胆碱药解救本品中毒。

溴化潘克罗宁(巴夫龙)

【来源与性状】 本品为近年来合成的非去极化型肌松药。为白色晶性粉末,无臭,味苦。易溶于水。

【作用与用途】 本品能与运动终板上膜上的 N_2 受体结合,竞争性地阻断乙酰胆碱所致细胞膜的去极化,从而阻断神经肌肉接头处的神经冲动的传递,引起骨骼肌松弛性麻痹。本品的肌松作用强度是箭毒的 3~5 倍。静注后 3~4 min 就会显效,药效可持续20~30 min。连续应用也无蓄积性,对心血管系统几乎无影响。临床上主要作为肌松药与其他麻醉药配合而用于多种手术。

【用法与用量】 潘克罗宁注射液,规格:1 mL(1 mg、2 mg)/支、2 mL(4 mg)/支。静注,每1 kg 体重,一次量,猪 0.11 mg;犬、猫 0.044~0.11 mg。

【注意事项】 本品能引起唾液腺等分泌增加,故用作复合麻醉时宜先用阿托品以抑制腺体分泌。出现本品中毒后或术后出现神经肌肉麻痹时,可用新斯的明解救。

10.2.3 拟肾上腺素药

拟肾上腺素药是一类化学结构与肾上腺素相似的胺类药物,其作用与交感神经兴奋效应相似。交感神经节后纤维属肾上腺素能神经,其递质是去甲肾上腺素和少量肾上腺素,当这些递质与效应器细胞膜上的肾上腺素受体结合时,就会产生心脏兴奋、血管收缩、支气管和胃肠道平滑肌收缩、瞳孔散大等作用。

肾上腺素受体根据其对拟肾上腺素药及抗肾上腺素药反应的不同而分为 α 受体和β 受体。α 受体兴奋时可产生皮肤及内脏、黏膜血管收缩瞳孔散大;β 受体兴奋时可产生心脏兴奋,冠状血管和骨骼肌血管扩张,肝糖原和脂肪分解增加等作用。

临床上常用的拟肾上腺素药主要有肾上腺素、去甲肾上腺素、麻黄碱、异丙肾上腺素等。这些药物在作用强度、持续时间及对受体的选择性上存在差异。进入血液中的一部分拟肾上腺素药由肝脏内的单胺氧化酶(MAO)和儿茶酚胺氧化甲基转移酶(COMT)代谢降解,另一部分则由药物所达到的效应器细胞中的上述两种酶所降解。

肾上腺素（副肾素）

【来源与性状】 药用肾上腺素是从牛、羊等家畜的肾上腺髓质中提取的，也可人工合成。本品为白色或淡棕色的晶性粉末，无臭，味微苦。难溶于水及乙醇。其性质不稳定，遇氧化物、碱性化合物、光、热等易发生氧化而逐渐变成淡粉红色而失效。临床常用其盐酸盐和酒石酸盐，两者均易溶于水，水溶液不稳定，易被氧化。加热或放置时间过久均可发生消旋而致药效降低。

【作用与用途】 本品对 α 受体和 β 受体均有激活作用，因此，具有以下药理作用：①强心：本品是一种作用强而快的强心药，可使心肌收缩力加强，心率加快，心输出量增加，心肌耗氧量也增加；②使皮肤、黏膜及肾脏血管收缩，使冠状血管和骨骼肌血管舒张，此外还能降低毛细血管的通透性；③引起大部分平滑肌松弛、括约肌收缩，故本品能缓解支气管平滑肌痉挛而起到平喘作用，但该作用持续时间短，副作用多，临床上一般不用于这一目的；④抗组胺作用：本品能收缩血管、舒张支气管平滑肌、解除内源性组胺释放所引起的血管扩张、微血管通透性增加及支气管痉挛等过敏性休克症状。

由于肾上腺素的以上药理作用，其在临床上主要可用于：

①作为急救药而用于抢救心脏骤停。本品常用于溺水、麻醉和手术意外，药物中毒、窒息、传染病和心脏传导阻滞引起的心脏骤停。

②治疗过敏性休克。本品是治疗过敏性休克的首选药物或主要药物，对药物过敏、荨麻疹、疫苗及血清反应等有较好效果。

③配合局部麻醉药应用，可延长局麻时间。常在局麻药（如普鲁卡因）中加入少量的肾上腺素（100 mL 局麻药中加入 0.1% 的肾上腺素液 0.2～0.5 mL），能起到使局部血管收缩，以减少局部麻醉药的吸收，延长局麻时间、减少局麻药毒性的作用。

【药物相互作用】

①碱性药物如氨茶碱、磺胺类的钠盐、青霉素钠（钾）等可使本品失效。

②某些抗组胺药（如苯海拉明、氯苯那敏）可增强其作用。

③酚妥拉明可拮抗本品的升压作用。普萘洛尔可增强其升高血压的作用，并拮抗其兴奋心脏和扩张支气管的作用。

④强心苷可使心肌对本品更敏感，合用易出现心律失常。

⑤与催产素、麦角新碱的合用，可增强血管收缩，导致高血压或外周组织缺血。

【用法与用量】 盐酸肾上腺素注射液，规格：0.5 mL（0.5 mg）/支、1 mL（1 mg）/支、5 mL（5 mg）/支。①用于治疗过敏性反应：肌注、皮下或静注（0.1% 盐酸肾上腺素），一次量，马 3～5 mL；牛、猪每 50 kg 体重，一次量 0.5～1 mL。静注宜先用生理盐水或葡萄糖液稀释 10 倍，可间隔 15 min 重复给药，若与肾上腺皮质激素或苯海拉明合用抗过敏反应效果更好。犬每 1 kg 体重，一次量 0.02 mg。②抢救心脏复苏：静注（0.1% 盐酸肾上腺素）；每 1 kg 体重，一次量，驹 0.1 mL，犬可将静注药量用生理盐水稀释成 0.01% 的浓度后静注 0.5～5 mL。

一般轻症过敏性疾病或病情不甚紧急的急性心力衰竭不必静注，可稀释后皮下或肌注。

【注意事项】

①本品应避光、密闭在阴凉干燥处保存。

②本品作用强而快,剂量过大可致心律失常,重者发生心室颤动,须严格控制剂量。

③使用过氟烷、水合氯醛和酒石酸锑钾的动物及心脏有器质性病变动物不可使用本品。

④因肾上腺素能增加心肌兴奋性,与洋地黄、钙剂等配合应用时可使心肌由极度兴奋而转为抑制,甚至发生心跳停止。因此,本品禁止与洋地黄、钙剂等配合应用。

麻黄碱(麻黄素)

【来源与性状】 本品是从麻黄科植物麻黄、中麻黄、木贼麻黄的干燥草质茎中提取的一种生物碱,也可人工合成。临床上常用其盐酸盐,为白色针状结晶或细微晶性粉末,无臭,味苦。易溶于乙醇,可溶于乙醇。水溶液遇光可逐渐变黄。

【作用与用途】 本品对 α 受体和 β 受体均有兴奋作用。内服或注射均可出现与肾上腺素相似的药理作用:收缩血管、兴奋心脏、升高血压、松弛支气管平滑肌等。其作用较肾上腺素弱而持久。本品还有显著的中枢兴奋作用,不仅能兴奋呼吸与循环功能,还可兴奋大脑,对抗中枢抑制现象。若反复使用,易产生耐药性。因此临床上可用于:①治疗支气管喘息,缓解支气管痉挛。若与苯海拉明配伍应用,效果更好。②解救吗啡、巴比妥类麻醉药中毒。③消除黏膜充血。用其 0.5% ~ 1% 浓度的溶液滴鼻,可治疗鼻黏膜充血和鼻阻塞。此外,本品还可用于母禽醒抱。

【药物相互作用】

①与非甾体类抗炎药或神经节阻断剂同时应用可增加高血压发生的机会。

②碱化剂(如碳酸氢钠、枸橼酸盐等)可减少麻黄碱从尿中排泄,延长其作用时间。

③与强心苷类药物合用,可致心律失常。

④与巴比妥类同用时,后者可减轻本品的中枢兴奋作用。

【用法与用量】 盐酸麻黄碱片,规格:25 mg/片。内服,一次量,马、牛 50 ~ 300 mg;羊 20 ~ 50 mg;猪 20 ~ 50 mg;犬 10 ~ 30 mg;猫 2 ~ 5 mg。母禽醒抱用量 50 mg,2 次/d。

盐酸麻黄碱注射液,规格:1 mL(30 mg)/支、5 mL(150 mg)/支。皮下注射,一次量,马、牛 50 ~ 300 mg;猪、羊 20 ~ 50 mg;犬 10 ~ 30 mg。

去甲肾上腺素

【来源与性状】 本品为肾上腺素能神经末梢释放的神经递质。药用品为重酒石酸去甲肾上腺素。为人工合成品。白色至灰白色晶性粉末,无臭,味苦。遇光和空气易变质。易溶于水,在中性、特别是在碱性溶液中可迅速氧化变色而失效,故禁止与碱性药物混合使用。微溶于乙醇。

【作用与用途】 本品主要兴奋 α 受体而产生很强的血管收缩作用,使全身小动脉和小静脉都收缩,外周阻力增高,而产生较强的升压作用。其对 β 受体的兴奋作用很弱。本品兴奋心脏和抑制平滑肌的作用都比肾上腺素弱。临床上主要作升压药而用于各种休克,如失血性休克、创伤性休克及感染性休克等。

【药物相互作用】

①与洋地黄毒苷同用,因心肌敏感性升高,易致心律失常。

②与催产素、麦角新碱等合用,可增强血管收缩,导致高血压或外周组织缺血。

【用法与用量】 重酒石酸去甲肾上腺素注射液,规格:1 mL（2 mg）/支、

2 mL(10 mg)/支。静滴,一次量,马、牛8~12 mg;猪、羊2~4 mg。临用时,在100 mL 5%葡萄糖液中加入本品0.4~0.8 mg,即可将其稀释成每1 mL含重酒石酸去甲肾上腺素4~8 μg的溶液。猪、羊可按每1 min 2 mL的速度静脉滴注,马、牛等大动物可酌情加快。

【注意事项】

①本品应密封避光保存。

②本品剂量不宜过大,也不宜长时间持续使用,否则可因血管持续收缩、血管痉挛、微循环血流灌注不足而使休克恶化。

③因本品收缩血管作用强烈,静脉滴注时应严防药液漏出血管,以免引起局部组织坏死。本品不宜作皮下或肌肉注射。

④使用本品抗休克时,应同时给动物输液或输血以补充血容量,改善微循环。出血性休克禁用。

异丙肾上腺素(喘息定、治喘灵)

【来源与性状】 本品由人工合成。临床常用其盐酸盐和硫酸盐。盐酸盐为白色或类白色晶性粉末,无臭,味苦,遇光逐渐变色。两种盐均易溶于水,水溶液在空气中可逐渐变色,遇碱变色更快。

【作用与用途】 本品主要作用于β受体,而对α受体几乎无作用。因此,本品对心血管系统具有兴奋心脏、增强心肌收缩力、加速房室传导、增加心输出量、扩张骨骼肌血管、解除休克时的小动脉痉挛和改善微循环等作用;对支气管和胃肠道平滑肌有强力松弛作用,特别是解除支气管痉挛的作用比肾上腺素强。其作用短暂而迅速。临床上主要用于:①抗休克,如感染性休克、心源性休克。对血容量已补足,而心输出量不足的休克较适用。②抢救心脏骤停,如溺水、麻醉意外引起的心跳停止。③治疗重度房室传导阻滞、心动过缓。④治疗支气管痉挛所致的喘息。

【用法与用量】 硫酸异丙肾上腺素注射液,规格:2 mL(1 mg)/支。控制哮喘,静脉滴注,一次量,马0.4 μg/1 kg体重,临用时以生理盐水稀释,使每100 mL生理盐水中含本品0.4 μg;皮下或肌注一次量,犬0.1~0.2 mg,每6 h 1次;肌注,一次量,猫0.004~0.006 mg,每30 min给药1次。

【注意事项】 本品用于抗休克时,应先输液或输血以补充血容量。因血容量不足时,本品可导致血压下降而发生危险。

10.2.4 抗肾上腺素药

本类药物与肾上腺素受体结合后,可竞争性地阻断肾上腺素能神经递质(如肾上腺素、去甲肾上腺素)或外源性拟肾上腺素类药物与受体结合而产生拮抗肾上腺素样作用,即抗肾上腺素的作用与肾上腺素的作用相反。根据作用的受体不同,抗肾上腺素药可分为α受体阻断药(如酚妥拉明)和β受体阻断药(如普萘洛尔)两类。

酚妥拉明(酚胺唑啉、苄胺唑啉)

【来源与性状】 本品为人工合成药。临床上常用的是甲磺酸酚妥拉明(瑞支亭),白色或类白色晶性粉末,无臭,味苦。有吸湿性,可溶于水及乙醇。

【作用与用途】 本品为短效α受体阻断药。由于与血管收缩有关的α受体被阻断,因而产生血管舒张、血压下降等作用。同时还可反射性地引起心率加快,心肌收缩力加强,心输出量增加。由于本品能扩张外周血管,从而改善微循环。故临床上主要用于外周血管性疾病,如四肢闭锁性血管内膜炎、四肢营养不良性溃疡、冻疮和抢救休克(如感染中毒性休克等)。

【用法与用量】 甲磺酸酚妥拉明注射液,规格:1 mL(5 mg、10 mg)/支。抗休克,静脉滴注,每1 kg 体重,一次量,各种动物0.44~2.2 mg。一次常用量,马、牛100 mg;犬、猫5 mg。用5%葡萄糖液或生理盐水稀释后缓慢静滴。

【注意事项】

①本品可引起体位性低血压,故用药后必须加强护理。

②肾功能不全动物禁用。本品不得与铁剂配伍应用。

普萘洛尔(心得安、萘心安)

【来源与性状】 本品为人工合成药。其盐酸盐为白色或类白色晶性粉末,无臭,味苦。易溶于水,微溶于乙醇。

【作用与用途】 本品为β受体阻断药,能阻断心肌、支气管及血管平滑肌的β受体。因而具有减慢心率,抑制心脏收缩力和房室传导,减少心输出量和降低心肌耗氧量,降低血压。同时还有收缩支气管平滑肌的作用。临床上可用于治疗心绞痛和多种原因所致的心律失常。如房性及室性早搏、室上性心动过速、心房颤动,洋地黄及麻醉药引起的心律失常,也可用于犬的节律障碍、猫的不明原因的心肌疾病。

【用法与用量】 盐酸普萘洛尔片,规格:10 mg/片。盐酸普萘洛尔注射液,规格:5 mL(5 mg)/支。内服,一次量,马150~350 mg/450 kg 体重;犬5~40 mg;猫2.5 mg。3次/d。静脉注射,一次量,马5.6~17 mg/100 kg 体重;犬1~3 mg(以每分钟1 mg 的速度注入);猫0.25 mg,稀释于1 mL 生理盐水中注入,直至产生疗效。

【注意事项】

①本品对β受体有广泛的阻滞作用,患支气管哮喘的动物禁用。

②本品能增加洋地黄的毒性,已洋地黄化而心脏仍高度扩大的动物禁用。

10.3　作用于传入神经系统的药物

传入神经系统主要是感觉神经,作用于感觉神经的药物主要包括局部麻醉药、皮肤黏膜保护药和刺激药3大类。

10.3.1　局部麻醉药

1)概念

局部麻醉药简称局麻药,是一类能可逆性地阻断感觉神经末梢或神经干的神经冲动传导,使该神经所支配的相应组织暂时丧失痛觉的药物。局麻药能阻断各种神经冲动的传导,其作用与神经纤维的种类、粗细和有无髓鞘等有关。除能抑制痛觉外,还能抑制压觉、触觉和温觉。如果用药剂量和作用时间足够,也能抑制运动神经。

2）局麻药的作用机理

局麻药进入动物机体组织后，释放出其游离碱而发挥作用，其作用强度主要取决于其所释放出的游离碱的浓度。急性炎症时，组织的 pH 值偏低，不利于其游离碱的释放，因而局麻药的作用较弱。大部分局麻药都易于透过神经细胞膜而达到膜的内侧，降低膜的通透性而阻止钠离子内流，从而使神经细胞膜不能产生去极化，不能形成有效的动作电位，最终导致神经冲动传导阻滞，使组织的痛觉消失。

3）常用局部麻醉方式

兽医临床常用局部麻醉方式有以下几种：

①表面麻醉　将局麻药施用于眼、鼻、口腔等黏膜表面，药物穿透组织黏膜而使黏膜下的感觉神经末梢麻痹。

②浸润麻醉　将局麻药分点注入动物皮下或黏膜下的某一局部组织，使药物从注射点扩散到手术部位及周围组织，以麻醉其神经纤维及其末梢而产生麻醉现象。

③传导麻醉　又叫阻滞麻醉、神经干麻醉。是将麻醉药注入神经干、神经丛或神经节周围，使该神经干所发出的神经纤维所分布的相应区域组织产生麻醉的现象，如腰旁神经干传导麻醉。

④硬膜外（腔）麻醉　将麻醉药直接注入脊髓末端后方的椎管内的硬脊膜外腔，以阻滞由此发出的脊神经，从而可使动物后躯麻痹。常用于难产时的剖腹产、切尾及乳房切除等手术。为了避免局麻药的过分吸收，降低其毒性和延长局麻药的作用时间，可在局麻药中加入小剂量的肾上腺素。

⑤封闭疗法　将一定浓度的普鲁卡因等局部麻醉药注入患部周围组织（神经通路）或血管内，以阻断病灶的不良冲动向中枢的传递，从而可以减少疼痛，减轻炎症的一种病因疗法。在兽医临床上已得到广泛应用。常用的封闭疗法有血管内封闭法、四肢环状封闭法、病灶局部周围封闭法、穴位封闭法、肾区封闭法及交感神经干胸膜上封闭法等。

4）兽医临床常用局麻药简介

普鲁卡因（奴佛卡因）

【来源与性状】　本品为人工合成药物。临床常用其盐酸盐，为白色结晶或结晶性粉末，无臭，味苦，有麻感。易溶于水，略溶于乙醇。

【作用与用途】　本品对组织黏膜的穿透力差，不适于表面麻醉。可用作浸润、传导、硬膜外麻醉以及封闭疗法等。本品注入组织后，约经几分钟即可呈现局麻作用。药效维持时间短，仅 30 min 左右。因此，临床上为了延长局麻作用时间，常在其中加入少量肾上腺素（大约在 100 mL 药液中加入 0.1% 的肾上腺素 0.2～0.5 mL），能维持局麻时间达1.5 h。静脉注射或滴注低浓度的普鲁卡因，对中枢神经系统有轻度抑制而产生轻度的镇痛、解痉和抗过敏作用，可用于解除肠痉挛，缓解外伤、烧伤引起的剧痛，制止全身性瘙痒等。

【药物相互作用】

①本品在体内的代谢产物对氨基苯甲酸，能竞争性地对抗磺胺药的抗菌作用，另一代谢产物二乙氨基乙醇能增强洋地黄的减慢心率和房室传导作用，故不应与磺胺药、洋

地黄合用。

②与青霉素形成盐可延缓青霉素的吸收。

【用法与用量】 盐酸普鲁卡因注射液,规格:5 mL(0.15 g)/支、10 mL(0.3 g)/支、50 mL(1.25 g、2.5 g)/支。

①表面麻醉 用3%～5%的普鲁卡因溶液喷雾或滴于术部皮肤黏膜表面,可产生表面麻醉作用。

②浸润麻醉 常用其0.25%～0.5%浓度的溶液,注射于术部皮下、黏膜下或深部组织中。

③传导麻醉 常用其2%～5%溶液,马、牛每个注射点10～20 mL。

④硬膜外麻醉 常用其3%溶液,马、牛等大动物每个点注射20～30 mL,共30～60 mL;小动物2～5 mL。

⑤封闭疗法 常用0.5%溶液,马、牛用50～100 mL注射在患部(炎症、创伤及溃疡)组织周围,不仅能消除疼痛,而且可阻断神经冲动由患部组织向中枢的传导,并可使局部血管扩张,有利于改善患部组织的血液循环。

⑥解痉与镇静 马痉挛疝,可使用5%盐酸普鲁卡因溶液缓慢静滴,每100 kg体重1.3～1.8 mL,能在5～10 min内解除痉挛所引起的疼痛。静脉注射0.25%盐酸普鲁卡因注射液,按1 mL/kg体重用药,可用于治疗或缓解家畜肠痉挛、外伤、烧伤引起的剧痛,制止全身性瘙痒等。

【注意事项】

①本品应密封、避光保存。

②虽然本品毒性较小,但必须控制用量,大家畜总剂量不宜超过2 g。用量过大可产生中枢兴奋、骚动、大出汗、脉搏频数、呼吸困难,甚至出现惊厥等,过度的兴奋往往又可转化为抑制,引起呼吸麻痹等。出现中毒症状时,应立即对症治疗。如在兴奋期可给予小剂量异戊巴比妥钠等中枢抑制药;但若转化为抑制,则不可用兴奋药解救,因此时神经细胞已由过度兴奋而衰竭,因此只能采用人工呼吸等急救措施。

③因普鲁卡因在动物体内可分解产生对氨基苯甲酸以对抗磺胺药的抗菌作用,因此在应用磺胺药期间,不能应用本品。碱类药物及氧化剂易使本品分解,也不可配伍应用。

利多卡因(昔罗卡因)

【来源与性状】 本品为人工合成局麻药。临床常用其盐酸盐。盐酸利多卡因为无色或白色晶性粉末,无臭,有苦麻味。极易溶于水,易溶于乙醇。水溶液稳定,可耐高压灭菌。

【作用与用途】 本品的局麻作用和组织穿透力比普鲁卡因强,弥散广,作用发生快,维持时间较长(约1～2 h),扩张局部血管的作用不显著,对组织无刺激性。临床上主要用于表面麻醉、浸润麻醉、传导麻醉、硬膜外麻醉等。本品吸收后对中枢神经系统有抑制作用,并能抑制心室自律性,缩短不应期。可治疗心律失常(静脉注射或滴注剂量2～3 mg/kg体重)。

【药物相互作用】

①与西米替丁或心得安合用,可增强利多卡因药效。

②与其他抗心律失常药合用可增加本品的心脏毒性。

【用法与用量】 盐酸利多卡因注射液,规格:5 mL(0.1 g)/支、10 mL(0.2 g、0.5 g)/支、20 mL(0.4 g、1.0 g)/支。

①表面麻醉　浓度2%~5%。

②浸润麻醉　浓度0.25%~0.5%,加少量肾上腺素。

③传导麻醉　浓度2%。马等大动物每个注射点用2%利多卡因8~12 mL;羊3~4 mL。

④硬膜外麻醉　浓度2%。马、牛8~12 mL;犬1~1.5 mL;猪2 mL。

【注意事项】

①本品从黏膜吸收的速度极快。当血浆中的浓度达到3~5 μg/mL时,临床上顿时出现严重的毒性反应,因此,使用本品作表面麻醉时必须严格控制剂量。

②由于本品弥散广,脊神经阻滞范围不易控制,临床上一般不用作蛛网膜下腔阻滞麻醉(腰旁神经干麻醉)。

③盐酸肾上腺素与利多卡因合用可使盐酸利多卡因的吸收降低,延长药效,减少毒性。

丁卡因(地卡因)

【来源与性状】　本品为人工合成药。常用其盐酸盐,为白色结晶或结晶性粉末,无臭,有苦麻味。有吸湿性,易溶于水。

【作用与用途】　本品的组织及黏膜穿透力极强且快,适用于表面麻醉。滴眼后,无血管收缩、瞳孔散大及角膜损伤等不良反应,常用于眼科。本品的局麻时间比普鲁卡因长,可维持近3 h。毒性也比普鲁卡因大10倍,注射后麻醉作用出现慢(约10 min),吸收后的代谢也慢,可适用于硬膜外麻醉,而不宜单独用于浸润麻醉和传导麻醉。

【用法与用量】　盐酸丁卡因注射液,规格:5 mL(5 mg、10 mg)/支。

①表面麻醉　滴眼麻醉,浓度0.5%~1%;鼻、咽、喉等黏膜用,浓度1%~2%;泌尿道黏膜用,浓度0.1%~0.5%。药液中也可加0.1%盐酸肾上腺素,一般每3 mL药液中滴加1滴。

②硬膜外麻醉　浓度0.2%~0.3%。极量:1~2 mg/kg体重。

【注意事项】

①本品应密封保存。长期储存会发生分解,药液出现浑浊则不得使用。

②滴眼时,若药液浓度过高、用量过大,可使角膜再生减慢。牛角膜麻醉用1%溶液,其维持麻醉作用时间不到40 min。

盐酸美索卡因(三甲卡因)

【来源与性状】　本品为人工合成麻醉药。为白色晶性粉末,无臭,有苦麻味,可溶于水。

【作用与用途】　本品的局麻作用比普鲁卡因、利多卡因强。发生作用快,持续时间长(约可达3 h),毒性比利多卡因、丁卡因低。适用于浸润麻醉、传导麻醉和硬膜外麻醉。在其溶液中加入小剂量肾上腺素可增强麻醉作用和延长麻醉时间。

【用法与用量】　盐酸美索卡因注射液,规格:20 mL(400 mg)。

①浸润麻醉　可用生理盐水配制成0.125%、0.25%、0.5%或1%的溶液使用。

②传导麻醉　常配制成1%~2%溶液,马、牛每一个注射点用7~10 mL。

10.3.2 作用于皮肤及黏膜的药物

作用于皮肤和黏膜的药物主要是皮肤和黏膜保护药和刺激药。

1）保护药

保护药是指对皮肤及黏膜有机械性保护作用,可缓解刺激、减轻炎症和疼痛的药物。这类药物主要用于皮肤、黏膜炎症的治疗。临床常用皮肤黏膜保护药包括收敛药、吸附药、粘浆药和润滑药。

（1）收敛药

收敛药一般具有轻度的蛋白质凝固作用,用于炎症或破损组织表面时,可在这些组织或黏膜表面形成一层蛋白质凝固保护膜,这样就能降低炎症组织神经末梢的敏感性,收缩毛细血管和小血管,以减少炎症渗出,从而呈现收敛、止血、防腐及消炎作用。临床可用于湿疹、急性皮炎、结膜炎、肠炎等。临床常用药物有鞣酸、鞣酸蛋白、氧化锌、明矾、醋酸铅及硝酸银等。

鞣酸（丹宁）

【性状】 本品为淡黄色至浅棕色粉末或呈疏松有光泽鳞片或海绵状块,微有特臭,味极涩。微溶于水,水溶液呈酸性反应。久置会缓慢分解。

【作用与用途】 本品外用有收敛作用,用5%～10%鞣酸溶液、软膏或粉剂可治疗湿疹、烧伤及创伤等。

醋酸铅（铅糖）

【来源与性状】 本品为人工合成药,为无色或白色结晶,可溶于水。在空气中可风化,并能缓慢吸收二氧化碳,故应密封保存。

【作用与用途】 外用有收敛作用,0.5%～2%溶液可治疗皮肤及各种黏膜的急性炎症。

【用法与用量】 复方醋酸铅散（安得利斯、兽用消炎粉）,本品为白色粉末,由醋酸铅10%、干燥明矾5%、樟脑2%、薄荷脑1%及白陶土82%组成。常与食醋混合制成泥膏剂,外用可消退各种炎性肿胀。敷药1次/d,并适时撒上食醋,以防止泥膏干裂脱落。

复方醋酸铅液（布罗氏液）,由醋酸铅5份、明矾2.5份,加水100份制成。其上清液外用有消炎作用。治疗关节挫伤、扭伤等急性炎症时,可用其1:2.5（水）稀释液,与白陶土或与黄泥等混合后作冷敷应用。

氧化锌（锌氧粉）

【性状】 本品为白色或淡黄色细微粉末,无臭无味。不溶于水及乙醇。露置于空气中,可逐渐吸收二氧化碳而变性,故应密封保存。

【作用与用途】 本品具有收敛及抗菌作用,主要用于治疗湿疹、皮肤糜烂、溃疡及创伤等。可制成撒粉、软膏及糊剂使用。

【用法与用量】 氧化锌软膏,含氧化锌15%、基质为凡士林。外用以保护创面。

复方锌糊剂,含氧化锌、淀粉各25%、凡士林50%。外用治疗干性皮炎或湿疹。

复方水杨酸锌糊剂,含氧化锌、淀粉各 25 份、水杨酸 2 份、凡士林 48 份。外用,抗皮炎,治疗角质分离等。

硝酸银

【性状】 本品为无色或白色块状结晶,无臭,可溶于水和乙醇,遇光且有微量有机物存在时会逐渐析出金属银而变为灰色或灰黑色。

【作用与用途】 本品的浓溶液有腐蚀作用,稀溶液有收敛及杀菌作用。可用于急性结膜炎、烧伤及糜烂性皮肤湿疹,也可作皮肤过剩增生的肉芽组织的腐蚀剂。

【用法与用量】 硝酸银滴眼剂,本品由硝酸银 1 g、硝酸钠 0.8 g 及蒸馏水 100 mL 配制而成。点眼,可用于急性结膜炎等,3 次/d。3% ~ 5% 的溶液可用于烧伤及糜烂性湿疹。

硝酸银棒,本品由硝酸银 95%、硝酸钾 5% 组成。用于腐蚀过度生长的肉芽组织,腐蚀后应以生理盐水冲洗掉残存的硝酸银。

【注意事项】 本品应密闭、避光保存。

蛋白银

【来源与性状】 本品为人工合成药物。强蛋白银含银量 7.5% ~ 8.5%,离解度较大,为棕色粉末;弱蛋白银含银约 19% ~ 23%,但离解度较小,原药为棕黑色的鳞片或颗粒。两种制剂均极易溶于水,水溶液呈深褐色,应置棕色瓶内保存。

【作用与用途】 蛋白银具有收敛、抑菌作用,对组织刺激性较小,其穿透力较硝酸银强,抑菌作用主要取决于离解出的银离子浓度,而与蛋白银的含量无关。临床上可用于治疗结膜炎、眼睑炎及鼻咽喉黏膜感染等。

【用法与用量】 外用,蛋白银的常用浓度为 10% ~25% 。

(2)粘浆药

本类药物的物理性质不活泼,分子量较大,能溶于水或热水中而成胶体状,可粘附在皮肤及黏膜上,从而具有缓和炎性刺激、减轻炎症反应、阻止毒素吸收、减少刺激性物质对皮肤及黏膜的刺激作用。常用的药物有淀粉、树胶(阿拉伯胶)、明胶及鸡蛋清等。

淀粉

【来源与性状】 本品为从植物,尤其是禾本科植物的籽实及薯类块茎、块根中提取的一种白色细微粉末,不溶于水及乙醇,与水混合加热可成胶黏液体。

【作用与用途】 1% ~5% 的淀粉作为粘浆药,其可与有刺激性的药物如水合氯醛等混合内服或灌肠,以减少药物的刺激作用。单独内服本品可缓和胃肠炎症状或延缓胃肠道内毒物的吸收。常用为撒布剂、丸剂、片剂等的赋形剂。

【用法与用量】 内服,一次量,马、牛 100 ~500 g;猪、羊 10 ~50 g;犬 1 ~5 g。

明胶(白明胶)

【来源与性状】 本品由动物的皮、腱及骨等组织中的胶原成分经水解制成。成品为淡黄色或黄色半透明薄片,无臭无味。在冷水中可软化膨胀,在热水中则形成透明黏稠液体,冷后又形成胶冻。

【作用与用途】 本品具有止血作用,可制成 10% 的溶液内服,以辅助治疗消化道出血或腹泻;对其他内出血,可用生理盐水为溶媒将本品制成5%~10%的注射液进行静脉注射。用本品制成的明胶海绵常用于外伤止血。在制药工业中,本品可作为胶囊剂及栓剂的赋形剂。

【用法与用量】 内服,一次量,马、牛10~30 g;猪、羊5~10 g;犬0.5~3 g。静脉注射,一次量,马、牛5~20 g。明胶海绵可直接贴在出血患处。

阿拉伯胶

【性状】 本品为黄白色质脆易碎的块状物,其粉末为白色,主要成分为阿拉伯胶素的酸式钾盐、钙盐及镁盐,溶于水后成为透明淡黄色胶性液体,呈弱酸性反应,不溶于乙醇。

【作用与用途】 本品作为粘浆药与刺激性药物合用,可缓和药物的刺激性。在生物碱和金属中毒时,内服能阻止毒物吸收。用时配成10%~20%胶浆溶液。作为乳化剂可用于调制乳剂,多用35%溶液。

【用法与用量】 内服,一次量,马、牛5~20 g;猪、羊2~5 g;犬1~3 g;禽类0.2~0.5 g。

火棉胶

【性状】 本品为无色或淡黄色糖浆状液体,易挥发,易燃烧,在空气中逐渐干燥。须密闭避火保存。

【作用与用途】 本品外用涂敷于创面或溃疡面,会很快干燥,呈薄膜状被覆于组织表面,有保护作用。若配合碘仿、鞣酸等防腐药用于新鲜创面可不用绷带,而起到拟膏剂的作用。也可作为乳腺炎、睾丸炎及淋巴结炎等的收敛剂。

【用法】 用棉棒或小毛刷等蘸适量的火棉胶涂布于患处,2次/d,不需包扎。

甲基纤维素

【性状】 本品为白色疏松粉末,无臭,无味,溶于水后可膨胀形成有黏性的胶状溶液,溶于水后再加热则形成凝胶状,不溶于热水、乙醇、乙醚及氯仿等。

【作用与用途】 在制药生产上常作为乳化剂、助悬剂、片剂的粘合剂、滴眼剂黏稠度的调节剂等。内服可增加肠内容物容积,保持粪便水分,刺激肠壁蠕动,发挥轻泻作用。服用本品后12~24 h出现泻下。可用作犬、猫的缓泻药。

【用法与用量】 在滴眼剂中使用0.5%~1%的本品可增加滴眼剂的黏稠度,内服一次,量(用于缓泻),犬0.5~5 g;猫0.5~1 g。

(3)吸附药

吸附药为不溶性而性质稳定的极细微的粉末,由于颗粒细小,因而其单位重量的本品具有相对大的表面积。较大的表面积则具有吸附动物胃肠道内的毒物及其他有毒物质,并在局部形成保护层,从而呈现机械性的保护作用。临床常用药物有药用炭、白陶土、滑石粉及碳酸钙等。

药用炭

【来源与性状】 药用炭也称活性炭,是由木材或动物骨骼经高热烧制而成的黑色轻质粉末。1 g活性炭具有500~800 m² 的表面积,因此,本品表面积大,具有吸附各种物质

的特性,且吸附能力强,不溶于水,不被动物吸收而可完全排出体外。

【作用与用途】 本品内服后可减轻刺激物对动物胃肠道壁的刺激,使胃肠道蠕动减弱,有利于肠黏膜的吸收作用而呈现止泻作用。本品有极强的吸附作用,能吸附胃肠内的多种有毒有害物质,如细菌、异常发酵物、气体及生物碱等,可用于动物腹泻、肠炎及毒物中毒等。

【用法与用量】 内服,一次量,马、牛 100～300 g;猪、羊 10～25 g;犬 0.03～2 g。

【注意事项】 应用本品吸附胃肠道内的毒物,经过一定时间后应使用盐类或动物油脂类泻药,以将吸附了毒物的药用炭排出体外。

滑石粉

【来源与性状】 本品自石头(碳酸钙)中精制而得。为白色或灰白色细微粉末,无臭,具有滑腻性,容易粘附在皮肤上,不溶于水。

【作用与用途】 本品具有润滑、保护皮肤和使皮肤表面干燥的作用。常与其他收敛及消毒防腐药等混合作成撒布剂,如滑石粉复方散剂。该剂由滑石粉 87 份、水杨酸 3 份及淀粉 10 份组成,外用可治疗烧伤、皮肤糜烂性湿疹及皮炎等。本品也可用作胶皮手套等的涂粉,以防相互粘连。

【用法与用量】 直接将本品撒布于患处。用量依患部大小酌定。

(4)润滑剂

本类药物为中性或近中性的油脂类物质,能润滑和软化皮肤,并能起到机械性保护作用,可缓和外来刺激、防止皮肤干燥。在制药工业上,它们又常作为各种软膏剂的基质。常用药物有凡士林、甘油、羊毛脂等。其他如植物油、动物脂、合成脂(如土温-80、聚乙二醇等)也有此作用。

凡士林

【性状】 本品为淡黄色(黄凡士林)或白色(白凡士林)半透明软块,可与脂肪油随意混合,性质稳定,可长期保存。

【作用与用途】 本品外用于皮肤而不被吸收,并可阻碍其他药物的吸收。同时本品与多数药物不起反应,又不易酸败,并有润滑作用。因此,本品主要用作各种软膏的基质。涂于患处可呈现局部作用。白凡士林常残留有脱色剂(氯)而不宜用于配制眼膏。

甘油(丙三醇)

【来源与性状】 本品为人工合成的无色澄明糖浆状液体,味微甜。可与水及乙醇按任意比例混溶,水溶液呈中性反应。在空气中吸湿性很强,故应密封保存。

【作用与用途】 本品灌肠后能润滑并能轻度刺激肠壁,以促其蠕动和增加分泌而通便。可用于中小动物便秘。外用于局部有润滑、保护和吸湿作用,可使局部组织软化。甘油还是常用的有机溶剂或病理标本的保存液等。此外,甘油作为生糖物质,内服可治疗牛酮血病。

【用法与用量】 甘油灌肠,一次量,驹、犊 50～100 mL;猪、羊 5～30 mL;犬 2～10 mL。宜配成50%的水溶液使用。

甘油软膏,本品由93%的甘油及7%的淀粉配制而成。外用,涂敷于患处,治疗动物乳房、乳头皮肤皲裂及炎症。

2）刺激药

刺激药是指对皮肤局部及其感觉神经末梢具有刺激作用的药物。当刺激药接触皮肤组织时,能使组织释放组胺等物质,而使皮肤出现充血、发红甚至发泡等现象,这些反应又经过神经的轴突反射,引起局部血管扩张,血液循环加快。临床上借助于这一作用可促进慢性炎性产物的吸收、促进慢性炎症的消散,如用于慢性变形性骨关节炎、慢性关节周围炎、慢性曲腱炎等。在适宜剂量或浓度下,刺激药对皮肤和黏膜可引起充血发红,但浓度过高或接触时间过长,则又可引起皮肤血管持续性扩张,血管渗透性增加、血浆外渗,而形成水泡、脓泡、甚至皮肤糜烂坏死,所以用药时应严格控制浓度或剂量,一般以引起皮肤发红的浓度为宜。

临床上有时借助于这些药物对局部皮肤组织或黏膜的刺激,通过同一段的神经反射使深层肌肉、肌腱的炎症或相应脏器的疼痛得以消除或缓解。刺激药的这种作用称为抗刺激作用。

松节油

【来源与性状】 本品是从松科属植物树脂中提取的一种挥发油,无色或淡黄色澄明液体,有特殊气味,难溶于水,易溶于乙醇,可与油类任意混合。暴露于空气中或储存时间过长时臭味增强。因此应密封在阴凉、避光处保存。

【作用与用途】 本品外用可作为刺激药,能刺激局部皮肤,使局部皮肤的血液循环加快而发生充血。因此可用于治疗四肢的各种慢性炎症。多制成擦剂或软膏应用,如四三一擦剂、松节油擦剂等。

本品内服可作为健胃药、止酵药。内服适量松节油对消化道黏膜有刺激作用,能引起消化液分泌增加和胃肠道蠕动加强,因此有健胃止酵及防腐作用,可用于治疗胃肠鼓胀、胃肠弛缓等。一般多制成水剂或与植物油等混合内服。

【用法与用量】 松节油,内服,一次量,马15～40 mL;牛20～60 mL;猪、羊2～6 mL。加5倍量石蜡油或植物油混合稀释后服用。

四三一擦剂,本品由樟脑酒精4份、氨擦剂3份及松节油1份混合制成。临用前用力振摇均匀,然后用刷子涂擦于患部。

松节油擦剂,本品由松节油65 mL、樟脑5 g、软皂7.5 g,加水至100 mL制成。外用涂擦于炎症局部。

【注意事项】 患有肾炎、急性胃肠炎的动物禁止内服本品。

氨溶液(氢氧化铵)

【性状】 稀氨溶液,含氨量10%,为无色澄明液体,有刺激性特臭。浓氨溶液,含氨量25%～28%,有强烈刺激性特臭。易挥发,均呈碱性反应。能与水及乙醇任意混合。应在30 ℃以下温度条件下密封保存。浓氨水在使用时必须稀释。

【作用与用途】 本品为外用刺激药。常配合松节油或植物油制成擦剂,用以治疗各种慢性炎症,也可用作手指消毒药。本品呈碱性,穿透力强,能除去脂肪、污垢,并能渗入皮肤深层杀菌。手术前用0.5%稀氨溶液消毒术者手指,不损伤皮肤,且使皮脂腺、汗腺呈皱缩状态,可减少污染创口的机会;外用还可作酸的中和药,用来治疗某些昆虫(蜂、蝎等)的蜇伤。

【用法与用量】　稀氨溶液,手指消毒,每次用本品 25 mL,加温开水 5 L 稀释后供用。氨擦剂,稀氨溶液 25 份与植物油 75 份混合制成。外用,涂擦患部。

薄荷脑(薄荷醇)

【性状】　本品为无色披针形结晶,有强烈的薄荷香气,味芳香清凉,微溶于水,易溶于乙醇、液状石蜡及甘油等。

【作用与用途】　本品有局部刺激作用,可选择性地刺激冷觉感受器。具有局部消炎、止痛及抗菌作用。将本品溶于液体石蜡后,注入动物气管内可治疗喉头炎、气管炎、支气管炎等。内服有健胃、驱风止酵及解痉、镇痛作用。

【用法与用量】　内服,一次量,马 0.2 ~ 2 g;牛 0.3 ~ 4 g;羊 0.2 ~ 1 g;犬 0.1 ~ 0.2 g。

5% 薄荷脑液体石蜡油注射液,可用于治疗支气管炎。气管内注射,一次量,马、牛 10 ~ 15 mL;猪、羊 2 ~ 3 mL;犬 0.1 ~ 1 mL。第 1 ~ 2 d 每日 1 次,以后隔日 1 次,4 次为一个疗程。

樟脑

【性状】　本品为白色晶性粉末或无色半透明硬块,有刺激性特臭,味初辛而后清凉,易挥发、易燃烧,难溶于水,易溶于乙醇。

【作用与用途】　本品外用于皮肤,首先刺激其冷觉感受器,而产生清凉感,继而出现皮肤血管扩张,产生温热感,可促进炎性产物的吸收,因而有局部消炎作用,还有微弱的局麻作用及防腐作用。常配制成樟脑醑剂,外用以治疗挫伤、肌肉风湿症、蜂窝织炎、腱炎及腱鞘炎等。樟脑内服有防腐止酵作用,可用于消化不良、胃肠积气等。

【用法与用量】　内服,一次量,马、牛 4 ~ 12 g;猪、羊 1 ~ 4 g;犬 0.5 ~ 2 g;猫 0.1 ~ 0.2 g;鸡 0.05 ~ 0.1 g。

樟脑醑剂,为含 10% 樟脑的酒精溶液。外用涂擦患处。

复习思考题

1. 名词解释:

神经递质　拟胆碱药　抗胆碱药　拟肾上腺素药　抗肾上腺素药　局部麻醉药　表面麻醉　浸润麻醉　传导麻醉及硬膜外腔麻醉　皮肤及黏膜保护药　粘浆药　收敛药　吸附药及刺激药

2. 临床常用拟胆碱药、抗胆碱药、拟肾上腺素药、抗肾上腺素药的代表药分别有哪些? 各有何作用特点及临床应用?

3. 临床常用局部麻醉药有哪些? 各有哪些具体应用? 如何进行各种动物的手术局部麻醉?

4. 临床上有哪些可用于皮肤及黏膜的收敛保护药、粘浆及吸附药、刺激药、润滑药? 各有哪些主要应用?

第11章
解毒药

本章导读：解毒药是能消除和对抗进入机体引起中毒的有害物质，甚至在某些中毒的救治过程中起特殊治疗效果。目前引起动物中毒病的原因，主要见于动物食用被有机农药污染的饲料或为驱除体内外寄生虫时用药数量不当；饲喂腐烂的十字花科植物引起的亚硝酸中毒；误食混有毒鼠药的饲料；当饲料添加剂应用浓度过高，引起金属类中毒等。

中毒病的解救是内科治疗学的综合措施，包括毒物的清除、阻止吸收、促进排出及对症治疗。所以动物在发生中毒时，除使用特效解毒药针对原因进行对因治疗外，常使用其他药物提高解毒效果。如：阻止毒物吸收的吸附药活性炭，沉淀药鞣酸，保护药淀粉；促进毒物排出的催吐药硫酸铜，泄药硫酸钠，利尿药双氢克脲噻；破坏毒物的氧化剂高锰酸钾，还原剂硫代硫酸钠，中和剂稀盐酸和小苏打；缓解症状的药理性颉颃剂阿托品（用于有机磷中毒），体液补充剂葡萄糖。这些药物针对性不强，效力较低，但未确定病因之前合理应用，可以缓解中毒症状。在原因确定之后合理应用，不但可以缓解症状而且对争取抢救时机、维持生命、促进痊愈都有重要意义。所以也是解毒药物的重要组成部分，在前面的章节已述。本章主要介绍对因治疗的特效解毒药，即对某些中毒病的解救起特殊治疗效果的药物。

11.1　有机磷中毒的解毒药

有机磷酸酯类制剂（简称有机磷）在畜牧业上广泛用于驱除或杀灭动物体内外寄生虫，在农业上广泛作为杀虫农药，如敌百虫、乐果、甲胺磷等，若保管或使用不当，可导致动物中毒。

11.1.1　毒理

有机磷酸酯类是一种神经毒物，具有高度的脂溶性，可经皮肤、黏膜、消化道及呼吸道进入体内，并通过血液及淋巴运送到全身各器官。吸收进入动物机体后，即与胆碱酯酶迅速结合，形成磷酰化胆碱酯酶，抑制了胆碱酯酶的活性，使其失去水解乙酰胆碱的能力，导致乙酰胆碱在体内大量蓄积，引起胆碱能神经过度兴奋的中毒症状。

轻度中毒时主要表现为 M 样症状,动物呈现流涎、呕吐、出汗、腹泻,有时大便出血,瞳孔缩小,心律迟缓,呼吸困难,可视黏膜发绀。

中度中毒时除上述病症加重外,主要表现为 N 样症状,出现骨骼肌的兴奋,发生肌肉震颤,严重者全身抽搐、痉挛。

重度中毒时还会出现中枢神经先兴奋后抑制的症状,动物出现躁动不安,共济失调、惊厥等。最后转入昏迷、血压下降、呼吸中枢麻痹而死亡。

11.1.2　解毒

1)生理颉颃药

生理颉颃药指阿托品类抗胆碱药,阿托品能阻断乙酰胆碱和 M 受体结合,而解除其中毒症状。但阿托品只能迅速解除 M 胆碱样症状与部分中枢神经系统症状,对 N 胆碱样症状无效,也不能使受抑制的胆碱酯酶复活。所以,应尽早、足量、反复注射阿托品,对中度、重度的中毒必须与胆碱酯酶复活剂同时使用。

2)胆碱酯酶复活剂

这类药物可恢复胆碱酯酶的活性,包括碘解磷定、氯磷定、双复磷、双解磷等,它们都属于肟类化合物。其所含肟基可与机体内游离的有机磷酸酯以及已与胆碱酯酶结合的有机磷酯的磷酰基结合,使胆碱酯酶复活而发挥解毒作用。

解毒过程可用下式表示:

磷酰化胆碱酯酶 + 碘解磷定——→磷酰化碘解磷定 + 胆碱酯酶(复活)

有机磷酸酯(游离的)+ 碘解磷定——→磷酰化碘解磷定 + 卤化氢

中毒时间较长的动物,因磷酰化胆碱酯酶"老化"后,本类药物也难以使胆碱酯酶复活,故应尽早给药。

11.1.3　药物

阿托品

本品为无色或白色结晶性粉末,常用其硫酸盐,遇光易氧化,成棕黄色时不可用药。

【作用与应用】　阿托品为抗胆碱类药,表现为:松弛平滑肌,解除平滑肌痉挛;抑制腺体分泌;瞳孔散大;扩张血管;轻度兴奋呼吸中枢等作用。可用于毒物中毒后出现类似副交感神经兴奋的症状。

【注意事项】　阿托品只能用于轻度有机磷中毒,因为本品不能恢复胆碱酯酶的活性,故在重度中毒的动物救治中,应并用胆碱酯酶复活剂,并酌减阿托品用量,以免引起阿托品中毒。

【用法与用量】　硫酸阿托品注射液:1 mL：0.5 mg;2 mL：1 mg;1 mL：5 mg。马、牛、羊、猪 0.5 ~ 1 mg/kg 体重;犬、猫 0.1 ~ 0.15 mg/kg 体重;禽 0.1 ~ 0.2 mg/kg 体重。

碘解磷定(解磷定、派姆、PAM)

本品为黄色颗粒结晶或结晶性粉末。能溶于水,水溶液稳定,遇碱性溶液可分解成剧毒的氯化物。应遮光、密封保存。

【作用与应用】 能复活被有机磷抑制的胆碱酯酶。静注数分钟后即可出现效果。用药越早,解毒效果越好。对中毒已久的病例无效。因其不易透过血脑屏障,故对中枢神经的解毒作用不明显。

碘解磷定在体内迅速分解,其作用仅维持 1.5 h 左右,故应反复给药至症状消失为止。

碘解磷定对"1059""1605"急性中毒疗效较好,对敌百虫、敌敌畏、乐果、马拉硫磷、八甲磷中毒的疗效较差,应与阿托品同用。

【药物相互作用】

①本品与阿托品联用,对控制有机磷中毒呈协同作用。

②与碱性药物配伍易发生分解,降低药效。

【注意事项】 治疗量的碘解磷定副作用较小,但大剂量注射时也可直接抑制胆碱酯酶的活性和呼吸中枢。注射太快,可出现呕吐、心动过速、运动失调、暂时性呼吸抑制等反应。

【用法与用量】 碘解磷定注射液:10 mL∶0.25 g;20 mL∶0.5 g。静注,各种动物 15~30 mg/kg 体重。症状缓解前,2 h 注射一次。如药液颜色变深则不可使用。

氯磷定(氯解磷定、氯化派姆)

本品为白色结晶性粉末。易溶于水,忌与碱性药物混合作用。

【作用与应用】 氯磷定的药理作用同碘磷定。它使胆碱酯酶复活的能力比碘磷定略强,性质稳定。水溶性较碘磷定高,可静注或肌注,使用方便,作用较快,肌注后 1~2 min 即开始显效。使用注意事项与碘磷定相同。

【药物相互作用】 同碘解磷定。

【用法与用量】 氯磷定注射液:2 mL∶0.5 g;10 mL∶2.5 g。肌注或静注量,各种动物 15~30 mg/kg 体重。

双复磷

本品呈微黄色结晶,可溶于水。由两分子的 PAM 结合起来的较新的酶复活剂。

【作用与应用】 其作用较碘磷定、氯磷定强、快而持久,能通过血脑屏障。能解除有机磷中毒的 M 胆碱样、N 胆碱样和中枢神经系统的症状。可肌注或缓慢静注。

【用法与用量】 双复磷注射液:2 mL∶0.25 g。肌注或静注量,各种动物 15~30 mg/kg体重。

11.2 金属与类金属中毒的解毒药

凡是比重大于 5.0 的金属称为重金属,如汞、铜、铅、银、锰、锌等。类金属如砷、锑、铋、磷等,它们的化学性质类似于金属,有些药理作用也与重金属相似。多种金属与类金属通过各种途径进入机体后,可引起中毒。

11.2.1 毒理

金属、类金属引起动物中毒,共同的特点是:都能与组织细胞内氧化还原酶系统的巯

基相合,特别是与丙酮酸氧化酶的巯基结合,抑制酶的活性,影响组织细胞的功能,而出现一系列的症状。这些金属与类金属在高浓度时,能直接腐蚀组织,使组织坏死。

11.2.2　解毒

解毒原理在于应用有效的解毒药物,与进入体内的重金属或类金属离子结合,形成比较稳定的络合物。消除这些离子的生物活性,并迅速由机体排出。

常用的解毒药有含巯基解毒剂和金属络合剂。

11.2.3　药物

二巯基丙醇(BAL)

本品为无色或几乎无色、澄清液体,有类似蒜的臭味,溶于水、乙醇、植物油及其他有机溶剂,水溶液不稳定。应遮光、密闭保存。

【作用与应用】　本品含有两个活泼的巯基,与金属和类金属的亲和力较强,与它们形成无毒的络合物从尿中排出。二巯基丙醇不仅能防止金属离子与巯基酶相结合,还能夺取已与酶结合的金属和类金属离子,使酶复活,消除中毒症状。

主要用于急、慢性砷中毒,对汞和金中毒也有效;也可用于铬、铜及锌中毒,对铅、锰中毒疗效差,对锑、铋中毒无效,禁用铁中毒。

本品肌注后约 0.5 h,血浓度达高峰,药效可维持 4 h,因此,在治疗的前两天内,应每 4 h 用药一次,第三天起,视病情每 6 ~ 12 h 用药一次。

二巯基丙醇与金属离子结合后,仍有一定量的离子释放出来,再次中毒,同时,中毒越久,酶的复活越难,故解救时,必须及早、足量和反复用药,以达到更好的解毒效果。

【药物相互作用】　本品与依地酸钙钠合用,可治疗幼小动物的急性铅脑病。

【不良反应】　能收缩小动脉,使血压上升,心动过速。也能抑制过氧化物酶系,其氧化产物也能抑制巯基酶。如用量过大,可引起呕吐、震颤、抽搐、肝、肾损害,甚至昏迷死亡。

【用法与用量】　二巯基丙醇注射液:2 mL∶0.2 g;5 mL∶0.5 g;10 mL∶1 g。肌注,按 2.5 ~ 5 mg/kg 体重。

依地酸钙钠

本品为乙二胺四乙酸二钠钙。

【作用与应用】　本品解毒药是很强的金属络合剂,与多种金属离子形成无毒的、相当稳定的、不解离的,但可溶解的络合物由尿排出。

本品对解除铅中毒有特效,故有解铅乐之称。另外对铜、锌、锰、铬及放射性金属也有效。但与锑络合的复合物很不稳定,故不能作锑的中毒的解毒剂。对汞、砷中毒疗效不及二巯丙醇。

【用法与用量】　依地酸钙钠注射液:5 mL∶1 g。静注,牛、马 3 ~ 6 g;猪、羊 1 ~ 2 g;禽、兔 100 ~ 200 mg。2 次/d,临用前用生理盐水稀释成 0.25% ~ 0.5% 溶液,缓慢注射。

二巯丙磺钠

【作用与应用】 本品作用大致与二巯基丙醇相同,但毒性较小。除对砷、汞中毒有效外,对铋、铬、锑也有效。

【用法与用量】 二巯丙磺钠注射液:5 mL∶0.5 g;10 mL∶1 g。静脉或肌内注射,一次量,每1 kg体重,马、牛5~8 mg;猪、羊7~10 mg。第1~2 d每4~6 h一次,从第3 d开始2次/d。

二巯丁二钠

本品为我国创制的广谱金属解毒剂。

【作用与应用】 排铅作用不亚于依地酸钙钠,能使中毒症状迅速缓解;对锑的解毒作用最强;对汞、砷的解毒与二巯丙磺钠相同。本品毒性较低,无蓄积作用。主要用于锑、汞、砷、铅中毒,也可用于铜、锌、铬、钴、镍、银等金属中毒。

【用法与用量】 注射用二巯丁二钠:0.5 g,1 g。静脉注射,一次量,每1 kg体重,家畜20 mg。临用前以灭菌生理盐水稀释5%~10% 溶液,慢性中毒时1次/d,5~7 d为一疗程;急性中毒时4次/d,连用3 d。

青霉胺(二甲基半胱氨酸)

本品为青霉素分解产物,属单巯基络合剂。

【作用与应用】 青霉胺能络合铜、铁、汞、铅、砷等,形成稳定和可溶性复合物,由尿迅速排出。内服吸收迅速,副作用小,不易破坏,可供轻度重金属中毒或其他络合剂有禁忌时选用。对铜中毒的解毒效果强于二巯基丙醇;对汞、铅中毒的解毒作用不及依地酸钙钠和二巯丙磺钠。毒性低于二巯基丙醇,无蓄积作用。

【用法与用量】 青霉胺片:0.125 g。内服,一次量,每1 kg体重,家畜5~10 mg;4次/d,5~7 d为一疗程,间歇2 d,一般用1~3个疗程。

11.3 亚硝酸盐中毒的解毒药

家畜出现亚硝酸盐中毒的主要原因是大量饲喂了含有亚硝酸盐的饲料,如长期堆积变质的青绿饲料或经长时间焖煮的白菜、萝卜等,这些植物中的硝酸盐在适当的温度、湿度和酸碱度条件下,经细菌和酶的作用转化为亚硝酸盐。或饮用了耕地排出的水、浸泡过大量植物的坑塘水,或误食了硝酸铵(钾)等化肥而引起中毒。

11.3.1 毒理

亚硝酸盐是一种血液毒素,吸收后亚硝酸根离子能将含有二价铁的血红蛋白氧化为三价铁的血红蛋白,使亚铁血红蛋白失去运氧的功能,最终因血液不能供给组织足够的氧而中毒。若30%以上的血红蛋白变为含有三价铁的血红蛋白时,则出现中毒症状。主要表现为组织缺氧,黏膜发绀,肌肉无力,运动、呼吸困难,心跳加快,严重者导致死亡,中毒的特征是动物的血液呈酱油色,凝固时间延长。

11.3.2　解毒

针对亚硝酸盐的毒理,通常使用还原剂,如亚甲蓝、硫代硫酸钠、维生素 C 静注解救,它们能将高铁血红蛋白还原为亚铁血红蛋白,以恢复其携氧的功能。

11.3.3　药物

亚甲蓝(美蓝、甲烯蓝)

本品为深绿色有光泽的柱状结晶性粉末,易溶于水和酒精。

【作用与应用】　亚甲蓝具有中等程度的氧化还原作用。其作用与剂量有直接关系。小剂量的亚甲蓝(1~2 mg/kg)在体内脱氢辅酶的帮助下,还原为还原型亚甲蓝,具有还原作用,它能将高铁血红蛋白还原为亚铁血红蛋白使其恢复携氧能力。故可解除亚硝酸盐中毒以及氨基比林、苯胺类药物引起的高铁血红蛋白症。维生素 C 具有还原性,可配合亚甲蓝解除亚硝酸盐中毒。

大剂量的亚甲蓝则能直接升高血液中药物的浓度,产生氧化作用,能迅速将亚铁血红蛋白氧化成高铁血红蛋白,同时亚甲蓝则被还原成还原型亚甲蓝。因此在亚硝酸盐中毒时不能注入大量,否则有害。但高铁血红蛋白与氰离子有极强的亲和力,可用于解除氰化物中毒。

【药物相互作用】　本品与强碱性溶液、氧化剂、还原剂和碘化物为配伍禁忌。

【用法与用量】　亚甲蓝注射液:2 mL∶20 mg;5 mL∶50 mg;10 mL∶100 mg。静注,亚硝酸盐中毒时用 1~2 mg/kg 体重。氰化物中毒时用 5.0~10 mg/kg 体重。

11.4　氰化物中毒的解毒药

氰化物是毒性极大、作用迅速的毒物。种类很多,如工业生产用的氰化钠(钾)、有机氰(乙腈、丙烯腈)、氢氰酸等。某些植物如高粱苗、马铃薯幼芽、醉马草,以及桃、杏、枇杷等核仁内含有各种氰甙,进入体内后,经过水解可以生成氢氰酸。畜禽如误食了上述氰化物或含有氰甙的植物等均可引起中毒。

11.4.1　毒理

氰化物进入体内释放出氰离子,氰离子很易与含高铁的酶(细胞色素氧化酶、过氧化氢酶及脱羟酶等)和高铁血红蛋白结合成复合物。特别易与线粒体中细胞色素氧化酶的三价铁结合,形成氰化物细胞色素氧化酶,使细胞色素氧化酶失去接受电子和向氧传递电子的能力,血液中虽有充足的氧但不能利用,致使组织细胞缺氧、窒息、中毒。动物表现高度呼吸困难,可视黏膜鲜红,四肢无力,挣扎,惊恐,全身痉挛或麻痹,最后窒息死亡。典型的症状是动物的血液呈鲜红色。

11.4.2　解毒

解救氰化物中毒的关键是迅速恢复细胞色素氧化酶的活性和加速氰化物转变为无

毒或低毒的物质排出体外。常联合使用高铁血红蛋白形成剂(如亚硝酸钠、大剂量亚甲蓝)和供硫剂(如硫代硫酸钠)。首先使用亚硝酸钠或大剂量亚甲蓝等,使血液中部分亚铁血红蛋白氧化为高铁血红蛋白,高铁血红蛋白对氰离子有很强的亲和力,不但能与血中游离的氰离子结合,而且还能夺取已与细胞色素氧化酶结合的氰离子,形成氰化高铁血红蛋白,使酶复活。但生成的氰化高铁血红蛋白仍可离解出氰离子,再次产生毒物,故需要进一步给予硫代硫酸钠,硫代硫酸钠在体内转硫酶的作用下,与氰离子结合成几乎无毒的硫氰酸盐从尿中排出。

11.4.3 药物

亚硝酸钠

本品为微黄色或白色结晶性粉末,易溶于水,但水溶液不稳定,须临用前配制。

【作用与应用】 亚硝酸钠能使亚铁血红蛋白氧化为高铁血红蛋白,后者与氰化物具有高度的亲和力,可用于解氰化物中毒。与硫代硫酸钠配合,或亚硝酸钠用量过大时,则加高铁血红蛋白生成过多,而发生亚硝酸盐中毒症状,必须严格控制用量。

【用法与用量】 亚硝酸钠注射液:10 mL:0.3 g。静注量,马、牛 2 g;猪、羊 0.1 ~0.2 g。临用时以灭菌注射用水溶解成1%溶液缓慢静注。

硫代硫酸钠(大苏打)

本品为无色透明或结晶性粉末,味苦咸,在湿空气中有潮解性,极易溶于水,不溶于醇,水溶液呈弱碱性。

【作用与应用】 本品因含有活泼的硫原子,在体内转硫酶的作用下,可与氰离子结合,生成无毒的硫氰酸盐从尿中排出,可用于氰化物中毒的解救。本品的应用必须在氧化剂之后,不能同时使用。本品具有还原性,还可用于下列中毒情况:

①硝酸盐中毒:能使高铁血红蛋白还原为低铁血红蛋白。

②金属和类金属的中毒:能与砷、汞、铅、铋、碘等结合生成低毒或无毒的物质排出,但效果不如二巯基丙醇。

【用法与用量】 硫代硫酸钠注射液:10 mL:0.5 g;20 mL:1 g。静注或肌注量,马、牛、5 ~ 10 g;猪、羊 1 ~ 3 g;犬、猫 1 ~ 2 g。

对二甲氨基苯酚

本品为白色结晶性粉末,性质稳定,易溶于水。

【作用与应用】 本品为新的高铁血红蛋白形成剂,其特点是作用快药效强,副作用小。是氰化物中毒的有效解毒剂,但对严重中毒病例需要与硫代硫酸钠配合应用。

【用法与用量】 对二甲氨基苯酚粉剂,临用时用注射用水稀释成10%的溶液,畜、禽静注,10 mg/kg,也可肌注。

11.5 有机氟中毒的解毒药

目前在消灭农作物害虫方面,经常使用氟乙酸钠、氟乙酰胺和甲基氟乙酸等有机氟制剂,往往造成误食而中毒。另外,在有机氟化工厂附近的牧地和水源由于被有机氟污

染,也易导致人畜中毒。

11.5.1 毒理

有机氟可通过皮肤、消化道和呼吸道进入体内,之后经酰胺酶分解生成氟乙酸,氟乙酸与辅酶 A 作用生成氟乙酰辅酶 A,后者再与草酰乙酸作用生成氟柠檬酸,氟柠檬酸的化学结构与柠檬相似。因此,氟柠檬酸可竞争性地抵制乌头酸酶而阻断三羧循环的顺利进行,使柠檬酸在体内大量蓄积,造成组织代谢障碍,破坏细胞的正常功能,特别是对神经系统和心脏功能的严重损害而导致动物中毒甚至死亡。

11.5.2 解毒

切断有机氟对三羧循环的破坏,特效解毒药是乙酰胺。

11.5.3 药物

乙酰胺(解氟灵)

本品为白色结晶粉末,能溶于水。

【作用与应用】 本品具有延长氟中毒潜伏期、减轻症状和预防发病的作用。解毒机理是乙酰胺与有机氟的化学结构相似,能竞争酰胺酶,乙酰胺夺取此酶后,使有机氟不能分解出氟乙酸。另外,乙酰胺在体内经酰胺的作用生成乙酸,乙酸对已形成的氟乙酸进行干扰,使其不形成氟柠檬酸。故乙酰胺能对抗有机氟的作用而解除其毒性反应。临床主要用于有机氟的中毒。

有机氟中毒病情迅速,应尽早、足量使用乙酰胺,并配合使用氯丙嗪等镇静药。

【用法与用量】 乙酰胺注射液:5 mL∶0.5 g;5 mL∶2.5 g;10 mL∶1 g;10 mL∶5 g。肌注量,0.05 ~ 0.1 g/kg 体重,因刺激性大,宜加少量 0.5% 普鲁卡因混合使用以止痛。

单乙酸甘油酯(醇乙酸酯、醋精)

【作用与应用】 单乙酸甘油酯可制止乙酸盐在体内转化为氟枸橼酸,故可用于氟乙酸盐的中毒。应用本品需注意一定早期用药,严重中毒效果较差。

【用法与用量】 单乙酸甘油注射液,静脉或肌注时,各种家畜 0.1 ~ 0.5 mg/kg 体重,1 次/h,每天用量可达 2 ~ 4 mg/kg 体重。

滑石粉

本品为白色或灰白色微细粉末,无臭,无味,有滑腻性,不溶于水。

【作用与应用】 滑石粉分子中含有镁原子,易于氟离子形成络合物,降低血中氟浓度,减少机体对氟的吸收。因此,可用于氟中毒的解毒剂。滑石粉毒性低,治疗奶牛地方性氟病,疗效可靠。

【用法与用量】 内服量,牛 20 g/次,混饲投药,2 次/d,连用 15 d 为 1 个疗程,停药 3 ~ 5 d 后,视情况继续用药。

11.6　其他毒物中毒与解毒药

11.6.1　氨基甲酯类农药中毒的毒理与解毒

氨基甲酸酯类农药作为一类较新的杀虫剂、杀菌剂、除草剂等,近年来应用越来越广泛,如西维因、速灭威、呋喃丹、氧化萎锈、萎锈灵、灭草灵、抗鼠灵等。

本类农药具有共同的结构、理化性质、毒性也大多相似。

这类农药,可经消化道、呼吸道和皮肤黏膜进入机体内,抑制神经组织、红细胞及血浆内的胆碱酶,形成氨基甲酰化酶,使胆碱酯酶失去水解乙酰胆碱的能力,造成体内乙酰胆碱大量蓄积,出现一系列神经中毒症状。另外,氨基甲酸酯类还可阻碍乙酰辅酶 A 作用,使糖原的氧化过程受阻,导致肝、肾及神经病变。

呋喃丹除以上毒性外,尚可在体内水解产生氰化氢,氰化氢可离解出氰离子,出现氰化物中毒的症状。

解救时,首选阿托品,并配合输液、消除肺水肿、脑水肿以及兴奋呼吸中枢等对症治疗方法。

重度呋喃丹中毒时,应用亚硝酸钠、硫代硫酸钠等。但一般禁用肟类复活剂,如碘解磷定、氯磷定等。

11.6.2　杀鼠剂中毒与解毒

目前,杀鼠剂种类相当多,仅介绍 1.3 茚满二酮类灭鼠中毒的解毒。1.3 茚满二酮类抗凝血性灭鼠剂,主要包括敌鼠(双苯杀鼠酮)、联苯敌鼠、氯苯敌鼠(氯敌鼠、利法安)、杀鼠酮及鼠完等。我国以敌鼠及其钠盐(敌鼠钠)较常用。

敌鼠及其钠盐属于高毒类,主要经过消化道吸收中毒,其结构类似亚硫酸钠甲萘醌,进入机体后,可竞争性抑制亚硫酸钠甲萘醌的作用,干扰肝脏对亚硫酸钠甲萘醌的利用或直接损害肝小叶,抑制凝血酶和凝血因子 Ⅱ、Ⅴ 及 Ⅶ 的合成,使凝血时间延长,发生内脏和皮下出血。此外,还可直接破坏毛细血管,使通透性、脆性增加,导致血管破裂,出血加重。动物中毒后,以肺脏出血最严重,其次为脑、消化道和胸腔血管出血,如不及时解救,可引起死亡。

亚硫酸氢钠甲萘醌为本类杀鼠剂的特效解毒药。一般将亚硫酸钠甲萘醌 100 ~ 300 mg(牛、马)或 30 ~50 mg(猪、羊、犬)加入 5% 或 10% 葡萄糖1 000 mL 中静滴,连续静滴 3 d 后可止血,止血后继续以上量肌注 7 d 左右,方可停药,并观察一个星期,以免复发。同时配合应用维生素 C 和氢化可的松以及其他对症疗法,效果更好。

11.6.3　蛇中毒与解毒

世界上的蛇类有2 260余种,其中毒蛇 300 多种。蛇毒成分复杂,其中蛋白质占90%以上,每种蛇毒含一种以上的有毒成分。中毒症状往往是混合毒性作用产生的。

蛇毒的成分有神经毒、心脏毒、血液毒、酶类以及出血毒等。神经毒主要阻断了 N_2

胆碱受体,干扰了乙酰胆碱的释放,导致全身肌肉麻痹,呼吸停止而死。心脏毒毒性比神经毒低,可损害心脏功能(强烈收缩,心脏可停止于收缩期)。血液毒常可引起溶血或血栓。出血毒常导致全身及心、肺、胃肠道、肾等内脏出血,引起动物吐血、便血、血尿,大量失血而发生休克死亡。

蛇毒主要是毒蛇咬动物时通过毒牙注入皮下组织,经淋巴循环或毛细血管吸收入血的。一般蛇毒中毒的全身症状:吞咽困难,舌活动不灵、失声、眼睑下垂,全身肌肉发生松弛瘫痪,呼吸逐渐困难,最后呼吸麻痹而死亡。有的还出现急性肾功能衰竭、全身出血等。咬伤的局部常有红、肿、水泡、血泡、剧痛以及组织坏死、流血不止等现象。

毒蛇咬伤后,除对局部进行处理、破坏毒素、延缓毒素吸收外,全身应用特效蛇毒血清。

抗蛇毒血清是给马或骡反复大量注射某种蛇毒,取其血清精制浓缩而成。它可中和蛇毒,是一种特异性免疫反应,单价血清比多价血清效果好,但要确诊是何种蛇伤。多价抗蛇毒血清是用多种蛇毒混合免疫动物制成,其治疗范围较广,但疗效较差。

我国目前生产有多种精制抗蛇毒血清,它们具有特效、速效等优点。但治疗中应早期足量使用。静注量,抗蝮蛇血清6 000 IU;抗五步蛇毒血清8 000 IU;抗银环蛇毒血清10 000 IU;抗眼镜蛇毒血清2 000 IU。以生理盐水稀释至40 mL,缓慢静注。中毒较重的病例可酌情增加剂量。

11.6.4　蜂毒中毒与解毒

蜂毒的化学成分比较复杂,主要为多肽与酶类,重要的有蜂毒肽、蜂毒明肽、蜂毒心肽、肥大细胞脱颗粒肽、磷脂酶 A_2 和透明质酸酶等。

蜂毒中毒引起的全身症状:气喘、呼吸困难、痒感、荨麻疹,个别动物面部及四肢肌肉抽搐。重者出现体温升高、出汗、呕吐、腹泻或短时意识丧失,或出现溶血、血红蛋白尿。如不及时抢救,常因呼吸抑制而死亡。

解救时,首先用镊子拔除螫针,然后用70%乙醇或0.1%高锰酸钾、或氨水擦洗螫伤处及周围组织,也可用南通蛇药片,冷开水溶化成糊状,敷贴于距伤口约半寸周围。如系黄蜂蜇伤,应用酸性液体如食醋冲洗伤口,对全身及时对症治疗。

11.6.5　蝎毒中毒与解毒

蝎毒中毒大部分是有毒蛋白质,按其作用机制可分为神经毒和细胞毒。

蝎毒中毒引起的全身症状:流泪、流涎、打喷嚏、流鼻液、感觉过敏、恶心呕吐、肌肉疼痛、心动过速或过缓、发绀、出汗、尿少、体温下降、嗜睡、肌肉抽搐、躁动不安,重者可出现喉头痉挛、胃肠道出血、急性肺水肿及呼吸麻痹。

解救措施,局部处理可参阅蜂毒的方法。全身症状可作对症治疗,有条件时,尽快注射特效解毒药抗蝎毒血清。

复习思考题

1. 临床上当动物出现中毒症状,又不能确定何种毒物中毒时,你怎么办?

2. 一头猪患有疥螨病,某兽医用2%的敌百虫溶液将猪体表全部涂擦一遍,不久出现了严重中毒症状,这位兽医急忙用肥皂水冲洗体表,你说对吗? 为什么? 你采取什么急救措施? 请说明道理。

3. 某兽医,同时遇到两头牛中毒,经诊断一头是亚硝酸盐中毒,另一头是氢氰酸中毒。他马上对地第一头牛用 10 mg/kg 体重的量静注了亚甲蓝溶液,对另一头牛只注射了 1 mg/kg 体重的亚甲蓝溶液进行抢救,你认为对吗? 为什么? 你如何抢救。

第12章
动物药理课堂实验

实验1　实验动物的捉拿、固定及给药方法

【目的与要求】

练习实验动物的捉拿、固定及给药方法,为今后实验及应用临床打下基础。

【材料】

(1)动物

小白鼠、大白鼠、豚鼠、青蛙或蟾蜍、鸡。

(2)药品

灭菌生理盐水。

(3)器材

1 mL 注射器及 5 号针头,2 mL 注射器及 6 号针头,兔固定器,兔开口器、兔胃导管、烧杯、酒精棉球若干,小白鼠投胃管,聚氯乙烯管若干,小白鼠固定管。

【方法】

(1)动物捉拿及固定法

①小白鼠　以右手抓其尾,放在台上或鼠笼盖铁纱网上,然后用左手拇指及其食指沿其背向前抓住其颈部皮肤,并以左手的小指和掌部夹住其尾固定在手上,如图 12.1 所示。

当一次需要用多只小白鼠作实验时,应给小白鼠

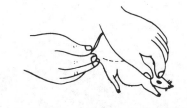

图 12.1　小白鼠的捉拿及固定法

标记。

②大白鼠　以右手或以镊子夹住鼠尾,左手戴上防护手套或用厚布盖住鼠身作防护,握住整个身体,并固定其头部防止被咬伤,然后根据需要可固定于鼠笼内或用绳绑其四肢固定于大鼠手术板上。

③兔　一手抓住颈背处的皮肤,再以一手托住臀部。将兔体仰卧保定时,一手抓住颈皮,另一手顺其腹部抚摸至膝关节,压住关节,另一人用绳带捆绑兔的四肢,使兔腹部向上固定在手术台上,头部用兔头夹固定。

④豚鼠　以右手拇指和食指抓住颈部,其余三指握住颈胸部,左手抓住两后肢,使腹部向上。

⑤青蛙或蟾蜍　以左手食指和中指夹住一侧前肢,大拇指压住另一侧前肢,右手将两后肢拉直,夹于左手无名指与小指之间。

（2）**给药方法**

①小白鼠

A.灌胃法:用左手仰持小白鼠,使其头颈部充分伸直,但不宜抓得过紧。右手持小白鼠灌胃器,小心自口角插入口腔,再从舌背面紧沿上颚进入食道,注入药液。操作时应避免将胃管插入气管,投注液量0.1~0.25 mL/10 g体重,如图12.2所示。

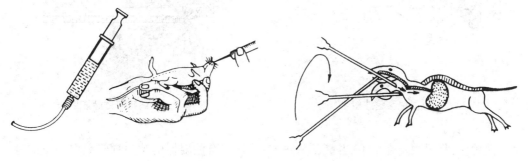

图12.2　小白鼠灌胃器及小白鼠灌胃法

B.皮下注射法:将小白鼠固定,将连有针头的注射器刺入背部、颈部或腋部皮下,注入药液,注射量每只不超过0.5 mL,如图12.3所示。

C.肌肉注射法:注射部位在后肢大腿外侧肌肉,注射量0.2 mL,如图12.4所示。

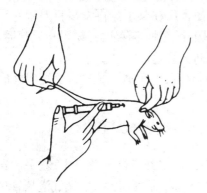

图12.3　小白鼠皮下注射法

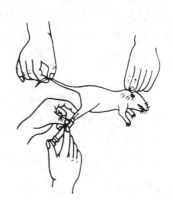

图12.4　小白鼠肌肉注射法

D. 腹腔注射法:左手仰持固定小白鼠,右手持注注射器从腹左或右侧(避开膀胱)朝头部方向刺入,宜先刺入皮下,经 2~3 mm 再刺入腹腔。此时针头与腹壁成45°。针头插入不宜太深或太近上腹部,以免刺伤内脏。注射量 0.1~0.25 mL/10 g 体重,如图 12.5 所示。

E. 尾静脉注射法:将小白鼠放入特制圆筒或倒置的漏斗内,将鼠尾浸入 40~45 ℃温水中半分钟,使血管扩张。然后将鼠尾拉直,选择一条扩张最明显的血管,以拇指和中指拉住尾尖,食指压迫尾根保持血管充血扩张。右手持吸好药液的注射器(连接 4 号或 5 号针头),将针头插入尾静脉内,缓慢注入药液。如注入药液有阻力且局部变白,表示药液注入皮下,应重新在针眼上方注射,如图 12.6 所示。

图 12.5　小白鼠腹腔注射法

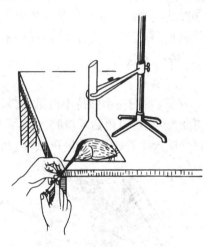

图 12.6　小白鼠尾静脉注射法

②大白鼠

灌胃法:将鼠固定在桌上,并握住头部,右手持连有注射器的塑料导管或已磨平的针头从口角处插入口腔,然后沿上颚进入食道。

其余给药法同小白鼠。

③豚鼠

A. 灌胃法:助手抓住豚鼠头颈部四肢,术者将含嘴(开口器,其中心有一小孔供导管通过,式样如牛灌胃开口器。)放入豚鼠口内,旋转使舌压在其下。再将塑料导管或导尿管从含嘴孔插入 8~10 cm,然后注入药液。因豚鼠上颚近咽部有牙齿,易阻止导管插入,故应把豚鼠的躯体拉直,便于导尿管避开阻碍物而进入食道。

B. 静脉注射法:从耳静脉注入,方法同兔耳静脉注射法,但较难成功。必要时在麻醉状态下作颈外静脉或股静脉切开注入。

其余给药法同小白鼠。

④兔

A. 灌胃法:将兔固定或放置在兔固定箱内。右手固定开口器于兔口中,左手插胃管(也可用导尿管替代)轻轻插入 15 cm 左右。将胃管口放入一杯水中,如无气泡从管口冒出,表示胃管已插入胃中。然后缓缓注入药液,最后注入少量空气,取出胃管和开口器。灌药前兔宜禁食,灌药量一般不超过 20 mL,如图 12.7 所示。

B.耳静脉注射法:将兔放在固定箱内或由助手固定。将耳缘静脉处的粗毛剪去,用手指轻弹(或以酒精棉球反复拭擦)耳壳,使血管扩张。助手以手指于耳缘根部压住耳缘静脉,待静脉充血后,术者以左手拇指食指捏住耳尖部,右手持注射器,从静脉近末梢处刺入血管,如针头在血管内,便以手指将针头与耳一并固定之,助手放开压迫耳根之手指,即可注入药液。如系注入血管内,则畅通无阻,并可见到血液被药液冲走。如注入皮下则阻力大且耳壳肿胀,应拔出针头,再在上次所刺的针眼前方注射。注射完毕,以手指压住针眼,拔出针头,并继续用手指或棉球按压片刻,以防出血,如图12.8所示。

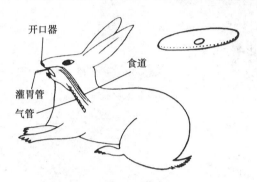

图12.7 兔的灌胃法　　　　　　图12.8 兔血管分布及兔耳静脉注射

⑤青蛙或蟾蜍淋巴囊给药

青蛙皮下淋巴囊分布,如图12.9所示。蛙的皮下有数个淋巴囊,注入药液易吸收,一般以腹淋巴囊或胸淋巴囊作为给药部位。操作时,一手固定青蛙,使其腹部朝上,另一手持注射器,将注射器针头从青蛙大腿上端刺入,经过大腿肌层和腹肌层,再浅出进入腹壁皮下进入淋巴囊,然后注入药物。另外还可用颌淋巴囊给药法,从口部正中前缘插针,穿过颌肌层而进入胸淋巴腔。因蛙皮肤弹性较差,不经肌层,药液易漏出。注射量每只0.25～1.0 mL。颌淋巴囊给药法,如图12.10所示。

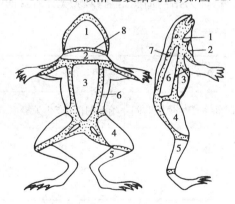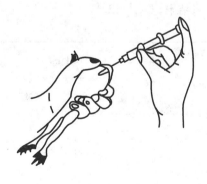

图12.9 青蛙皮下淋巴囊分布示意图　　　　图12.10 青蛙颌淋巴囊给药

1.颌下囊　2.胸囊　3.腹囊　4.股囊
5.胫囊　6.侧囊　7.头背囊　8.淋巴囊

⑥鸡翅静脉注射法

将鸡翅展开,露出腋窝部,拔去羽毛,可见翼根静脉。注射时,由助手固定好鸡,消毒皮肤,将注射器针头沿静脉平行刺入血管。

【作业】

分组按上述方法进行实际操作,反复练习,总结体会并写出实验报告。

实验 2　剂量对药物的影响

【目的与要求】

观察不同剂量对药物作用的强弱和性质的影响。

【材料】

(1)**动物**

青蛙或蟾蜍、小白鼠。

(2)**药品**

0.1% 硝酸士的宁注射液,0.2%,0.5% 和 2% 安钠咖注射液。

(3)**器材**

1 mL 玻璃注射器、5 号或 6 号针头、大烧杯、鼠笼、普通天平、酒精棉等。

【方法】

①取大小相似的青蛙或蟾蜍 3 只,分别做好记号,由腹淋巴囊分别注射 0.1% 硝酸士的宁注射液 0.1,0.4,0.8 mL。记录开始注射时间(时、分、秒)和开始发生惊厥的时间(时、分、秒),后者(时间)减去前者(时间)的差数,即为给药后引起青蛙惊厥所需要的时间。将结果记入表 12.1。

表 12.1

蛙号 \ 给药量 观察	0.1 mL		0.4 mL		0.8 mL	
	给药时间	产生惊厥时间	给药时间	产生惊厥时间	给药时间	产生惊厥时间
1						
2						
3						

②取小白鼠 3 只,称重,分别放入 3 个大烧杯或鼠笼内,并做好记号(标出甲、乙、丙)。观察其正常活动,然后分别作腹腔注射。甲鼠由腹腔注射 0.2% 安钠咖注射液 0.2 mL/10 g 体重。乙鼠由腹腔注射 0.5% 安钠咖注射液 0.2 mL/10 g 体重。丙鼠由腹腔注射 2% 安钠咖注射液 0.2 mL/10 g 体重。给药后,分别放入原大烧杯中。记录给药时间,然后用物品将杯口盖住,观察有无兴奋、举尾、惊厥甚至死亡情况,记录发生作用的时

间于表12.2中。比较3鼠有何不同。

表12.2

鼠 号	体 重	给药浓度及剂量	用药后反应及出现时间
甲			
乙			
丙			

【作业】

分析实验结果,说明剂量与药物作用的关系。写出实训报告。

实验3 消毒药的配制及应用

【目的与要求】

掌握厩舍、场地、用具、病畜排泄物等常用消毒药的浓度配制及应用。

【材料】

烧杯、量筒、玻棒、喷雾器、煤酚皂溶液、氢氧化钠、氧化钙。

【方法】

第一组将50%的煤酚皂溶液稀释成3%~5%的溶液。在本校兽医院、实习牧场进行厩舍、场地、病畜排泄物等消毒,并将溶液浸泡用具、器械等。

第二组将氢氧化钠用热水配制成2%的溶液对细菌(如鸡白痢)或病毒(或猪瘟)污染的畜栏、禽舍、场地饮槽、车辆等进行消毒。配制溶液量根据畜栏、禽舍、场地面积大小而定。消毒厩舍时,应驱出畜禽,隔半天用清水洗饮槽、地面后,方可让畜禽进入。

第三组将氧化钙加水配制成10%~20%的石灰乳,涂刷厩舍、墙壁、畜栏、地面和病畜排泄物。石灰乳应现用现配,不宜久放。也可用生石灰10 kg加水适量,使之松散后,撒布在潮湿地面、粪池周围及污水沟进行消毒。如直接将生石灰撒布在干燥地面,消毒效果差。

【作业】

扼要记录实验过程和结果,分析实验结果,阐明剂量大小对药物作用的影响。

实验 4　抗菌药物的药敏试验

【目的与要求】

掌握常用抗菌药药敏试验的方法(试管双倍稀释法),为临床合理选药奠定基础。

【材料】

青霉素、链霉素、加葡萄糖和酚红(或溴甲酚紫)的肉汤培养基、新鲜的金葡菌和大肠杆菌悬液、酒精灯、微量注射器、微量吸管、恒温培养箱。

【方法】

①取 A,B,C,D 4 组试管,每组 8 支并分别编为 1~8 号,每管加入肉汤培养基的 5 mL。

②将青霉素、链霉素分别以适量注射用水溶解后,再以肉汤培养基稀释成 32 IU/mL 的浓度备用。

③将 32 IU/mL 的青霉素和链霉素分别在各组试管中从 1~8 号管作连续稀释,即吸取 5 mL 药液加入 1 号管,混合均匀后吸取 5 mL 加入 2 号管,混合均匀后吸取 5 mL 加入 3 号管,如此稀释至 8 号管混合均匀后吸取 5 mL 弃去,使之成为 16,8,4,2,1,0.5,0.25, 0.125 IU/mL 的浓度梯度。A 组和 B 组加青霉素并标以"青"字,C 组和 D 组加链霉素并标以"链",以志识别。

④向 A 组和 C 组加金葡菌,向 B 组和 D 组加入大肠杆菌(每管加 0.01 mL 预先用 100 倍稀释的新鲜菌液),并振摇均匀。

⑤置恒温箱中 37 ℃下培养 6 h 后,观察培养基颜色的变化。与空白管比较,颜色变为微黄色者,表示有少量细菌生长,此浓度为抗生素的最小抑菌浓度(MIC);颜色与空白管一致者为完全无细菌生长,此浓度为该抗生素的最小杀菌浓度(MBC)。为使结果更精确,培养至 24 h 再观察一次。

【作业】

分析实验结果,写出实验报告。

实验 5　敌百虫驱虫实验

1)敌百虫驱虫作用观察

【目的与要求】

通过本技能学习掌握敌百虫驱虫作用和用法,观察敌百虫副作用。

【材料】

猪、搪瓷盘、镊子、毛剪、注射器、针头、酒精棉球、兽用精制敌百虫、伊维菌素。

【方法】

①实训猪准备。经粪检,挑选蛔虫感染明显的猪,清晨停饲,称重。

②按病猪0.12 g/kg体重称取敌百虫片(粉)。

③混饲投药。将敌百虫先研成细粉,取少量精料与药物拌均匀后饲喂。

④半小时后按常规喂料,并观察猪的反应及排虫情况。猪是否有拉稀、流涎或口吐白沫、肌肉震颤等情况以及排出虫体的蠕动情况。

【作业】

①将观察结果记入表12.3。

表 12.3

实训猪体重	给药方法与剂量	给药后产生拉稀和排虫时间	排虫种类	数 量

②分析敌百虫驱虫作用及副作用产生的原因。

【提示】

①混饲后多在2 h左右开始排出,4 h左右药效消失,故安排好实训时间。

②副作用一般不需处理,但如出现严重的中毒现象时应予抢救,故应准备好阿托品、碘解磷啶等解毒药品备用。

③本实训亦可使用伊维菌素皮下注射0.3 mg/kg体重。

2)羊的药浴

【目的与要求】

通过本次实习,学会:

①说出药浴的3种方法,并在提供材料时,能选择适宜于当地的一种药浴方法。

②记住常用于药浴的药物。

③能组织羊药浴工作。

【材料】

剪羊毛后的羊、药浴池(药浴盆、淋浴),敌百虫搪瓷缸。

【方法】

①实训羊准备。选剪毛后 10 d 左右羊进行(两个月内羔羊、病羊和有外伤羊不能进行药浴)药浴。每年进行 2 次。

②药浴药液的配制。药浴药液为敌百虫 0.5% ~ 1.0% 水溶液。

药液的配制宜用软水,将水温加到 60 ~ 70 ℃,药浴时温度为 20 ~ 30 ℃。

③盆浴时将羊只放入盆内提起头部,以防药水呛入肺或被淹死。头部没有浴透的羊将其药液泼于头部浸湿为好。

④羊只入盆 2 ~ 3 min 后即可出盆。

【注意事项】

①羊在药浴前半日停止放牧或饲喂,并令其饮足水。

②为了防止中毒,最初先让几只质量较差的羊试浴,确认安全后再让大群入池。

③每浴完一群,应根据减少的药量进行补充,以保持药量和浓度。

④要保持药盆(池)的清洁,及时清除污物,适时换水。

⑤药浴后,如遇阴雨天气,应将羊群及时赶到附近羊舍内躲避,以防感冒。

⑥有条件的地区也可结合当地羊场的药浴进行现场教学更佳。

【作业】

①药浴时常用哪些药?

②蝇毒磷和敌百虫在药浴时的浓度如何?

实验 6　泻药的药理作用实验

【目的与要求】

通过实验了解容积性泻药、刺激性泻药和润滑性泻药的作用特点。

【材料】

兔(豚鼠或小鼠)、兔手术台、毛剪、酒精棉、镊子、手术刀、缝合针、缝合线、止血钳、纱布、10 mL 注射器、烧杯、温度计等。

【药品】

5% 硫酸钠、3% 蓖麻油、液体石蜡、生理盐水。

【方法】

取无消化道疾病的家兔一只,仰卧固定于手术台上,于上腹中稍偏左侧剪毛消毒,以 0.25 盐酸普鲁卡因注射液作浸润麻醉。切开腹壁,暴露肠管,取出小肠一段,如内容物多,可先向大肠方向推移。在不损伤肠系膜血管的情况下,用缝合线将此肠管每隔 5 ~ 6 cm 结扎成四段,结扎完毕后,按下列药品用量分别注入各段肠管内。

①3% 蓖麻油 2 mL,注入第一段肠管。

②液体石蜡 2 mL,注入第二段肠管。

③5% 硫酸钠 2 mL,注入第三段肠管。

④生理盐水 2 mL,注入第四段肠管。

各段肠管充盈必须适度,勿太膨胀,注毕将肠管送回腹腔,缝合腹壁,并用浸过 39 ℃生理盐水的纱布覆盖腹壁,为了保持正常温度,覆盖的纱布要不断换温。1.5 ~ 2 h 后打开腹腔,取出肠管,观察各段变化。

【结果】

将实验结果填入表 12.4。

表 12.4 泻药的药理作用

变化情况 \ 药物	各类泻药对肠管影响		
	表面情况	肠内容物量及其情况	肠黏膜
蓖麻油			
液体石蜡			
5% 硫酸钠			
生理盐水			

【作业】

通过实验分析容积性泻药、刺激性泻药和润滑性泻药的药理作用特点,并说明以上各类泻药在临床中如何选择应用。

实验 7　消沫药作用实验

【目的与要求】

通过观察松节油、煤油、二甲基硅油的水消沫作用,掌握其合理应用。

【材料】

松节油、煤油、2.5%二甲基硅油、1%肥皂水。

【方法】

取1%肥皂水数毫升,分别装入4支试管,振荡使之产生泡沫。然后于各管中分别滴加松节油、煤油、2.5%二甲基硅油、自来水各3～5滴,观察各管泡沫消失的速度,并记录各管泡沫消失的时间。

【结果】

将实验结果填入表12.5。

表12.5

试样	松节油	煤油	2.5%二甲基硅油	自来水
时间/min				

【作业】

分析实验结果并做出结论,写出实训报告。

实验 8　不同浓度柠檬酸钠对血液的作用

【目的与要求】

观察不同浓度柠檬酸钠溶液对动物血液的作用,掌握柠檬酸钠的应用。

【材料】

家兔,生理盐水,4%柠檬酸钠溶液、10%柠檬酸钠溶液,小试管,试管架,穿刺针,玻璃注射器(5 mL),针头(12 号),恒温水浴锅,秒表,1 mL吸管,记号笔,小玻棒。

【方法】

取小试管4支,编号。前三管分别加入生理盐水、4%柠檬酸钠溶液、10%柠檬酸钠溶液各0.1 mL,第四管空白对照。从家兔心脏穿刺取血约4 mL,迅速向每支试管加入兔血0.9 mL,充分混匀后,放入37±0.5 ℃恒温水浴锅中,启动秒表计时,每隔30 s将试管轻轻倾斜一次,观察血液是否流动,直到出现凝血为止。分别记录各试管出现血凝为止。

【注意事项】

①小试管的管径应大小均匀,清洁干燥。
②心脏穿刺动作要快,以免血液在注射器内凝固。
③兔血加入小试管后,须立即用小玻棒搅拌均匀,搅拌时应避免产生气泡。
④由动物取血到试管置入恒温水浴的时间不得超过3 min。

【作业】

讨论各管出现的结果,分析其原因,说明其临床意义,写出实训报告。

实验9　利尿药与脱水药作用实验

【目的与要求】

观察速尿和甘露醇对家兔的利尿、脱水作用,掌握其作用特点及应用。

【材料】

家兔,生理盐水、2%戊巴比妥钠注射或10%乌拉坦注射液、20%甘露醇注射液、1%速尿注射液,台秤、注射器(2 mL、10 mL)、针头(7 号)、兔解剖台、手术剪、手术刀、缝针、缝线、止血钳、镊子、棉花、酒精棉盒、培养皿。

【方法】

①取兔1 只称重,由耳静脉注入2%戊巴比妥钠注射液(45 mg/kg 体重)使之麻醉,仰卧固定于兔解剖台上,以酒精消毒腹部皮肤,于耻骨联合前缘腹中线切开皮肤约2~3 cm,分离腹壁肌肉,剪开腹膜,暴露腹腔,找出膀胱,用套有小橡皮管的7 号针头从膀胱底部刺入约2 cm,以线连同膀胱一起结扎,固定针头,以培养皿置于小橡皮管外口之下,以备承接尿液,先记量正常10 min 内尿液的毫升数。

②静注生理盐水25 mL,观察10 min 内尿液的毫升数。

③由耳静脉缓慢注入20%甘露醇(10 mL/kg 体重),记录给药时间,观察经多少分钟后尿量开始增多,从增多时起,记量10 min 尿液的毫升数。

④待甘露醇作用消失后(即每分钟尿量接近正常时),由耳静脉缓慢注入1%速尿(0.5 mL/kg 体重),记录给药时间,观察经多少分钟后尿开始增多,从增多时起记录10 min尿量(最好甘露醇与速尿各用1 只兔)(见表12.6)。

表 12.6

药 名	给药时间	尿量增多时间	10 min 内尿液毫升数
给药前			
生理盐水			
20% 甘露醇注射液			
1% 速尿注射液			

【作业】

根据实验结果,分析甘露醇与速尿对家兔利尿作用的特点,并从理论上分析出现这些特点的原因,写出实训报告。

实验 10　水合氯醛对家兔或猪的全身麻醉作用实验

【目的与要求】

观察家兔在不同给药途径下对水合氯醛的反应。并通过该次实验进一步了解家兔的有关生理指标,练习兔的灌胃、灌肠、耳静脉注射法及反射检查法。

【材料】

家兔、10 mL 玻璃注射器、8 号针头、9 号人用导尿管、兔开口器、家兔固定台、台秤、兽用体温计、塑料尺。

【药物】

10% 水合氯醛注射液、10% 水合氯醛淀粉浆溶液、液状石蜡。

【方法】

①取健康青年家兔 3 只,称重。然后检查其角膜、睫毛和肛门反射是否正常;同时测定其体温、脉搏和呼吸频率,用塑料尺测量其瞳孔直径大小,做好记录。

②对选出的 3 只家兔通过不同的给药途径给予 10% 的水合氯醛溶液(灌胃及灌肠者给予 10% 水合氯醛淀粉浆溶液),记录给药起止时间。

第一只家兔采用胃管(9 号人用导尿管代替)向胃内注入 10% 水合氯醛淀粉浆溶液。水合氯醛剂量为 0.3 g/kg 体重。

第二只家兔用细胶管或 9 号人用导尿管向直肠内注入 10% 水合氯醛淀粉浆溶液。水合氯醛剂量为 0.3 g/kg 体重。

上述两种给药途径给药后,可以观察到家兔在麻醉过程中首先出现肌肉紧张度降低,其次是后肢麻痹,这时家兔躯体前部尚能支持。然后其前躯逐渐麻痹,但头仍然能够支撑。随后其头亦卧在台上,最后完全进入侧卧麻醉状态。分别记录3只家兔进入不同麻醉阶段的时间和开始苏醒的时间。

第三只家兔采用耳静脉注射10%水合氯醛注射液。水合氯醛剂量为0.1~0.12 g/kg体重。观察家兔进入麻醉状态的时间及在不同时间的表现,记录于表12.7中。

表12.7 进入麻醉状态的时间及不同时间的表现

项 目	麻醉前			麻醉过程中		
给药途径	内服	直肠给药	静注给药	内服	直肠给药	静注给药
开始给药时间						
给药结束时间						
开始麻醉时间						
完全麻醉时间						
体温						
心率						
呼吸						
瞳孔大小						
痛觉						
角膜反射						
睫毛反射						
肛门反射						
肌肉紧张度						
苏醒时间						

【作业】

记录实验过程和结果,分析为什么通过不同途径给予水合氯醛时,家兔开始产生麻醉作用的时间不一样,家兔进入麻醉期的表现不完全一样?为什么直肠给药比内服给药的作用快而强?

【提示】

①若用仔猪进行本实验,则直肠灌注水合氯醛剂量为0.5 g/kg。

②家兔各项生理指标及反射的测定方法如下:

体温测定:由一人将家兔保定在家兔保定台上,另一人将体温计水银柱甩至35 ℃以下,然后左手抓住家兔尾部,右手持已消毒好的体温计蘸少许液体石蜡,缓缓插入家兔肛门内深约6 cm,停留3~5 min。然后取出体温计,用酒精棉球擦拭以除去粘附在体温计上的粪污,准确读数,并作好记录。

角膜反射检查:将家兔固定在家兔固定台上,检查者用手在离家兔眼前约 15~20 cm 处来回晃动,观察家兔有无眨眼现象。若有眨眼现象,则证明有角膜反射。注意在晃动手掌时不要扇动空气。

结膜反射检查:将家兔固定在家兔固定台上,检查者用毛笔或棉签轻触家兔睫毛。若家兔出现眨眼现象,则表示睫毛反射存在。也可用棉签轻触家兔眼睑,观察其有无眨眼现象。

肛门反射检查:将家兔固定在家兔固定台上,检查者右手持棉签轻触家兔肛门,观察家兔肛门是否出现收缩现象。若出现肛门收缩,则证明肛门反射存在。

附1　牛的全身麻醉

①盐酸二甲苯胺噻唑麻醉法　每 1 kg 体重肌注盐酸二甲苯胺噻唑(静松灵)0.6 mg,可产生良好的镇静、镇痛和肌松作用。

②酒精麻醉法　按每 100 kg 体重静注 95% 酒精 35~40 mL(用生理盐水或 5% 葡萄糖液稀释成含 30%~40% 酒精的溶液)。麻醉效果往往不确实,因此,常用氯丙嗪作麻醉前给药。

附2　羊的全身麻醉

①戊巴比妥钠法　按每 1 kg 体重静脉注射戊巴比妥钠 30 mg,可麻醉 30~40 min。

②异戊巴比妥钠法　按每 1 kg 体重静注或肌注异戊巴比妥钠 5~10 mg。

③硫喷妥钠法　按每 1 kg 体重静注硫喷妥钠 15~20 mg,可麻醉 10~20 min。

附3　猪的全身麻醉

①戊巴比妥钠法　按每 1 kg 体重静脉注射戊巴比妥钠 10~25 mg,可麻醉 30~60 min。也可腹腔注射。

②硫喷妥钠法　按每 1 kg 体重静注或腹腔注射硫喷妥钠 15~20 mg,可麻醉 10~15 min。

③异戊巴比妥钠法　按每 1 kg 体重静注或肌注异戊巴比妥钠 5~10 mg。

附4　犬的全身麻醉

①846 合剂　本品是一种新型复合麻醉剂,麻醉效果好。按每 1 kg 体重肌注本品 0.04 mg。

②盐酸吗啡　可按每 1 kg 体重皮下注射盐酸吗啡 1 mg,可麻醉 1 h 以上。

③氯胺酮　先皮下注射硫酸阿托品 0.05 mg/kg 体重和二甲苯胺噻嗪 1~2 mg/kg 体重(或安定 1~2 mg/kg 体重),10~20 min 后再肌肉注射盐酸氯胺酮 5~20 mg/kg 体重。

④戊巴比妥钠法　按每 1 kg 体重静脉注射或腹腔注射戊巴比妥钠 25~30 mg,可麻醉 2~4 h。

⑤硫喷妥钠法　按每 1 kg 体重静注或腹腔注射硫喷妥钠 20~25 mg。

⑥盐酸氯丙嗪　按每 1 kg 体重肌注盐酸氯丙嗪 1~2 mg,可麻醉 1 h 以上。

实验 11　盐酸普鲁卡因的局部麻醉作用实验

【目的与要求】

观察盐酸普鲁卡因的局部麻醉作用。

【材料】

青蛙、蛙板、大头针、脊髓破坏针、玻璃掏针、手术剪、尖镊子、蜡纸、棉花、铁支架、铁夹或止血钳、小烧杯、计时钟、1 mL 注射器。

【药物】

0.5% 稀盐酸溶液、2% 盐酸普鲁卡因溶液。

【方法】

取一只大青蛙,用脊髓破坏针破坏大脑(或自两眼后剪去青蛙上颚)后,使蛙的腹部朝上固定在蛙板上。用剪刀剪开大腿皮肤,用玻璃钩针轻轻剥开半膜肌和股二头肌,暴露坐骨神经和股动脉。用玻璃钩针和尖镊子仔细分离坐骨神经。然后在分离出的坐骨神经下放置一片小蜡纸,并在坐骨神经下沿其分布垫一小棉条。用铁夹夹住蛙下颚部将其挂在铁架上。当蛙腿不动时,将其一侧后肢的趾部浸入盛有 0.5% 稀盐酸的小烧杯内,测定自蛙趾浸入稀酸液至发生举足反射的时间。当出现反应时,立即用清水洗去蛙腿上的酸液。然后在蛙腿坐骨神经下的棉条上滴加 2 滴 2% 的普鲁卡因溶液,并将棉条裹住蛙的坐骨神经,约 10 min 后重复上述实验,测定引起举足反射的时间。比较两次时间的差异,分析产生该差异的原因。

【结果】

记录未施用普鲁卡因和滴加普鲁卡因后,蛙趾浸入酸液时举足反射的时间。

【作业】

记录实验过程和结果,比较两次时间的差异。分析普鲁卡因对神经干的传导麻醉作用及临床应用。

实验 12　肾上腺素对普鲁卡因局部麻醉作用的影响

【目的与要求】

观察肾上腺素对盐酸普鲁卡因局部麻醉作用时间的影响。

【材料】

家兔、5 mL 注射器、8 号针头、毛剪、镊子、酒精棉球、台秤。

【药物】

0.1%盐酸肾上腺素注射液、2%盐酸普鲁卡因注射液。

【方法】

①取一只健康的青年家兔,称重并记录。

②观察其精神、姿势及活动情况是否正常。并用针刺其后肢,观察其有无痛感。

③然后在一侧坐骨神经周围注入 2%盐酸普鲁卡因溶液 2 mL/kg,另一侧坐骨神经周围则注入加有 0.1%盐酸肾上腺素(每 10 mL 盐酸普鲁卡因溶液中加入盐酸肾上腺素 0.1 mL)的普鲁卡因溶液 2 mL/kg。

④5 min 后开始观察两后肢的运动情况,如是否出现运动障碍。并用针轻轻刺其后肢,以观察有无痛觉反应。然后每隔 10 min 检查一次,观察哪只后肢先恢复感觉,以及有运动障碍的那一侧后肢恢复感觉的时间并做好记录。

【作业】

记录实验过程及结果,比较两侧后肢的运动及感觉恢复时间有何不同,分析出现这种差异的原因。将 0.1%盐酸肾上腺素溶液加入普鲁卡因溶液中对局部麻醉有何影响。

实验 13　有机磷中毒及解救

【目的与要求】

观察有机磷中毒症状,比较阿托品与碘解磷定的解毒效果。

【材料】

(1)动物

家兔。

（2）**器材**

5 mL 注射器、8 号针头、塑料尺、酒精棉球、台称。

（3）**药物**

10% 敌百虫溶液、0.1% 阿托品注射液、2.5% 碘解磷定注射液。

【方法】

取家兔 3 只分别称重标记,剪去腹部、背部的被毛,观测其正常活动、瞳孔大小、呼吸与心跳次数、唾液分泌情况、有无粪尿排出,用镊子轻击背部有无肌肉震颤等。然后每兔自静脉注射 10% 敌百虫溶液（1 mL/kg 体重,如 20 min 后无中毒症状,可再注射 0.25 mL/kg体重）。待产生中毒症状后,观察上述指标有何变化。待中毒症状明显时,甲兔从耳静脉注射0.1% 阿托品溶液 1 mL/kg 体重,乙兔从耳静脉注射 2.5% 碘解磷定溶液 2 mL/kg 体重,丙兔从耳静脉注射与甲、乙两兔相同剂量的阿托口和碘解磷定溶液。观察、比较以上药物对家兔解救效果结果记入表12.8。

表 12.8   不同药物对家兔解救效果结果

兔号	体　重	药物	瞳孔/mm	唾液(分泌)	肌肉震颤	粪尿	心跳/(次·min^{-1})	呼吸/(次·min^{-1})
甲	用药前 注射敌百虫后 注射碘解磷定后							
乙	用药前 注射敌百虫后 注射碘解磷定后							
丙	用药前 注射敌百虫后 同时注射阿托品和碘解磷定后							

【作业】

扼要记录实验过程和结果,分析敌百虫中毒的毒理和阿托品、碘解磷定的解毒原理。

实验 14　亚硝酸盐的中毒与解救

【目的与要求】

观察亚硝酸盐中毒的临床症状及亚甲蓝的解毒效果,进一步理解中毒与解毒的原理。

【材料】

（1）**动物**

兔。

（2）**器材**

5 mL 注射器、镊子、酒精棉、台秤。

（3）**药物**

5% 亚硝酸钠注射液、0.1% 亚甲蓝注射液。

【方法】

①取兔子一只,称重,并记录呼吸、体温、并观察口鼻部皮肤、眼结膜及耳血管颜色。

②按 1～1.5 mL/kg 体重耳静脉注射 5% 亚硝酸钠溶液,记录时间并观察动物的呼吸、眼结膜及耳血管的颜色变化,开始发绀时,检测体温。

③出现典型的亚硝酸盐中毒症状后,即可用 1% 亚甲蓝注射液,按 2 mL/kg 体重静脉注射,观察并记录解毒结果。观察结果记录于表 12.9。

表 12.9　解毒结果

检查项目	中毒前	中毒后	解毒后
呼吸			
体温			
眼结膜			
耳血管			
其他			

【作业】

观察记录亚硝酸盐中毒的临床表现,分析亚甲蓝解救亚硝酸盐中毒的原理及效果。

第13章
动物药理教学实训

实训1　药物的保管与储存

【目的与要求】

通过教师讲解和动物药房的见习或参观,使学生掌握药物保管与储存的基本知识和方法,并能应用于将来的工作和实践。

【内容】

1）药物的保管

（1）**制定严格的保管制度**

药物的保管应有严格的制度,包括出、入库检查,验收,建立药品消耗和盘存账册,逐月填写药品消耗、报损和盘存表,制订药物采购和供应计划。如各种兽药在购入时,除应注意有完整正确的标签及说明书,不立即使用的还应特别注意包装上的保管方法和有效期。

（2）**各类药品的保管方法**

所有药品,均应在固定的药房和药库存放。

①麻醉药品、毒药、剧药的保管　麻醉药、毒药、剧药应按兽药管理条例执行,必须专人、专库、专柜、专用账册并加锁保管。要有明显标记,每个品种须单独存放。品种间留有适当距离。随时和定期盘点,做到数字准确,账物相符。

②危险药品的保管　危险药品是指遇光、热、空气等易爆炸、自燃、助燃或有强腐蚀性、刺激性的药品,包括爆炸品、易燃液体、易燃固体、腐蚀药品。以上药品应储存在危险品仓库内,按危险品的特性分类存放。要间隔一定距离,禁止与其他药品混放。而且要远离火源,配备消防主设备。

（3）处方的处理

处方是兽医人员为了治疗病畜而给药房所开写的调剂和支付药物的书面通知,接受和调配处方,是药物管理中的一个重要环节,原则上,兽医对处方负有法律责任,而药房人员却有监督的责任。一般来说,普通药处方至少要保存 1 年,剧毒药品处方则须保存 3 年。麻醉药品处方应保存 5 年。药房人员接到处方后要采取严肃的态度,在配制支付之前应对处方得票,要点如下:

①检查处方列举各药是否具备;

②检查处方列举各药有无配伍禁忌;

③检查处方列举各药的剂量有无超过极量;

④处方上是否有兽医签字。

2）药物储存的基本方法

（1）密封保存

①易风化的药品　多数含结晶水的药物露置空气中,逐渐变成白色不透明结晶或白色的干燥粉末,叫做风化,如仍按原剂量可致增量而易中毒。应密封保存,置于稍潮湿处,如碳酸钠、硫酸钠、硫酸镁、硼砂、吐酒石、咖啡因和阿托品。

②易潮解的药品　有些药品能吸收空汽中的水汽而自行溶解,叫潮解,应密封保存,并置于干燥处,如氯化钙、氯化钠、碘化钾、溴化钠、醋酸钾、三氯化铁、次硝酸铋、氯化铵、溴化铵等。

③易挥发的药品　有些沸点低的药品,包装不严或放在温度较高的地方就要挥发而逸出瓶外。应密封保存,并置于温度较低处,如安溶液、氯仿、乙醚、酒精、福尔马林、水合氯醛、酊剂、各种挥发油、碘片、樟脑、薄荷脑等。

④易被氧化或碳酸化的药品　有些药品露在空气中便与空气中的氧气或二氧化碳化合而变质,叫做氧化或碳酸化。应密封保存并置于阴凉处,如鱼肝油、苛性钠、石灰水等。

⑤其他应密封保存的药品　许多抗生素类、中药、生化药物、蛋白质类药物不仅易吸潮,而且受热后易分解失效,或易发霉变质、虫蛀,也应密封于干燥阴凉处保存。

（2）避光保存

有些原料药如恩诺沙星、盐酸普鲁卡因;散剂如含有维生素 D、维生素 E 的添加剂;片剂如维生素 C、阿司匹林;注射剂如氯丙嗪、肾上腺素注射液等遇光可发生化学变化生成有色物质,出现变色变质,导致药效降低或毒性增加,应放于避光容器内,密封于干燥处保存。片剂可保存于棕色瓶内,注射剂可放于遮光的纸盒内。

（3）低温保存

受热易分解失效的原料药,如抗生素、生化制剂（如 ATP、辅酶 A、胰岛素、垂体后叶素等注射剂）,最好放于 2~10 ℃低温处。易爆易挥发的药品,如乙醚、挥发油、氯仿、过氧化氢等,及含有挥发性药品的散剂,均应密闭阴凉处保存。

各种生物制品如疫苗、菌苗等,应按规定的温度储存。许多生物制品的适宜保存温度为 −15 ℃（冻干菌苗）,0~4 ℃（高免血清、高免卵黄液等,若需长期保存也应保持于 −15 ℃）。

【作业】

综合参观和教师的讲解的有关内容,写出药品保管储存基本要求的报告。

实训2 动物的给药方法

给药也称投药是借助于投药器械以各种方法,将药物给予动物以发挥其治疗、预防或诊断效果的方法。

投药是最基本的治疗技术。正确的投药,能使药物充分发挥其治疗作用,减少病畜的痛苦,有利于疾病的康复。错误的投药不但于治疗无益,甚至会有害于动物。如灌药时误入气管,可引起异物性肺炎;有些应静脉注射的药物误入皮下时,可致局部组织肿胀甚至坏死。因此,每个畜牧兽医工作者都必须熟练掌握各种投药的基本操作,才能胜任兽医工作。

1)注射给药法

【目的与要求】

了解皮下、肌肉、静脉注射的特点,注射部位和注意事项;初步掌握注射及输液方法。

【材料】

(1)**动物**

牛或猪、马。

(2)**药物**

生理盐水、70% 酒精、5% 碘酊。

(3)**器材**

10 mL 和 20 mL 金属注射器、针头、输液器、剪毛剪、牛鼻钳、耳夹子或鼻捻子。

【方法】

(1)**皮下注射法**

皮下注射是将药液注射于皮下结缔组织内,经毛细血管、淋巴管吸收进入血液循环,而达到防治疾病的目的。

凡刺激性不大的药液及疫(菌苗)、血清等,均可皮下注射。如注射药液太多时,应分点注射。凡油类药物和具有收缩血管的药物均不适宜作皮下注射。

注射部位:牛、马多在颈侧,猪在耳后或股内侧,家禽在翼下。

注射方法:注射时,将动物适当保定,注射部位剪毛消毒,用左手中指和拇指提起注射部位皮肤,同时以食指尖下压皱褶基部的陷窝处刺入皮下 2~3 cm(视动物品种、大小决定刺入深度),此时如感觉针头无抵抗,且能自由拔动时,左手指头按住针头结合部,右手推压针筒活塞,注入药液。注完后,局部消毒,并稍加按摩。

(2)肌肉注射法

肌肉注射又称肌内注射,是兽医临床上最常用的给药方法。注射时,以注射器将药液注入肌肉组织内,肌肉内血管丰富,药液的吸收和药物效应的出现都比较稳定。水溶液、油溶液均可作肌肉注射。略有刺激的药液,可作深层肌肉注射。注射量多时,应分点注射。

注射部位:选择肌肉丰满处,应避开大血管及神经干。牛、马、羊、犬等多在颈部及臀部;猪在耳根后、臀部或股内侧;禽类在胸肌、大腿部肌肉,猪、马的常见肌肉注射部位如图13.1 所示。

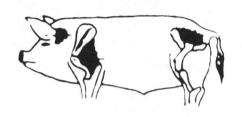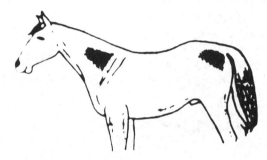

图13.1　猪、马的肌肉注射部位

注射方法:动物保定,局部常规消毒后,使注射器针头与皮肤呈垂直的角度,迅速刺入肌肉内 2~4 cm(视动物品种、大小而定),然后抽动针筒活塞,确认无回血时,即可注入药液。注射完毕,用酒精棉球压住针孔部,迅速拔出针头。消毒局部并稍加按摩。

(3)静脉注射及输液法

静脉注射和输液是以注射器(或输液器)将药液直接注入动物静脉血管内的一种给药方法。主要应用于大量的输液、输血及以治疗为目的的急需速效的药物(如急救、强心等);一般刺激性较强的药物或皮下、肌注不能注射的药物等必须用静脉注射的方法。

静脉注射的方法有推注和滴注两种。静脉注射的部位,马、牛、羊、骆驼、鹿、犬等在颈静脉的上 1/3 与中 1/3 交界处;猪在耳静脉或前腔静脉;犬、猫可在前肢正中静脉或后肢隐静脉,禽类在翼下静脉。

①猪的静脉注射法　先将猪站立或侧卧保定,耳静脉局部剪毛消毒。助手用手按住猪耳背面的耳根部的静脉处,使静脉怒张,或用指头弹扣,或以酒精棉球反复涂擦局部,促使血管充盈。术者用左手拇指按住猪耳背面,四指垫于耳下,将耳托平并使注射部位稍高,右手持连接针头的注射器,沿耳静脉径路刺入血管内(沿静脉血管使针头与皮肤呈

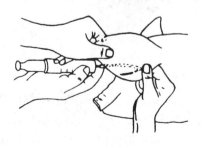

图13.2　猪耳静脉注射法

30°~45°),轻轻抽动针筒活塞,见有回血时,再将针筒放平并沿血管向前进针,然后用左手拇指按住针头结合部,右手慢慢推进药液。注射完毕,用酒精棉球压住针孔,右手迅速拔针,然后涂擦碘酊,如图 13.2 所示。

②马、牛的静脉注射法　马、牛的静脉注射方法相似,多在颈静脉处注射。以马为例叙述如下:

注射部位多在颈静脉沟上 1/3 处进行。消毒,

用左手拇指横压在注射部位稍下方(近心端)的颈静脉沟上,使脉管充盈怒张。右手持连接针头并装入药液的注射器,使针尖斜面朝上,沿颈静脉径路,在压迫点前上方约2 cm处,使针头与皮肤呈30°~45°,准确迅速地刺入静脉内,并感到空虚或听到清脆声,见有回血后,再沿脉管向前顺针,松开左手同时用拇指、食指固定针头结合部,靠近皮肤,放低右手减少其间角度,平稳推动针筒活塞,慢慢推动药液,如图13.3、图13.4所示。

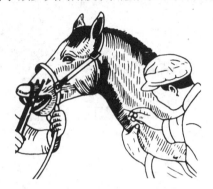 

图13.3　马颈静脉注射1　　　　　　　图13.4　马颈静脉注射2

使用输液吊瓶时,应将吊瓶放低,见有回血时,再将输液瓶提至与动物头同高,并用夹子或胶布将乳胶管近端固定在颈部皮肤上,调节好滴注速度,使药液缓慢地流入静脉血管内。静注时,必须注意将注射器或连接针头的长乳胶管及医用一次性输液器内的空气(气泡)排净。输液完毕,左手持酒精棉球压紧针孔,右手迅速拔出针头,然后用5%的碘酊在注射部位消毒,如图13.5所示。

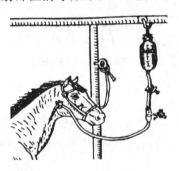 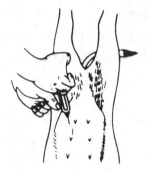

图13.5　马颈静脉输液图　　　　　　图13.6　猪的腹腔注射

(4)腹腔注射法

腹腔注射法是将药液直接注入动物腹腔的给药方法,常用于猪。

注射部位:马在左侧胺窝部,牛在右侧胺窝部,较小的猪在两侧后腹部。以猪为例叙述如下:

将猪两后肢提起,倒立保定,局部剪毛,消毒。操作者左手捏起猪的腹侧壁,右手持接好针头的注射器,在距耻骨前缘3~5 cm处腹中线旁,垂直刺入2~3 cm,缓慢注入药液或进行输液,拔出针头,消毒局部。腹腔注射宜用无刺激性的药液,如进行大量输液,则宜用等渗溶液,并最好将药液加温至接近体温的程度,如图13.6所示。

2)灌药法及胃导管给药法

灌药法及胃导管给药法是用一定的器械(如喂药匙、灌药瓶)将药物灌入动物口腔而后咽下的方法。胃导管给药是用特制的橡胶管,经动物口腔(或鼻孔)食道插入胃内,直接将药物灌入的方法。灌药及胃导管给药法适用于食欲不振的动物、哺乳仔畜或药物气味不佳。对于动物咬肌痉挛、药物刺激性较大或药液量较大则必须以胃导管给药。

【目的与要求】

了解灌药法及胃导管给药法的适应症,掌握灌药法和胃导管给药法。

【材料】

(1)动物

猪、牛、羊或马。

(2)药物

凡士林、生理盐水。

(3)器械

喂药匙、胃导管、漏斗、灌药瓶、搪瓷杯、鼻钳子、耳夹子、塑料桶、污物桶。

【方法】

(1)灌药法

①猪的灌药法　仔猪灌药时,助手固定仔猪,术者以左手打开口腔,右手持喂药匙或不接针头的金属注射器从口角插入口腔,注入药液。大猪灌药时,应将猪作适当保定,助手用木棍将嘴撬开,操作者勇喂药匙或灌药瓶自口角插入缓缓灌入药液,如图 13.7所示。

注意事项:

a.大猪灌药时必须作确切保定,仔猪可以一人抓住猪的两耳或两前肢并提起前驱保定。

b.猪的头部应稍稍抬高,一般以口角与眼角的连接线呈水平线为宜。

c.猪的嘶叫时喉门开放,应暂停灌药,以免药液进入气管。

d.如在灌药时,动物发生强烈咳嗽,表示有药物进入喉头或气管,应暂停灌药并使其头部放低,便于咳出药液。

e.每次灌入药量不宜太多,也不可太急。应待其吞之后再行灌入药液。

f.片剂、丸剂灌服时,可将丸、片研碎,加水灌服,也可直接投予,但在投予后,应立即灌以少量清水。

②牛的灌药法　将药液装入灌药瓶或长颈橡皮瓶内,如有沉淀者,则应在灌入前振摇。灌药时,助手站在牛头侧面以牛鼻钳夹住鼻中隔(或拇指和食指抓住鼻中隔),另

图 13.7　牛的灌药法

一手托起下颌部,使头稍稍抬高,术者站于牛头的加一侧,一手握住牛的口角部,一手持灌药瓶,将瓶颈自口角门齿和臼齿之间送入,一次又一次地灌入。同时用手挤压橡皮瓶,直至灌完。如无助手协助,也可一人操作,方法如图13.7所示。或以牛鼻钳夹住鼻中隔将头部吊起,鼻钳以绳系于诊疗架上即可操作。

牛灌药时的注意事项与猪灌药时的注意事项大致相同。

③马的灌药法 将药液置于长颈瓶内或吸入药液注入器内,以绳索连系笼头将马头吊起,使口角与耳根平行。助手站在马头一侧,拉住笼头,使马头不易摆动,术者立于马头另一侧,一手拉住笼头,一手持药瓶从口唇侧面插入第一臼齿前面的无齿间隙处,将药液分次灌入。最后,升高瓶底,将药液全部倒入。灌毕取出药瓶,解开吊绳,如图13.8所示。

若使用药液注入器灌药时,助手抓住笼头,术者持药液注入器,自口角插入口腔,推动活塞,分次注入药液直至注完,每注入一次,均应待动物吞咽后再注入第二次。如不吞咽可拨动舌头使之吞咽。

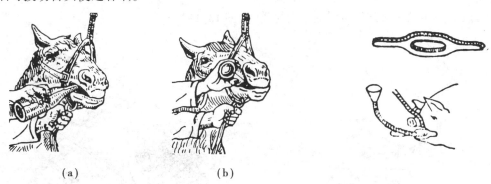

（a） （b）

图13.8 马的灌药法 图13.9 猪的胃导管投药法
(a)开始 (b)结束

（2）胃导管投药法

①猪的胃导管投药法 较小的猪(约40 kg以下)进行灌药时,助手抓住猪的两耳和前肢并提起前驱;大猪需作横卧保定。以木制开口器把猪嘴撬开,选择适当大小的胃导管涂以液状石蜡,通过开口器中心的小孔,缓缓插入至咽喉部,随着猪的吞咽动作将胃导管插入食道。为了防止误入气管,要仔细观察。小猪误入气管时强烈挣扎,叫声停止,几乎窒息,管内有急促的气体排出。大猪误入气管时,也表现呼吸困难、尖叫声变为嘶哑声,随呼吸动作从胃导管内排出无味气体。正确插入食道时,猪表现较为安静(小猪有时有呼吸困难的表现),胃导管内无气体随呼吸动作排出。插入长度约为嘴端至胸前的距离。插入后,以漏斗连接于胃导管上端,并提高至适当的高度,然后用搪瓷杯或其他容器将药液倒入漏斗即可灌入。

有时,由于腹内压力较大,药液停止流入,此时可向内外方向移动一下胃管,药液中可见气泡冒出,则可继续灌入。灌完后,再灌少量清水,然后取出胃管,拿下开口器,如图13.9所示。

②牛的胃导管给药法 先给牛装上木质开口器,助手固定牛头,术者持胃导管插入,方法同猪的胃导管投药。当胃插入食道后,可在颈静脉沟食管区见到胃导管的影迹,当

进入胃内后,常有气体排出。如无木质开口器,亦可从鼻孔内插入胃导管,如图13.10所示。

③马的胃导管给药法　先将动物保定于诊疗架内,适当固定头部,术者站在动物一侧,以一手掀开鼻翼,一手持胃导管轻轻送入鼻孔内,如动物摇动挣扎,则用拇指和食指将胃导管与鼻翼一并捏紧,待其安静后,继续插入,至咽喉部时,即可感到有阻力,可将胃管向左(右)下方稍稍拨转,当动物出现吞咽动作时(如不出现吞咽动作,可触摸咽喉外部诱发吞咽),乘势将胃管向前推进,即可进入食道。如已进入食道,则感觉胃导管推进时稍有阻力;并可在左侧颈静脉沟处见到胃导管头端逐渐下移的影迹;用手指触摸,可随胃导管直至管端;如从胃导管外端口用力吹气,则可见到下部食道突然膨起;如术者以耳朵贴近胃导管外端时,可以听到少量气体排出的声音,但无节律,且不与呼吸一致,此时,可确定其插入食道。继续前进直至插入胃内。如误入气管,则胃导管向前推进无阻力,动物咳嗽,并从胃导管内排出与呼吸节律一致的气体。此时,应将胃导管拔出,重新插送。插好胃导管后,即将胃管紧贴鼻翼固定之,连接漏斗,灌入药液。灌药完毕,再灌以少量清水,取下漏斗,折转管口,缓缓抽出胃导管,如图13.11)所示。

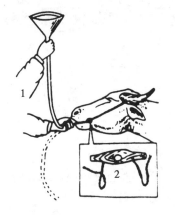
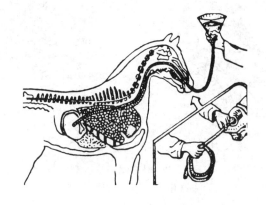

图13.10　牛的胃导管给药法　　　　　　图13.11　马的胃导管给药法
1.给药法　2.开口器

④犬、猫胃管给药法　保定犬、猫,使其头部前伸,将开口器放入口内,一般情况下,犬、猫会自动咬紧开口器,投药时只需抓住口嘴稍加用力即可固定。将胃管(一般为适宜大小的人用导尿管)沿开口器中央小孔插入口中,经口咽部缓慢送入食道内,验证胃管确实在食道内后,再插入一定深度,然后接上注射器或漏斗,慢慢注入药液,最后用少量清水将管内残留药物冲入胃内,捏封住胃管口慢慢将其抽出,取下开口器,观察片刻,解除保定。

【作业】

讨论总结本次进行动物给药的体会,写出实验报告。

实训3　处方的开写方法

【目的与要求】

了解开写处方的意义,掌握处方的结构,根据临床实际较能熟练准确地开写处方。

【材料】

处方笺、临床病例。

【方法】

先由教师讲述后由学生开写。

①会进行处方登记。

②结合临床病例或由教师分组列举 1~2 个病例开写医疗处方。

③签名核对。

【作业】

要求学生均要会开处方,交出正确的处方笺。

实训4　药物的物理性、化学性配伍禁忌

【目的与要求】

了解观察常见的物理和化学性配伍禁忌的各种现象,掌握处理配伍禁忌的一般方法。培养学生在开写处方时能正确配用药物。

【作用】

为了充分发挥药物的作用,临床上常将两种以上的药物配合使用。但各种药物理化性质和药理性质不同,在配伍时,可能会出现物理、化学和药理上的变化。其中有些变化可能减少毒性、增强作用、延长疗效;有些变化可能造成使用不便,降低或丧失疗效,甚至增加毒性。前者符合治疗的需要,后者则属于配伍禁忌。但有些配伍禁忌可作为解毒作用,有些配伍禁忌通过特殊的处理可以消除。

【材料】

(1)药品

蓖麻油或松节油、纯化水、液体石蜡、樟脑酒精、结晶碳酸钠、水合氯醛、醋酸铅、盐酸

四环素粉针、磺胺噻唑钠注射液、5%氯化钙注射液、5%碳酸氢钠注射液、稀盐酸、碳酸氢钠、10%氯化高铁注射液、鞣酸、高锰酸钾、苦味酸。

（2）**器材**

天平、吸量管、量筒、试管、研钵、试管架、硫酸纸、糨糊、铅笔、剪刀、铁槌等。

【方法】

（1）**物理性的配伍禁忌**

主要是由于药物的外观（物理性质）发生变化，有下列4种。

①分离 两种液体互相混合后，不久又分离。

实验 取试管两支，一支各加蓖麻油或松节油和水1 mL，一支各加液体石蜡和水1 mL。互相混合振荡后，静置于试管架上，10 min后，观察分离现象。

②析出 两种液体互相混合后，由于溶媒性质的改变，其中一种药物析出沉淀或使溶液混浊。

实验 取试管一支，先加入樟脑酒精2 mL，然后再加水1 mL，则樟脑以白色沉淀析出。

③潮解 吸湿潮解常发生于下列药物中，中草药干浸膏粉、乳酶生、干酵母、胃蛋白酶、无机溴化物和含结晶水的药物。这些药物本身易受潮，如与受潮易分解药物配用时，更可促使后者变质分解。

实验 取碳酸钠和醋酸铅各3 g于研钵中共研即潮解。

④液化 两种固体药物混合研磨时，由于形成了低熔点的低熔混合物、熔点下降，由固态变成了液态，称为液化。

实验 取水合氯醛（熔点57 ℃）和樟脑（熔点171～176 ℃）各3 g混合研磨，则产生液化（研磨混合物熔点为-60 ℃）。

（2）**化学性配伍禁忌**

化学性配伍禁忌，是指处方各成分之间发生化学变化。药物的化学变化必然导致药理作用的改变。这种配伍禁忌是最常见的，而且危害性也较大。主要表现为以下几个方法：

①沉淀 两种或两种以上的药物溶液配伍时，由于化学变化而产生一种或多种以上的不溶性物质，溶液即出现沉淀。主要有两种情况，一种是发生中和作用而产生难溶性盐；一种是由难溶性碱或酸制成的盐，其水溶液pH值改变时析出原来形成的碱或酸。

实验 取一支试管各加盐酸四环素注射液和磺胺噻唑钠注射液2 mL，二者混合立刻产生沉淀。另取一支试管各加5%氯化钙溶液和5%碳酸氢钠溶液3 mL，二者混合立刻产生碳酸钙沉淀。

②产气 药物配伍时，偶尔会遇到产生气体的现象，有的导致药物失效。

实验 取一支试管先加入稀盐酸5 mL，再加碳酸氢钠2 g，不久即会见到产生气体（二氧化碳）而逸出，反应式如下：

$$NaHCO_3 + HCl \longrightarrow NaCl + H_2O + CO_2 \uparrow$$

③变色 某些药物因化学反应而引起颜色的改变。特别与pH值较高的其他药物溶

液配伍时,容易发生氧化变色现象。

实验 取一支试管先加入10%氯化高铁溶液3 mL,再加1 g鞣酸,则溶液变为绿色、蓝色或黑色。反应式如下:

$$3C_{14}H_{10}O_9 + FeCl_3 \longrightarrow Fe(C_{14}H_9O_9)_3 + HCl$$

④爆炸或燃烧 多由强氧化剂与强还原剂配伍时引起。激烈的氧化—还原反应能产生热,引起燃烧或爆炸。

实验 取高锰酸钾3份和苦味酸2份分别于研钵中研细,接着在纸上轻轻混拌均匀,备用。然后用普通圆柱形铅笔做轴,将硫酸纸绕铅笔制成圆筒并用糨糊粘合,取下剪成1.5 cm的分段。每个小段一端折叠闭合,从另一端将入适量制备好的混合药粉,再将这一端也折叠闭合。最后,将此制备的小药包立放于石灰地面上用槌猛击(切记脸要避开击打的药包)则立刻发生爆炸,同时放出火光和响声。

注意:此项实验应在教师预先示教基础上,再让各组学生代表去做,以免发生事故。装药包切不可包制过大。为防不测,此实验不做也可,仅让同学们了解。

⑤眼观外变化 有一些化学性配伍禁忌,其分子结构已发生了变化,但外观看不出来,因而常被忽视,如青霉素钠(钾)盐水溶液水解为青霉胺和青霉醛而失效。

【作业】

简单记录实验过程和结果,分析配伍禁忌产生的主要原因和表现,实践中如何避免配伍禁忌,写出实验报告。

实训5 常用药物制剂的配制

1)溶液剂

【目的与要求】

掌握不同浓度溶液的稀释法和练习溶液的配制法。

【材料】

天平、量筒或量杯、垂溶漏斗、漏斗、滤纸、漏斗架、下口瓶、纯化水、乙醇、碘片、碘化钾、容器、搅拌棒等。

【方法】

(1)溶液浓度的表示法

在一定量的溶剂或溶液中所含溶质的量叫溶液的浓度。这里,溶剂或溶液的量可以是一定的质量(g,mol),或是一定体积(mL,L等)。溶质的量也可用质量或体积来表示。因此,有各种不同的浓度表示法。常用的有百分浓度表示法、摩尔浓度表示法、当量浓度表示法和比例法等。

①百分浓度表示法　质量与质量的百分浓度表示法：常以%（W/w）或%（g/g）表示。即在 100 g 溶液中所含溶质的克数。例如，10% 的稀盐酸，即在 100 g 稀盐酸溶液中含 HCl 气体是 10 g。化学上常用。

质量与体积的百分浓度示法：常以%（g/mL）或%（W/V）表示。即在 100 mL 溶液中所含溶质的克数，如 10% 氯化钠溶液，即 100 mL 氯化钠溶液中含氯化钠 10 g。在药学中，当溶液中的溶质是固体或气体时，一般用 g/mL 的百分浓度表示。

体积与体积的百分浓度表示法：常以%（mL/mL）或（v/v）表示。即在 100 mL 溶液中所含溶质的毫升数。如 75% 的乙醇，即在 100 mL 溶液中含乙醇 75 mL。在药学中，当溶质是液体时，一般常用 mL/mL 的百分浓度表示。

②比例法　有时用于稀释溶液的浓度计算，如高锰酸钾 1∶5 000，即表示在 5 000 mL 溶液中含有 1 g 的高锰酸钾。

③摩尔浓度　溶液的浓度以 1 000 mL 溶液中所含溶质的摩尔数来表示，以 mol/L 表示，如 1 000 mL 溶液中含硫酸 49 g，即为 0.5 mol/L 硫酸溶液。

（2）溶液浓度稀释法

①反比法

$$C_1 : C_2 = V_2 : V_1$$

例如，现需 75% 乙醇 1 000 mL，应取 95% 乙醇多少毫升进行稀释？

$$95 : 75 = 1 000 : x$$

$$95 x = 75 \times 1 000$$

$$x = 789.4 \text{ mL}$$

即取 95% 乙醇 789.4 mL，加水稀释至 1 000 mL 可配成 75% 的乙醇。

②交叉法

将高溶度溶液加水稀释成需配浓度溶液，如将 95% 乙醇用蒸馏水释成 70% 乙醇，可按下式计算：

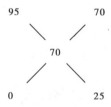

即取 95% 乙醇 70 mL 加蒸馏水 25 mL 可配成 70% 的乙醇。

用高浓度溶液和低浓度同一药物溶液稀释成中间需要浓度的溶液，如用 95% 乙醇和 40% 乙醇配成 70% 的乙醇，可按下式计算：

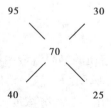

即 95% 乙醇取 30 mL 和 40% 乙醇 25 mL 相加可配成 70% 乙醇。

注意:交叉法总的规律是交叉计算,横取量,需浓度置中间。

简便法如要将95%乙醇稀释为75%,可取95%乙醇75 mL,蒸馏水加至95 mL即得。此方法可用于稀释任何浓溶液。

(3)**处方举例**(学生分组配制)

①取95%乙醇用蒸馏水稀释成70%乙醇95 mL如何配制。

按交叉法计算如下:

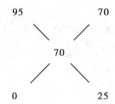

即取95%乙醇70 mL加蒸馏水25 mL可配成70%乙醇。

②1%碘甘油的配制。

碘片	1 g	碘化钾	1 g
蒸馏水	1 mL	甘油	适量
共制成	100 g		

(4)**制法**

取碘化钾溶于约等量的蒸馏水中,加入碘搅拌使完全溶解后,再加甘油至100 g,搅匀即得。

(5)**注意**

在配制时必须将碘化钾先溶解,溶解时水不能加得太多。

【作业】

①举出一例溶液浓度稀释法的计算过程。

②分组按上述处方举例配制1~2个,写出实习报告。

2)酊剂

【目的与要求】

掌握酊剂的一般配制方法。

【材料】

天平、量筒或量杯、大腹瓶、纱布、研钵、粉碎机、碘片、碘化钾、蒸馏水、95%乙醇。

【方法】

(1)**酊剂的配制法**

可分为溶解法、稀释法、渗滤法和浸渍法4种,这里仅介绍前两种。

①溶解法:将某种药物加入适量浓度的乙醇中溶解,过滤即得,如碘酊。

②稀释法:将浓酊制,用醇稀释至规定浓度,静置 24 h,过滤即得。

(2)处方举例

5% 碘酊的配制

| 碘片 | 2 g | 碘化钾 | 1 g |

蒸馏水及95%乙醇加至40 mL

制成酊剂

先将碘化钾1 g放入大腹瓶中,加水和95%乙醇的等量混合液20 mL 使其溶解后,再将碘片包入纱布囊内悬挂于液面,令碘溶解,最后加余量的水和乙醇等混合液冲洗纱布囊,至 40 mL。

【作业】

学生分组按处方举例配制碘酊,并写出实习报告。

附　录

附录 1　动物药理综合技能训练的时间安排及技能考核项目

《动物药理》课程综合技能训练及技能考核是动物药理教学中最重要的一个组成部分,是检验学员理论联系实际的重要环节,其目的在于帮助学员领会、巩固理论上所学到的知识,以便正确地应用于临床实践,培养学员根据客观实际分析问题和解决问题的能力。

1)时间安排(时间半周至一周)

目标　要求学生掌握药物的保管与储存,动物的给药方法,处方的开写,药物的配伍禁忌及药物的调剂方法等。

教学实习内容和时间

(1)药物的保管与储存　要求掌握药物保管与储存的基本知识和方法。(0.5~1 d)

(2)给药途径练习　要求能较熟练掌握给药方法,明确各种给药途径的利弊。(0.5~1 d)

(3)处方的开写　要求明确处方的概念与意义,掌握处方的格式与开写方法及开写时的注意事项。(0.5~1 d)

(4)药物的配伍禁忌与处理方法　要求掌握配伍禁忌的种类及克服配伍禁忌的方法。(0.5~1 d)

(5)药物的调剂　要求掌握溶液剂的配制,软膏的配制,尤其是乙醇的稀释法和碘酊的配制法。(0.5~1 d)

(6)综合考核(0.5~1 d)

考核方法　逐项逐条考核,采用实际操作与口试相结合,进行等级评分。

2）动物药理基本技能考核项目一览表

序号	考核项目	考核要求	考核方式
一	调剂技术	1. 比例溶液的配制 2. 百分浓度溶液配制 3. 浓溶液的稀释，酒精稀释法 4. 5%碘液的配制 5. 生理盐水的配制 6. 搽剂、软膏剂、散剂的配制	操作计算 教师任意抽 2 种制剂,学生操作
二	药物的配伍禁忌	常用药物的物理、化学配伍禁忌及处理配伍禁忌的一般方法,配伍禁忌表的使用	配伍禁忌表的使用,教师任意点出 10 种注射制剂,分 5 对,学生操作,指出有无配伍禁忌
三	处方	各类型处方的开写、处方改错	教师命题,学生写出处方,另给一错误处方,令学生改正
四	动物的给药方法	牛、猪、羊、犬、禽等的给药	学生操作,教师纠错,考核方法正确与错误
五	药物的保管与储存	1. 保管制度,储存要求,影响药物变质的主要环境因素,眼观变质药物的主要表现 2. 普通药、毒剧药、麻醉药品的分类保管 3. 易吸湿、易潮解、易风化、遇光遇热易变质、易燃及有腐蚀性药物的储存	制定保管制度,以代表性药物为例,在药房实地抽问,让学生指出其保管方法

3）成绩评定

无论是理论还是实践考核,成绩可分为优、良、及格、不及格 4 个档次（也可用百分制）。

（1）理论答题完全正确,实践操作熟练、准确,评定为优（90 分以上）;

（2）理论答题较正确,实践操作较熟练、准确,评定为良（75 分以上）;

（3）理论答题尚可,实践操作不太熟练、准确,评定为及格（60 分以上）;

（4）理论答题不正确,实践操作不熟练、准确,评定为不及格（59 分以下）。

附录 2　药品的有效期规定

说明：

（1）有些稳定性较差的药品,在储存过程中,药效可能降低,毒性可能增高,有的甚至不能供药用。为了保证用药的安全、有效、对这类药品必须规定有效期。即在一定储存条件下能够保证质量的期限。

（2）药品的有效期,应该根据药品稳定性的不同,通过留样观察实验而加以制订。药物新产品的有效期,可通过稳定性试验或加速试验,先订出暂行期限,经留样观察,积累充分数据后再行修订。

(3)计算有效期,应从药品出厂日期或按出厂期批号的下一个月一日算起。药品标签所列的有效期,应为有效期年月。有效期制剂的生产应采用新原料,正常生产的制剂,一般从原料厂调运到制剂厂,应不超过6个月。制剂的有效期,除部分包装严密、较为稳定的(如软膏、熔封安瓿等)外,一般不应超过原料有有效期的规定。

(4)已到期的药品,如需延长使用,应送请当地兽药监察所检验后,根据检验结果,确定延长使用期限。

(5)药品生产、供应、使用单位对有效期的药品,应严格按照规定的储存条件进行保管,要做到近期先出、近期先用。调拨有效期的药品要迅速运转。

兽药有效期表

品　名	有效期/年	品　名	有效期/年
乙氧萘青霉素钠	2.5	硫酸卡那霉素注射液	2.5
土霉素	4	红霉素	4
土霉素片	3	红霉素片	3
盐酸金霉素	4	杆菌肽	3
盐酸林可霉素	3	注射用杆菌肽	2
盐酸林可霉素片	2	氯唑西林钠	2.5
盐酸林可霉素注射液	2	注射用氯唑西林钠	2
盐酸多西环素	3	青霉素钠(钾)	4
盐酸多西环素片	2	注射用青霉素钠(钾)	2
四环素	3	注射用青霉素钠(钾)安瓿装	3
四环素片	2	苯唑西林风钠	3
灰黄霉素	4	注射用苯唑西林钠	2
灰黄霉素片	3	氨苄西林钠	2.5
注射用琥珀氯霉素	3	注射用氨苄西林钠	2
硫酸庆大霉素	4	盐酸土霉素	4
硫酸庆大霉素注射液	3	盐酸土霉素片	2
硫酸卡那霉素	4	盐酸四环素	4
注射用硫酸卡那霉素	3	盐酸四环素片	3
注射用苄星青霉素	3	缩宫注射液	2
硫酸链霉素	4	肝素注射液	3
注射用硫酸链霉素	3	含糖胃蛋白酶	1.5
硫酸新霉素	3.5	粗蛋白锌胰岛素注射液	2
普鲁卡因青霉素	3	细胞色素C注射液	2
注射用普鲁卡因青霉素	2	注射用细胞色素C	2
制霉菌素	3	注射用绒促性素	2
制霉菌素片	2	马来酸麦角新碱注射液	2
乳糖酸红霉素	4	胰岛素注射液	2
注射用乳糖酸红霉素	3	硫酸鱼精蛋白注射液	2
单硫酸卡那霉素	3		

附录3 医用计量单位及换算表

类 别	缩写符号	中文名称	与主单位的关系
长度	m	米	1(主单位)
	dm	分米	1/10
	cm	厘米	1/100
	mm	毫米	1/1 000
	μm	微米	1/1 000 000
	nm	纳米	1/1 000 000 000 000
重量和质量	kg	千克	1(主单位)
	g	克	1/1 000
	mg	毫克	1/1 000 000
	μg	微克	1/1 000 000 000
	ng	纳克	1/1 000 000 000 000
	pg	皮克	1/1 000 000 000 000 000
	T 或 t	吨	1 000
热量	J	焦耳	1(主单位)
	MJ	兆焦耳	10^6
	cal	卡	4.184 焦耳
	kcal	大卡,千	4 184 焦耳
	Mcal	兆卡	4 184 000 焦耳
容量	L	升	1(主单位)
	mL	毫升	1/1 000
	μl	微升	1/1 000 000
	gal	加仑	4.546 升(英)3.785 升(美)
浓度	ppm	百万分之一	10~6,0.000 1%(1 毫升/千克)
	ppb	十亿分之一	10~9,0.000 000 1%(1 微克/吨)
	ppt	万亿分之一	10~12,0.000 000 000 1%(1 微克/吨)

附录4 不同动物用药量换算表

1.各种畜禽与人用药剂量比例简表(均按成年)

畜禽种类	成人	牛	羊	猪	马	鸡	猫	狗
比例	1	5~10	2	2	5~10	1/6	1/4	1/4~1

2. 不同畜禽用药剂量比例简表

畜别	马 (400 kg)	牛 (300 kg)	驴 (200 kg)	猪 (50 kg)	羊 (50 kg)	鸡 (1岁以上)	狗 (1岁以上)	猫 (1岁以上)
比例	1	$1 \sim 1\frac{1}{2}$	1/3 ~ 1/2	1/8 ~ 1/5	1/6 ~ 1/5	1/40 ~ 1/20	1/10 ~ 1/16	1/16 ~ 1/32

3. 家畜年龄与用药比例

畜别	年 龄	比 例	畜别	年 龄	比 例	畜别	年 龄	比 例
猪	1岁以上	1	羊	2岁以上	1	牛	3~8岁	1
	9~18个月	1/2		1~2岁	1/2		9~15岁	3/4
	4~9个月	1/4		6~12个月	1/4		15~20岁	1/2
	2~4个月	1/8		3~6个月	1/8		2~3岁	1/4
	1~2个月	1/16		1~3个月	1/16		4~8个月	1/8
							1~4个月	1/16
马	3~12岁	1	犬	6个月以上	1			
	15~20岁	3/4		3~6个月	1/2			
	20~25岁	1/2		1~3个月	1/4			
	2岁	1/4		1个月下	1/16			
	1岁	1/12			~1/8			
	2~6个月	1/24						

4. 给药途径与剂量比例关系表

途 径	内 服	直肠给药	皮下注射	肌肉注射	静脉注射	气管注射
比 例	1	1.5 ~ 2	1/3 ~ 1/2	1/3 ~ 1/2	1/4 ~ 1/3	1/4 ~ 1/3

附录5　常用药物的配伍禁忌简表

类 别	药 物	禁忌配伍的药物
消毒防腐药	漂白粉	酸类
	酒精	氧化剂、无机盐
	硼酸	碱性物质、鞣酸

291

续表

类 别	药 物	禁忌配伍的药物
消毒防腐药	碘及其制剂	氨水、铵盐类
		重金属盐
		生物碱类药物
		淀粉
		龙胆紫
		挥发油
	阳离子表面活性消毒药	阴离子如肥皂类、合成洗涤剂
		高锰酸钾、碘化物
	高锰酸钾	氨及其制剂
		甘油、酒精
		鞣酸、甘油、药用炭
	过氧化氢溶液	碘及其制剂、高锰酸钾、碱类、药用炭
	过氧乙酸	碱类如氢氧化钠、铵溶液
	氨溶液	酸及酸性盐
		碘溶液如碘酊
抗生素	青霉素	酸性药液如盐酸氯丙嗪、四环素类抗生素的注射液
		碱性药物如磺胺药、碳酸氢钠的注射液
		高浓度酒精、重金属盐
		氧化剂如高锰酸钾
		快效抑菌剂如四环素、氯霉素
	红霉素	碱性溶液如磺胺、碳酸氢钠注射液
		氧化钠、氯化钙
		林可霉素
	链霉素	较强的酸、碱性液
		氧化剂、还原剂
		利尿酸
		多黏菌素 E
	多黏菌素	骨骼肌松弛药
		先锋霉素 I
	四环素类抗生素如四环素、土霉素、金霉素、盐酸多西环素等	中性及碱性溶液如碳酸氢钠注射液
		生物碱沉淀剂
		阳离子(一价、二价或三价离子)
	氯霉素	铁剂、叶酸、维生素 B_{12}
		青霉素类抗生素
	先锋霉素 Ⅱ	强效利尿药

类　别	药　物	禁忌配伍的药物
合成抗菌药	磺胺类药物	酸性药物
		普鲁卡因
		氯化铵
	氟喹诺酮类药物如诺氟	氯霉素、呋喃类药物金属阳离子
	沙星、环丙沙星、洛美	金属阳离子
	沙星、恩诺沙星等	强酸性药液或强碱性药液
抗蠕虫药	左旋咪唑	碱类药物
	敌百虫	碱类、甲硫酸新斯的明、肌松药
	硫双二氯酚	乙醇、稀碱液、四氯化碳
抗球虫药	氨丙啉	维生素 B_1
	二甲硫胺	维生素 B_1
	莫能菌素或盐霉素或马	泰牧霉素、竹桃霉素
	杜霉素或拉沙洛菌素	
麻醉药与化学保定药	水合氯醛	碱性溶液、久置、高热
	戊巴比妥钠	酸类药液、高热、久置
	苯巴比妥钠	酸类药液
	普鲁卡因	磺胺药、氧化剂
	琥珀胆碱	水合氯醛、氯丙嗪、普鲁卡因、氨基糖苷类抗生素
	赛拉唑	碱类药液
镇静药	氯丙嗪	碳酸氢钠、巴比妥类钠盐
		氧化剂
	溴化钠	酸类、氧化剂
		生物碱类
	巴比妥钠	酸类
		氯化铵
中枢兴奋药	咖啡因(碱)	盐酸四环素、盐酸土霉素、鞣酸、碘化物
	尼可刹米	碱类
	山梗菜碱	碱类
镇痛药	吗啡	碱类
	吗啡	巴比妥类
	杜冷丁	碱类

续表

类 别	药 物	禁忌配伍的药物
植物神经药物	硝酸毛果芸香碱	碱性药物、鞣质、碘及阳离子表面活性剂
	硫酸阿托品	碱性药物、鞣质、碘及碘化物、硼砂
	肾上腺素、去甲肾上腺素	碱类、氧化物、碘酊
		三氯化铁
		洋地黄制剂
健胃与助消化药	胃蛋白酶	强酸、强碱、重金属盐、鞣酸溶液
	乳酶生	酊剂、抗菌剂、鞣酸蛋白、铋制剂
	干酵母	磺胺类药物
	稀盐酸	有机酸盐如水杨酸钠
	人工盐	酸性药物
	胰酶	酸及酸性盐
	碳酸氢钠	鞣酸及其含有物
		生物碱类、镁盐、钙盐
		次硝酸铋
祛痰药	氯化铵	碳酸氢钠、碳酸钠等碱性药物
		磺胺药
	碘化钾	酸类或酸性盐
强心药	毒毛花苷K	碱性药液如碳酸氢钠、氨茶碱
	洋地黄毒苷	钙盐
		钾盐
		酸或碱性药物
		鞣酸、重金属盐
止血药	肾上腺素色腙	脑垂体后叶素、青霉素G、盐酸氯丙嗪
		抗组胺药、抗胆碱药
	酚磺乙胺	磺胺嘧啶钠、越权氯丙嗪
	亚硫酸氢钠甲苯醌	还原剂、碱类药物
		巴比妥类药物
抗凝血药	肝素钠	酸性药液
		碳酸氢钠、乳酸钠
	枸橼酸钠	钙制剂如氯化钙、葡萄糖钙
抗贫血药	硫酸亚铁	四环素类药物
		氧化剂

类　别	药　物	禁忌配伍的药物
平喘药	氨茶碱	酸性药液如维生素 C、四环素类药物
		盐酸盐、盐酸氯丙嗪等
	麻黄素（碱）	肾上腺素、去甲肾上腺素
泻药	硫酸钠	钙盐、钡盐、铅盐
	硫酸镁	中枢抑制药
利尿药	呋塞米（速尿）	氨基糖苷类抗生素如链霉素、卡那霉素
		新霉素、庆大霉素
		头孢噻啶
		骨骼肌松弛剂
脱水药	甘露醇	生理盐水或高渗盐
	山梨醇	生理盐水或高渗盐
糖皮质激素	盐酸可的体能、强的松、氢化可的松、强的松龙	苯巴比妥钠、苯妥英钠
		强效利尿药
		水杨酸钠
		降血糖药
性激素与促性腺激素药	促黄体素	抗胆碱药、抗肾上腺药
		抗惊厥药、麻醉药、安定药
	绒促性素	遇热、氧
影响组织代谢药	维生素 B$_1$	生物碱、碱
		氧化剂、还原剂
		氨苄西林、头孢菌素 I 和 II、氯霉素、多黏菌素
	维生素 B$_2$	碱性药液
		氨苄西林、头孢菌素 I 和 II、氯霉素、多黏菌素
		四环素、金霉素、链霉素、土霉素、红霉素
		卡那霉素、林可霉素
	维生素 C	氧化剂
		碱性药液如氨茶碱
		钙制剂溶液
		氨苄西林、头孢菌素 I 和 II、四环素、土霉素
		多西环素、新霉素、链霉素、氯霉素、红霉素
		卡那霉素、林可霉素
	氯化钙	碳酸氢钠、碳酸钠溶液
	葡萄糖酸钙	碳酸氢钠、碳酸钠溶液
		水杨酸盐、苯甲酸盐溶液

续表

类别	药物	禁忌配伍的药物
解热镇痛药	阿司匹林	碱类药物如碳酸氢钠、氨茶碱、碳酸钠等
	水杨酸钠	铁等金属离子制剂
	安乃近	氯丙嗪
	氨基比啉	氧化剂
解毒药	碘解磷定	碱性药物
	亚甲蓝	强碱、性药物、氧化剂、还原剂及碘化物
	亚硝酸钠	酸类
		碘化物
		氧化剂、金属盐
	硫代硫酸钠	酸类
		氧化剂如亚硝酸钠
	依地酸钙钠	铁制剂如硫酸亚铁

附录6 常见药物相克一览表

类别与药物	相克药物
一、抗微生物药物	
氯霉素	巴比妥类药物、氯磺丙脲、保泰松、青霉素 G、红霉素、骨髓抑制药物、硅炭银、乳酶生、氢化可的松、氨苄青霉素、降矾丸、含鞣质的中成药、茵陈、雷公藤
红霉素	普鲁本辛、月桂醇硫酸钠、青霉素、氯霉素、林可媚俗、白霉素、维生素 C、阿司匹林、保泰松、苯巴比妥、乳酶生、四环素、含鞣制的中成药、含机酸的中药、穿心莲片
四环素	对肝脏有损害的药物、碳酸氢钠、硫酸亚铁、双胍类药、头孢菌、强的松、牛黄解毒片、含钙、镁、铁等金属离子的西药、潘生丁、药用炭、硅碳银、降矾丸、消胆胺、复合维生素 B、甲氧氟烷、降糠灵、强的松、牛黄解毒片、含钙、镁、铁等金属离子的中药、含有硼、砂的中成药、含鞣质的中药、含碱性成分的中药、炭剂类中药
灭滴灵	华法令、土霉素
链霉素	其他氨基甙害抗生素或具有耳毒作用的药物、骨骼肌松弛药、酸化尿液药物、强利尿药、氯化琥珀胆碱、氯化筒箭毒碱、大黄、苏打片
异烟肼	安达血平、强的松、利福平、苯巴比妥、海藻、昆布、含碱性成分的中成药、含鞣质的中药、含颠茄类生物碱的中药、四季青、黄药子

类别与药物	相克药物
庆大霉素	对肾脏有较强毒性的药物、骨骼肌松弛药、骨骼肌松弛药、强利、尿剂、头孢菌素类药物、酸化尿液的药物、氨茶碱、先锋霉素 I 号、晕车宁、青霉素 G 钾、碳酸氢钠、链霉素、乌梅丸、穿心连片、山楂丸
痢特灵	利血平、苯丙胺、单胺氧化酶抑制剂、乳酶生、麻黄素、羊肝丸、鸡肝散、枳实
卡那霉素	有耳毒性的药物、速尿、磺胺嘧啶钠
环丙沙星	碱性药物、抗胆碱药、H2 受体阻滞剂氨茶碱、咖啡因、华法令、利福平、氯霉素
二、镇痛解热药	
水杨酸钠	抗凝血药、碳酸氢钠、对氨基水杨酸、汞制剂、麻醉药、口服降血糖药、氯化铵、丙磺舒、保泰松、苯巴比妥、苯妥英钠、含机酸的中药
保泰松	降糖药、避孕药、阿司匹林、四季青、黄药子及其制剂
阿司匹林	氨茶碱、氨化铵、皮质激素、噻嗪类利尿药、乐得胃、咖啡因、甘草、鹿茸、麻黄、桂枝、商陆、活性炭、陈香露白露片、含硼砂的中成药、含酒的中成药
消炎痛	阿司匹林、保泰松、强的松、含大量有机酸的中药
扑热息痛	速效伤风胶囊、杜冷丁(哌替啶)、普鲁本辛
吗啡	氯丙嗪、单胺氧化酶抑制剂、多巴胺、利尿药
三、维生素类药物	
维生素 A	新霉菌、糖皮质激素、消胆胺、液体石蜡
维生素 B₁	氢氧化铝凝胶、含乙醇的药物、糖皮质激素、阿司匹林、碱性药物、含鞣质的中药或中成药
维生素 B₂	吸附剂、碱性药物、含大黄的制剂
维生素 B₆	雌激素、青霉胺、左旋多巴、氯霉素、环丝氨酸、乙硫异烟胺、含鞣质的中药
维生素 B₁₂	降糖灵、氯霉素、阿司匹林、氧化剂、还原剂、氨基水杨酸、维生素 C、氨基苷类抗生素、对氨基水杨酸类药物、苯巴比妥、苯妥英钠、扑闲酮
维生素 C	苯丙胺、氯丁醇、磺胺药、红霉素、氢氧化铝凝胶、氨茶碱、石蒜碱、阿司匹林、四环素、含贰成分的中药、龙胆泻肝丸
维生素 D	液体石蜡、苯巴比妥、苯妥英钠、消胆胺、新霉素
维生素 K₃	维生素 C、维生素 E、链霉素、四环素
四、激素及调节	
内分泌功能药	
优降糖	阿司匹林、心得安、含糖中药或中药的密制剂

续表

类别与药物	相克药物
甲磺丁脲	氯霉素、地塞米松、双氢完尿塞、保泰松、复方磺腺甲基异恶唑、磺胺苯吡唑
可的松	四环素、洋地黄、噻嗪类利尿药、降血糖药、十灰散、维生素 A、消炎痛、免疫抑制剂、疫苗、复方炔诺酮
氢化可的松	二性霉素 B、氯霉素、异丙嗪、异戊巴妥钠
强的松	阿司匹林、苯巴比妥、利尿酸钠
碘化钾	酸性药物、三黄片、含朱砂的中成药
地塞米松	消炎痛、苯妥英钠、司可巴比妥、维生素 A、维生素 B_6
甲状腺素	胰岛素、强心甙、苯妥英钠、阿司匹林、双香豆素、消胆胺、巴比妥类药
五、神经系统用药	
安定	苯巴比妥、甲碘安、山莨菪碱、含氰甙的中成药
苯妥英钠	新抗凝、氯霉菌、安妥明、异烟肼、苯巴比妥
左旋多巴	安达血平、痢特灵、维生素 B_6、含金属离子的中成药、含碱性化合物的中成药
五、呼吸系统用药	
氨茶碱	盐酸普鲁卡因、心得安、美西律、乙吗噻嗪、喘定、麻黄、甲氰咪胍、红霉素、具有酶促作用的抗癫痫药、含生物碱的中药、含酸性成分的中药或中成药
六、消化系统用药	
乳酶生	乐得胃、抗菌类药物、甲氰咪胍、吸附剂、活性炭、含鞣质的中成药
碳酸氢钠	维生素 C、胃蛋白酶、四环素、土霉素、弱碱性药苯丙胺、含酸性成分的中药、含鞣质的中药及其制剂
多酶片	乳酶生、酸性中药、含鞣质的中成药、含大黄的中成药、含鞣酸的中药
胃蛋白酶	硫糖铝、碳酸氢钠、健胃片、胰酶片、颠茄合剂、多刚胺、含大黄的中成药、含生物碱的中药、含鞣质的中药、含雄黄的中药
阿托品	维生素 C、灭吐灵、异丙嗪、吩噻嗪类药物、独活、罗布麻、丹参、商陆、桑白皮、包公藤、柿漆、泻下中药、含生物碱成分的中药、含鞣酸的中药
七、泌尿系统用药	
速尿	氢化可的松、苯妥英钠、洋地黄制剂、肌肉松弛药、头孢菌素类药物、氨基甙类抗生素、糖皮质激素、甘草、鹿茸及其中成药
保钾利尿药	含钾高的中药、阿司匹林、消炎痛、氯化钾
双氢克尿塞	生胃酮、洋地黄制剂、消炎痛、心得安、阿司匹林、环孢霉素、氯化铵、碳酸锂

附录7　常用药物别名一览表

类别与名称	别　名
一、消毒防腐药	
苯酚	酚、石炭酸
苯甲酸	安息香酸
苯扎溴铵	新洁而灭、溴苄烷胺
醋酸	乙酸
醋酸氯己定	洗必泰、醋酸洗必泰、醋酸氯苯胍亭、醋酸双氯苯双胍乙烷
碘仿	三碘甲烷
碘伏	强力碘、敌菌碘
碘酸混合溶液	百菌消
度米芬	杜灭芬、消毒宁
二氯异氰尿酸钠	优氯净
发癣退	癣退
复合碘溶液	雅好生
高锰酸钾	灰锰氧、过氧化锰、PP粉
癸甲溴氨溶液	百毒灭
过氧化氢溶液	双氧水
过氧乙酸	过醋酸、PAA液
含氯石灰	漂白粉
红汞	汞溴红、二百二
黄氧化汞	黄降汞
甲酚	煤酚、甲苯酚
甲醛	福尔马林
甲紫	结晶紫、龙胆紫
聚甲醛	多聚甲醛、仲甲醛
聚维酮碘	聚乙烯酮碘、吡咯烷酮碘
克辽林	臭药水、煤焦油皂溶液
硫柳汞	硫汞柳酸钠
露它净溶液	宫炎清溶液
氯胺-T	氯亚明
氯化氨基汞	白降汞

299

续表

类别与名称	别 名
霉敌	硫化苯唑
氢氧化钠(钾)	苛性钠(钾)、烧碱、火碱
曲比氯铵	创必龙
乳酸依沙吖啶	雷佛奴耳(尔)、利凡诺
升汞	二氯化汞
水杨酸	柳酸
水杨酸苯酯	萨罗
威力碘	络合碘溶液
乌洛托品	六亚甲基四胺
硝甲酚汞	米他芬
辛氨乙甘酸溶液	菌毒清
氧化钙	生石灰
乙醇	酒精
鱼石脂	依克度
二、抗微生物药物	
青霉素 G	青霉素、苄青霉素、盘尼西林、苄西林
苯唑西林钠	苯唑青霉素钠、苯甲异恶唑青霉素钠、新青霉素 II
氯唑西林钠	邻氯青霉素钠、邻氯苯甲异恶唑青霉素钠、氯苯唑青霉素钠、氯苯西林钠、全霉林
氨苄西林	氨苄青霉素、安比西林、沙维西林、色维法姆、安西林、安必林、安必仙、氨苄三水酸、氨苄青、病必灵
海他西林	缩酮氨苄青霉素
阿莫西林	羟氨苄青霉素、阿莫仙、强必林、广林、安福喜、再林、弗莱莫星、新灭菌、三水羟氨苄、奥纳欣
头孢噻吩钠	先锋霉素 I 钠、头孢菌素 I 钠、噻吩头孢霉素钠、噻孢霉素钠
头孢氨苄	先锋霉素 IV、头孢菌素 IV、头孢力新、苯甘孢霉素、苯甘头孢菌素、西保力、赐福力欣、斯宝力克
头孢唑啉钠	先锋霉素 V 钠、头孢菌素 V 钠、先锋唑啉钠、西孢唑啉钠、唑啉头孢菌素钠、赛福宁、先锋啉
硫酸卡那霉素	硫酸康丝菌素、康纳
硫酸庆大霉素	硫酸正泰霉素、硫酸艮他霉素

续表

类别与名称	别　名
阿米卡星	丁胺卡那霉素、氨羟基丁酰卡那霉素、阿米卡霉素
硫酸新霉素	硫酸弗氏霉素、素法途
盐酸大观霉素	盐酸壮观霉素、奇放线菌素、防线壮观霉素、奇霉素、治百炎、速百治、淋必治、克淋、克利宁、治淋炎
小诺米星	小诺霉素、小单孢菌素、杨模霉素、相模（湾）霉素、沙加霉素、6-N′-甲基庆大霉素、美诺
安普霉素	阿布拉霉素、阿泊拉霉素、阿帕米星
盐酸土霉素	地霉素、盐酸氧四环素
盐酸金霉素	盐酸氯四环素
盐酸多西环素	盐酸脱氧土霉素、盐酸强力霉素、伟霸霉素
盐酸米诺环素	盐酸二甲胺四环素、盐酸美满霉素、美力舒
红霉素	威霉素、红丝菌素、福爱力、新红康、艾迪密新
泰乐菌素	泰乐霉素、泰乐星、泰乐素、特爱农、泰农
乙酰螺旋霉素	罗华密新
吉他霉素	柱晶白霉素、白霉素、北里霉素
罗红霉素	罗红清、罗力得、罗麦新、迈克罗德
硫酸黏菌素	硫酸多黏菌素E、硫酸抗敌素、硫酸可立斯丁、硫酸黏杆菌素、硫酸可利迈仙、硫酸磺黏菌素
杆菌肽	枯草菌素、枯草菌肽、崔西杆菌素
恩拉霉素	持久霉素
维吉霉素	威里霉素、维吉尼霉素、维吉尼亚霉素、弗吉尼霉素
甲砜霉素	硫霉素、甲砜氯霉素
氟苯尼考	氟甲砜霉素
盐酸林可霉素	盐酸洁霉素、盐酸林肯霉素、丽可胜
盐酸克林霉素	盐酸氯洁霉素、盐酸氯林可（肯）霉素、盐酸氯大霉素、盐酸氯林霉素、曲张链丝菌素、正安达琳、克林美
黄霉素	黄磷脂素
泰牧菌素	泰妙菌素、泰莫林、支原净、硫姆林
赛地卡霉素	西地霉素
利福平	甲哌利福霉素、力复平、依克霉素、甲哌力复霉素、利米定
磺胺嘧啶	磺胺哒嗪、达净磺胺、大安净、消发地亚净

续表

类别与名称	别　名
磺胺噻唑	消治龙
磺胺甲恶唑	磺胺甲基异恶唑、新诺明、新明磺、美唑磺胺
磺胺异恶唑	磺胺二甲异恶唑、菌得清、净尿磺、磺胺异氧唑
磺胺二甲嘧啶	磺胺二甲基嘧啶
磺胺间甲氧嘧啶	磺胺-6-甲氧嘧啶、制菌磺、泰灭净、磺胺莫托辛
磺胺对甲氧嘧啶	磺胺-5-甲氧嘧啶、长效磺胺、消炎磺
磺胺氯吡嗪	三字球虫粉
磺胺林	磺胺甲氧吡嗪、磺胺甲基苯吡唑、磺胺甲氧哒嗪
磺胺间二甲氧嘧啶	磺胺-2,6-二甲氧嘧啶
磺胺多辛	磺胺邻二甲氧嘧啶、磺胺-5,6-二甲氧嘧啶、周效磺胺
磺胺脒	磺胺胍、止痢灵、克痢定、消困定
琥珀磺胺噻唑	琥珀酰磺胺噻唑
羟喹酞磺胺噻唑	克泻磺
磺胺	氨苯磺胺
磺胺米隆	甲磺灭脓、氨苄磺胺、磺胺苄胺、磺胺灭脓
磺胺嘧啶银	烧伤宁
磺胺醋酰钠	磺胺乙酰钠
甲氧苄啶	甲氧苄氨嘧啶、三甲氧苄氨嘧啶
二甲氧苄啶	二甲氧苄氨嘧啶、敌菌净
吡哌酸	吡卜酸、比卜酸
诺氟沙星	氟哌酸、淋沙星、淋克星
环丙沙星	丙氟哌酸、环丙氟哌酸、悉复欢、希普欣
恩诺沙星	乙基环丙沙星、先德福星、百病消、百菌净、普杀平
氧氟沙星	氧甲氟哌酸、嗪氟哌酸、氟嗪酸、奥氟沙星、奥复星、康泰必妥、泰利必妥、福星必妥、泰福康、盖洛仙
培氟沙星	甲氟哌酸、培氟哌酸、氟哌喹酸、哌氟沙星、维宁佳、威力克、泛菌克
洛美沙星	罗美沙星、罗氟哌酸、罗氟酸、洛美巴特、洛美灵、力多星、多龙、美西肯
单诺沙星	达诺沙星、达氟沙星
沙拉沙星	苯氟沙星、福乐星
左氟沙星	左旋氧氟沙星、西普乐、可乐必妥、利复星、来立信
乙酰甲喹	痢菌净

类别与名称	别　名
氟甲喹	泛达宁
异烟肼	雷米封、异烟酰肼
盐酸小檗碱	盐酸黄连素
甲硝唑	甲硝基羟乙唑、甲硝哒唑、甲硝咪唑、灭滴灵、灭滴唑、咪唑尼达
地美硝唑	二甲硝咪唑、达美素
乌洛托品	优洛托品、六亚甲基四胺
两性霉素 B	二性霉素 B、二性霉素乙、庐山霉素
制霉菌素	米可定、制霉素、耐丝菌素
灰黄霉素	福尔新、癣净
克霉唑	三苯甲咪唑、抗真菌 I 号、氯苯甲咪唑、克舒爽
咪康唑	双氯苯咪唑、达克宁、霉可唑
酮康唑	霉康灵、采乐、尼唑啦
吗啉胍	吗啉双胍、病毒灵、吗啉咪胍
盐酸金刚烷胺	盐酸金刚胺、盐酸三环癸胺
利巴韦林	三氮唑核苷、三唑核苷、病毒唑
黄芪多糖注射液	抗病毒 I 号注射液
三、抗寄生虫药	
灭鼠药	
盐酸左旋咪唑	左咪唑、左旋驱虫净
噻咪唑	噻苯咪唑、噻苯哒唑
甲苯咪唑	甲苯哒唑、甲苯唑
阿苯哒唑	丙硫苯咪唑、肠虫清、抗蠕敏、扑尔虫
芬苯哒唑	硫苯咪唑、苯硫苯咪唑
噻嘧啶	噻吩嘧啶、吡嘧呔、抗虫灵（双氢萘酸盐）、驱虫灵（枸橼酸盐）
哌嗪	驱蛔灵、哌哔嗪
乙胺嗪	其枸橼酸盐又称海群生、益群生、灭丝净、克虫神
阿福丁	虫克星
氯硝柳胺	灭绦灵、育米生血防 67
溴羟替苯胺	羟溴柳胺、雷琐太尔
硫双二氯酚	别丁
硝氯酚	拜耳-9015

续表

类别与名称	别　名
双酰胺氧醚	联胺苯醚、双乙酰胺氧醚
硝硫氰胺	7505
盐酸氨丙啉	盐酸安保乐
硝酸二甲硫胺	硝酸敌灭素
乙氧酰胺苯甲酯	衣索巴
盐酸氯苯胍	盐酸罗苯尼丁
二硝托胺	球痢灵
氯羟吡啶	氯吡醇、克球粉、可爱丹、灭球清、球定、广虫灵
尼卡巴嗪	力更生、球虫净、杀球宁
常山酮	卤夫酮、速丹、海乐福精
地克珠利	杀球灵
妥曲珠利	百球清
莫能菌素	莫能辛、莫能星、牧宁霉素、欲可胖-100 为莫能菌素 22% 的预混剂
拉沙洛西	拉沙洛菌素、拉沙霉素、球安
盐霉素	沙利霉素、球虫粉
马杜霉素	麦杜拉菌素、抗球王、加福、球杀死
海南霉素	鸡球素
那加宁	那加诺、拜耳-205、苏拉明
喹嘧胺	安锥赛、喹匹拉明
新胂凡纳明	914
三氮脒	贝尼尔、其商品名为"血虫净"
硫酸喹啉脲	阿卡普林
黄色素	锥黄素、吖啶黄
咪唑苯脲	咪唑啉卡普
乙胺嘧啶	息疟定
阿的平	疟涤平、盐酸米帕林
卡巴胂	对脲基苯胂酸
二氯苯醚菊酯	氯菊酯、扑灭司林、苄氯菊酯、商品名为除虫精
氯氰菊酯	灭百可
溴氰菊酯	敌杀死
戊酯氰醚酯	速灭杀丁、氰戊菊酯

类别与名称	别　名
敌敌畏	DDVP
氯苯甲脒	杀虫脒
西维因	胺甲萘
磷化锌	二磷化三锌
灭鼠宁	鼠特灵
灭鼠丹	普罗来特
甘氟	鼠甘伏
四、影响组织代谢	
与促生长的药物	
醋酸可的松	皮质素、可的松
氢化可的松	皮质醇
醋酸泼尼松	醋酸强的松、醋酸去氢可的松
氢化泼尼松	强的松龙、泼尼松龙
地塞米松	氟美松、氟甲强的松龙
曲安西龙	去炎松、氟羟强的松龙
醋酸氟轻松	醋酸肤轻松、仙乃乐
丙酸倍氯米松	丙酸倍氯松、倍氯他美松二丙酸酯
精蛋白锌胰岛素	长效胰岛素
甲状腺粉	干甲状腺
甲碘安	三碘甲状腺氨酸钠(T3)、碘塞罗宁钠
维生素 D	骨化醇
维生素 E	生育酚
维生素 B_1	硫胺素、盐酸硫胺
丙硫硫胺	新维生素 B_1（TPD）、优硫胺
维生素 B_2	核黄素
烟酸	尼克酸、维生素 PP、维生素 B_3、抗癞皮病维生素
烟酰胺	尼克酰胺
维生素 B_6	吡多醇、吡多辛
叶酸	维生素 BC、维生素 M
维生素 B_{13}	氯钴铵
维生素 C	抗坏血酸

续表

类别与名称	别　名
盐酸苯海拉明	苯那君、可他敏、苯乃准
盐酸异丙嗪	非那根
马来酸氯苯那敏	扑尔敏、马来酸氯苯吡胺
盐酸曲吡那敏	扑敏宁、去敏宁、盐酸吡甲胺、盐酸吡苄明
茶苯海明	乘晕宁
马来酸美吡拉敏	吡拉明、马来酸新安替根
丙磺舒	羧苯磺胺
别嘌醇	阿罗嘌呤
喹乙醇	喹酰胺醇、奥拉金、快育灵
菠萝蛋白酶	菠萝酶
胰脱氧核糖核酸酶	胰道酶
抑肽酶	胰蛋白酶抑制剂
三磷酸腺苷	腺三磷
胃蛋白酶	胃液素
维丙胺	抗坏血酸二异丙胺
蛋氨酸	甲硫氨酸
肌醇	环己六醇
五、作用于内脏系	
统的药物	
马钱子	番木鳖
陈皮	橙皮
内桂	桂皮
豆蔻	白豆蔻
人工盐	人工矿泉盐、卡尔斯泉盐
干酵母	食母生
乳酶生	表飞鸣
碳酸氢钠	小苏打、重碳酸钠、重曹
溴丙胺太林	普鲁本辛
甲氧氯普胺	灭吐灵、胃复安
二甲硅油	聚甲基硅、二甲基硅油
阿扑吗啡	去水吗啡

类别与名称	别　名
美可洛嗪	敏可静、氯苯甲嗪
多潘立酮	吗丁啉、哌双咪酮、胃得灵
舒必利	止吐灵
硫酸钠	芒硝
硫酸镁	泻盐
大黄	川军
酚酞	果导
碱式硝酸铋	次硝酸铋
碱式碳酸铋	次碳酸铋
药用炭	活性炭
高岭土	白陶土
盐酸地芬诺酯	苯乙哌啶、止泻停、止泻宁
葡醛内酯	葡萄糖醛内酯、肝泰乐
维丙胺	维丙肝、抗坏血酸二异丙胺
乙酰半胱氨酸	痰易净、易咳净
枸橼酸喷托维林	咳必清、维静宁
盐酸麻黄碱	盐酸麻黄素
盐酸异丙肾上腺素	喘息定、治喘灵
呋塞米	速尿、呋喃苯胺酸、利尿磺胺
依他尼酸	利尿酸
氢氯噻嗪	双氢克尿噻
螺内酯	安体舒通
氨苯喋啶	三氨喋啶
雌二醇	求偶二醇
甲睾酮	甲基睾丸酮、甲基睾丸素
苯丙酸诺龙	苯丙酸去甲睾酮
黄体酮	孕酮
醋酸甲地孕酮	去氢甲孕酮
卵泡刺激素	促卵泡素
黄体生成素	促黄体激素
马促性腺激素	孕马血清

续表

类别与名称	别　名
绒促性素	人绒毛膜促性腺素、普罗兰
缩宫素	催产素
六、血液循环系统	
药物	
洋地黄	毛地黄
毛花丙苷	毛花洋地黄毒苷、西地兰
地高辛	狄戈辛
毒毛花苷 K	毒毛旋花子苷 K、毒毛苷
毒毛花苷 G	毒毛旋花子苷 G
铃兰毒苷	君影草毒苷
黄夹苷	强心灵
氨力农	氨双吡酮、氨吡酮、氨利酮
米力农	甲氰吡酮、米利酮
枸橼酸铁铵	柠檬酸铁铵
富马酸亚铁	富马铁
右旋糖酐铁	葡聚糖铁
维生素 B_{12}	氰钴胺
安特诺新	安络血、肾上腺素色腙
维生素 K_3	亚硫酸氢钠甲萘醌
酚磺乙胺	止血敏
凝血质	凝血活素
氨己酸	6-氨基己酸
氨甲苯酸	止血芳酸、对羧基苄胺、抗血纤溶芳酸
氨甲环酸	止血环酸、凝血酸、抗血纤溶环酸
吸收性明胶海绵	明胶海绵
氧化纤维素	止血纤维素
枸橼酸钠	柠檬酸钠
链激酶	溶栓酶
草酸钠	乙二酸钠
依地酸二钠	依地酸钠、乙二胺四醋酸钠
水杨酸钠	撒曹

类别与名称	别　名
聚维酮	聚烯吡酮、聚乙烯吡咯酮
安丁三醇	三羟甲基氨基甲烷、缓血酸铵
七、中枢神经系统	
药物	
尼可刹米	可拉明
盐酸二甲费林	回苏灵
盐酸洛贝林	盐酸山梗菜碱
硝酸士的宁	硝酸番木鳖碱
盐酸氯丙嗪	冬眠灵
地西洋	安定
赛拉唑	二甲基胺噻唑
盐酸赛拉唑	静松灵、盐酸二甲苯胺噻唑
盐酸赛拉嗪	隆朋、盐酸二甲苯胺噻嗪
苯巴比妥	鲁实那
镇痛新	喷他佐辛、戊唑星
硫酸延胡索乙素	硫酸四氢帕马丁
对乙酰氨基酚	扑热息痛
氨基比林	匹拉米洞
安乃近	罗瓦而精
保泰松	布他酮
羟基保泰松	羟布宗
阿司匹林	乙酰水杨酸
盐酸苄达明	消炎灵、炎痛静
吲哚美辛	消炎痛
异戊巴比妥钠	阿米妥钠
酸盐可卡因	盐酸古柯碱
盐酸普鲁卡因	盐酸奴佛卡因
盐酸丁卡因	盐酸地卡因
盐酸利多卡因	盐酸昔罗卡因
盐酸辛可卡因	盐酸地布卡因、纽白卡因
盐酸卡波因	盐酸甲哌酰卡因

续表

类别与名称	别　名
苯佐卡因	阿奈司台辛
苯甲醇	苄醇
氯化氨甲酰胆碱	氯化碳酰胆碱
硝酸毛果芸香碱	硝酸匹罗卡品
氯化氨甲酰甲胆碱	比赛可林
水杨酸毒扁豆碱	水杨酸依色林
新斯的明	普洛色林
氢溴酸山莨菪碱	654
氯化琥珀胆碱	司可林
氯化筒箭毒碱	右旋筒箭毒
三碘季铵酚	弛肌碘
肾上腺素	副肾素
盐酸多巴胺	3-羟酪胺
重酒石酸去甲肾素	正肾上腺素
重酒石酸间羟胺	阿拉明
盐酸去氧肾上腺素	盐酸苯肾上腺素、新福林
盐酸异丙肾上腺素	喘息定、治喘灵
红碘化汞	赤色碘化汞
薄荷脑	薄荷醇
鞣酸	丹宁
醋酸铅	铅糖
炉甘石	异极石
氧化镁	煅制美
甘油	丙三醇
二甲基亚砜	万能溶媒
碘解磷定	碘磷定、派姆(2-PAM)、解磷毒、辟磷定、磷敌、醛肟吡胺
氯解磷定	氯磷定、氯化派姆(PAM-CI)
乙酰胺	解氟灵

类别与名称	别　　名
单乙酸甘油酯	醇乙酸酯、醋精
二巯丙醇	巴尔
二巯丙磺钠	二巯基丙醇磺酸钠
二巯丁二钠	二巯琥珀酸钠
依地酸钙钠	乙二胺四乙酸钙钠
青霉胺	D-盐酸青霉胺、二甲基半胱氨酸
去铁胺	去铁敏
硫代硫酸钠	大苏打、次亚硫酸钠
亚甲蓝	美蓝、甲烯蓝

附录8　休药期一览表

1.鸡常用药物的休药期及应用限制

药　　名	休药期/d	应用限制
对氨基胂酸及钠盐	5	仅作有机砷来源
金霉素	1~7	产蛋鸡禁用
氯羟吡啶	0~5	限用于产蛋鸡
红霉素	3	禁用于产蛋鸡
呋喃唑酮	7	禁用于产蛋鸡用及14周龄以上后备鸡
莫能菌素钠	3~5	产蛋鸡禁用
尼卡巴嗪	4	禁用产蛋鸡
呋喃西林	5	禁用14周龄以上后备母鸡
新生霉素	4	产蛋鸡禁用
盐酸氯苯胍	7	禁用产蛋鸡
磺胺间二甲氧嘧啶加二甲氧苄恶啶	5	限用16周龄内
磺胺喹恶啉	10	禁用产蛋鸡
对硝苯胂酸	5	仅作有机砷来源
羟间硝苯胂酸	5	仅作有机砷来源

续表

药　名	休药期/d	应用限制
二硝苯酰胺加乙酰对硝苯磺胺	5	禁用产蛋鸡
四环素	5	
竹桃霉素		禁用产蛋鸡
二甲氧苄啶	5	限 16 周龄内
青霉素粉剂	1	禁用产蛋鸡
大观霉素	5	禁用产蛋鸡
硫酸链霉素	4	禁用产蛋鸡,用药≤4 d
磺胺氯吡嗪钠水合物	4	禁用产蛋鸡
乙酰对硝硝苯碘胺	5	禁用产蛋鸡
维吉尼霉素	1	禁用产蛋鸡
越霉素 A	3	禁用产蛋鸡
拉沙洛西钠	5	限用 16 周龄内,产蛋鸡禁用
硝酸二甲硫胺	3	禁用产蛋鸡
杆菌肽锌 + 硫酸黏杆菌(5∶1)	7	禁用产蛋鸡
地美哨唑	3	产蛋鸡禁用
常山酮	4	
氯硝苯酰胺 + 羟间硝苯胂酸	5	禁用于产蛋鸡仅作有机砷来源
氨丙啉	0	禁用产蛋鸡
杆菌肽	0	
丁喹酸酯	0	禁用产蛋鸡
大碳霉素	1	禁用产蛋鸡
癸喹酸酯	5	禁用产蛋鸡
雌二醇单棕榈酸酯	42	用于 5 周龄以上
硫酸庆大霉素注射剂	35	仅用于 1 日龄仔鸡
潮霉素 B	3	
拉沙里菌	5	
林可霉素	5	
甲磺酸多黏菌素 B	5	林可霉素
磷酸泰乐菌素	5	于 0 ~ 5 日龄饲喂;第二次于 3 ~ 5 周龄喂 1 ~ 2 d
氢溴酸常山酮	5	产蛋鸡、水禽禁用

药 名	休药期/d	应用限制
磺胺二甲嘧啶	10	禁用产蛋鸡
二硝托胺(球痢灵)	0	产蛋鸡禁用
盐酸氨丙啉 + 乙氧酰胺苯甲酯(125∶8)	9	产蛋鸡、种鸡禁用
盐霉素钠	5	产蛋鸡禁用
海南霉素钠	7	产蛋鸡禁用
北里霉素	2	产蛋鸡禁用
恩拉霉素	7	产蛋鸡禁用
甲基盐霉素	5	产蛋鸡禁用
尼卡巴嗪 + 甲基盐霉素钠(1∶1)	7	产蛋鸡禁用
硫酸黏杆菌素	7	产蛋鸡禁用
甲氧苄啶	5	产蛋鸡禁用

2. 牛常用注射药物的休药期及应用限制

药 名	休药期/d	用药后乳禁止上市期/h	应用限制
羟氨苄西林三水合物	25		不能用于产乳牛
氨苄西林三水全物	6	48	
红霉素	14	72	不能用于产乳牛
磷酸左咪唑	7		不能用于繁殖年龄母牛
盐酸土霉素	22		不能用于产乳牛
普鲁卡因青霉素 G	10	72	
普鲁卡因青霉素 G + 苄星	30		仅用于成牛肉牛
青霉素 G			
磺胺氯哒嗪钠	5		仅用于犊牛
磺胺二甲基嘧啶	10	96	
泰乐菌素	21		不能用于产乳牛
呋塞米(速尿)	2	48	产后用药不能超过 48 h
双氢氯噻嗪(双氢克尿噻)		72	产后乳房水肿
伊维菌素	35		仅用于皮下注射,繁殖年龄产乳牛禁用
甲硫酸新斯的明			
青-链复合霉素	30	72	
磺胺间二甲氧嘧啶	5	60	
磺胺乙氧哒嗪	16	72	有药不能多于 4 d

3. 牛内服药物的休药期及应用限制

药 名	休药期/d	用药后乳禁止上市期/h	应用限制
醋酸氯地孕酮	28		仅用于肉用青年母牛和肉牛
氯噻嗪		72	仅用于乳牛
金霉素(1 mg/kg·d)	10		仅用于成年肉牛和干乳期乳牛
金霉素和磺胺二甲基嘧啶	7		仅用于成年肉牛和不产乳母牛
金霉素(350 mg/头·d)	2		
盐酸金霉素	3		仅用于犊牛
盐酸金霉素和磺胺二甲基嘧啶	7		仅用于成年肉牛不不产乳母牛
盐酸四环素(可溶性粉剂)	5		仅用于犊牛,不超过5 d
链霉素 + 磺胺二基嘧啶、酞磺、胺噻唑	10		仅用于犊牛
链霉素	2		仅用于犊牛饮水,不超过5 d
磺胺氯哒嗪	7		仅用于犊牛
磺胺氯哒嗪钠	7		仅用于犊牛
磺胺间二甲氧嘧啶水针或饮用	7		仅用于于乳犊牛、青年母牛和肉牛
磺胺间二甲氧嘧啶片剂和大丸剂	12		仅用一肉牛、不产乳牛
磺胺二甲基嘧啶片及粉剂	10		不能用于泌乳期乳牛
磺胺二甲嘧啶持续释放丸剂	18		不能用于泌乳期乳牛
盐酸左咪唑	2~3		仅用于成牛肉牛
噻苯唑	3	96	
皮蝇磷	10		禁用泌乳牛及接受过胆碱酯酶抑制剂的动物,产犊前停药10 d
哈乐松	7		不能用于繁殖奶牛或乳用山羊
氨苄西林三水合物	15		仅用于瘤胃尚未参与消化的犊牛
氨丙啉	1		仅用于犊牛
氯羟吡啶	5		
癸喹酸酯	5		不能用于种畜或乳用产乳牛
呋喃苯胺酸	2	48	产后用药不能超过48 h
醋酸甲烯雌醇	2		仅用于肥育青年母牛
莫能菌素钠			仅用于屠宰前舍饲的混饲
盐酸土霉素	5或12		不能用于种畜或乳牛

4. 乳房内用药后牛乳禁止上市期限

药 名	休药期/d	用药后乳禁止上市期/h	应用限制
苄星唑西林	30	产犊后 72 h 的乳不能食用	仅用于不产乳牛
氯唑丙林钠	10	48	
海他西林钠	10	72	
普鲁卡因青霉素 G 花生油液	4	84	
普鲁卡因青霉素 G 芝麻油液	3	60	
羟氨苄青霉素三合物		60	乳中残留物≤0.01×10^{-6}
普鲁卡因青霉素 G-呋喃唑酮		96	
花生油剂,2% 单硬脂酸铝普	30	72①	仅用于干乳期母牛
鲁卡因青霉素 G-新生霉素			

注:①用过药的母牛产犊后 72 h 的乳不能上市供人饮用。

5. 猪常用注射药物的休药期

药 名	休药期/d	药 名	休药期/d
盐酸林可霉素水合物①	12	盐酸土霉素	26～28
鲁卡因青霉素 G	14	红霉素碱	14
泰乐菌素(埋植)	14	氮哌酮	0
氨苄西林三水化合物	15	庆大霉素	40

注:①以 11 mg/kg 剂量肌肉注射 3～7 d,休药期需 48 h。

6. 猪常见内服药物的休药期

药 名	休药期/d	药 名	休药期/d
对氨基苯胂酸或钠盐	5	盐酸金霉素	5＋10
呋喃唑酮	5	潮霉素 B	15
盐酸左咪唑	3	磺胺噻唑钠	10
盐酸四环素	4	噻苯唑	30
酒石酸噻嘧啶	1	磺胺氯哒嗪钠	4
泰乐菌素	4	磷酸泰乐菌素和磺胺二甲基嘧啶	15

续表

药　名	休药期/d	药　名	休药期/d
羟氨苄西林三水合物	15	氯苄西林三水合物	1
杆菌肽	0	氯羟吡啶	5
敌敌畏	0	林可霉素①	6
红霉素	7	土霉素	26
呋喃西林	5	羟间硝苯胂酸	5
二盐酸壮观霉素五水合物	21	链霉素、磺胺噻唑和酞磺胺	10
金霉素、普鲁卡因青霉素和磺胺噻唑	7	噻唑	
胺噻唑		硫黏菌素	3
庆大霉素	14	金霉素、磺胺二甲基嘧啶和青霉素	15
硫酸阿普拉霉素	28	磺胺喹恶啉	10
磺胺二甲基嘧啶	15	喹乙醇	35
弗吉尼亚霉素②	0		

注:①以 11 mg/kg 剂量肌注 3～7 d,休药期为 48 h;②种猪超过 54 kg 不用。

附录 9　注射液物理化学配伍禁忌表(见附页)

参考文献

[1] 朱模忠. 兽药手册[M]. 北京:化学工业出版社,2002.

[2] 周新民. 动物药理[M]. 北京:中国农业出版社,2001.

[3] 陈杖榴. 兽医药理学[M]. 北京:中国农业出版社,2002.

[4] 中国兽药典委员会. 中华人民共和国兽药典[M]. 北京:中国化工出版社,2000.

[5] 操继跃. 兽医药物动力学[M]. 北京:中国农业出版社,2004.

[6] 江苏省畜牧兽医学校. 兽药制剂学[M]. 北京:中国农业出版社,1998.